高等学校土建类专业应用型本科“十四五”规划教材

U0964882

建筑设备工程施工技术与项目管理

主　编　张　微　于磊鑫
副主编　沈　琳　曹　明
主　审　宋　锦　张宏宝　夏克斌

武汉理工大学出版社
·武　汉·

内 容 简 介

本书是高等学校土建类专业应用型本科“十四五”规划教材。全书共9章，系统地介绍了建筑设备工程的施工技术和项目管理两大部分内容。施工技术部分主要包括建筑设备安装工程中的常用材料、管道的加工及连接，室内供暖、室外热力管网、通风空调、冷热源、建筑给水排水各系统的施工技术与方法，以及管道及设备的防腐与绝热技术；项目管理部分主要包括建筑安装工程项目管理概述、施工质量与安全管理、绿色施工以及BIM技术的应用等内容。

为方便读者学习，本书每章章首配有提要、重点与难点、学习目标与要求、知识图谱；章末配有小结、思考题和习题。本书还配有丰富的教学资源，包括电子课件、教学视频、在线测试习题及答案、在线讨论等，可扫描书中的二维码进行学习。

本书内容翔实，图文并茂，可以作为建筑环境与能源应用工程等专业的教学用书，也可作为建筑设备安装企业的培训教材，还可供相关设计、施工单位的工程技术人员和项目管理人员参考。

图书在版编目(CIP)数据

建筑设备工程施工技术与项目管理 / 张微，于磊鑫主编. -- 武汉 ：武汉理工大学出版社，2024. 7. ISBN 978-7-5629-7090-3

Ⅰ. TU8

中国国家版本馆 CIP 数据核字第 2024JR5756 号

项目负责人：王利永(027-87290908)
责 任 编 辑：黄玲玲
责 任 校 对：李正五
版 式 设 计：正风图文
出 版 发 行：武汉理工大学出版社
地　　　址：武汉市洪山区珞狮路122号
邮　　　编：430070
网　　　址：http://www.wutp.com.cn
经　　　销：各地新华书店
印　　　刷：武汉乐生印刷有限公司
开　　　本：787mm×1092mm　1/16
印　　　张：22.25
字　　　数：570千字
版　　　次：2024年7月第1版
印　　　次：2024年7月第1次印刷
定　　　价：55.00元

凡购本书，如有缺页、倒页、脱页等印装质量问题，请向出版社发行部调换。
本社购书热线电话：027-87523148　027-87391631　027-87165708(传真)

前　言

在现代建筑工程领域，建筑设备工程的高质量施工不仅是工程顺畅推进的保障，更是构筑项目品质和安全的核心要素。建筑设备工程是建筑工程的重要组成部分，该领域的教学和技术研究对提升建筑质量具有重要作用。在这一背景下，编写一本适用于本科教育的应用型教材，成为实现理论与实践有效对接的重要纽带，同时也是培育高素质、高水平专业人才的基础。

本书旨在为读者提供一个关于建筑设备工程施工技术与管理的全景视野，在现行规范、标准基础上，体现新技术、新材料、新工艺、新设备等相关内容，强调理论与实践相结合，突出实用性、科学性和前瞻性。坚持以科学的态度和方法，追求知识的准确性。同时，我们也重视读者的阅读体验，采用清晰易懂的语言和丰富的图、表辅助说明，使复杂的技术问题变得简洁、直观、明了。

本书由沈阳城市建设学院张微、于磊鑫任主编，沈琳、曹明任副主编，参编的有沈阳城市建设学院武利、王健、徐珊珊、张芸栗，沈阳盛世新兴格力电器销售有限公司齐彦宇，上海第二工业大学夏妍春。张微、于磊鑫整理，张微统稿。辽宁省建筑设计研究院有限责任公司宋锦正高级工程师、辽宁省市政工程设计研究院有限责任公司张宏宝正高级工程师、中冶北方（大连）工程技术有限公司夏克斌正高级工程师任主审。

全书共有 9 章，其中内容简介、前言、绪论、第 1 章由张微编写，第 2 章由张微、夏妍春、齐彦宇共同编写，第 3、6 章由于磊鑫编写，第 4 章由张芸栗编写，第 5 章由曹明、徐珊珊、齐彦宇共同编写，第 7 章由沈琳、武利共同编写，第 8 章由王健编写，第 9 章由沈琳编写。本书在编写过程中，得到了沈阳盛世新兴格力电器销售有限公司张恒、大连腾马科技发展公司任振远的大力支持，沈阳恒久安泰环保与节能科技有限公司王福铭完成了第 1、2 章中所有插图的绘制工作，沈阳城市建设学院吕慧洁、杨文豪、张美琦、白佳鸣、刘恒硕、付云龙、潘睿、贺健康、牛耀廷、吴浩楠等为本书做了很多有益的工作。在此，对他们的付出表示衷心的感谢。

本书在编写过程中引用了许多文献资料（包括数据、图、表等），谨向有关文献的作者和单位表示衷心的感谢。由于编者的水平和经验有限，书中难免有错漏和不妥之处，恳请广大读者和同行批评指正，提出宝贵意见和建议，不胜感激！

编　者

2024 年 5 月

课程资源使用说明

为推进教育数字化战略，满足线上线下混合式教学的需求，本书配套课程资源入驻超星学习通课程网络平台，读者通过扫描课程二维码或登录网址https://mooc1.chaoxing.com/course/244685376.html 注册登录课程，即可在该平台获取本书配套的全部课程资源，包括各知识点课件、讲解视频、章节的测验习题、互动讨论和答疑、施工现场安装实录视频、资料库等。电脑端登录课程或通过安装“学习通”APP，即可对每个章节进行在线测试，便于学生巩固所学知识，同时便于教师考查学情和掌握教学质量。

目　录

绪　论

1. 建筑设备工程施工的地位和作用

建筑设备工程施工是建筑工程中不可或缺的重要组成部分，在国民经济建设中占有重要的地位，其作用不仅在于解读设计、转化设计，确保建筑物的正常使用，满足建筑物的功能性与舒适度需求，还涉及节能减排、环境保护及工程成本控制等诸多方面。在现代工程建设中，建筑设备工程施工技术与管理的质量直接关系到整个工程的品质和效益，一个设计精良且施工得当的建筑设备系统，能够为人们提供安全、高效、节能的环境。因此，对于相关专业的学生和从业人员而言，掌握这一技能至关重要。

2. 我国建筑设备工程施工技术的发展概况

我国的建筑设备工程施工技术，从早期的手工作业到如今的机械化、自动化和智能化，经历了长足的发展。这一进步不仅反映了建筑行业技术革新的步伐，也展示了国家科技进步和工业现代化的成就。

在 20 世纪五六十年代，我国的建筑业尚处于起步阶段，建筑设备工程的施工安装主要依靠人力，辅以简单的机械工具。当时的施工现场，人们经常可以看到工匠们挥舞着锤子、凿子，或是肩扛手抬地搬运材料。由于技术和设备受限，施工效率较低，安全性也无法与现代标准相比。

进入 20 世纪七八十年代，随着改革开放，我国建筑行业的进步和经验的累积以及引进国外的先进技术和管理经验，建筑设备施工安装领域也开始出现变革，施工机械逐渐增多，电动工具的使用变得普遍，如电钻、电锯等成为常用的工具。这些变化极大提升了施工效率，同时也改善了工作环境。

20 世纪 90 年代以后，随着计算机技术的普及和应用，建筑设备工程施工技术的发展迎来了新的飞跃。计算机辅助设计让设计图纸更为精确，而计算机辅助制造则使得构件加工更加标准化、精准化。

进入 21 世纪，信息技术和互联网的快速发展进一步推动了建筑设备工程施工技术的更新换代。建筑信息模型(BIM)技术的引入，实现了施工全过程的三维数字化模拟，从而优化设计方案，提前发现并解决潜在问题，并优化施工组织顺序，实现模块化施工，大大提高了施工的精度。

近年来，我国大力推进绿色施工和可持续发展理念，建筑设备工程施工也在不断探索节能减排、绿色低碳、环境友好型的材料和技术应用，自主创新的新技术、新工艺、新方法不断涌现，日趋呈现高速、高效、智能化、绿色环保的态势，现已达到世界领先的水平。

3. 建筑设备工程施工执行的相关标准和规范

为了确保施工质量，国家颁布了一系列的标准和规范，标准和规范是法令性的文件，所有建筑安装企业和其他企事业单位、工程技术人员都必须严格遵守这些技术法规。

与建筑设备工程施工相关的标准和规范主要有:《建筑给水排水及采暖工程施工质量验收规范》《建筑给水排水及供暖工程施工技术标准》《辐射供暖供冷技术规程》《城镇供热管网工程施工及验收规范》《通风与空调工程施工质量验收规范》《通风与空调工程施工规范》《制冷设备、空气分离设备安装工程施工及验收规范》《风机、压缩机、泵安装工程施工及验收规范》《机械设备安装工程施工及验收通用规范》《工业金属管道工程施工规范》《现场设备、工业管道焊接工程施工规范》《建筑防腐蚀工程施工规范》《工业设备及管道防腐蚀工程技术标准》《工业设备及管道绝热工程施工质量验收标准》《智能建筑工程施工规范》《建筑与市政工程绿色施工评价标准》《建筑工程绿色施工规范》等。

1 建筑设备工程常用材料

【本章提要】

管道及附件的通用标准的基本概念和表达含义；钢管、铜管、铸铁管及其附件的种类、特性和用途；塑料管材的标准、常用塑料管材特性和用途；常用阀门的工作原理、特性、安装要求和用途；板材、型钢、常用紧固件的特性及适用场所。

【本章重点与难点】

重点：常用管道的主要参数与结构尺寸的概念及含义；钢管的种类、特性和用途；塑料管材的标准、特性和用途；常用阀门的工作原理、特性、安装要求及用途；常用板材和型钢的适用场所。

难点：管道及其附件的主要参数与结构尺寸的概念及含义；各阀门的工作原理、特性、安装要求与合理选用。

【学习目标与要求】

知识目标：能解释管道及附件的通用标准的基本概念及表达含义；能阐述钢管及其附件的种类、特性和用途；能说明塑料管材的标准、各常用塑料管材特性和用途；能说明各常用阀门的工作原理、特性、安装要求及用途；能列举板材和型钢的特点和适用场所，能描述常用紧固件的特性。

能力目标：通过对建筑设备工程常用材料的学习，能够完成对各常用的管材、阀门、板材和型钢等知识内容的梳理，能够区分各材料的特点和适用场合，选择经济、节能、环保的材料。

素质目标：环境保护与可持续发展是当今社会十分关注的问题，选择与应用节能环保的材料与社会发展、环境保护等有十分密切的关系，要能够认识到节能环保的重要性，注重环保意识和可持续发展世界观的培养，加强社会责任感，提升职业道德素养。

【本章知识图谱】

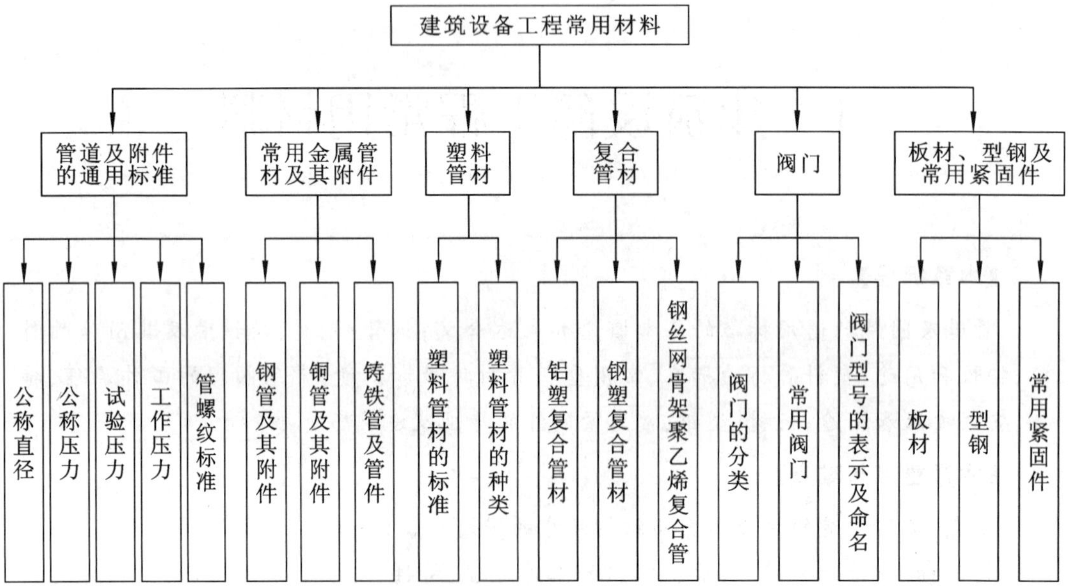

1.1 管道及附件的通用标准

管道工程作为工业与民用设施的重要组成部分，其涉及的内容十分广泛。为了确保设计的灵活性、制造的高效性以及施工与运行管理的便捷性，对管道及其附件进行标准化显得尤为关键。标准化不仅意味着统一规格，还关乎通用性和互换性，统一管道及附件的结构尺寸和主要参数，包括公称直径、公称压力、试验压力、工作压力和管螺纹的标准等。

1.1.1 公称直径

公称直径是为了设计、制造、安装和检修方便而人为规定的各种管道元件的通用口径，也称公称通径、公称口径、公称尺寸等。公称直径用符号 DN 表示，公称直径的数值由 DN 后的无因次整数数字表示。这个数字与端部连接件的孔径或外径等特征尺寸数值(用 mm 表示)直接相关，但不表示管径的具体数值，不能用于计算。如需计算，应给出管道元件的外径、内径或壁厚的具体尺寸数值，或者给出公称直径与管道元件的外径或内径间的关系。未具体给出时，可按下述情况考虑：

① 对管道而言，公称直径既不是管道的外径也不是管道的内径，一般情况下接近管道的内径。

② 公称直径相同的管道外径相同，因工作压力不同而选用不同的壁厚，故其内径不一定相同。

③ 对于阀门等管道附件和内螺纹管道配件,公称直径等于其内径。

现行管道元件的公称直径见表 1.1,表中列出了公称直径 DN6～DN4000 共计 43 种规格。如表中的 DN100,表示管道或附件的公称直径为 100 mm。

表 1.1 现行管道元件的公称直径

DN6	DN25	DN80	DN250	DN500	DN1000	DN1600	DN2600	DN3600
DN8	DN32	DN100	DN300	DN600	DN1100	DN1800	DN2800	DN3800
DN10	DN40	DN125	DN350	DN700	DN1200	DN2000	DN3000	DN4000
DN15	DN50	DN150	DN400	DN800	DN1400	DN2200	DN3200	
DN20	DN65	DN200	DN450	DN900	DN1500	DN2400	DN3400	

注:本表摘自《管道元件 公称尺寸的定义和选用》(GB/T 1047—2019)。

1.1.2 公称压力

公称压力是设备、管道及其附件在基准温度下的耐压强度。公称压力用符号 PN 表示,公称压力的大小由 PN 后的无因次数字表示,PN 后的数值是以“MPa”为单位的实际压力数值的 10 倍。通常情况下,术语 PN 不具有意义,只作为与管件的力学性能和尺寸特性相关,用于参考的字母和数字组合的标识。PN 后跟的数字不代表测量值,不应用于计算,除非在有关标准中另有规定。表 1.2 为管道元件的公称压力表,表中列出了 PN 系列 PN2.5～PN400 管道元件的公称压力。如表中的 PN10 表示公称压力为 1.0 MPa;PN16 表示公称压力为 1.6 MPa。

表 1.2 管道元件的公称压力

PN 系列	PN2.5	PN6	PN10	PN16	PN25	PN40	PN63
	PN100	PN160	PN250	PN320	PN400		

注:本表摘自《管道元件 公称压力的定义和选用》(GB/T 1048—2019)。

不同材料制品其耐压强度是不同的,如设备、管道及其附件等的材料不同,其耐压强度不同;即使是同一材料的制品,在温度不同时,耐压强度也不同,并且随着温度的升高,其耐压强度降低。不同材料制品的基准温度也是不同的,如表 1.3 所示,表中列出了合金钢、钢、铸铁和铜、塑料制品的基准温度,其中合金钢的基准温度为 250 ℃,塑料制品的基准温度为 20 ℃。

表 1.3 不同材料制品的基准温度

材料种类	合金钢	钢	铸铁和铜	塑料制品
基准温度/℃	250	200	120	20

1.1.3 试验压力

试验压力是常温下检验设备、管道及其附件的机械强度和严密性的压力标准。试验压力用符号 Ps 表示，Ps 后跟以“MPa”为单位的试验压力数值。如 Ps1.0 MPa 表示试验压力为 1.0 MPa。

管道及其附件的试压，多数在产品生产厂家于产品出厂前进行。机械强度及严密性能通常采用水压试验，对易燃易爆及有毒性气体介质管道及其附件还要进行气密性试验。试验压力数值和试压用的介质及操作程序，由相关规范、规程根据试压对象的材质、结构或工艺系统特点来确定或由工艺设计给定。

1.1.4 工作压力

工作压力是指设备、管道及其附件在正常运行条件下所承受工作介质的最大压力。工作压力用符号 P_t 表示，“t”为介质最高温度的 1/10 的整数值，P_t 后跟以“MPa”为单位的工作压力数值。如 P_{26} 1.3 MPa 表示介质的最高温度为 260 ℃，工作压力为 1.3 MPa。

在工程实践中，通常按照设备、管道及其附件承受的最高温度，把工作温度分成若干等级，并计算每个温度等级下所允许的工作压力。对于优质碳素钢制品，工作温度可分为 11 个等级，在每一个工作温度等级下的最大工作压力与公称压力间的关系见表 1.4。

表 1.4 优质碳素钢制品最大工作压力与公称压力的关系

温度等级	温度范围/℃	最大工作压力	温度等级	温度范围/℃	最大工作压力
1	0～200	PN	7	351～375	0.67PN
2	201～250	0.92PN	8	376～400	0.64PN
3	251～275	0.86PN	9	401～425	0.55PN
4	276～300	0.81PN	10	426～435	0.50PN
5	301～325	0.75PN	11	436～450	0.45PN
6	326～350	0.71PN			

从表中可以看出，当温度等级为 1 级，温度范围在 0～200 ℃时，最大工作压力等于公称压力。随着工作温度的升高，最大工作压力的数值在逐渐减小。当温度等级为 11 级，温度范围在 436～450 ℃时，最大工作压力等于 0.45 倍的公称压力。原因在于，随着温度的升高，金属材料会产生热应力，其机械强度降低，意味着其承压能力随着温度升高而降低，因此，当工作温度升高时，其工作压力的最大允许值应减小。

1.1.5 管螺纹标准

管螺纹标准是管道、附件及设备等接头采用螺纹连接时，为了使连接接头的螺纹具有通用性和互换性，而制定的统一标准。

管螺纹标准有两种分类方式：

① 按螺纹牙型角的角度不同，分为55°管螺纹和60°管螺纹两种；

② 按管螺纹的构造形式不同，分为圆柱螺纹和圆锥螺纹两种。

管螺纹的齿形及尺寸必须执行统一标准，目前执行的是《55°密封管螺纹 第1部分：圆柱内螺纹与圆锥外螺纹》(GB/T 7306.1—2000)和《55°密封管螺纹 第2部分：圆锥内螺纹与圆锥外螺纹》(GB/T 7306.2—2000)。钢管螺纹的基本参数有螺距、牙型高度、牙型角、螺纹大径、螺纹中径及螺纹小径等，图1.1所示为圆柱内螺纹和圆锥螺纹基本牙型示意。

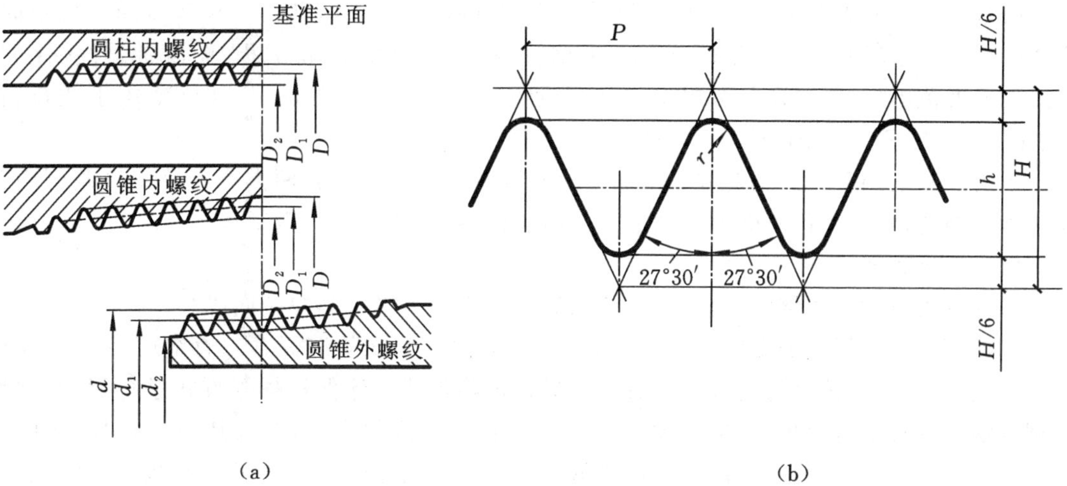

图1.1　圆柱内螺纹和圆锥螺纹基本牙型示意

(a)圆柱内螺纹和圆锥螺纹；(b)圆柱内螺纹基本牙型

P—螺距；牙型角—27°30′+27°30′=55°；h—牙高(螺纹深度)；H—原始三角形高度；r—圆弧半径；D—内螺纹大径；D_1—内螺纹中径；D_2—内螺纹小径；d—外螺纹大径；d_1—外螺纹中径；d_2—外螺纹小径

从图1.1中可以看到，圆柱管螺纹其螺纹深度及每圈螺纹的直径都相等，只是螺尾部分较粗一些；圆锥管螺纹各圈螺纹的直径皆不相等，从螺纹的端头到根部呈锥台形。一般情况下，管子加工成圆锥螺纹(即外螺纹形式)，管子附件加工成圆柱螺纹(即内螺纹形式)。

1.2　常用金属管材及其附件

建筑设备工程中常用的金属管材有钢管、铜管和铸铁管。钢管因其强度高、韧性好，常用于室内外的供暖、空调、建筑给水及建筑消防等系统。铜管具有优异的抗菌和耐腐蚀性能，主要用于饮用水、多联机和分体空调系统，也是热水和暖通空调系统的理想选择。铸铁管耐磨、耐压、耐腐蚀，通常作为排污系统和雨水排放系统的管道材料。除了管材本身，用于管道延长、转弯、分支、调节、密封、支撑等的管子附件，也是建筑设备工程中不可或缺的组成部分。

1.2.1 钢管及其附件

1.2.1.1 钢管

钢管是所有管材中应用最为广泛的管材。钢管按其制造时所用的钢种不同,可以分为碳素钢管和合金钢管两大类。

1. 碳素钢管

碳素钢管可分为普通碳素钢管和优质碳素钢管两种,主要区别在于磷和硫的含量不同,优质碳素钢管中磷和硫的含量较低。碳素钢管强度高、韧性好、耐磨损、耐腐蚀、焊接性好、使用的温度范围广,同时还具有规格品种多、产量大、价格低廉等优点,被广泛用于建筑、石油、化工、船舶、机械、电子等多个领域。

常用的碳素钢管按照制造方法不同分为有缝钢管和无缝钢管两类。有缝钢管既可用普通碳素钢制造,也可用优质碳素钢制造,无缝钢管一般用优质碳素钢制造。

(1) 有缝钢管

有缝钢管也称焊接钢管,是由易焊接的碳素钢板或钢带卷制焊接而成。

焊接钢管按照焊缝的形状不同,可以分为直缝焊管和螺旋缝焊管。直缝焊管的焊缝形状为直线,其生产工艺是将钢板经过成型后通过电阻焊或气体保护焊等方式进行焊接,这种类型的钢管具有结构简单、制造方便、生产效率高、成本低的优点,但因其焊缝较长,所以整体抗压性相对较弱,一般用于流体输送或低压环境。螺旋缝焊管焊缝呈螺旋状,是将钢板卷成管状后,再通过高频或低频电阻焊、埋弧焊等方式进行焊接,形成的焊缝呈现螺旋状。由于其焊缝分布均匀,所以整体的抗压性能较强,适用于高压、高温等恶劣环境。

焊接钢管按照焊接的技术不同分为电阻焊钢管和电弧焊钢管。电阻焊钢管是利用电流通过钢管材料时产生的电阻热来熔化金属,从而实现钢管的连接,其优点是生产效率高、成本低、可大规模生产,适用于制作壁厚较薄、强度较低的低压流体输送用管道。电弧焊钢管是利用电弧热来熔化金属,从而实现钢管的连接,其优点是设备简单,操作灵活,适应性强,可以焊接各种形状和尺寸的钢管,包括大直径厚壁管,主要用于高压、高温、低温、腐蚀等工况下的流体输送。

焊接钢管按照是否镀锌分为非镀锌钢管(黑铁管)和镀锌钢管(白铁管)。其中,镀锌钢管按照制造工艺的不同,可以分为热镀和冷镀两大类。热镀锌钢管是在高温条件下,将钢管浸入熔融的锌液中,通过锌与钢基体的反应,形成一层均匀且附着力强的锌合金层。热镀锌钢管的特点是锌层较厚,耐腐蚀性能优良,使用寿命长,是室内供暖系统和室外热力管网系统的常用管道。而冷镀锌钢管则是在常温下通过电解或其他化学方法在钢管表面沉积一层锌,这种处理方式成本较低,但镀层薄且易脱落,因此防腐蚀性能和耐久性不如热镀锌。

此外,按照焊缝的数量不同,可以分为单缝钢管和双缝钢管。单缝钢管只有一条焊缝,适用于小型管道和低压流体输送;双缝钢管有两条焊缝,适用于大型管道和高压流体输送。按照焊缝的位置不同,可以分为内缝钢管和外缝钢管等。内缝钢管的焊缝在管内部,不易受到外部环境的影响,适用于腐蚀性环境;外缝钢管的焊缝在管外部,易受到外部环境的影响,适用于一般环境。

建筑设备工程中常用的有低压流体输送用焊接钢管、直缝卷制电焊钢管和螺旋缝焊接钢管三种。

① 低压流体输送用焊接钢管

该钢管常用于输送水、煤气、空气、油和取暖蒸汽等一般较低压力的流体，也称为水煤气管。其规格用公称直径 DN 来表示，如 DN50。按接管端部形式不同分为不带螺纹钢管（光管）和带螺纹钢管。按壁厚分为普通钢管和加厚管，普通钢管是最常用的管材之一，适用于公称压力≤1.0 MPa 的流体输送用；加厚管适用于公称压力≤1.6 MPa 的流体输送用。部分低压流体输送用焊接钢管规格可参见表 1.5。

表 1.5 部分低压流体输送用焊接钢管规格

公称尺寸		外径 D	壁厚/mm	
mm	in	mm	普通钢管	加厚钢管
DN15	1/2	21.3	2.8	3.5
DN20	3/4	26.9	2.8	3.5
DN25	1	33.7	3.2	4.0
DN32	$1^{1/4}$	42.4	3.5	4.0
DN40	$1^{1/2}$	48.3	3.5	4.5
DN50	2	60.3	3.8	4.5
DN70	$2^{1/2}$	76.1	4.0	4.5
DN80	3	88.9	4.0	5.0
DN100	4	114.3	4.0	5.0
DN125	5	139.7	4.0	5.5
DN150	6	165.1	4.5	6.0
DN200	8	219.1	6.0	7.0

注：① 本表摘自《低压流体输送用焊接钢管》(GB/T 3091—2015)。

② 表中 1 in=2.54 cm。

③ 表中的公称尺寸系近似内径的名义尺寸，不表示外径减去两倍壁厚所得的内径。

② 直缝卷制电焊钢管

该钢管多用作室外蒸汽、水和废气等管道，适用于介质公称压力≤1.6 MPa，介质温度≤200 ℃的流体。其规格用公称直径 DN 来表示，公称直径＜DN150 的有标准件，≥DN150 的无标准件，通常是在现场制作或委托加工。直缝卷制电焊钢管的实物图如图 1.2(a)所示，规格如表 1.6 所示。

(a)

(b)

图 1.2　焊接钢管实物图

(a)直缝卷制电焊钢管；(b)螺旋缝焊接钢管

表 1.6　直缝卷制电焊钢管规格

管外径	壁厚/mm				
	3.0	3.5	4.0	4.5	5.0
mm	理论质量/(kg/m)				
57	4.00	4.62	—	—	—
76	5.40	6.62	7.10	7.93	—
89	6.36	7.38	8.38	9.38	—
108	7.97	9.02	10.26	—	—
114	8.21	9.54	10.85	12.15	13.44
133	—	11.18	12.73	14.61	15.78
140	—	11.78	13.42	15.04	16.65

③ 螺旋缝焊接钢管

该钢管适于用作蒸汽、凝水、热水、污水、空气等室外管道和长距离输送管道，适用于介质压力≤2 MPa，介质温度≤200 ℃的场合。其规格用外径×壁厚来表示，如 ϕ426×8 或 D426×8，表示外径为 426 mm，壁厚为 8 mm，公称直径为 DN400 的螺旋缝焊接钢管。其外径可做到 219～1420 mm，壁厚可做到 5～16 mm。螺旋缝焊接钢管的实物图如图 1.2(b)所示，螺旋缝埋弧焊接钢管常用规格如表 1.7 所示。

(2) 无缝钢管

无缝钢管是表面上没有焊缝的钢管，由碳素钢或合金钢采用热轧或冷拔的方法制造而成的管道。其规格用外径×壁厚来表示，如 ϕ108×4.0 或 D108×4.0，表示外径为 108 mm，壁厚为 4.0 mm，公称直径为 DN100 的无缝钢管。在建筑设备工程中多用在制冷机房、锅炉房、热力站以及园区或市政供热管网系统。

表 1.7 螺旋缝埋弧焊接钢管常用规格

管外径	壁厚/mm					
	5	6	7	8	9	10
mm	理论质量/(kg/m)					
219	26.39	31.52	—	—	—	—
273	—	39.51	45.92	52.28	—	—
325	—	47.20	54.90	62.54	—	—
377	—	54.90	63.87	—	81.67	—
426	—	62.15	72.83	82.47	92.55	—
478	—	69.84	81.83	92.73	104.09	—
529	—	77.39	90.11	102.90	115.40	—
630	—	92.23	107.55	122.72	137.83	152.90
720	—	105.65	123.50	140.50	157.80	175.10

无缝钢管按其制造方法分为热轧无缝钢管和冷拔(也称冷轧)无缝钢管两种。在安装工程中,公称直径<DN50 的管道一般可采用冷拔管,公称直径≥DN50 的一般采用热轧管。热轧无缝钢管外径可做到 32～530 mm,壁厚可做到 2.5～24 mm;冷拔无缝钢管外径可做到 5～219 mm,壁厚可做到 0.25～14 mm。无缝钢管的常用规格如表 1.8 所示。

表 1.8 无缝钢管的常用规格

管外径	壁厚/mm											
	3.5	4	4.5	5	5.5	6	7	8	9	10	11	12
mm	理论质量/(kg/m)											
57	4.62	5.23	5.83	6.41	6.99	7.55	8.63	9.67	10.65	11.59	12.48	13.32
60	4.88	5.52	6.16	6.78	7.39	7.99	9.15	10.26	11.32	12.33	13.29	14.21
73	6.00	6.81	7.60	8.38	9.16	9.91	11.39	12.82	14.21	15.54	16.82	18.05
76	6.26	7.10	7.93	8.75	9.56	10.36	11.91	13.42	14.87	16.28	17.63	18.94
89	7.38	8.38	9.38	10.36	11.33	12.28	14.16	15.98	17.76	19.48	21.16	22.79
108	9.02	10.26	11.49	12.70	13.90	15.09	17.44	19.73	21.97	24.17	26.31	28.41
114	9.54	10.85	12.15	13.44	14.72	15.98	18.47	20.91	23.31	25.65	27.94	30.19
133	11.18	12.73	14.26	15.78	17.29	18.79	21.75	24.66	27.52	30.33	33.10	35.81

续表1.8

管外径	壁厚/mm											
	3.5	4	4.5	5	5.5	6	7	8	9	10	11	12
mm	理论质量/(kg/m)											
140	11.78	13.42	15.04	16.65	18.24	19.83	22.96	26.04	29.08	32.06	34.99	37.88
159	13.42	15.29	17.15	18.99	20.82	22.64	26.24	29.79	33.29	36.75	40.15	43.50
219	—	—	—	—	—	31.52	36.60	41.63	46.61	51.54	56.43	61.26
273	—	—	—	—	—	—	45.92	52.28	58.60	64.86	71.07	77.24
325	—	—	—	—	—	—	—	62.54	70.14	77.68	85.18	92.63

注:本表摘自《无缝钢管尺寸、外形、重量及允许偏差》(GB/T 17395—2008)。

从表1.8中可以看到,同一公称直径如DN100的无缝钢管,其管外径为108 mm时,有多种壁厚,以满足不同压力的需要。

2. 合金钢管

合金钢管是由两种或两种以上金属混合制成的管材,其性能优于单一金属材料的钢管。合金钢管按照其含有合金元素的比例分为低合金钢管、中合金钢管和高合金钢管三类。低合金钢管是指含合金元素总量不超过5%的合金钢管,这类钢管具有较好的强度和韧性,常用作输送液体或气体的管道;中合金钢管是指含合金元素总量在5%～10%之间的合金钢管,这类钢管具有良好的耐热性和抗腐蚀能力,常用于高温高压的工况环境;高合金钢管则是含合金元素总量超过10%的合金钢管,因其优良的机械性能和化学稳定性,常用于化工、核工业等领域。

常用的不锈钢管是一种含有大量铬元素,且含有一定比例的镍、锰等元素的高合金钢管,其性能稳定、材料强度高、抗冲击力强、耐蚀性极好,管内壁光滑、外表美观。建筑设备工程中,主要用于给水、生活热水、饮用水等系统。不锈钢管按照制造方法分为不锈钢焊接钢管和不锈钢无缝钢管两类。目前建筑用不锈钢管主要是薄壁焊缝管,其工作压力≤1.6 MPa,工作温度可在－20～110 ℃之间。

1.2.1.2 钢管附件

1. 附件的类型

在建筑设备工程中,钢管附件包含多种类型,如管接头、弯头、三通、四通、管堵头、封盖等,这些类型是基于其结构形状、作用以及连接方式的不同而定义的。其中,管接头用于将两根钢管连接起来,按照连接的方式不同,分为螺纹接头、焊接接头、法兰接头等形式。弯头用于改变管道的方向,根据弯曲的角度不同,可以分为45°、90°等多种规格。三通和四通则分别用来使管线分叉或汇合,依据分支管的位置不同,分为正三通、斜三通、等径四通和异径四通等。管堵头和封盖主要用于钢管末端的封闭,防止介质泄漏,管堵头通常用于永久性封闭，而封盖则更多用于检修时的临时封闭。

由于大直径钢管多采用焊接或法兰连接，其配件种类较少；小直径焊接钢管一般采用螺纹连接，其配件种类齐全。按照用途划分的螺纹连接管子配件的6种类型如表1.9所示。

表1.9 常用螺纹连接管子配件的类型

序号	名称	用途
1	管箍、外丝(对丝)	延长
2	三通(丁字管)、四通(十字管)	分支
3	90°弯头、45°弯头、元宝弯	转弯、跨越
4	根母、活接头(由任)、带螺纹法兰盘	接点碰头
5	变径接头(补芯)、异径管(大小头)	变径
6	丝堵、管堵头	堵口

常用螺纹连接的管子配件如图1.3所示。

除以上附件外，为了实现管道系统的调节、密封、支撑等功能，还需要各种阀门、补偿器、法兰垫片、填料、支架、吊架等辅助性附件。阀门控制流体的流通与关闭，按照操作方式可分为手动阀门和自动阀门；按照功能不同又可分为截止阀、球阀、蝶阀等。补偿器可以吸收由温度变化引起的管道长度变化。法兰垫片位于法兰之间，填料用于螺纹连接的内外螺纹间，均能起到密封的作用，防止介质泄漏。支架和吊架则是用来支撑管道，保持管道的稳定性，避免由于重力或其他外力而导致管道位移或变形。

2. 附件的材质

钢管附件的材质应当具备足够的强度和韧性、良好的耐腐蚀性、便于安装，经济适用的特点。常用的钢管附件材质包括碳钢、不锈钢等。根据碳钢管件是否镀锌，分为白铁(镀锌)管件和黑铁(非镀锌)管件。

3. 附件的规格

钢管螺纹连接的管子配件的规格：以公称直径来表示，管道连接中管子配件的公称直径应与钢管的公称直径一致。

三通的规格：同径三通的三个接口的公称直径相同，可用一个数值或三个数值表示，如三个接口均为DN20的三通，可表示为⊥20或⊥20×20×20。异径三通的直通部分管子接口直径与分支接口管径不同，其规格可表示为⊥25×20，表示的是直通管公称直径为DN25，支管公称直径为DN20的异径三通。

变径管的规格：变径管俗称大小头，其规格用大头直径×小头直径来表示，如变径25×20。

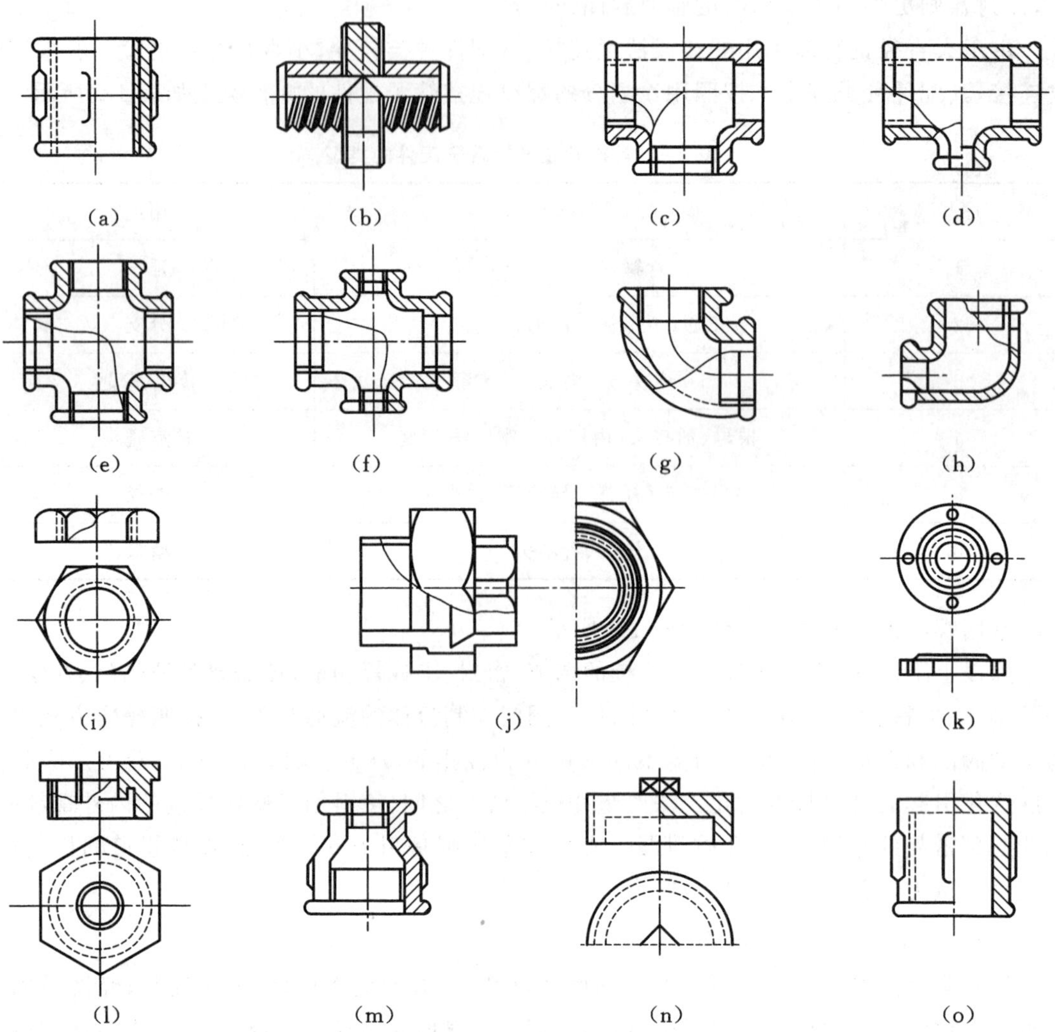

图 1.3 常用螺纹连接的管子配件

(a)管箍(管接头);(b)对丝;(c)同径三通;(d)异径三通;(e)同径四通;
(f)异径四通;(g)同径弯头;(h)异径弯头;(i)根母;(j)活接头;
(k)带螺纹法兰盘;(l)补芯;(m)大小头;(n)丝堵;(o)管堵头

1.2.2 铜管及其附件

铜管是建筑设备中较为常用的一种管道材料,铜管的规格用外径×壁厚表示。铜管根据制造方式不同,分为拉制铜管和挤制铜管两种,拉制铜管尺寸规格一般多为小口径,挤制铜管多为大口径。根据材料不同,铜管可分为紫铜管、黄铜管和青铜管。因为铜的导热性能好,紫铜管常用于制氧、空调制冷、高纯水制备等管路系统;黄铜管用于制造工业过程中的导管、散热器、冷凝器管等;青铜管主要用于制造耐磨、耐腐蚀和高强度的管件或弹簧管。无缝紫铜管常用于建筑设备工程中的给水管、热水管、饮用水管等。无缝紫铜管按硬度分为硬态(Y)、半硬态(Y2)、软态(M)三种。铜管的壁厚越厚,硬度越高,其承压能力越强。

铜管具有耐腐蚀、耐压强度高、韧性好、延展性高、耐低温、耐高温、致密性强、电化学性能稳定等优点,但其线膨胀系数比钢管大,作为热水干管使用时,要有防热胀冷缩的技术措施。

铜管配件的用途与钢管配件类似,铜管配件的类型与铜管的连接方式相适应,不同的连接方式有其相应的配件。铜管螺纹连接的配件与钢管螺纹连接的配件基本相同。

1.2.3 铸铁管及管件

铸铁又称生铁,是含碳量大于2.1%的铁碳合金,防腐性能较好。铸铁管的规格用公称直径DN表示,常用规格有DN75、DN100、DN125、DN150和DN200等。

铸铁管优点是耐腐蚀,经久耐用;缺点是材质脆,焊接、套丝、煨弯困难,不能承受较大动荷载,多用于腐蚀性介质和给水排水工程中。建筑设备工程中常用的铸铁管采用灰口铸铁和球墨铸铁铸造而成,根据其用途分为给水铸铁管和排水铸铁管。

1.2.3.1 给水铸铁管及管件

1. 给水铸铁管

目前,市政给水用的铸铁管材质可选择球墨铸铁。铸铁管大口端叫作“承口”,小口端(与直管段同径)叫作“插口”。铸铁管按工作压力分为低压管、普压管和高压管,其工作压力分别不大于0.45 MPa、0.75 MPa和1.0 MPa,实际选用时应根据管道的工作压力来选择。按铸造方法不同,铸铁管分为连续(非离心)铸铁管和离心铸铁管,其中离心铸铁管又分为砂型和金属型两种。

(1) 连续铸铁管

连续铸铁管即连续浇铸的管,材质有灰口铸铁和球墨铸铁。连续灰口铸铁管执行标准《连续铸铁管》(GB/T 3422—2008),按其壁厚分为LA、A、B三级,其有效长度有4000 mm、5000 mm、6000 mm三种。规格表达由壁厚级别、公称尺寸、有效长度表示。例如:公称尺寸为DN300,壁厚为A级,有效长度为5000 mm的灰口铸铁管,其规格标记为A-300-5000。部分连续灰口铸铁管规格如表1.10所示。

表1.10 部分连续灰口铸铁管规格

公称尺寸	外径/mm	壁厚/mm		
		LA级	A级	B级
DN75	93.0	9.0	9.0	9.0
DN100	118.0	9.0	9.0	9.0
DN150	169.0	9.0	9.2	10.0

续表1.10

公称尺寸	外径/mm	壁厚/mm		
		LA 级	A 级	B 级
DN200	220.0	9.2	10.1	11.0
DN250	271.6	10.0	11.0	12.0
DN300	322.8	10.8	11.9	13.0
DN350	374.0	11.7	12.8	14.0
DN400	425.6	12.5	13.8	15.0
DN450	476.8	13.3	14.7	16.0
DN500	528.0	14.2	15.6	17.0
DN600	630.8	15.8	17.4	19.0

注：本表摘自《连续铸铁管》(GB/T 3422—2008)。

球墨铸铁管执行标准为《水及燃气用球墨铸铁管、管件和附件》(GB/T 13295—2019)，根据标准规定，球墨铸铁管与管件的公称壁厚按公称直径 DN 的函数关系计算，公式如下：

$$e=K(0.5+0.001\mathrm{DN}) \tag{1-1}$$

式中 e——公称壁厚，mm；

K——壁厚级别系数，取 9、10、11、12；

DN——公称直径，mm。

管道规格由壁厚级别和公称尺寸表示。例如：公称尺寸 DN300，壁厚为 K9 级的球墨铸铁管，其规格标记为 DN300(K9)。部分球墨铸铁管规格如表 1.11 所示。

表 1.11　部分球墨铸铁管规格

公称尺寸	外径/mm	壁厚/mm		
		K9 级	K10 级	K11 级
DN80	98	6(7)	6(7)	6.38
DN100	118	6(7)	6(7)	6.6
DN150	170	6(7)	6.5	7.15
DN200	222	6.3	7	7.7
DN250	271	6.75	7.5	8.25
DN300	326	7.2	8	8.8
DN350	378	7.65	8.5	9.35
DN400	429	8.1	9	9.9

续表1.11

公称尺寸	外径/mm	壁厚/mm		
		K9 级	K10 级	K11 级
DN450	480	8.55	9.5	10.45
DN500	532	9	10	11
DN600	635	9.9	11	12.1

注：离心球墨铸铁管最小公称壁厚为 6 mm，非离心球墨铸铁管最小公称壁厚为 7 mm（表中括号内数值）。

（2）离心铸铁管

离心铸铁管主要材质为球墨铸铁，采用金属型离心机铸造，执行标准为《水及燃气用球墨铸铁管、管件和附件》（GB/T 13295—2019）。砂型离心铸铁管壁厚较薄，壁厚分为 P、G 两级，主要用于燃气供应系统。

2. 给水铸铁管件

铸铁管件就是连接铸铁管的构件，铸铁管件有三通、弯管、异径管、短管、四通、管箍等构件。连接方式有承插式和法兰式两种。灰口铸铁管件执行《灰口铸铁管件》（GB/T 3420—2008）标准；球墨铸铁管件执行《水及燃气用球墨铸铁管、管件和附件》（GB/T 13295—2019）标准。异型管件承插口断面如图 1.4 所示，法兰盘断面如图 1.5 所示，常见的给水铸铁管件如图 1.6 所示。

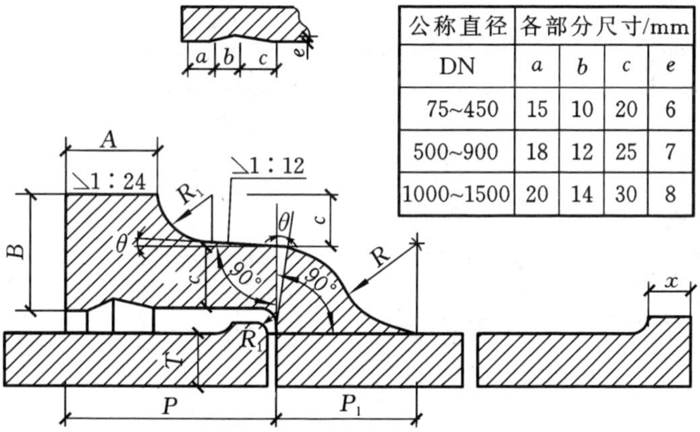

公称直径	各部分尺寸/mm			
DN	a	b	c	e
75~450	15	10	20	6
500~900	18	12	25	7
1000~1500	20	14	30	8

图 1.4 异型管件承插口断面

1.2.3.2 排水铸铁管及管件

1. 排水铸铁管

排水铸铁管为非承压管材，用普通铸铁铸造而成，内表面较为粗糙，管壁比给水铸铁管薄，壁厚为 5～7 mm，公称直径为 50～600 mm，管长 1.5 m，常被用在重力流体、生活污水、生产废水、多层建筑的雨雪水的排放中。铸铁管的标称用公称内径表示。常见的排水铸铁管件如图 1.7 所示。

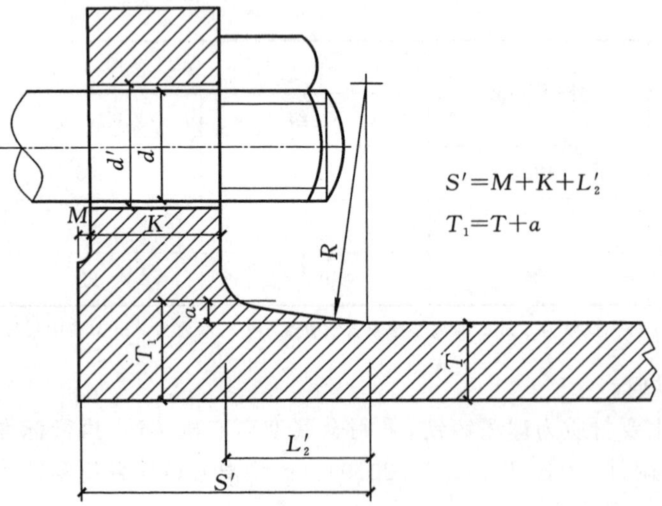

图 1.5　法兰盘断面

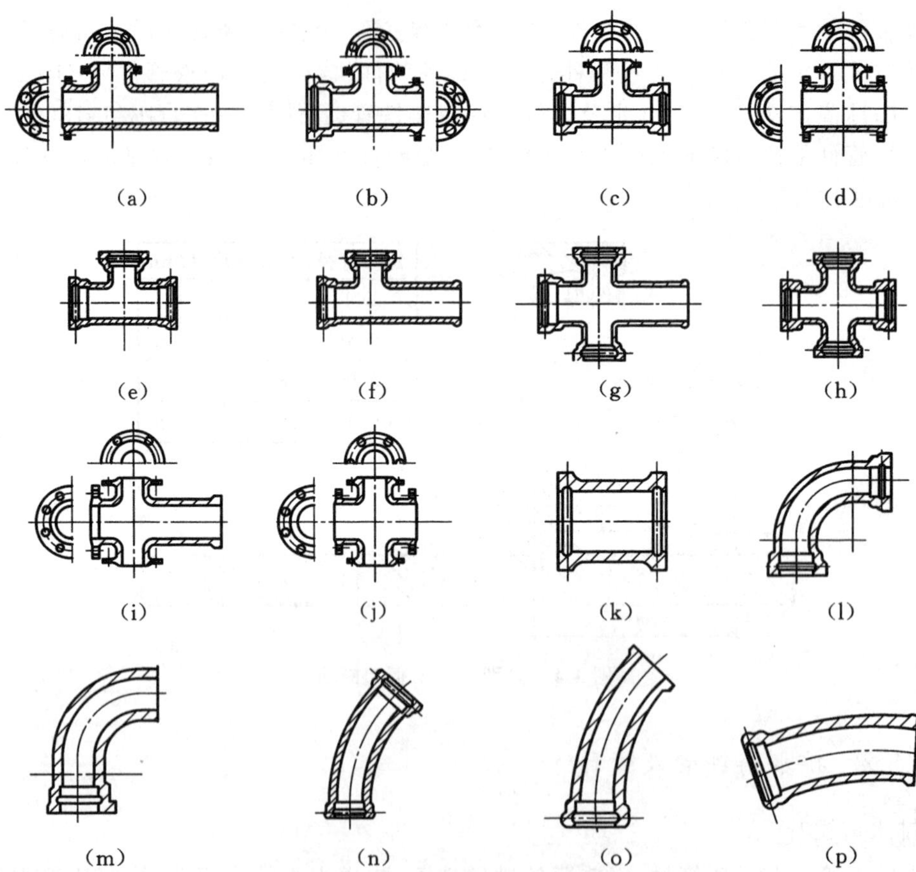

图 1.6　常见的给水铸铁管件

(a)双盘三通；(b)单承双盘三通；(c)双承单盘三通；(d)三盘三通；(e)三承三通；(f)双承三通；(g)三承四通；(h)四承四通；(i)三盘四通；(j)四盘四通；(k)铸铁管箍；(l) 90°双承插；(m)90°承插弯管；(n)45°双承弯管；(o)45°承插弯管；(p)22.5°承插弯管

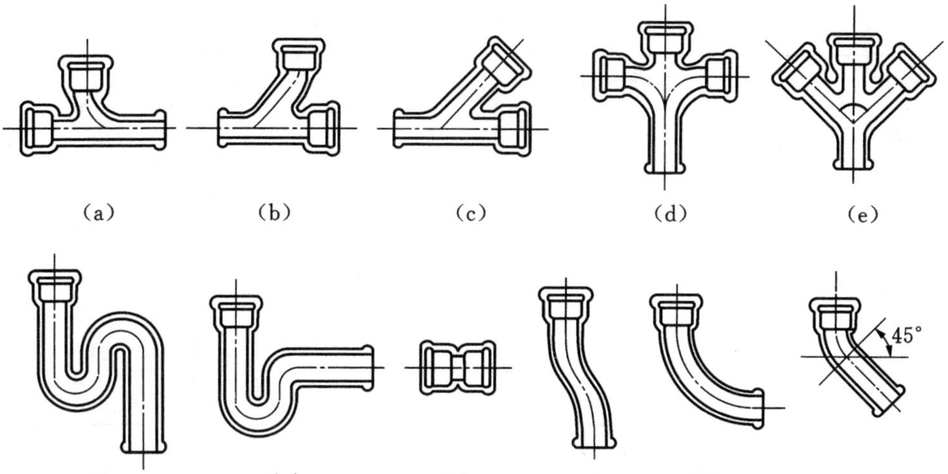

图 1.7 常见的排水铸铁管件

(a)T 形三通;(b)TY 形三通;(c)45°三通;(d)正四通;(e)斜四通;(f)S 形存水弯;(g)P 形存水弯;(h)管箍;(i)乙字弯;(j)90°弯头;(k)45°弯头

目前,建筑排水广泛应用柔性接口铸铁管,其管壁薄、质量轻、装拆方便,适合高层建筑和有抗震要求的排水系统。其柔性接口方式分为机械式(有 A 型、B 型两种类型)和卡箍式(有 W 型、W1 型两种类型)两大类。机械式 A 型连接所使用的管子是一端带有承口的直管,A 型接口铸铁直管规格如表 1.12 所示;B 型连接与 W 型连接所使用管材相同,均为管端带外凸缘的平口直管。卡箍式连接 W 型、W1 型所用的直管端端口外边缘有区别,W 型使用的管子管端口外边有凸缘,W1 型则没有。W 型接口铸铁直管规格如表 1.13 所示,W1 型接口铸铁直管规格如表 1.14 所示。

表 1.12 A 型接口铸铁直管规格

公称尺寸	外径/mm	壁厚/mm	
		A 级	B 级
DN50	61	4.5	5.5
DN75	86	5.0	5.5
DN100	111	5.0	5.5
DN125	137	5.5	6.0
DN150	162	5.5	6.0
DN200	214	6.0	7.0
DN250	268	7.0	7.0
DN300	318	7.0	7.0

注:本表摘自《排水用柔性接口铸铁管、管件及附件》(GB/T 12772—2016)。

表 1.13　W 型接口铸铁直管规格

公称尺寸	外径/mm	壁厚/mm
DN50	61	4.3
DN75	86	4.4
DN100	111	4.8
DN125	137	4.8
DN150	162	4.8
DN200	214	5.8
DN250	268	6.4
DN300	318	7.0

注：本表摘自《排水用柔性接口铸铁管、管件及附件》(GB/T 12772—2016)。

表 1.14　W1 型接口铸铁直管规格

公称尺寸	外径/mm	壁厚/mm	
		标准	最小
DN50	58	3.5	3.0
DN75	83	3.5	3.0
DN100	110	3.5	3.0
DN125	136	4.0	3.5
DN150	161	4.0	3.5
DN200	213	5.0	4.0
DN250	268	5.5	4.5
DN300	318	6.0	5.0

注：本表摘自《排水用柔性接口铸铁管、管件及附件》(GB/T 12772—2016)。

2. 排水铸铁管件

柔性连接铸铁排水管件与其连接方式相适应，不同的连接方式管件尺寸不尽相同。A 型管件的外径和壁厚与其直管相同。对于公称尺寸 DN50～DN300，A 型管件壁厚为 4.5～7.0 mm；W 型管件分为 A 级和 B 级，A 级管件壁厚为 4.5～7.0 mm，B 级管件壁厚为 5.0～7.0 mm；W1 型管件中标准管件壁厚为 4.2～8.0 mm，最小管件壁厚为 3.0～5.0 mm。柔性接口的排水铸铁管件按标准《排水用柔性接口铸铁管、管件及附件》(GB/T 12772—2016)的规定执行。

1.3 塑料管材

塑料管材是用塑料材质制成的管子的统称。塑料管材是目前建筑设备工程中应用十分广泛的管材。塑料管材具有优异的电绝缘性能；较强的抗化学腐蚀性能，使用寿命比钢管长；内壁光滑，输送流体摩擦阻力小；材质轻，搬运方便；导热系数比钢管小，外壁不易结露；等等优点。但塑料管材其机械强度较低，受温度影响很大，线膨胀系数较大，热胀冷缩变形大。在工程中要结合其特点来选择和使用。

1.3.1 塑料管材的标准

1.3.1.1 额定压力

管道在选定使用温度和寿命下所允许的压力，称为额定压力，用 P 表示，单位为 MPa。

1.3.1.2 标准尺寸比

管子的工程外径与管子的壁厚之比，称为标准尺寸比，用字母 SDR 来表示。

$$\mathrm{SDR}=d_n/e_n \tag{1-2}$$

式中 d_n——工程外径，mm；

e_n——管子壁厚，mm。

例如：SDR12 表示管子外径是管子壁厚的 12 倍。

1.3.1.3 管系列

管子的许用环应力与额定压力之比，用字母 S 来表示，一般有 S10、S8、S6.3、S5、S4、S3.2、S2.5、S2 等系列。

管系列 S 与标准尺寸比 SDR 有如下关系：

$$\mathrm{S}=(\mathrm{SDR}-1)/2=(d_n/e_n-1)/2 \tag{1-3}$$

从上式可以看出，管系列 S 数值越小，标准尺寸比 SDR 越小，同一工程外径的管道其壁厚 e_n 越厚。

1.3.1.4 塑料管规格表示

塑料管规格表示采用国家标准，用管系列 S 公称外径×壁厚来表示。

例如：对于管系列为 S5，公称外径为 25 mm，壁厚为 2.3 mm 的塑料管，可以表示为 S5 25×2.3。施工图设计中习惯用 De25 或 De25×2.3 来表示，前者 De25 应用得更为广泛。

1.3.2 塑料管材的种类

塑料管材的种类繁多，按照其材质的软硬程度可分为硬塑料管和软塑料管两类。

在建筑设备安装工程中常用的硬塑料管有硬聚氯乙烯（UPVC）管材、氯化聚氯乙烯（CPVC）管材；常用的软塑料管有聚乙烯（PE）管材、交联聚乙烯（PE-X）管材、耐热聚乙烯（PE-RT）管材、无规共聚聚丙烯（PP-R）管材和聚丁烯（PB）管材。

1.3.2.1 硬聚氯乙烯（UPVC）管材

硬聚氯乙烯（UPVC 或 PVC-U）是一种热塑性塑料，硬聚氯乙烯管材是以聚氯乙烯树脂（PVC）为主要原料，添加稳定剂、润滑剂、填充剂、增色剂等，经塑料挤出机挤出成型或注塑机注塑成型的硬质管材。塑料管的公称直径为管道外径，长度一般为 4 m、6 m、8 m、12 m，也可按需定制。

该管材具有优良的耐腐蚀性、电绝缘性和阻燃性，质量轻、硬度高、流体输送阻力小、吸水性低、易焊接、价格低廉等优点，但其机械强度低、线膨胀系数大、韧性差。气温较低时，材质呈脆性；介质温度较高时，管道刚度显著降低。其使用温度不应超过 40 ℃。该管材主要用于排水、给水、落水、排污、穿线、通风等方面。给水用硬聚氯乙烯管材和管件执行《给水用硬聚氯乙烯（PVC-U）管材》（GB/T 10002.1—2023）标准，管材规格如表1.15所示。

表 1.15 给水用硬聚氯乙烯（PVC-U）管材规格

公称外径 d_n/mm	公称壁厚 e_n/mm							
	管系列							
	S20	S16	S12.5	S10	S8	S6.3	S5	S4
	标准尺寸比							
	SDR41	SDR33	SDR26	SDR21	SDR17	SDR13.6	SDR11	SDR9
20	—	—	—	—	—	—	2.0	2.3
25	—	—	—	—	—	2.0	2.3	2.8
32	—	—	—	—	2.0	2.4	2.9	3.6
40	—	—	—	2.0	2.4	3.0	3.7	4.5
50	—	—	2.0	2.4	3.0	3.7	4.6	5.6
63	—	2.0	2.5	3.0	3.8	4.7	5.8	7.1
75	—	2.3	2.9	3.6	4.5	5.6	6.8	8.4
90	—	2.8	3.5	4.3	5.4	6.7	8.2	10.1

续表1.15

公称外径 d_n/mm	公称壁厚 e_n/mm							
	管系列							
	S20	S16	S12.5	S10	S8	S6.3	S5	S4
	标准尺寸比							
	SDR41	SDR33	SDR26	SDR21	SDR17	SDR13.6	SDR11	SDR9
110	2.7	3.4	4.2	5.3	6.6	8.1	10.0	—
125	3.1	3.9	4.8	6.0	7.4	9.2	11.4	—
140	3.5	4.3	5.4	6.7	8.3	10.3	12.7	—
160	4.0	4.9	6.2	7.7	9.5	11.8	14.6	—
180	4.4	5.5	6.9	8.6	10.7	13.3	16.4	—
200	4.9	6.2	7.7	9.6	11.9	14.7	18.2	—
225	5.5	6.9	8.6	10.8	13.4	16.6	—	—
250	6.2	7.7	9.6	11.9	14.8	18.4	—	—

注：本表摘自《给水用硬聚氯乙烯(PVC-U)管材》(GB/T 10002.1—2023)。

排水用硬聚氯乙烯管材执行《建筑排水用硬聚氯乙烯(PVC-U)管材》(GB/T 5836.1—2018)标准，管材平均外径、壁厚和不圆度如表1.16所示。

表1.16 排水用硬聚氯乙烯(PVC-U)管材平均外径、壁厚和不圆度

公称外径/mm	最小平均外径/mm	最大平均外径/mm	公称壁厚/mm	不圆度/mm
50	50.0	50.2	2.0	≤1.2
75	75.0	75.3	2.3	≤1.8
90	90.0	90.3	3.0	≤2.2
110	110.0	110.3	3.2	≤2.6
125	125.0	125.3	3.2	≤3.0
160	160.0	160.4	4.0	≤3.8
200	200.0	200.5	4.9	≤4.8
250	250.0	250.5	6.2	≤6.0

注：本表摘自《建筑排水用硬聚氯乙烯(PVC-U)管材》(GB/T 5836.1—2018)。

1.3.2.2 聚乙烯(PE)管材

聚乙烯(PE)管材质量轻,柔韧性好;耐一般的酸、碱侵蚀,防腐性能好,使用寿命长;内壁光滑、流动阻力小;无毒无味,符合饮用水卫生指标;管道口径范围大。但是其熔点低、耐热性能差,工作温度不宜超过 40 ℃。聚乙烯管材长度一般为 6 m、9 m、12 m。聚乙烯管材的连接方式采用的是热熔和电熔连接,由于聚乙烯对多种溶剂有很好的化学稳定性,不能采用粘接的连接方式。给水用聚乙烯(PE)管材应使用 PE80 或 PE100 级混配料,混配料应符合《给水用聚乙烯(PE)管道系统 第 2 部分:管材》(GB/T 13663.2—2018)的要求,部分管材规格如表 1.17 所示。

表 1.17 部分给水用聚乙烯(PE)管材规格

公称外径 d_n/mm	公称壁厚 e_n/mm							
	管系列							
	S4	S5	S6.3	S8	S10	S12.5	S16	S20
	标准尺寸比							
	SDR9	SDR11	SDR13.6	SDR17	SDR21	SDR26	SDR33	SDR41
	PE80 级公称压力/MPa							
	1.6	1.25	1.0	0.8	0.6	0.5	0.4	0.32
	PE100 级公称压力/MPa							
	2.0	1.6	1.25	1.0	0.8	0.6	0.5	0.4
20	2.3	2.3	—	—	—	—	—	—
25	3.0	2.3	2.3	—	—	—	—	—
32	3.6	3.0	2.4	2.3	—	—	—	—
40	4.5	3.7	3.0	2.4	2.3	—	—	—
50	5.6	4.6	3.7	3.0	2.4	2.3	—	—
63	7.1	5.8	4.7	3.8	3.0	2.5	—	—
75	8.4	6.8	5.6	4.5	3.6	2.9	—	—
90	10.1	8.2	6.7	5.4	4.3	3.5	—	—
110	12.3	10.1	8.1	6.6	5.3	4.2	—	—
125	14.0	11.4	9.2	7.4	6.0	4.8	—	—
140	15.7	12.7	10.3	8.3	6.7	5.4	—	—
160	17.9	14.6	11.8	9.5	7.7	6.2	—	—
180	20.1	16.4	13.3	10.7	8.6	6.9	—	—

注:本表摘自《给水用聚乙烯(PE)管道系统 第 2 部分:管材》(GB/T 13663.2—2018)。

聚乙烯(PE)管通常有低密度聚乙烯(LDPE)管、中密度聚乙烯(MDPE)管和高密度聚乙烯(HDPE)管三种。低密度聚乙烯管主要用于给水、灌溉工程,也可用作饮用水管道以及电力、电缆、邮电通信线路的保护套管等。中密度聚乙烯(MDPE)管广泛用作城市燃气及供水管道,也可用作地源热泵系统的埋地换热管道,小管径可用于室内低温热水地面辐射供暖或辐射供冷管道;高密度聚乙烯(HDPE)双壁波纹管是一种用料省、刚性大、弯曲性优良,具有波纹状外壁、光滑内壁的管材。双壁波纹管较同规格、同强度的普通管可省料40%,具有较强的抗冲击、抗压的特性,因此发展较快,在许多国家的许多领域中已经取代了钢管、铸铁管、水泥管、石棉管和普通塑料管,成为给水管、污水管、地下电缆管和农业排灌管的替代产品。常用高密度聚乙烯(HDPE)双壁波纹管规格见表1.18。

表1.18 常用高密度聚乙烯(HDPE)双壁波纹管规格

规格	DN500	DN600	DN800	DN1000
平均内径 d/mm	500	600	800	1000
平均外径 d_n/mm	570	685	955	1200
承口深度 L_s/mm	240	250	260	280
承口内径 D/mm	575	691	963	1207

1.3.2.3 交联聚乙烯(PE-X)管材

交联聚乙烯(PE-X)管材是在聚乙烯内添加交联剂,使聚乙烯分子交联而得到的。

PE-X管材的优点:抗化学腐蚀性能好、使用的温度范围广(−70～110 ℃)、不结垢,具有良好的记忆性能,无毒、无味,是一种绿色环保管材。缺点:PE-X管材一般只有小口径管(管径20～63 mm),大口径管价格昂贵,原因在于管道在交联过程中会消耗大量能源;PE-X管的连接一般用夹紧式或卡环式铜制接头,配件成本较高;管材的线膨胀系数比较大。

PE-X管材主要用于建筑物内冷热水系统,如室内给水系统、热水供应系统、纯净水输送系统、中央空调管道系统、地面辐射供暖系统以及太阳能热水器系统等。PE-X管材规格如表1.19所示。

表1.19 交联聚乙烯(PE-X)管材规格

公称外径 d_n/mm	平均外径		最小壁厚 e_n/mm			
	最小外径 $d_{em\cdot min}$/mm	最大外径 $d_{em\cdot max}$/mm	管系列			
			S6.3	S5	S4	S3.2
16	16.0	16.3	1.8[a]	1.8[a]	1.8	2.2
20	20.0	20.3	1.9[a]	1.9	2.3	2.8
25	25.0	25.3	1.9	2.3	2.8	3.5

续表1.19

公称外径 d_n/mm	平均外径		最小壁厚 e_n/mm			
	最小外径 $d_{em \cdot min}$/mm	最大外径 $d_{em \cdot max}$/mm	管系列			
			S6.3	S5	S4	S3.2
32	32.0	32.3	2.4	2.9	3.6	4.4
40	40.0	40.4	3.0	3.7	4.5	5.5
50	50.0	50.5	3.7	4.6	5.6	6.9
63	63.0	63.6	4.7	5.8	7.1	8.6
75	75.0	75.7	5.6	6.8	8.4	10.3
90	90.0	90.9	6.7	8.2	10.1	12.3
110	110.0	111.0	8.1	10.0	12.3	15.1
125	125.0	126.2	9.2	11.4	14.0	17.1
140	140.0	141.3	10.3	12.7	15.7	19.2
160	160.0	161.5	11.8	14.6	17.9	21.9

注:① 摘自《冷热水用交联聚乙烯(PE-X)管道系统 第2部分:管材》(GB/T 18992.2—2003)。

② 表中a表示考虑到刚性与连接的要求,该厚度不按管系列计算。

1.3.2.4 耐热聚乙烯(PE-RT)管材

耐热聚乙烯(PE-RT)管材是一种采用乙烯和辛烯共聚的方法合成的一种中密度聚乙烯。

PE-RT管材的优点:具有良好的导热性能,导热性与PE-X管材相当,远高于PP-R和PB管材;具有优异的柔韧性,该管材刚中带柔,是地热盘管的优选管材;使用寿命长,在工作温度70 ℃、工作压力0.4 MPa的条件下,可安全使用50年以上;具有优越的耐低温性能,最低环境温度可达-70 ℃;管材无毒、无味,可回收再利用,环保性能好。缺点:线膨胀系数大,管径较小。

耐热聚乙烯管材主要用作地板辐射供暖系统中的加热盘管,也可用于饮用水管道系统及冷热水给水系统和散热器供暖系统。耐热聚乙烯管材连接方式采用的是热熔连接。

1.3.2.5 无规共聚聚丙烯(PP-R)管材

无规共聚聚丙烯(PP-R)管材是采用石油炼制厂的丙烯气体为原料聚合而成的一种热塑性塑料,是冷热水管道的理想材料。

PP-R管材的优点:具有较好的耐热性,最高工作温度可达95 ℃;耐腐蚀、不结垢;使用寿命长,PP-R管材在工作温度70 ℃,工作压力1.0 MPa条件下,使用寿命可达50年以上;若在常温20 ℃下使用,寿命可达100年以上;无毒、卫生、保温、节能,其导热系数仅为钢管的 1/200;安装方便、连接可靠;管材可回收再利用。缺点:刚韧性较差、线膨胀系数大。

PP-R 管材的用途广泛,可用于民用和工业建筑内的冷热水、饮用水、净水供应系统,低温热水供暖系统、空调系统等。其连接方式可采用热熔连接和电熔连接。部分管材规格如表 1.20 所示。

表 1.20 部分无规共聚聚丙烯(PP-R)管材规格

公称外径 d_n/mm	平均外径		最小壁厚 e_n/mm					
	最小外径 $d_{em,min}$/mm	最大外径 $d_{em,max}$/mm	管系列					
			S6.3	S5	S4	S3.2	S2.5	S2
16	16.0	16.3	—	—	2.0	2.2	2.7	3.3
20	20.0	20.3	—	2.0	2.3	2.8	3.4	4.1
25	25.0	25.3	2.0	2.3	2.8	3.5	4.2	5.1
32	32.0	32.3	2.4	2.9	3.6	4.4	5.4	6.5
40	40.0	40.4	3.0	3.7	4.5	5.5	6.7	8.1
50	50.0	50.5	3.7	4.6	5.6	6.9	8.3	10.1
63	63.0	63.6	4.7	5.8	7.1	8.6	10.5	12.7
75	75.0	75.7	5.6	6.8	8.4	10.3	12.5	15.1
90	90.0	90.9	6.7	8.2	10.1	12.3	15.0	18.1
110	110.0	111.0	8.1	10.0	12.3	15.1	18.3	22.1
125	125.0	126.2	9.2	11.4	14.0	17.1	20.8	25.1
140	140.0	141.3	10.3	12.7	15.7	19.2	23.3	28.1
160	160.0	161.5	11.8	14.6	17.9	21.9	26.6	32.1
180	180.0	181.7	13.3	16.4	20.1	24.6	29.0	36.1
200	200.0	201.8	14.7	18.2	22.4	27.4	33.2	40.1

注:本表摘自《冷热水用聚丙烯管道系统 第 2 部分:管材》(GB/T 18742.2—2017)。

1.3.2.6 聚丁烯(PB)管材

聚丁烯(PB)管材是由聚丁烯树脂添加适量辅助剂,经挤压成型的热塑性管材。

PB 管材的优点:稳定性好,使用寿命长,作为地下埋设管道时,其正常使用寿命可达 50 年;强度高,具有独特的抗变性能;使用温度范围广(−70～110 ℃),长期使用温度为 95 ℃;柔软性好,可用作地热盘管,其施工操作简便。缺点:管径较小,管材产量小,价格较高。

PB 管材主要用于建筑冷热水供应系统、低温热水地面辐射供暖系统及燃气供应系统等。其连接方式可采用热熔连接和电熔连接。部分管材规格如表 1.21 所示。

表 1.21 部分冷热水用聚丁烯(PB)管材规格

公称外径 d_n/mm	平均外径		最小壁厚 e_n/mm					
	最小外径 $d_{em \cdot min}$/mm	最大外径 $d_{em \cdot max}$/mm	管系列					
			S10	S8	S6.3	S5	S4	S3.2
12	12.0	12.3	1.3	1.3	1.3	1.3	1.4	1.7
16	16.0	16.3	1.3	1.3	1.3	1.5	1.8	2.2
20	20.0	20.3	1.3	1.3	1.5	1.9	2.3	2.8
25	25.0	25.3	1.3	1.5	1.9	2.3	2.8	3.5
32	32.0	32.3	1.5	1.9	2.4	2.9	3.6	4.4
40	40.0	40.4	1.9	2.4	3.0	3.7	4.5	5.5
50	50.0	50.5	2.4	3.0	3.7	4.6	5.6	6.9
63	63.0	63.6	3.0	3.8	4.7	5.8	7.1	8.6
75	75.0	75.7	3.6	4.5	5.6	6.8	8.4	10.3
90	90.0	90.9	4.3	5.4	6.7	8.2	10.1	12.3
110	110.0	110.0	5.3	6.6	8.1	10.0	12.3	15.1
125	125.0	126.2	6.0	7.4	9.2	11.4	14.0	17.1
140	140.0	141.3	6.7	8.3	10.3	12.7	15.7	19.2
160	160.0	161.5	7.7	9.5	11.8	14.6	17.9	21.9
180	180.0	181.7	8.6	10.7	13.3	16.4	20.1	24.6
200	200.0	201.8	9.6	11.9	14.7	18.2	22.4	27.4
225	225.0	227.1	10.8	13.4	16.6	20.5	25.2	30.8
250	250.0	252.3	11.9	14.8	18.4	22.7	27.9	34.2

注:本表摘自《冷热水用聚丁烯(PB)管道系统 第 2 部分:管材》(GB/T 19473.2—2020)。

1.4 复合管材

复合管材是由两种或两种以上材料复合而成,常用的有铝塑复合管材、钢塑复合管材和钢丝网骨架聚乙烯复合管。

1.4.1 铝塑复合管材

铝塑复合管是以聚乙烯、交联聚乙烯、耐热聚乙烯或无规共聚聚丙烯为内层或外层，以铝管为中间层，经热熔黏合复合而成的一种管道。铝塑复合管可用于冷热水、供暖、建筑燃气供应系统等。

铝塑复合管材的基本构成由内而外依次为塑料、热熔胶、铝合金、热熔胶、塑料。按铝管焊接制作工艺的不同，分为铝管对接焊式铝塑管和铝管搭接焊式铝塑管，两种管道的结构如图 1.8 所示。

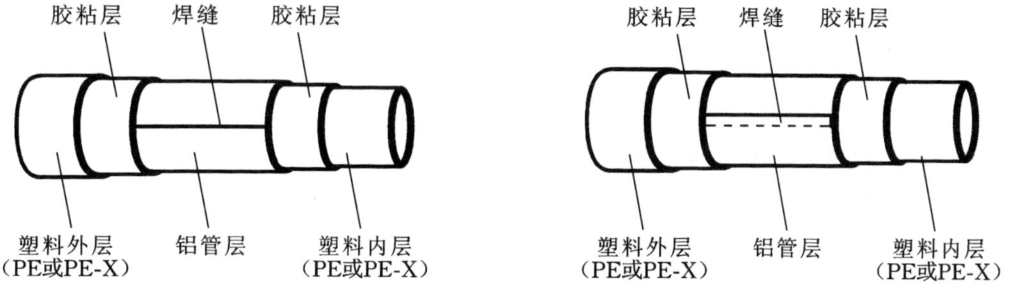

图 1.8 铝塑复合管结构图

(a)铝管对接焊式铝塑管；(b)铝管搭接焊式铝塑管

对接焊式铝塑复合管的铝层较厚，铝管完全封闭，强度高，管道系统更安全。搭接焊式铝塑复合管的铝层较薄，金属的特性要比对接焊差。一般而言，对接焊式铝塑管的适用压力和温度较搭接焊式铝塑管要高。

搭接焊式铝塑复合管按国家标准《铝塑复合压力管 第 1 部分：铝管搭接焊式铝塑管》(GB/T 18997.1—2020)执行，该复合管按复合组分的材料不同，分为 PAP、XPAP、RPAP 和 PPAP 四类。PAP 的塑料层为聚乙烯；XPAP 的塑料层为交联聚乙烯；RPAP 的塑料层为耐热聚乙烯；PPAP 的塑料层为无规共聚聚丙烯。PAP、XPAP、RPAP 可以盘卷式或直管式供货，卷管长度宜为 100 m 或 200 m，直管长度宜为 4 m 或 6 m；PPAP 宜为直管式供货，直管长度宜为 4 m 或 6 m。PAP、XPAP、RPAP 搭焊铝塑管尺寸要求参见表 1.22，PPAP 搭焊铝塑管尺寸要求参见表 1.23。

管材外层宜采用以下颜色(也可由供需双方商定其他颜色)，识别不同用途：

① 冷水用搭焊铝塑管：蓝色或白色；

② 冷热水用搭焊铝塑管：橙色；

③ 燃气用搭焊铝塑管：黄色；

④ 压缩空气用搭焊铝塑管：灰色；

⑤ 特种流体用搭焊铝塑管：紫色。

表 1.22　PAP、XPAP、RPAP 搭焊铝塑管尺寸要求

公称外径 /mm	参考内径 /mm	总壁厚 /mm	公称外径 /mm	参考内径 /mm	总壁厚 /mm
12	8.3	1.6	32	25.7	2.9
14	10.1	1.6	40	31.6	3.9
16	12.1	1.7	50	40.5	4.4
20	15.7	1.9	60	50.5	5.8
25	19.9	2.3	75	59.3	7.3

注：本表摘自《铝塑复合压力管 第 1 部分：铝管搭接焊式铝塑管》(GB/T 18997.1—2020)。

表 1.23　PPAP 搭焊铝塑管尺寸要求(管系列 S3.2)

公称外径 /mm	参考内径 /mm	总壁厚 /mm	公称外径 /mm	参考内径 /mm	总壁厚 /mm
20	14.2	2.8	50	35.7	6.9
25	17.7	3.5	60	45.1	8.6
32	22.8	4.4	75	53.6	10.3
40	28.5	5.5			

注：本表摘自《铝塑复合压力管 第 1 部分：铝管搭接焊式铝塑管》(GB/T 18997.1—2020)。

铝塑复合管的优点：具有良好的耐腐蚀性，卫生性能优异，抗老化性能好，使用寿命长(可达 50 年)，流动阻力小，线膨胀系数小，阻燃性能好等。缺点：管材不能回收，只有小口径的管道，连接管件的费用较高等。

1.4.2　钢塑复合管材

钢塑复合管又名涂塑管、涂塑复合钢管，是以钢管为基体，通过喷、滚、浸、吸工艺在钢管(底管)内表面熔接一层塑料防腐层或在内外表面熔接塑料防腐层的复合管材。

钢塑复合管分为衬塑钢管和涂塑钢管两种。衬塑钢管是采用紧衬复合工艺将塑料管衬于钢管内而制成的复合管，内衬的塑料可以用聚氯乙烯(PVC)、聚乙烯(PE)、聚丙烯(PP)等；涂塑钢管是将塑料粉末均匀地涂敷于钢管表面并经过加工而制成的复合管，内涂塑料有聚乙烯(PE)和环氧树脂等。

钢塑复合管外层钢管可采用焊接钢管或无缝钢管。外层为焊接钢管时一般用于工作压力不大于 1.0 MPa 的管道系统，外层为无缝钢管时一般用于工作压力不大于 2.5 MPa 的管道系统。钢塑复合管可用于城镇和建筑室内外冷热水、饮用水、供暖、城镇燃气以及各种流体、排水等系统。

钢塑复合管的优点:具有良好的卫生性能和耐腐蚀性能;流动阻力小,不结垢;使用寿命长(可达 50 年);耐温性能好,内衬聚乙烯的管道长期使用温度可达 60 ℃,内衬耐热聚乙烯的管道长期使用温度可达 95 ℃;线膨胀系数小等。缺点:造价较高,安装费时费力,不能完全解决管件连接部分对水质的污染问题。

1.4.3 钢丝网骨架聚乙烯复合管

钢丝网骨架聚乙烯复合管也称钢骨架塑料复合管、PSP 管、SPE 管等。该复合管由内、外层聚乙烯和中间层的钢丝网复合而成。钢丝网骨架聚乙烯复合管如图 1.9 所示,内部聚乙烯层平滑且具有良好的卫生性能,适用于输送各类流体;外部聚乙烯层具有耐腐蚀、耐老化的特性,能够有效抵御外界环境的侵蚀;中间层钢丝网是由高强度的低碳钢丝通过交叉焊接而成,起到加强作用,即使在较大的压力下也不会出现变形。

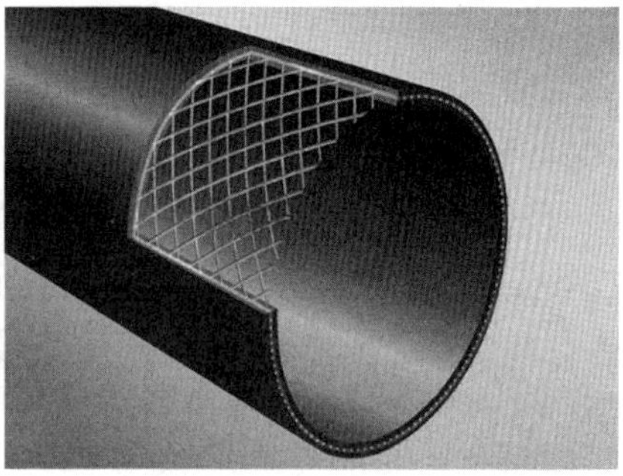

图 1.9 钢丝网骨架聚乙烯复合管

钢丝网骨架聚乙烯复合管具有优良的机械性能、耐热性、耐寒性、耐化学腐蚀性、耐磨性、抗老化性和经济性,其安装和维护方便,使用寿命长。适用于长距离埋地敷设的供水、输气等系统。工程中常采用的连接方式有热熔连接或电熔连接。

1.5 阀 门

在流体输配系统中,阀门通常具有截断、调节、稳压、泄压、防止倒流等功能。应根据管道和设备内的介质种类(液体、气体或粉末)、参数、管径等,来选择不同构造、规格、材质的阀门。

1.5.1 阀门的分类

阀门的种类很多,分类方式也很多,下面列举 6 种主要的分类方式,见表 1.24。

表 1.24 阀门的分类

分类方式	分类名称	分类条件
原理、作用、结构	截止阀、闸阀、球阀、蝶阀、止回阀、节流阀、调节阀、安全阀、疏水阀等	

续表1.24

分类方式	分类名称	分类条件
公称压力	真空阀	公称压力＜0 MPa
	低压阀	0.6 MPa≤公称压力≤1.6 MPa
	中压阀	2.5 MPa≤公称压力≤ 6.4 MPa
	高压阀	10 MPa≤公称压力≤80 MPa
	超高压阀	公称压力≥100 MPa
工作温度	超低温阀	温度＜－100 ℃
	低温阀	－100 ℃≤温度≤－40 ℃
	常温阀	－40 ℃＜温度≤120 ℃
	中温阀	120 ℃＜温度≤450 ℃
	高温阀	温度＞450 ℃
驱动方式	驱动阀门：闸阀、截止阀、蝶阀、球阀、旋塞阀等	借助手轮、手柄、杠杆、链轮等由人力来驱动或依靠电力、气力、液力进行驱动
	自动阀门：止回阀、减压阀、安全阀、疏水阀、自动调节阀等	依靠介质自身的能量进行驱动
连接方法	螺纹阀门、法兰阀门、焊接阀门、卡箍阀门、卡套阀门、对夹阀门等	
阀体材料	金属材料阀门：铸铁阀门、碳钢阀门、合金钢阀门、铜制阀门等	
	非金属材料阀门：塑料阀门、陶瓷阀门、玻璃钢阀门等	
	衬里阀门：衬塑料阀门、衬陶瓷阀门等	

1.5.2 常用阀门

建筑设备工程中较为常用的阀门有：截止阀、闸阀、球阀、蝶阀、止回阀、安全阀、平衡阀等。

1.5.2.1 截止阀

截止阀是利用阀杆带动下方的阀瓣升降来控制启闭的阀门。截止阀主要由阀体、阀座、阀瓣（又称阀芯或阀盘）、阀杆、阀盖、手轮等部件组成，其结构如图 1.10(a)所示。其工作原理为：转动手轮 7 使阀杆 3 升起或降落，从而带动阀瓣 4 上下移动，改变阀瓣 4 与阀座 5 之间的距离,使流道面积改变,达到开关、调节的目的。

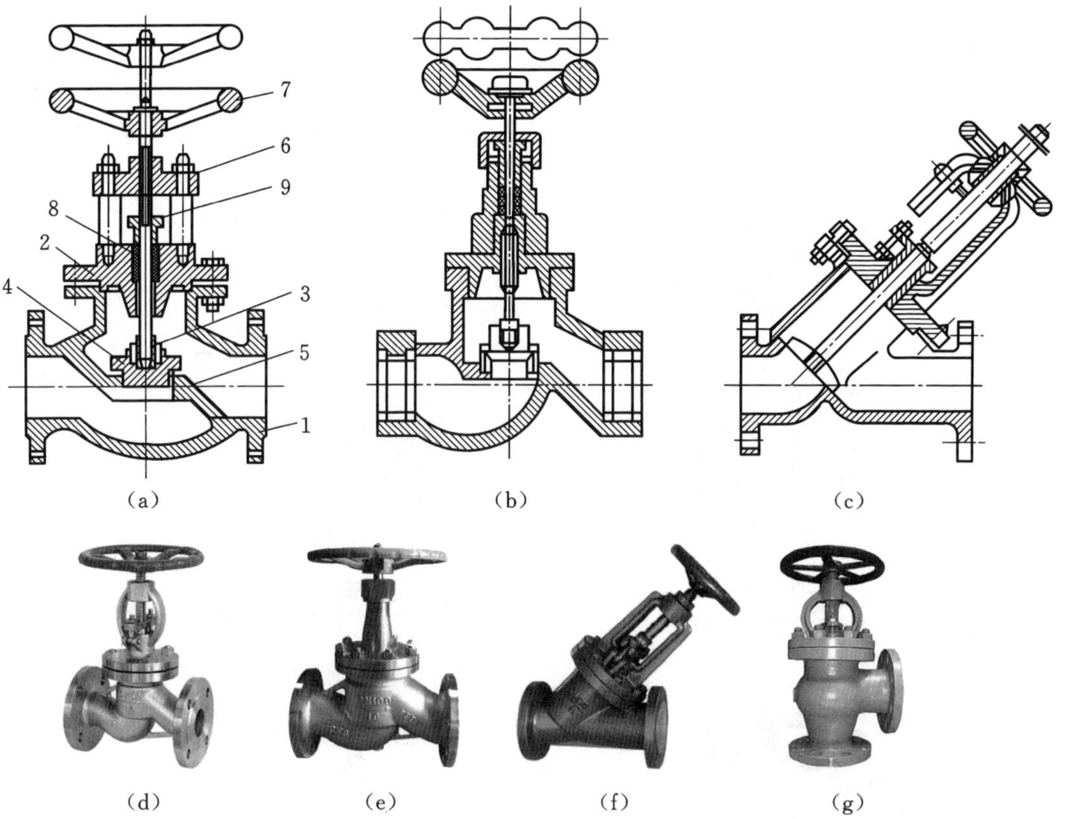

图 1.10　手动截止阀

(a)截止阀的构造;(b)流线形截止阀;(c)直流式截止阀;(d)流线形明杆截止阀实物图;
(e)流线形暗杆截止阀实物图;(f)直流式截止阀实物图;(g)角式截止阀实物图
1—阀体;2—阀盖;3—阀杆;4—阀瓣;5—阀座;6—阀杆螺母;7—手轮;8—填料;9—填料压盖

截止阀具有结构简单、严密性好、制作维修方便等优点;缺点是介质流动阻力大、阀件安装长度较长。截止阀常用于冷热水、蒸汽、油品、氧气等严密性要求较高的管路,尤其适用于需要调节流量的系统。截止阀的严密性主要靠阀座、阀瓣、阀盖、填料(又称盘根)、填料压盖来实现。阀门开启时,阀盖和阀杆结合部分的填料被填料压盖压紧,确保阀杆在转动时介质不泄漏;阀门关闭时,通过对阀杆施加扭矩,阀杆在轴向方向上向阀瓣施加压力,使阀瓣密封面与阀座密封面紧密贴合,阻止介质沿密封面之间的缝隙泄漏。

截止阀按流道方向不同分为标准式截止阀、直流式截止阀和角式截止阀,流线形截止阀如图 1.10(b)、(d)、(e)所示,直流式截止阀如图 1.10(c)、(f)所示,角式截止阀如图 1.10(g)所示。标准式截止阀最为常用,直流式截止阀阻力较小。截止阀按连接方式的不同可分为螺纹截止阀、法兰截止阀、卡套截止阀。截止阀按阀杆螺纹的位置可分为明杆截止阀和暗杆截止阀两种,明杆截止阀适用于大直径、腐蚀性介质管道,如图 1.10(d)所示;暗杆截止阀适用于小直径、非腐蚀性介质管道,如图 1.10(e)所示。截止阀安装有方向性,应按"低进高出"的原则进行安装。

1.5.2.2　闸阀

闸阀又称闸板阀，是利用阀杆带动下方的阀板升降来控制启闭的阀门。主要由阀体、阀盖、阀杆、闸板、手轮、压盖等部件组成，其结构如图 1.11 所示。其工作原理为：转动手轮 5 使阀杆 3 升起或降落，从而带动闸板 4 上下移动，改变流道面积，达到开关、调节的目的。

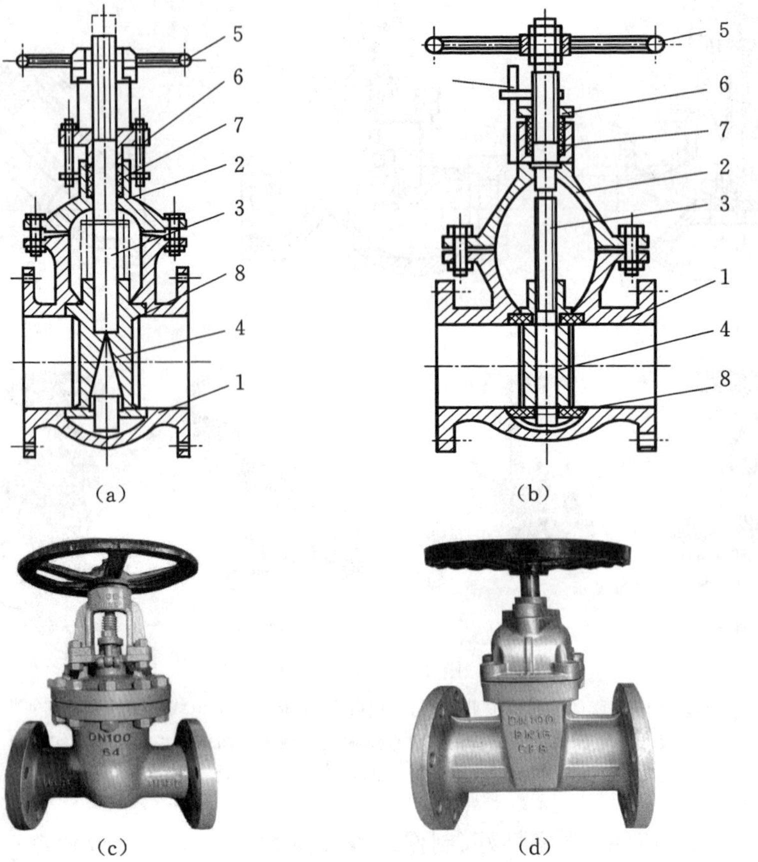

(a)　(b)　(c)　(d)

图 1.11　闸阀

(a)明杆平行式双闸板闸阀；(b)暗杆楔式闸板闸阀；(c)明杆平行式双闸板闸阀实物图；(d)暗杆楔式闸板闸阀实物图

1—阀体；2—阀盖；3—阀杆；4—闸板；5—手轮；6—压盖；7—填料；8—密封圈；9—指示器

闸阀按阀杆的结构形式分为明杆（也称升降杆）闸阀和暗杆（也称旋转杆）闸阀；按结构特征分为平行式闸阀和楔式闸阀；按连接方式分为螺纹闸阀、法兰闸阀和焊接闸阀。平行闸板多制成双闸板阀，楔形闸板一般制成单闸板。图 1.11(a)、(c)所示为明杆平行式双闸板闸阀，图 1.11(b)、(d)所示为暗杆楔式闸板闸阀。

闸阀具有阀体较短，流体流动阻力小，介质流向不受限制等优点；缺点是安装占用高度较大，严密性较差。闸阀广泛用于给水、空调、供暖等管道系统中切断流动介质、全启或全闭的场合，不宜用于需要调节开度大小、启闭频繁的场合。闸阀安装时对流体进出无方向性要求，阀体宜水平安装，阀杆垂直向上，严禁朝下安装。

1.5.2.3 球阀

球阀是利用阀杆带动下方中间开孔的球形阀芯旋转来控制启闭的阀门。主要由阀体、球形阀芯、阀杆、阀盘、手柄等部件组成，其构造如图 1.12 所示。其工作原理为转动手柄 6，使阀杆 4 带动球形阀芯 2 转动，通过阀芯孔来改变流道截面面积，达到开关、调节的目的。

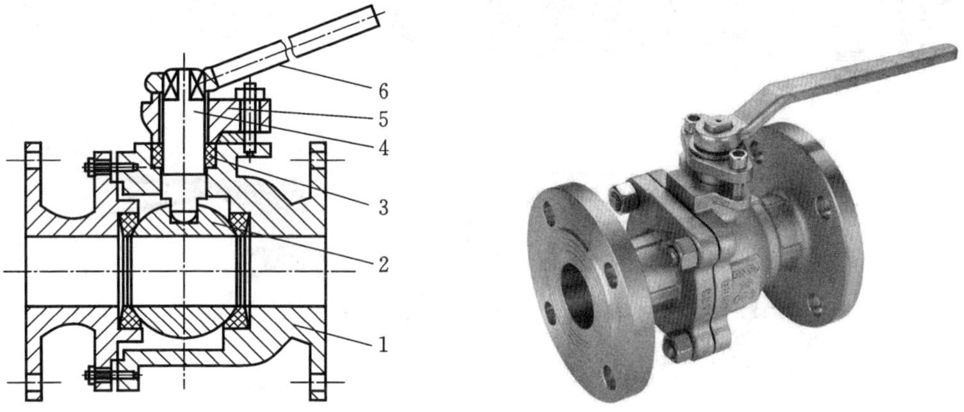

(a) (b)

图 1.12 球阀

(a)法兰连接球阀构造图；(b)不锈钢法兰连接球阀实物图

1—阀体；2—球形阀芯；3—填料；4—阀杆；5—阀盘；6—手柄

球阀具有操作方便、启闭迅速、维修方便等优点，缺点是严密性较差，适用于水、蒸汽、气体、油品等管道系统中切断流动介质、全启或全闭的场合，不宜用于调节流量。球阀安装时对流体进出无方向性要求。

1.5.2.4 蝶阀

蝶阀是利用蝶板绕固定轴旋转来控制启闭的阀门。主要由阀体、阀杆、阀板、手柄等部件组成，其结构如图 1.13 所示。其工作原理为转动手柄，使阀杆带动蝶板转动，使得蝶板角度改变，从而改变流道截面面积，达到开关、调节的目的。

蝶阀按驱动方式分为手动、蜗杆传动、气动和电动四种；按连接方式分为对夹式蝶阀、法兰式蝶阀、支耳式蝶阀和焊接式蝶阀四种，参见图 1.13。蝶阀具有体积小、质量轻、结构简单、操作灵活简便、迅速等优点；缺点是严密性较差。适用于低压冷热水、油品、燃气等管路。手动蝶阀可以安装在管道的任何位置上。带传动机构的蝶阀，应直立安装，使传动机构处于铅垂位置。

1.5.2.5 止回阀

止回阀又名逆止阀、逆流阀、单向阀、单流阀，是利用阀瓣的自动动作来阻止介质逆流的阀门，主要由阀体、阀瓣、阀盖等部件组成，其工作原理为：当介质按规定方向流动时，阀瓣受

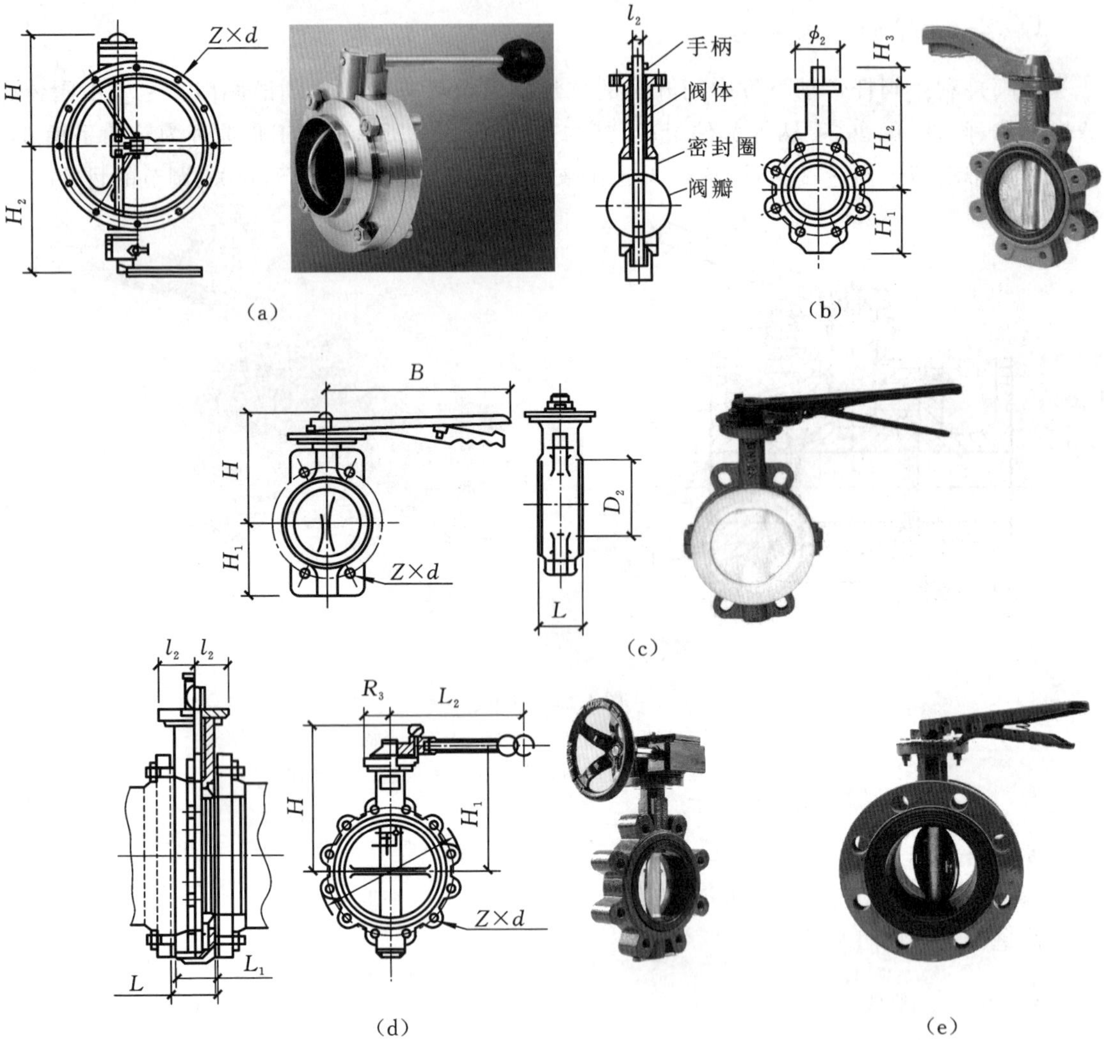

图 1.13　蝶阀

(a)杠杆式蝶阀及手动杠杆式焊接蝶阀实物图;(b)手动支耳式蝶阀及手动支耳式蝶阀实物图;(c)手动支耳式衬塑料蝶阀及手动支耳式衬氟塑料蝶阀实物图;(d)手动衬胶蝶阀及涡轮传动衬胶支耳式蝶阀实物图;(e)手动软密封法兰蝶阀

介质力的作用,被开启;介质逆流时,因阀瓣自重和阀瓣受介质反向力的作用,阀瓣与阀座的密封面密合而关闭,达到阻止介质逆流的目的。止回阀按连接方式不同可分为螺纹止回阀、焊接止回阀、法兰止回阀、卡套止回阀等;根据结构形式一般可分为升降式止回阀和旋启式止回阀两种。止回阀如图 1.14 所示。

旋启式止回阀有一个铰链机构,依靠阀瓣的旋转来自动开启和关闭,如图 1.14(a)、(d)所示。旋启式止回阀特点是流动阻力比升降式止回阀小,噪声较大,在低压时密封性能较差,多用于大直径或压力较高的管路。升降式止回阀的阀瓣垂直于阀体通道,可以自由地做升降运动,流体压力使阀瓣从阀座密封面上抬起,介质回流导致阀瓣回落到阀座上,并切断流动,如图 1.14(b)、(e)所示。其特点是密封性较好,噪声较小,但制造较为困难,一般用于

DN200 以下的管道上。除了传统的升降式止回阀、旋启式止回阀外，蝶式止回阀应用也较多，如用于低压大口径管道的场合，特点是占地小，如图 1.14(c)、(f)所示。

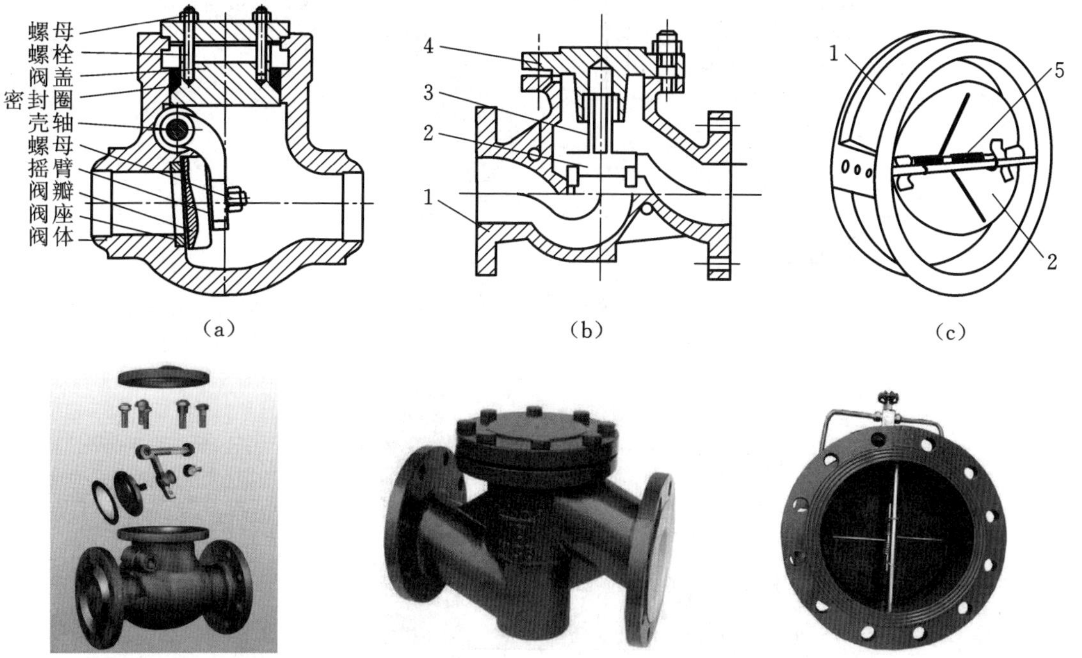

(a) (b) (c)

(d) (e) (f)

图 1.14 止回阀

(a)旋启式止回阀；(b)升降式止回阀；(c)蝶式止回阀；(d)旋启式止回阀实物图；

(e)升降式止回阀实物图；(f)蝶式止回阀实物图

1—阀体；2—阀瓣；3—导向套；4—阀盖；5—弹簧

止回阀安装在不允许流体倒流的场合，最常见的安装位置是水泵出口，防止泵及驱动电动机反转。止回阀安装时具有严格的方向性，升降式止回阀只能安装在水平管道上；旋启式止回阀可安装在水平管道上，也可安装在垂直管道上；蝶式止回阀既可安装在水平管道上，亦可安装在垂直管道或倾斜的管道上。

1.5.2.6 安全阀

安全阀是安装在管道或设备上，当管道或设备超压时自动泄压，起保护作用的阀门。主要由阀座、阀瓣和加压装置等组成，其工作原理为：当管道或设备内的介质压力超过规定数值时，阀瓣自动开启排放、泄压；当压力低于规定值时，阀门自动关闭，保证管道或设备不超过设定压力。

安全阀的种类很多，通常以安全阀的结构特点来分，常见的有杠杆式安全阀(图 1.15)、弹簧式安全阀(图 1.16)和脉冲式安全阀等。

安全阀的种类、原理、特点及用途参见表 1.25。

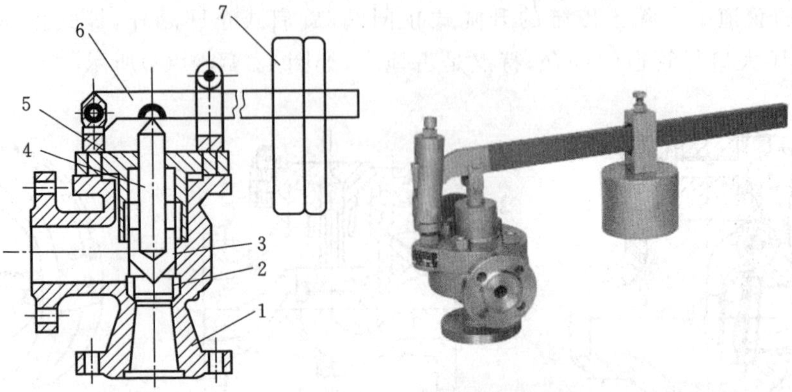

图 1.15　杠杆式安全阀及实物图

1—阀体；2—阀座；3—阀盘；4—阀杆；5—阀盖；6—杠杆；7—重锤

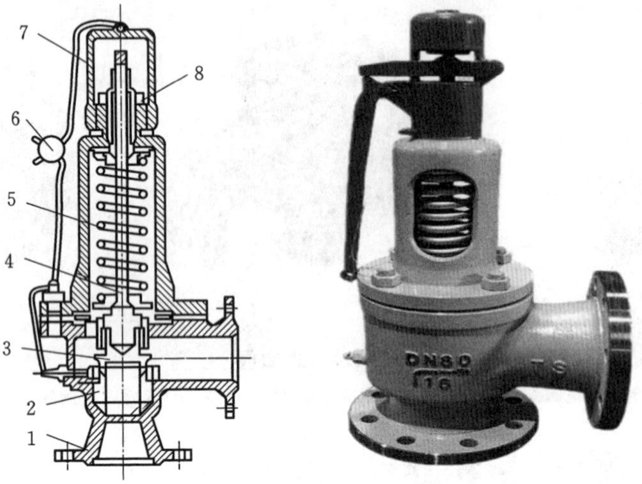

图 1.16　弹簧式安全阀及实物图

1—阀体；2—阀座；3—阀瓣；4—阀杆；5—弹簧；6—铅封；7—安全护罩；8—锁紧螺母

表 1.25　安全阀的种类、原理、特点及用途

种类	杠杆式(或重锤式)安全阀	弹簧式安全阀		脉冲式安全阀
		微启式	全启式	
原理	利用杠杆和重锤产生的作用力	利用弹簧的压力		主阀和辅阀设计在一起，通过辅阀的脉冲作用带动主阀动作
特点	阀门开启和关闭过程中载荷的大小不变；对振动较敏感，且回座性能差	结构简单，占地小，灵敏度高；高温下易蠕变，使弹性发生变化		通过杠杆和重锤来平稳阀瓣的压力，使阀门保证密封，移动重锤的位置和改变重锤的质量来达到要求的起跳压力；密封面用铁基铬镍不锈钢堆焊而成，阀瓣经热处理，提高了耐磨性和抗冲蚀性；阀门上部带有开启和关闭的电磁铁，机械和电气动作互不干扰
用途	只能用在固定设备上，适用于压力、温度较高的汽、水系统	宜用于温度、压力较低的系统		常用于大口径、大排量及高压系统

安全阀是保障设备和系统安全的阀门，其在安装使用时须严格遵守规定：

① 安全阀应尽量靠近被保护的设备或管道，并且尽可能布置在平台附近，以便检查和维修。

② 安全阀必须垂直安装，应使介质从下向上流出。

③ 安全阀前后不允许设置切断阀，以保证安全可靠。确因检修等其他方面的原因需加设切断阀时，切断阀必须处于全启状态，而且应有醒目的标志，并加铅封。

④ 安全阀入口管道的管径，最小应等于安全阀入口管径；排放管直径不得小于安全阀的出口直径。

1.5.2.7 平衡阀

平衡阀，顾名思义，是一种可以维持系统内部压力或流量平衡的装置。平衡阀主要由阀体、阀芯、执行机构和控制系统等组成。其工作原理为：流体经过阀体并冲击阀芯，此时阀芯会根据控制系统的指令发生位移，改变流通截面面积，进而调整流量大小。

平衡阀根据其调节作用基于压力变化、流量变化、温度变化或是其他需要控制的参数变化，可以分为压力平衡阀、压差平衡阀、流量平衡阀及温度平衡阀等；根据其功能和使用场合不同可以分为静态平衡阀和动态平衡阀，静态平衡阀可用于总管、立管、分支干管、支管及末端等部位，效果等同于同程系统；动态平衡阀又分为动态流量平衡阀和动态压差平衡阀，动态流量平衡阀应用于定流量系统一次侧定频的主机出口处；动态压差平衡阀通常与静态平衡阀配套使用，需静态平衡阀配合才能实现精准调节。几种平衡阀的实物图见图 1.17。

(a) (b) (c)

图 1.17 平衡阀实物图

(a)自力式压差平衡阀；(b)自力式流量平衡阀；(c)静态平衡阀

1.5.3 阀门型号的表示及命名

1.5.3.1 阀门型号的表示

按照国家标准《阀门 型号编制方法》(GB/T 32808—2016)规定，阀门的型号通常是用拼音字母和数字组成的七个单元来表示，其排列形式如下所示，阀门型号组成及代号见表 1.26。

[一] [二] [三] [四] [五] - [六] [七]

表 1.26　阀门型号组成及代号

单元名称	一	二	三	四	五	六	七
表示内容	阀门类别	驱动方式	连接形式	结构形式	阀座密封面或衬里材料	公称压力	阀体材料
表示方法	用大写汉语拼音字母作为代号	用一位阿拉伯数字作为代号	用一位阿拉伯数字作为代号	用一位阿拉伯数字作为代号	用大写汉语拼音字母作为代号	用阿拉伯数字表示	用大写汉语拼音字母作为代号
代号含义	A—安全阀 D—蝶阀 G—隔膜阀 H—止回阀 J—截止阀 L—节流阀 P—排污阀 Q—球阀 S—疏水阀 X—旋塞阀 Y—减压阀 Z—闸阀	0—电磁动 1—电磁(液压) 2—电动(液压) 3—蜗轮传动 4—直齿圆柱齿轮 5—扇形齿轮 6—气动 7—液压 8—气(液压) 9—电动	1—内螺纹 2—外螺纹 3—法兰(用于双弹簧安全阀) 4—法兰(用于单弹簧安全阀或其他类别的法兰连接阀门) 5—法兰(用于杠杆式安全阀) 6—焊接 7—对夹 8—卡箍 9—卡套	见表 1.27	B—锡基轴承合金 C—搪瓷 F—氟塑料 H—CrB 系不锈钢 J—衬胶 N—尼龙塑料 P—渗硼钢 Q—衬铅 T—铜合金 X—橡胶 Y—硬质合金	以 MPa 为单位的公称压力值的 10 倍	C—碳钢 K—可锻铸铁 L—铬钼系钢 P—铬钼系不锈钢 Q—球墨铸铁 R—铬镍钼系不锈钢 T—铜及铜合金 V—铬钼钒钢 Z—灰铸铁

注:① 第一单元中低温(<－40 ℃)、保温、带波纹管以及抗硫的阀门,在代号前分别再加字母 D、B、W 和 K。
② 第二单元中手动、安全阀、疏水阀、减压阀等,代号省略。
③ 第五单元中密封面当由阀体上直接加工时代号为 W。
④ 第七单元中 PN≤1.6 MPa 的灰铸铁阀门和 PN≥2.5 MPa 的碳钢阀门,代号省略。

常用阀门的结构形式及代号如表 1.27 所示。

表 1.27 常用阀门结构形式及代号

阀门类别	代号									
	0	1	2	3	4	5	6	7	8	9
截止阀节流阀		单阀瓣直通流道	单阀瓣Z型流道	单阀瓣三通流道	单阀瓣角式流道	单阀瓣Y型流道	平衡式阀瓣直通流道	平衡式阀瓣角式流道		
闸阀	明杆楔式弹性闸板	明杆楔式单闸板	明杆楔式双闸板	明杆平行式单闸板	明杆平行式双闸板	暗杆楔式单闸板	暗杆楔式双闸板	暗杆平行式单闸板	暗杆平行式双闸板	
球阀	固定球半球直通	浮动球直通流道	浮动球Y形三通流道		浮动球L形三通流道	浮动球T形三通流道	固定球四通流道	固定球直通流道	固定球T形三通流道	固定球L形三通流道
蝶阀	密封型单偏心	密封型中心垂直板	密封型双偏心	密封型三偏心	密封型连杆机构	非密封型单偏心	非密封型中心垂直板	非密封型双偏心	非密封型三偏心	非密封型连杆机构
止回阀		升降式直通流道	升降式立式结构	升降式Z形流道	旋启式单瓣结构	旋启式多瓣结构	旋启式双瓣结构	蝶形止回式	截止止回式	
安全阀	弹簧封闭带散热片全启式	弹簧封闭微启式	弹簧封闭全启式	弹簧封闭不带扳手双弹簧微启式	弹簧封闭带扳手全启式	杠杆式	带控制机构全启式	弹簧不封闭带扳手微启式	弹簧不封闭带扳手全启式	脉冲式
疏水阀	浮球式	迷宫或孔板式	浮桶式	液体或固体膨胀式	钟形浮子式	蒸汽压力式或膜盒式	金属片式	脉冲式	圆盘热动力式	
隔膜阀		屋脊式流道				直通式流道	直通式流道		Y形角式流道	
排污阀		液面连接排放截止型直通式	液面连接排放截止型角式			液底间断排放截止型直流式	液底间断排放截止型直通式	液底间断排放截止型角式	液底间断排放浮动闸板型直通式	

续表1.27

阀门类别	代号									
	0	1	2	3	4	5	6	7	8	9
旋塞阀				填料密封直通流道	填料密封三通T形流道	填料密封四通流道		油封密封直通流道	油封密封三通T形流道	
减压阀		薄膜式	弹簧薄膜式	活塞式	波纹管式	杠杆式				

1.5.3.2 阀门的命名

根据上述阀门型号的表示，阀门可按照驱动方式、连接形式、结构形式、阀座密封面或衬里材料和类型来命名。

其中，连接形式和结构形式中的以下内容均省略：连接形式中的“法兰”，结构形式中闸阀的“杆”“刚性”“弹性”和“单闸板”，截止阀和节流阀的“直通式”，蝶阀的“垂直板式”，旋塞阀的“填料”和“直通式”，球阀的“浮动”和“直通式”，止回阀的“直通式”和“单瓣式”，安全阀的“不封闭”。

举例说明：阀门型号 D641Y-25 表示的是公称压力为 2.5 MPa，气动，法兰连接，密封型中心垂直板，阀座密封面材料是硬质合金，阀体材料为碳钢的蝶阀，称为：气动硬质合金密封碳钢蝶阀。

阀门型号 Z942W-10 表示的是公称压力为 1.0 MPa，电动，法兰连接，明杆楔式双闸板结构，阀座密封面材料是阀体本体材料，阀体材料为灰铸铁的闸阀，称为：电动明杆楔式双闸板灰铸铁闸阀。

1.6 板材、型钢及常用紧固件

1.6.1 板材

在建筑设备工程中，板材常用来制作风管、水箱、气柜、设备等，是应用广泛的一种材料。根据材质不同，常用的板材有金属板材、非金属板材和复合板材。

1.6.1.1 金属板材

在通风空调工程中，常用的金属板材有钢板和铝板。

1. 钢板

根据厚度的不同，钢板可分为薄板、中板和厚板等。薄板一般指厚度在 0.2～4 mm 之间的钢板，中板通常指厚度为 4～20 mm 的钢板，而厚板的厚度一般在 20 mm 以上。普通薄钢板因其具有轻便、易加工、价格便宜的特性，常用于通风空调工程中制作风管、气柜等，但钢板表面易生锈，应涂覆防腐涂料来进行防腐处理。

为了达到防腐的目的，还可以采用电镀、热浸镀、喷涂等方法，在金属表面形成一层防腐层，有效地防止腐蚀介质与金属直接接触。其中，镀锌是一种常见的防腐方法，它不仅可以防止钢板生锈，还可以提高钢板的耐磨性和抗冲击性。需注意金属表面可能受到的机械损伤、化学腐蚀等影响，导致防腐层破损，因此需要定期对设备进行检查和维护，发现问题及时进行处理，以确保防腐层的有效性能。镀锌钢板一般用来制作不受酸、碱作用的潮湿环境中的风管或用于空调、超净等防尘要求较高的通风系统。

通风空调工程中通常采用薄钢板。薄钢板选用时，要求表面平整、光滑，厚薄均匀，允许有密实的氧化铁薄膜，但不得有裂纹、结疤等缺陷。薄钢板的规格通常用短边×长边×厚度来表示，例如 1000 mm×2000 mm×0.8 mm，表示短边为 1000 mm、长边为 2000 mm、厚度为 0.8 mm 的薄钢板。常用的薄钢板短边×长边规格为 1000 mm×2000 mm、900 mm×1800 mm 和 750 mm×1800 mm。

不锈钢板表面光洁，耐酸、碱气体、溶液及其他介质的腐蚀。不锈钢板制成的风管及部件常用于化工、食品、医药、电子、仪表等工业通风系统和有较高净化要求的送风系统。印刷行业为排除含有水蒸气的排风系统也使用不锈钢板来加工风管。不锈钢板是一种不容易生锈的合金钢，但不是绝对不生锈。在堆放和加工时，应不使表面划伤或擦毛，避免与碳素钢长期接触而发生电化学反应，从而保护其表面形成的钝化膜不受破坏。

风管用钢板厚度应符合设计要求，当设计无要求时，应按《通风与空调工程施工质量验收规范》(GB 50243—2016)执行。钢板风管板材厚度可参照表 1.28 所示。不锈钢板风管板材厚度可参照表 1.29。镀锌钢板的镀锌层厚度应符合设计或合同的规定，当设计无规定时，不应采用低于80 g/m²的板材。

表 1.28 钢板风管板材厚度

圆形风管直径 D 或矩形风管最长边 b/mm	钢板厚度/mm				
	微压、低压系统风管	中压系统风管		高压系统风管	除尘系统风管
		圆形	矩形		
$D(b)\leqslant 320$	0.5	0.5	0.5	0.75	2.0
$320<D(b)\leqslant 450$	0.5	0.6	0.6	0.75	2.0
$450<D(b)\leqslant 630$	0.6	0.75	0.75	1.0	3.0
$630<D(b)\leqslant 1000$	0.75	0.75	0.75	1.0	4.0
$1000<D(b)\leqslant 1500$	1.0	1.0	1.0	1.2	5.0
$1500<D(b)\leqslant 2000$	1.0	1.2	1.2	1.5	按设计要求
$2000<D(b)\leqslant 4000$	1.2	按设计要求	1.2	按设计要求	按设计要求

注：①螺旋风管的钢板厚度可按圆形风管减少 10%～15%。

②排烟系统风管钢板厚度可按高压系统的规定执行。

③不适用于地下人防与防火隔墙的预埋管。

表 1.29　不锈钢板风管板材厚度

圆形风管直径 D 或风管长边尺寸 b/mm	微压、低压、中压系统风管	高压系统风管
$D(b) \leqslant 450$	0.5	0.75
$450 < D(b) \leqslant 1120$	0.75	1.0
$1120 < D(b) \leqslant 2000$	1.0	1.2
$2000 < D(b) \leqslant 4000$	1.2	按设计要求

2. 铝板

铝板指用铝材或铝合金材料制成的板型材料。铝板有纯铝和合金铝两种，用于通风空调工程的铝板以纯铝为多。铝板质轻、表面光洁，对浓硝酸、醋酸、稀硫酸有一定的抗腐蚀能力，其延展性能好，适宜咬口连接，不起尘、在摩擦时不易产生火花，常用于化工工程通风系统和防爆通风系统的风管及部件，也是高洁净度(≤1000 级)的净化空调系统的可用材料之一。但其价格贵，不能与其他金属长期接触，否则铝板会产生电化学腐蚀，故铝板铆接加工时不能用碳素钢铆钉代替铝铆钉，铝板风管用角钢作法兰时，必须做防腐绝缘如镀锌或喷漆处理。

1.6.1.2　非金属板材

常用的非金属板材有硬聚氯乙烯、聚丙烯等用塑料为原料做成的板材。其中，硬聚氯乙烯塑料板是聚氯乙烯中加入稳定剂、润滑剂和填料，经混炼后，用挤出机挤出各种厚度的硬质板材。硬聚氯乙烯塑料板具有优良的耐腐蚀性、绝缘性，并有一定的机械强度；可用于制作公共卫生间水箱，加工产品的模板、通风管道、设备衬里等各种异型制品和容器。

1.6.1.3　复合板材

复合板材指的是由两种或者两种以上的材料组合而成的板材，下面介绍其中的两种：塑料复合钢板和玻镁复合板材。

1. 塑料复合钢板

塑料复合钢板是利用高压和热黏合技术，将塑料牢固地附着在钢板表面。其优点是刚性好、耐腐蚀、不起尘、具有出色的抗冲击性能和隔音效果；但缺点是使用温度范围窄，加工过程中咬口、翻边、铆接等处的塑料面层易破裂或脱落，需要用环氧树脂等涂抹保护。塑料复合钢板常用于净化空调系统和－10～70 ℃温度下的耐腐蚀通风系统。

2. 玻镁复合板材

玻镁复合板材是一种替代无机玻璃和玻璃纤维的新一代环保节能型板材。产品结构为三层复合，即内、外两层高强度无机材料和中间一层绝热材料。具有不生锈、不发霉、不积尘、无异味、不燃、抗折、耐压、吸水率小、导热系数低、保温性能好等优点。可用作各类暖通空调通风管、防排烟风管等。玻镁复合风管壁厚及法兰规格见表 1.30。

表 1.30 玻镁复合风管壁厚及法兰规格

圆形风管直径 D 或风管长边尺寸 b/mm	风管厚度/mm	法兰规格(宽×厚)/(mm×mm)	法兰平面度/mm
$D(b)\leqslant 300$	2.5～3.5	40×10	≤2
$300<D(b)\leqslant 500$	3.5～4.5	45×12	≤2
$500<D(b)\leqslant 1000$	4.5～5.5	45×14	≤2
$1000<D(b)\leqslant 1500$	5.5～6.5	50×16	≤3
$1500<D(b)\leqslant 2000$	6.5～7.5	50×18	≤3
$D(b)>2000$	7.5～8.5	55×20	≤3

复合板材常用的还有玻璃钢板材、酚醛复合板、聚氨酯复合板、玻璃纤维复合板等。

1.6.2 型钢

建筑设备工程中常用的型钢也称型材，根据其截面的形状不同，有扁钢、圆钢、槽钢、角钢等，通常这些材料用于制作设备框架、设备支座、管道支架、吊架等。常用的型钢如图 1.18 所示。

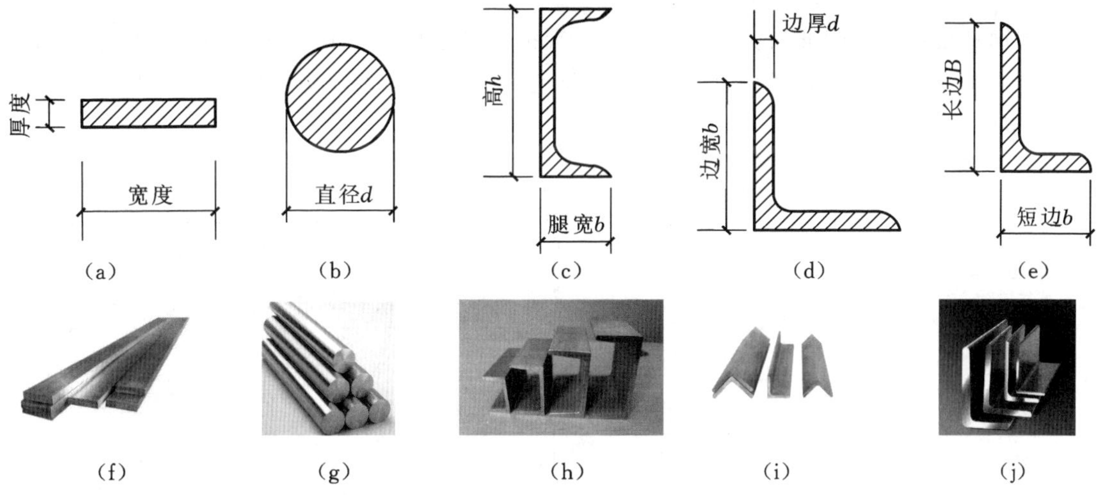

图 1.18 常用型钢

(a)扁钢；(b)圆钢；(c)槽钢；(d)等边角钢；(e)不等边角钢；(f)扁钢实物图；(g)圆钢实物图；(h)槽钢实物图；(i)等边角钢实物图；(j)不等边角钢实物图

1.6.2.1 扁钢

扁钢是指宽 12～300 mm、厚 3～60 mm，截面为长方形并稍带钝边的钢材。扁钢可以作为焊管的坯料和叠轧薄板用的薄板坯。扁钢规格用“宽度×厚度”来表示，单位为 mm，如 20×6，表示扁钢的宽度为 20 mm，厚度为 6 mm。扁钢的长度规格为 3～9 m。扁钢规格及质量可参见表 1.31。在建筑设备工程中常用扁钢来制作风管法兰、加固圈及管道支架等。

表 1.31　扁钢的规格及质量　　　　(单位:kg/m)

宽度/mm	厚度/mm																
	10	12	14	16	18	20	22	25	28	30	32	36	40	45	50	56	60
3	0.24	0.28	0.33	0.38	0.42	0.47	0.52	0.59	0.66	0.71	0.75	0.85	0.94	1.06	1.18	1.32	1.41
4	0.31	0.38	0.44	0.50	0.57	0.63	0.69	0.79	0.88	0.94	1.01	1.13	1.26	1.41	1.57	1.76	1.88
5	0.39	0.47	0.55	0.63	0.71	0.79	0.86	0.98	1.10	1.18	1.25	1.41	1.57	1.73	1.96	2.20	2.36
6	0.47	0.57	0.66	0.75	0.85	0.94	1.04	1.18	1.32	1.41	1.50	1.69	1.88	2.12	2.36	2.64	2.83
7	0.55	0.66	0.77	0.88	0.99	1.10	1.21	1.37	1.54	1.65	1.76	1.97	2.20	2.47	2.95	3.08	3.30
8	0.63	0.75	0.88	1.00	1.13	1.26	1.38	1.57	1.76	1.88	2.01	2.26	2.51	2.83	3.14	3.52	3.77
9				1.15	1.27	1.41	1.55	1.77	1.98	2.12	2.26	2.51	2.83	3.18	3.53	3.95	4.24
10				1.26	1.41	1.57	1.73	1.96	2.20	2.36	2.54	2.82	3.14	3.53	3.93	4.39	4.71

注:① 本表摘自《热轧钢棒尺寸、外形、重量及允许偏差》(GB/T 702—2017)。

② 通常长度为 3～9 m。

1.6.2.2　圆钢

圆钢是指截面为圆形的实心长条钢材。圆钢规格用直径表示,单位为 mm,如“ϕ12”,表示直径为 12 mm 的圆钢。圆钢规格及质量参见表 1.32。建筑设备工程中,圆钢用于制作管箍、吊架的吊杆等。

表 1.32　圆钢规格及质量

直径/mm	允许偏差/mm	理论质量/(kg/m)	直径/mm	允许偏差/mm	理论质量/(kg/m)
5	±0.4	0.154	20	±0.4	2.47
6		0.222	22	±0.5	2.98
8		0.395	25		3.85
10		0.617	28		4.83
12		0.888	32		6.31
14		1.21	36	±0.6	7.99
16		1.58	38		8.90
18		2.00	40		9.87

注:① 本表摘自《热轧钢棒尺寸、外形、重量及允许偏差》(GB/T 702—2017)。

② 轧制的圆钢分盘条和直条,直径 5～12 mm 为盘条。

③ 圆钢直条长度:直径≤25 mm,长 4～10 m;直径≥26 mm,长 3～9 m。

1.6.2.3 槽钢

槽钢是截面为凹槽形的长条钢材。槽钢规格用“高度×腿宽×腰厚”表示，单位为 mm，如“[80×43×5”，表示高度为 80 mm、腿宽为 43 mm、腰厚为 5 mm 的槽钢。也可用以 cm 为单位的槽钢高度来表示，上例中槽钢也可用“[8”来表示。

如果槽钢高度相同而腿宽和厚度不同，则在型号后面加“a”、“b”、“c”来区分，如“[22a”、“[22b”和“[22c”，其尺寸及质量可见表 1.33。槽钢主要用作箱体、柜体的框架结构及风机、成套机组等设备的机座。

表 1.33 槽钢的规格及质量

型号	尺寸/mm			理论质量/(kg/m)	型号	尺寸/mm			理论质量/(kg/m)
	高度 h	腿宽 b	腰厚 d			高度 h	腿宽 b	腰厚 d	
5	50	37	4.5	5.44	18b	180	70	9.0	23.0
6.3	63	40	4.8	6.63	20a	200	73	7.0	22.6
6.5	65	40	4.3	6.51	20b	200	75	9.0	25.8
8	80	43	5.0	8.04	22a	220	77	7.0	25.0
10	100	48	5.3	10.0	22b	220	79	9.0	28.5
12	120	53	5.5	12.1	24a	240	78	7.0	26.9
12.6	126	53	5.5	12.3	24b	240	80	9.0	30.6
14a	140	58	6.0	14.5	24c	240	82	11.0	34.4
14b	140	60	8.0	16.7	25a	250	78	7.0	27.4
16a	160	63	6.5	17.2	25b	250	80	9.0	31.3
16b	160	65	8.5	19.8	25c	250	82	11.0	35.3
18a	180	68	7.0	20.2					

注：本表摘自《热轧型钢》(GB/T 706—2016)。

1.6.2.4 角钢

角钢又名角铁，是横断面两边互相垂直的长条钢材。角钢用于制作管道支架、吊架、风管法兰以及用于风管加固。角钢分为等边角钢和不等边角钢两种。等边角钢的两边相等，规格用“边宽×边宽×边厚”来表示，单位 mm，如“∟50×50×6”表示边宽为 50 mm、边厚为 6 mm 的等边角钢；型号可用边宽(以 cm 为单位的数值)表示，例如，“∟3 号”表示边宽为 30 mm的角钢，称为“3 号钢”。等边角钢规格及质量可参见表 1.34。

表 1.34　等边角钢规格及质量

尺寸/mm		理论质量/(kg/m)	尺寸/mm		理论质量/(kg/m)
边宽	边厚		边宽	边厚	
20	3	0.889	56	3	2.624
	4	1.145		4	3.446
25	3	1.124		5	4.251
	4	1.459		6	6.568
30	3	1.373	63	4	3.907
	4	1.786		5	4.822
36	3	1.656		6	5.721
	4	2.163		8	7.469
	5	2.654	70	4	4.372
40	3	1.852		5	5.397
	4	2.422		6	6.406
	5	2.976		7	7.398
45	3	2.088		8	8.373
	4	2.736	75	5	5.818
	5	3.369		6	6.905
	6	3.985		7	7.976
50	3	2.332		8	9.030
	4	3.059		10	11.809
	5	3.770	80	5	6.211
	6	4.465		8	9.658

注:① 本表摘自《热轧型钢》(GB/T 706—2016)。

② 通常长度:边宽 20～40 mm,长 3～9 m;边宽 45～80 mm,长 4～12 m。

不等边角钢的两边不相等,规格用“长边宽×短边宽×边厚”表示,型号以长边宽与短边宽(以 cm 为单位的数值)之比来表示。例如,“∟4/2.5 号”表示一长边宽为 40 mm、短边宽为 25 mm 的不等边角钢,不等边角钢规格可查询国家标准《热轧型钢》(GB/T 706—2016)中的相关内容。

1.6.3 常用紧固件

紧固件，也称为标准件，是将两个或两个以上的零件（或构件）紧固连接成为一件整体时所采用的一类机械零件的总称。紧固件应用极为广泛。

1.6.3.1 螺栓

螺栓是由头部和螺杆（带有外螺纹的圆柱体）两部分组成的一类紧固件，需与螺母配合，用于紧固连接两个带有通孔的零件。这种连接形式称为螺栓连接。如把螺母从螺栓上旋下，可以使这两个零件分开，故螺栓连接属于可拆卸连接。

螺栓分为单头螺栓和双头螺栓两种。单头螺栓一般为六角螺栓，如图 1.19 所示，也有方头螺栓。当受到的拉力较大时，单头螺栓容易在螺杆和螺栓头连接处断裂，故不能用于中高压法兰上。单头螺栓适用于工作压力 $P \leqslant 1.6$ MPa、介质温度 $t \leqslant 150$ ℃的法兰连接。

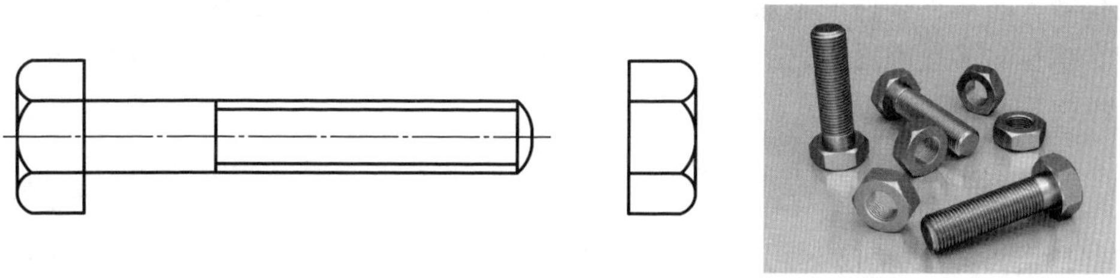

图 1.19 单头螺栓、螺母及实物图

双头螺栓操作时便于从双面拧紧，而且适用于中、高压法兰连接。双头螺栓分为 A 型、B 型、C 型、D 型四种，如图 1.20 所示。

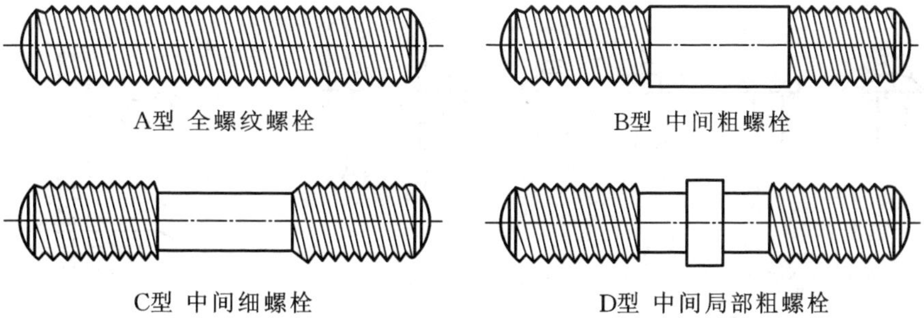

图 1.20 双头螺栓

A 型为全螺纹螺栓，由于制造方便而得以广泛应用。B 型为中间粗螺栓，适用于温度＞450 ℃或压力较高的场合。C 型为中间细螺栓，适用于反复冲击载荷容易引起疲劳破坏的场合，但是抗拉强度比其他螺栓低一些。D 型为中间局部粗螺栓，适用于剪切力较大的场合。

螺栓规格的表示方法为：M 后跟公称直径×长度（以 mm 为单位）。如 M12×40 表示螺杆直径为 12 mm、螺杆长度为 40 mm 的螺栓。

地脚螺栓，又称地脚丝、预埋件，是为了把设备等紧固在混凝土基础上用的螺丝杆件，拥有较强的稳固性，常用于建筑设备工程中设备与基础间的紧固连接。

1.6.3.2 螺母

螺母也称螺帽，是一种内螺纹零件，带有内螺纹孔，配合螺栓、螺柱或机械螺丝，用于紧固连接两个零件，使之成为一件整体。

螺母分为六角螺母和方螺母两种，根据材质不同分为碳钢、不锈钢、有色金属(如铜)、塑料等几大类型。

1.6.3.3 垫圈

垫圈是形状呈扁圆环形的一类紧固件，置于螺栓、螺钉或螺母的支撑面与连接零件表面之间。

垫圈有平垫圈和弹簧垫圈两种。平垫圈的位置在弹簧垫圈的下面，与被连接件相接触，其作用是增大与被连接件的接触面积，分散单位面积上的压力，防止被连接件损伤。弹簧垫圈放置在螺母与平垫圈之间，不与被连接件相接触，其作用是利用自身材料的弹性特点防止螺母与螺栓松动或脱落。

1.6.3.4 铆钉

铆钉是由头部和钉杆两部分构成的一类紧固件，利用自身变形或过盈紧固连接两个带通孔的零件(或构件)，使之成为一件整体，这种连接形式称为铆钉连接，简称铆接，铆接属于不可拆卸连接。

铆钉按材质不同分为钢铆钉、铝铆钉、铜铆钉、不锈钢铆钉等；按形状分为：半圆头铆钉、平头铆钉、无头铆钉、空心铆钉、抽芯铆钉、击芯铆钉等。铆钉与铆接如图 1.21 所示。

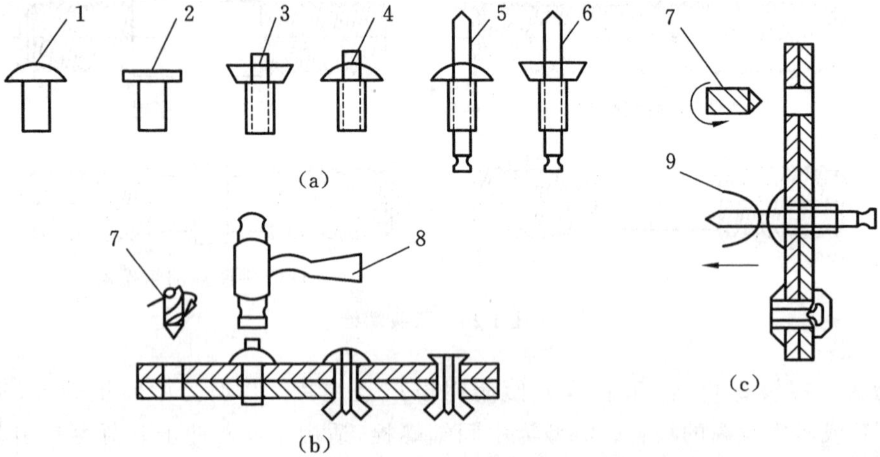

图 1.21 铆钉与铆接

(a)铆钉；(b)击芯铆钉铆接过程；(c)抽芯铆钉铆接过程

1—半圆头铆钉；2—平头铆钉；3—击芯铆钉Ⅰ型；4—击芯铆钉Ⅱ型；

5—抽芯铆钉 K_1 型；6—抽芯铆钉 K_2 型；7—电转头；8—手锤；9—拉铆枪

建筑设备工程中主要用铆钉来进行板材之间的连接、金属风管与角钢法兰之间的连接、风管的加固肋条与风管的连接等。

本章小结

建筑设备工程常用材料是建筑设备工程各系统施工的基础，本章主要介绍了管道及附件的通用标准；建筑设备工程中常用的金属管材(钢管、铜管和铸铁管)、塑料管材、复合管材的性能特点和适用场合等；阀门的分类、各常用阀门的组成、工作原理、安装要求、适用场所以及阀门的规格表示；常用的板材、型钢以及常用紧固件的特点和用途等。重点掌握公称直径、公称压力、试验压力及工作压力的概念和表示；钢管、塑料管材的特点及适用；截止阀、球阀、止回阀、安全阀的工作原理及安装要求。学习好本章内容可为学习后续章节做好铺垫。

通过科学合理地选择和使用这些材料，可以保证建筑物的质量和安全，提高整个工程的施工效率和经济性。

思考题和习题

1. 什么是公称直径？公称直径与管道外径和内径有何关系？
2. 公称压力、试验压力和工作压力的概念分别是什么？各如何表示？
3. 简述建筑设备工程中常用的金属管材的种类、特点及用途。
4. 有缝钢管有哪些分类方式？建筑设备工程中常用的有哪几种有缝钢管？
5. 什么是无缝钢管？其规格如何表示？适用于哪些系统？
6. 铸铁管的规格如何表示？有何特点及在建筑设备工程中的用途？
7. 什么是额定压力？如何表示？
8. 塑料管材的规格如何表示？有何特点？
9. 简述建筑设备工程中常用的塑料管材的种类及各塑料管材的用途。
10. 什么是复合管材？常用的有哪几种？其构造及用途分别是什么？
11. 什么是阀门？建筑设备工程中常用的阀门有哪些？
12. 简述截止阀、球阀、止回阀和安全阀的组成、动作原理和安全要求。
13. 建筑设备工程中常用的板材有哪几种？各板材的用途？
14. 建筑设备工程中常用的型钢有哪几种？各型钢的用途？
15. 什么是紧固件？建筑设备工程中常用的紧固件都包括哪些？

2 管道的加工及连接

【本章提要】

钢管的调直、切断方法；弯管的加工方法，管道煨弯时的受力分析；钢管的连接方法及适用场合；铜管的加工方法，常用的连接方式；硬塑料管和软塑料管的连接方法和适用场合；复合管材的加工与连接方法。

【本章重点与难点】

重点：管道切断的方法；管道煨弯时的受力分析；钢管的主要连接方法（螺纹连接、焊接和法兰连接）的技术要点和适用场合；硬塑料管用承插粘接的技术要点，软塑料管用热熔连接和电熔连接的技术要点和适用场合。

难点：管道煨弯时的受力分析，螺纹连接的形式及适用场合。

【学习目标与要求】

知识目标：能阐述钢管的切断方法；能解释管道煨弯时受力情况；能列举钢管常用的连接方法及其适用场合；能描述铜管的加工方法及常用的连接方式；能说明塑料管的常用连接方法和适用场合。

能力目标：通过对管道的加工与连接的学习，能够完成对管道加工工序与操作要点的梳理，进而能够区分建筑设备工程中各常用管道的加工、连接方式及其适用情况。

素质目标：在建筑设备工程施工中，管道加工及连接作为重要的施工工序，对于确保整个工程的安全和顺利进行至关重要。要能够认识到该项施工工艺需要高度的精确性和较强的技术性；能够领会到执行该项工艺的施工人员需要具备强烈的安全意识；能够践行严格遵守操作规程的要求，从而确保施工现场安全。

【本章知识图谱】

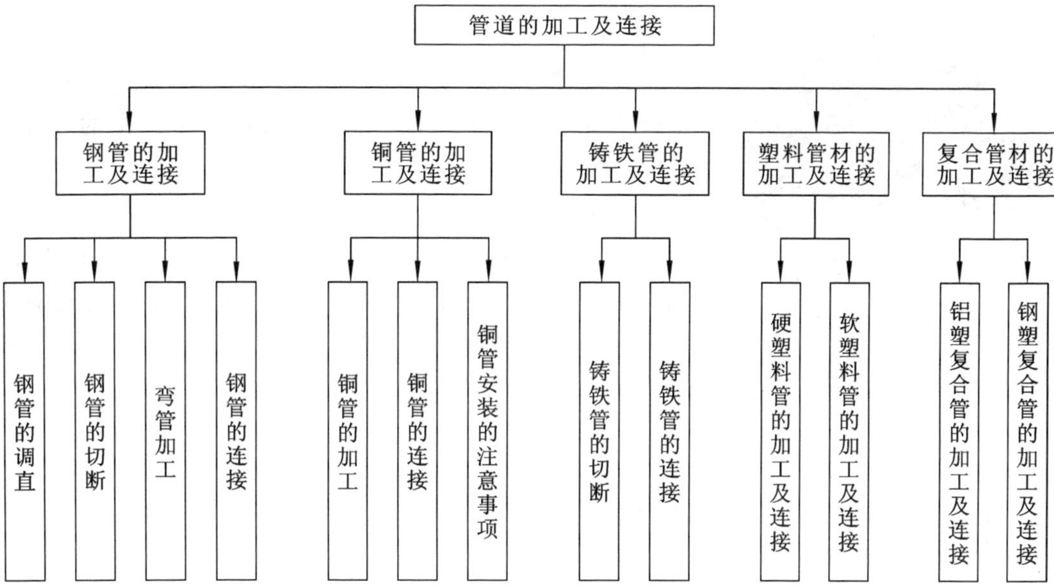

2.1 钢管的加工及连接

在建筑设备工程中，钢管的使用范围十分广泛，钢管的加工及连接技术是影响整个工程质量和效率的重要因素。钢管的加工主要包括：调直、切断、煨弯、套丝及制作异型管件等过程；钢管的连接方法主要有：螺纹连接、焊接、法兰连接、沟槽连接和卡套连接等。

2.1.1 钢管的调直

钢管在建筑工地的运输和使用过程中，由于各种因素，如重物的挤压、不当的吊装方式等，经常会出现弯曲变形的情况，这不仅影响其自身的使用性能，还可能对整个建筑工程的安全带来隐患。因此，对于已经出现弯曲的钢管，在使用前首先需要进行调直处理。

常用的钢管调直方法有手工调直、机械调直、磁力调直和热处理调直。根据钢管在调直过程中是否加热管道分为冷调直和热调直，手工调直、机械调直和磁力调直均属于冷调直，热处理调直属于热调直。

2.1.1.1 手工调直

对于直径较小、弯曲度不大的钢管可以采用手工调直的方法，包括使用钢管调直器和手工锤打法等。

图 2.1　钢管调直器

1. 钢管调直器

钢管调直器是一种专门用于手工调直钢管的工具，通常由一个手柄和一个或多个滚轮组成，如图 2.1 所示。操作时，将钢管放入滚轮之间，然后旋转手柄，通过滚轮的力量使钢管产生反向弯曲。这种方法适用于轻微的弯曲情况，对钢管的表面质量损伤较小。

2. 手工锤打法

该方法具体的操作步骤是：将钢管固定在工作台上，然后用锤子沿钢管的轴线方向轻轻敲打，使钢管逐渐恢复直线状态。同样，这种方法也需要专业的操作人员，且操作过程中要避免对钢管造成额外的损伤。

2.1.1.2　机械调直

对于直径较大、变形程度较重的钢管，可以使用专业的机械设备进行调直，包括钢管调直机调直、液压机调直等。

1. 钢管调直机调直

钢管调直机通常包括一个动力驱动的滚轮系统和一个用于固定钢管的支架，如图 2.2 所示。操作时，将钢管固定在支架上，然后启动设备，通过滚轮系统的力量对钢管施加压力使钢管产生反向弯曲，以实现钢管的调直。操作时要保证钢管的进给速度均匀，避免因速度过快导致钢管表面划伤或变形。这种方法效率较高，但需要专业人员操作，并且设备成本较高。

图 2.2　全自动机械调直机

2. 液压机调直

液压机调直主要是利用液压机对钢管进行压制，通过施加压力使钢管产生反向弯曲，从而达到调直的目的。具体的操作步骤是：将钢管放入液压机的压头下，启动液压机，通过压头对钢管施加适当的压力，直到钢管恢复直线状态。这种方法需要专业的设备和操作人员，且压力的控制要适中，否则可能会导致钢管破裂。

2.1.1.3　磁力调直

磁力调直是利用强大的磁场对钢管进行非接触式矫正。其核心在于磁化钢管，并使用磁场的排斥作用来纠正钢管的弯曲。具体来讲，当钢管通过一个高强度的磁场时，钢管本身会被磁化，并在其表面形成不同的磁极。根据同性磁极相斥的原理，钢管的不同部位将互相排斥，从而迫使钢管恢复直线形态。磁力调直不仅能够有效避免传统机械方法中可能产生的应力集中、表面划伤等问题，还具有操作简便、效率高等特点。磁力调直法对材料的选择性较高，适用于铁磁性材料制成的钢管，如碳钢、合金钢等。对于非铁磁性材料，如不锈钢或铝管，则无法采用此方法进行调直。此外，如果钢管内部带有严重的初始应力或已经产生了塑性变形，单靠磁力可能难以完全恢复其平直度，在实际应用中，还需要结合钢管的具体情况进行综合考虑。

2.1.1.4 热处理调直

热处理调直是通过对钢管进行局部或整体加热，使其材料组织得到调整，然后在冷却的过程中控制好钢管的形状，使其内部产生新的应力状态，从而达到调直的目的。该方法适用于直径较小、壁厚较薄的钢管，但是需要注意的是，操作人员应具备一定的专业知识和经验，防止由于温度控制不当而造成钢管材质的改变，导致钢管的性能下降。

2.1.1.5 调直方法的选用和注意事项

在实际操作中，选择哪种调直方法取决于许多因素，比如钢管的材料、直径、壁厚、弯曲的程度和位置以及所需的精度等。对于直径较小、弯曲度不大的钢管适宜采用手工调直；对于直径较大、壁厚较厚的钢管，机械调直更为适合；而对于已经通过热处理获得特定机械性能的钢管，则应优先考虑冷调直，以避免影响其性能。无论使用哪种方法，都需要注意以下几点事项：

① 在进行调直处理前，应先检查钢管的具体情况，包括弯曲的程度、位置、钢管的材质和壁厚等，以便选择合适的调直方法和工具，检查工具或设备是否正常，以免因设备故障而导致安全事故。

② 在操作时应佩戴适当的防护装备，如手套，以防止被钢管刮伤。操作过程中，应随时观察钢管的变化情况，避免过度调直导致钢管的形状和尺寸发生变化。

③ 在完成调直处理后，应对钢管进行全面的检查，确认其是否已经完全恢复直线状态，以及是否有新的损伤出现。

④ 对于经过调直处理后的钢管，应妥善存放，避免再次受到挤压或扭曲。

2.1.2 钢管的切断

钢管切断的过程实际上是一个材料被去除的过程，通过机械力或者热能作用，使得钢管在特定位置产生分离，得到所需的规格和长度，以满足管道在安装和维修中的要求。

管道切断的方法可以分为两大类：冷切断和热切断。

冷切断包括采用剪切、锯切和研磨等物理方法实现管道的切断，这些方法不涉及材料的熔化过程，可以有效避免热影响区产生的材料性质变化。常用的冷切断方法有手工切断和机械切断等。其中，手工切断可以使用手工钢锯和滚刀切管器等，对管道进行切断；机械切断可以使用砂轮切割机、便携式割管机、电动套丝机、锯床和自爬式电动割管机等，对管道进行切断。

热切断是利用高温熔化金属，并通过高压气体将熔融金属吹走或利用重力脱落，实现切断。热切断方法有氧气-乙炔焰切断和等离子切断等。

2.1.2.1 手工切断

1. 钢锯切断

钢锯切断是利用带有锯齿的锯片对材料进行往复或旋转式的切割。它依靠锯齿与材料的摩擦作用，逐渐剥离材料以达到切断的目的。钢锯由锯弓、锯条和锯把组成，如图 2.3 所示。锯条有细齿和粗齿之分，壁厚不同的管子切割时应选用不同规格的锯条。薄壁管子选用细齿锯条，因其锯齿低、齿距小，进刀量小，不易发生卡掉锯齿的现象。

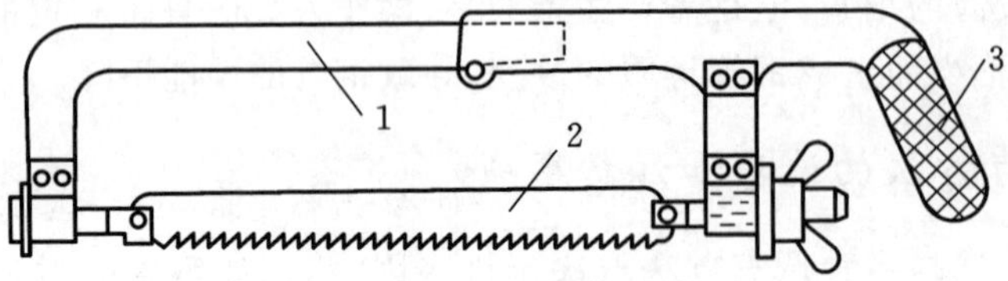

图 2.3 钢锯

1—锯弓；2—锯条；3—锯把

上锯条时，锯齿应朝向加力方向。在锯管时，锯条平面必须始终保持与管子垂直，以保证断面平正。为防止管口锯偏，可在管子上预先画好线，锯口应正好吃线。如果发现偏口，可将管子转一个方向或将锯弓调转 180°再锯。切口必须锯到底，不要急于折断，以防止管壁变形，影响下道工序。

钢锯切断可在任何施工地点进行，具有简便易行，切口不收缩、不氧化的优点；但手工操作劳动强度大，速度慢，切口平正较难掌握。适用于切割量不大的小管径金属管道、塑料管道和橡胶管道等。

2. 滚刀切管器切断

滚刀切管器又称管子割刀，如图 2.4 所示，是一种专门用于管材切割的工具，它由多个圆形刀片组成，这些刀片可以围绕钢管旋转，并沿着钢管的轴线方向移动，从而实现对钢管的切割。该方法速度较快，切口平正，缺点是切断面会产生缩口变形，故切管后需用铰刀或锉刀将管口缩小部分除去，避免因管口断面缩小而增大介质的流动阻力。此方法适用于切割壁厚不超过 5 mm，管径 DN15～DN100 的金属管材。滚刀切管器有四种规格，见表 2.1。

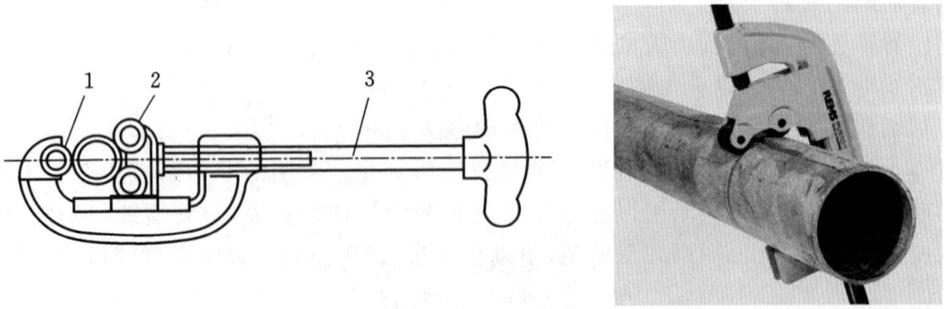

(a)　　　　(b)

图 2.4 滚刀切管器

(a)结构图；(b)滚刀切管器切割钢管图

1—滚刀；2—滚轮；3—手柄

表 2.1 滚刀切管器规格

规格	适用公称直径范围	规格	适用公称直径范围
1	DN15～DN25	3	DN25～DN80
2	DN15～DN50	4	DN50～DN100

2.1.2.2 机械切断

1. 砂轮切割机切断

砂轮切割机是利用高速旋转的砂轮对物料进行磨削，从而实现切割目的的一种机械，如图 2.5 所示。其核心部分是砂轮，通常由硬度极高的磨料、黏合剂组成，这些磨料能够以极高的效率对物料表面进行磨削。

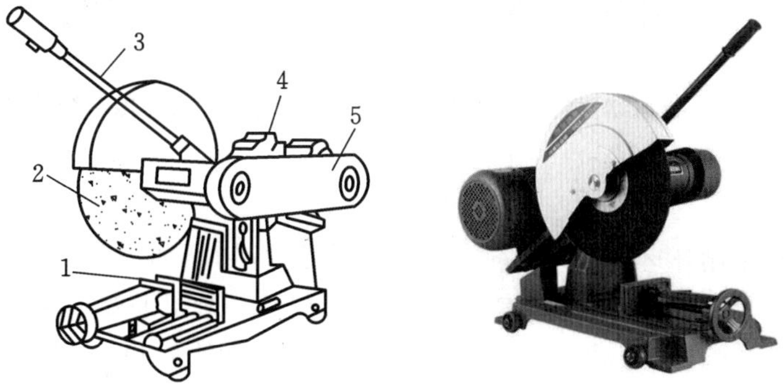

图 2.5 砂轮切割机及实物图

1—紧固装置；2—砂轮片；3—手柄；4—电动机；5—传动皮带罩

砂轮切割机切断的优点是速度快、效率高，体积小、移动方便，但其缺点是噪声大，切口带有毛刺，需对切口进行处理。

砂轮切割机可用来切断金属管、合金管、陶瓷管等，一般可以切断外径 ϕ57 mm 以下的管子，也可用来切割角钢、扁钢等型钢。不同类型的材料需要不同类型的砂轮来适配，因此在选择砂轮时，应根据材料的硬度和切割要求来选择合适的型号。

使用砂轮切割机时应注意以下事项：

① 使用前应先检查砂轮是否完整，无异常情况方可开机。

② 开机后，先空转，待运转正常后，再进行切管。

③ 切管时，应保持管子被夹紧，手柄下压进刀时，不可用力过猛，否则可能会打碎砂轮，使碎片飞出伤人。当管子即将被切断时，应逐渐减小压力直至将管子切断。

④ 为了提升操作的安全性，现代的砂轮切割机往往配备了多种安全保护装置，如紧急停止按钮、防护罩等。操作人员在操作前必须熟悉这些安全装置的使用方法，戴好防护用具，并在实际操作中严格遵守安全规范，提高安全意识，以防止意外事故的发生。

2. 便携式割管机切断

便携式割管机是一种轻巧且便于携带的管道切割设备，利用刀具与管子的相对运动来切断管子，如图 2.6 所示。与传统的大型割管机械相比，便携式割管机的体积大幅度减小，质量更轻，在狭窄的空间也能使用，适用于切断外径小于 ϕ108 mm 的碳素钢管、合金钢管、不锈钢管等。

3. 电动套丝机切断

电动套丝机是适合工地上使用的一种轻便机械，一般带有切管器和铰刀，既可切断管子，又可以对管子进行套丝，适用于公称直径≤DN150 的钢管，其实物图如图 2.7 所示。

图 2.6 便携式割管机切割钢管实物图

图 2.7 电动套丝机实物图

4. 锯床切断

锯床是一种利用循环运动的锯片或锯带对工件进行切削加工的设备，其切断原理与手工钢锯切断原理是相同的，不同之处是机械代替了人工。锯床主要由驱动部分、导向部分、切削部分以及控制系统组成。锯床适用于大批量的管道切断，可以锯割最大直径为 DN250 的钢管。

图 2.8 自爬式电动割管机切割钢管实物图

5. 自爬式电动割管机切断

自爬式电动割管机是一种专为管道、管材切割而设计的自动化设备，如图 2.8 所示。管道切割时，其夹紧机构将自爬式电动割管机夹紧在被切割的管子上，其爬行机构能够使其自主地在管道表面移动，并根据预设的程序自动识别切割位置，实现对管子的切割。特点是机械代替人工，可用来切割 DN200～DN1000 的大直径金属管材，如铸铁管、钢管等。

2.1.2.3 热力切断

1. 氧气-乙炔焰切割

氧气-乙炔焰切割是一种常用的金属热切割方式，其切割的原理是利用氧气和乙炔混合燃烧的高温火焰产生的大量热能，加热切割处的金属至金属的燃点，使金属在割枪喷出的纯氧中燃烧，形成四氧化三铁氧化熔渣，同时，割枪喷出的高速切割氧气流将割缝处的氧化熔渣吹落，实现对管子的切割。

该方法优点是省力、速度快，且能割出弧形切口；缺点是切口不够平整且有氧化熔渣，所以气割后的管口应打磨平整和除去铁渣，以利于下道工序的进行。该方法适用于 DN100 以上的普通钢管和合金钢管的切割，不适用于不锈钢管、铜管、铝管的切割。

氧气-乙炔焰切割装置由氧气瓶、乙炔瓶、减压阀、高压胶管和割炬等组成。

割炬又称割枪，是进行火焰切割的主要工具。按乙炔气与氧气混合方式的不同，割炬可分为射吸式割炬和等压式割炬两种。射吸式割炬如图 2.9 所示，割炬依靠经喷嘴高速射入射吸管的氧气，将乙炔气吸入射吸管，使乙炔气与氧气以一定的比例在混合管内混合后喷出，点燃后成为预热火焰。射吸式割炬对乙炔气的压力无特殊要求，是应用最普遍的通用型手工割炬；等压式割炬须使用中压或高压乙炔气体，所用的氧气压力与乙炔压力基本相等，分别由单独的管路进入割嘴内混合，以保证火焰稳定。

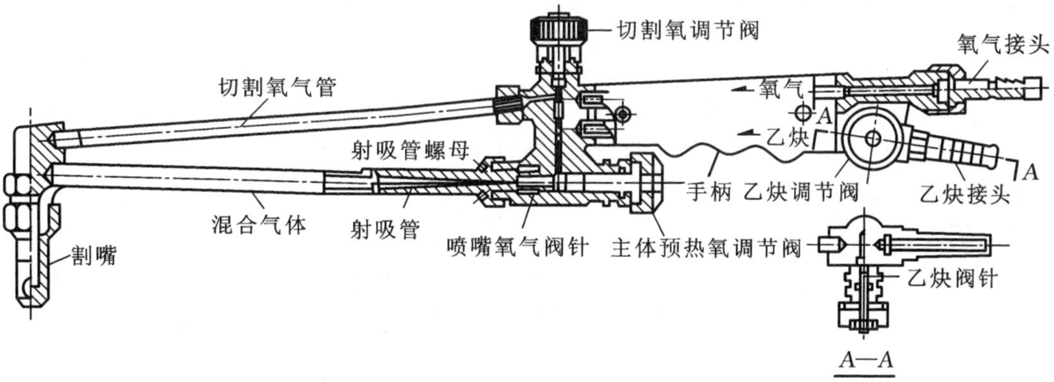

图 2.9 射吸式割炬

在使用氧气-乙炔焰切割时，由于乙炔是易燃易爆的气体，如果泄漏或与氧气的混合比例不当，可能引发爆炸；火焰切割的温度极高，直接接触会导致高温烧伤；乙炔不完全燃烧时会产生一定量的有毒有害气体，如一氧化碳等，对人体健康有危害。针对以上可能产生的危险，在使用时应严格按照规范正确操作，遵守以下安全注意事项：

① 使用前要进行设备检查。检查气瓶、阀门、软管、喷嘴等是否有损坏，连接处有无漏气现象。

② 确保操作环境的安全。切割区域应远离易燃易爆物品，避免火源附近有其他可燃物。同时，工作区域内应设有通风设施，以保证有毒有害气体的排放。

③ 佩戴好防护装备。操作者应穿着阻燃防护服，佩戴防热手套，使用面罩或防护眼镜防止火花飞溅伤害眼睛，必要时还应佩戴呼吸器，防止吸入有毒有害气体。

④ 严格按照操作规程进行。在点火前，要先打开氧气阀门，再慢慢打开乙炔阀门。关闭时，要先关闭乙炔阀门，再关闭氧气阀门。这是为了防止乙炔在无氧环境下产生爆炸。

⑤ 安装回火防止器防止回火。回火防止器能在异常情况下阻止燃烧波及气瓶。一旦发生回火，立即关闭所有气体供应并让系统冷却下来。

⑥ 切割后的冷却和清理。切割完成后，关闭所有气体供应，并确保氧气-乙炔切割设备完全冷却后再进行维护或存放。此外，要让金属充分冷却后再进行清理，清理工作场所的金属熔渣和废弃气体，防止火源引发火灾。

⑦ 做好应急预案。工作现场应配备足够的灭火器材，如干粉灭火器或沙桶，并保证工作人员知晓使用方法。制订应急预案，一旦出现紧急情况，能够迅速有效地应对。

⑧ 定期进行安全培训。对于操作人员，应定期进行安全教育和技能培训，使其熟练掌握操作技巧和应急处理方法。未经培训的人员不得参与作业。

2. 等离子切割

等离子切割的原理：离子枪中的钨针棒电极与被切物间形成高电位差，产生高温热气流，瞬间将切割材料熔化。该方法的特点是效率高，质量好，切口不氧化，变形小。可用于氧气-乙炔焰不能切割或切割困难的不锈钢、铜、铝、铸铁等金属材料以及陶瓷、混凝土等非金属材料。

2.1.2.4 钢管切断的要求

1. 钢管切断的一般要求

严格按照下料尺寸进行切断，并注意切口余量，保证管道尺寸正确，切口应平正，断面与管子轴线要垂直。如图 2.10 所示，切口端面倾斜偏差 Δ 值，不应大于管子外径的 1%，且不得超过 3 mm。切口不应产生断面收缩。切断后管子要无裂纹，切口内外无毛刺、凸凹、熔渣、铁屑等。

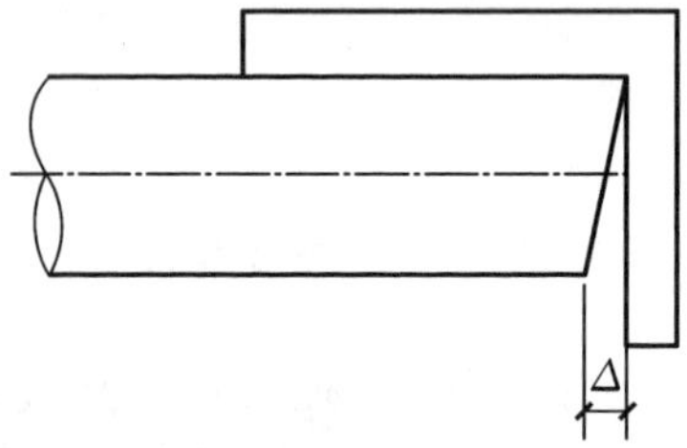

图 2.10 切口端面倾斜偏差

2. 钢管切断的安全要求

为了在切割管道时保证人员的安全，避免不必要的伤害和事故的出现，操作时应严格遵守以下安全要求：

① 选择合适的切管工具，切割工具的使用必须遵守正确的操作程序，操作前应该熟读使用手册及安全说明，并且必须熟练掌握操作技能才能进行操作。

② 使用机械切割时，操作前确保切割区域内没有其他人员或物体，同时要设立安全警告标志，以便他人了解。

③ 经常检查切割工具的状态，确保切割刀片的切割面尖锐而且没有损伤。

④ 当使用氧气-乙炔焰切割管道时，应严格遵守安全注意事项，按照规范正确操作。

2.1.2.5 切断方法的选用

切断方法的选用如下：

① 镀锌钢管宜采用钢锯或机械方法切断。

② 碳素钢管与合金钢管宜采用手工或机械方法切断，也可采用氧气-乙炔焰切断。

③ 有色金属管和不锈钢管应采用机械或等离子方法切断。

④ 高压钢管宜采用机械方法切断。

2.1.3 弯管加工

弯管按加工制作的方法不同,可以分为煨制弯管、焊接弯管和模压弯管三种。

2.1.3.1 煨制弯管

煨制弯管可分为光滑弯管和折皱弯管两种。

1. 光滑弯管

光滑弯管是由直管弯曲后制成,无焊口、流动阻力小、水力特性好、机械弹性好,曲率半径大的弯管还可起热补偿作用,在管道工程中得到了广泛应用。

(1) 弯管的画线下料

弯管在加工前应先画线下料。管道的下料尺寸 M 应包括煨弯长度 L 及为了弯曲加工和安装需要而在弯管两侧预留的直管段长度 a。计算公式如式(2-1)所示。

$$M=L+2a \tag{2-1}$$

式中 M——管道的下料尺寸,mm;

L——煨弯长度,mm;

a——预留的直管段长度,mm。

直管段长度 a 取值:当弯管公称直径≤DN150 时,a 取值≥400 mm;当弯管公称直径>DN150 时,a 取值≥600 mm。

煨弯长度 L 取值:

① 弯头的煨弯长度 L 计算如式(2-2)所示。

$$L=\pi R\alpha/180° \tag{2-2}$$

式中 L——煨弯长度,mm;

R——曲率半径,mm;

α——弯曲角,°。

② 乙字弯(图 2.11)总弯曲长度 L 为两端直管段、中间直管段与两个弯头弯曲长度之和。若 $\theta_1=\theta_2=45°$,可近似取 $L_1=1.5B$,则其总弯曲长度 L 近似计算如式(2-3)所示。

$$L=1.5B+(2\sim3)D \tag{2-3}$$

③ 方形补偿器(图 2.12)总弯曲长度 L 计算如式(2-4)所示。

$$L=2\pi R+A+2B \tag{2-4}$$

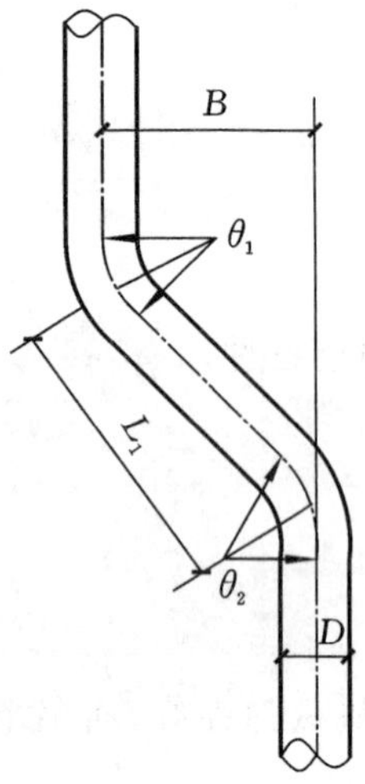

图 2.11　乙字弯

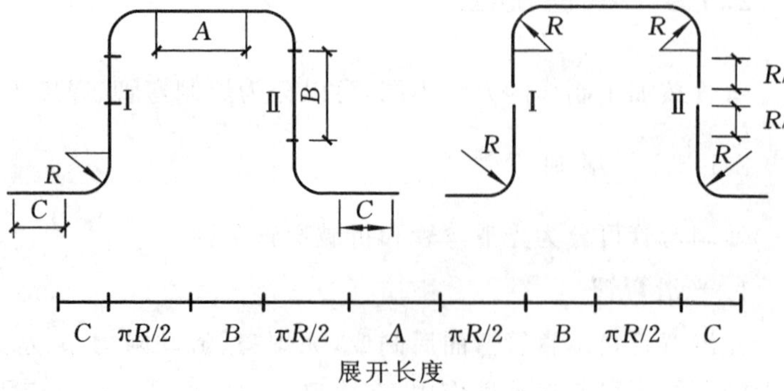

图 2.12　方形补偿器

(2) 管道煨弯的受力分析

管道在煨弯过程中，由于受力会发生变形，管子弯曲变形图如图 2.13 所示。

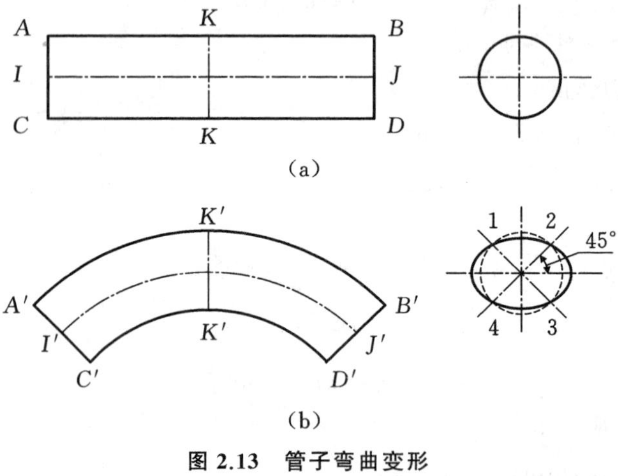

图 2.13　管子弯曲变形

(a)弯曲前直管段及截面图；(b)弯曲后管段及截面变形图

图 2.13(a)所示为弯曲前直管段及其截面图，图 2.13(b)所示为弯曲后的管段和截面变形图。将上侧和下侧的图进行对比，不难发现，在煨弯过程中，管道因受力发生了变形。

从管道的外侧、内侧和截面这三个方面分析管道的受力情况如下：

弯曲前直管段上各条棱线都等于管中心线长度，有 $AB=CD=IJ$，截面呈圆形。

当管道弯曲时，管道的外侧受拉力作用，管壁减薄，外侧长度 AB 伸长为 $A'B'$，若外侧管壁受到的拉力过大，会产生裂纹；对于管道内侧，受压力作用，管壁增厚，内侧长度 CD 缩短为 $C'D'$，若内侧管壁受到的压力过大，会产生鼓包；对于管道的截面，在弯曲过程中，棱线长度变化的同时管道的截面也发生了变形，弯曲管段的截面图中左右两侧的圆弧$\overset{\frown}{23}$和$\overset{\frown}{41}$向外移动，上下两侧的圆弧$\overset{\frown}{12}$和$\overset{\frown}{34}$向内移动，截面由圆形变为椭圆形。但管道中心线 IJ 长度基本不变，1、2、3、4 点在弯曲前后位置没有发生变化，四个点不受力，为零点，其纵向延伸线称为“安全线”。

通过弯管的受力分析可以得出以下结论：

弯管受力和变形大小与弯曲半径成反比。弯曲半径越大，弯管受力与变形越小，且流体流动阻力也越小，但同时弯管占据的空间越大。反之，弯曲半径越小，弯管受力与变形越大，流体流动阻力也越大，但弯管占据的空间越小。因此，管道煨弯时要综合考虑，选择合适的弯曲半径。

基于以上对弯管受力情况及其影响因素的分析，在加工弯管时应严格控制煨弯过程中管道的受力情况，弯管制作时应达到如下质量要求：

① 弯管外表不得有裂纹、鼓包，弯度要均匀。

② 用有缝钢管制作弯管时，焊缝应放在受力变形小的安全线位置，其纵向焊缝应放在距椭圆长轴或短轴 45°的地方。

③ 断面的椭圆率（指的是椭圆的长短轴之差与长轴之比）应满足如下要求：公称直径≤DN50 时，不大于 10％；DN50＜公称直径≤DN150 时，不大于 8％；当公称直径＞DN150 时，不大于 6％。

④ 弯曲部分的壁厚减薄率不得超过 15％，并不得小于管子的设计壁厚。壁厚减薄率按式(2-5)计算：

$$K=[(S_1-S_2)/S_1]\times 100\% \tag{2-5}$$

式中 K——壁厚减薄率；

S_1——管子弯制前的壁厚，mm；

S_2——管子弯制后的壁厚，mm。

⑤ 弯管的最小曲率半径一般应符合表 2.2 的要求。表中列出了煨制弯管、焊接弯管和模压弯管的最小曲率半径的要求，可以看出，一般常用的最小曲率半径 R 值为(1.5～5.0)D（其中 D 为管道的外径）。

表 2.2 弯管的最小曲率半径(R)

<table>
<tr><th>管道类别</th><th>弯管的制作方式</th><th colspan="2">最小曲率半径</th></tr>
<tr><td rowspan="7">中、低压钢管</td><td>热弯</td><td colspan="2">3.5D</td></tr>
<tr><td>冷弯</td><td colspan="2">4.0D</td></tr>
<tr><td>折皱弯</td><td colspan="2">2.5D</td></tr>
<tr><td>压制弯</td><td colspan="2">1.0D</td></tr>
<tr><td>热推弯</td><td colspan="2">1.5D</td></tr>
<tr><td rowspan="2">焊制</td><td>公称直径＞DN250</td><td>0.75D</td></tr>
<tr><td>公称直径≤DN250</td><td>1.0D</td></tr>
<tr><td rowspan="2">高压钢管</td><td>冷、热弯</td><td colspan="2">5.0D</td></tr>
<tr><td>压制</td><td colspan="2">1.5D</td></tr>
</table>

(3) 弯管的加工

根据弯管加工时是否加热管道,光滑弯管的加工分为冷弯法和热弯法两种。

① 冷弯法

冷弯法是指在常温下借助于专门的弯管机具对管子进行弯曲。钢管冷弯制作的方法简便,但是耗费动力大,适合小管径管道的弯曲。冷弯法包括手工冷弯法和机械冷弯法。

a. 手工冷弯法

可以采用手动固定式弯管器(图 2.14)和手动液压弯管机(图 2.15)进行煨弯。使用手动固定式弯管器煨弯的劳动强度高,只适用于煨制公称直径≤DN25 的小管径管道。使用液压弯管机煨弯,操作简便,动力大,应用较为广泛,通常用来制作公称直径≤DN50 的管道。

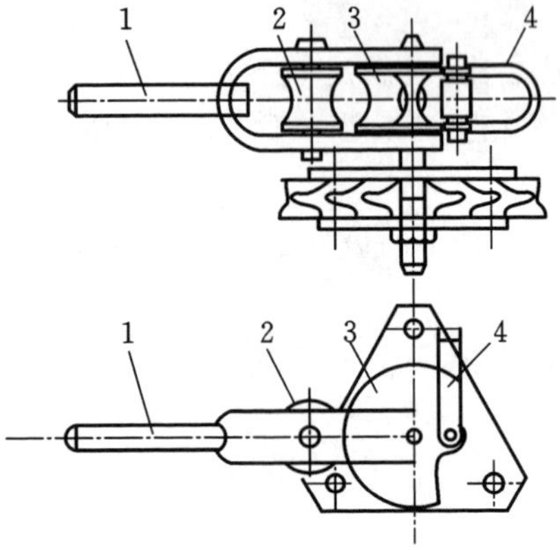

图 2.14　手动固定式弯管器

1—手柄;2—动胎轮;3—定胎轮;4—管子夹持器

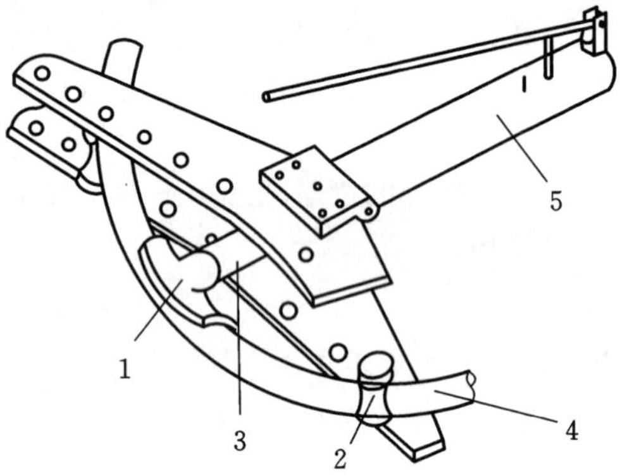

图 2.15　手动液压弯管机

1—顶胎;2—支撑轮;3—顶杆;4—管道;5—液压缸

b. 机械冷弯法

机械冷弯原理与手动弯管器煨弯原理相同。根据冷弯机械设备弯管时是否使用芯棒分为无芯冷弯弯管机和有芯冷弯弯管机两类。

对于管径较小的管子,弯曲后管子断面的椭圆率较小,可以采用无芯冷弯弯管机煨弯,适用于管径在 108 mm 以下,最小曲率半径 $R=4D$ 的有缝、无缝镀锌管和有色金属管的煨弯。

当管子直径较大时,弯曲后管子断面的椭圆率较大,为控制椭圆率应采用有芯冷弯弯管机煨弯。可用于加工的最大管径为 325 mm,最小曲率半径为 $R=3.25D$,常用于管径规格为 108～219 mm 的有缝、无缝镀锌管、不锈钢管及有色金属管的弯曲加工。

② 热弯法

热弯法是将管子加热到一定温度后再进行煨制的方法。采用的加热温度为 800～950 ℃,这个温度下钢管容易弯曲,但仍能保持其形状,适合大管径管道的弯曲。

热弯法煨弯时可以采用火焰弯管机煨弯和中频感应电热弯管机进行煨弯。

a. 火焰弯管机煨弯

火焰弯管机是用氧气-乙炔火焰圈对管子以带状形式加热，加热宽度 15～30 mm，俗称“红带”，当加热温度达到 850 ℃左右时，转臂以弯管的曲率半径 R 为半径转动，对红带进行微煨弯，煨弯后立即喷水冷却、定形，管子逐段连续地经过加热、煨弯、喷水冷却三道工序，直到整个弯管达到规定的弯曲角度。火焰弯管机是一种煨弯效率高的设备，可用来煨制公称直径＜DN250 的碳钢管和合金钢管，而且管内不需加填充物。火焰弯管机结构可参见图 2.16。

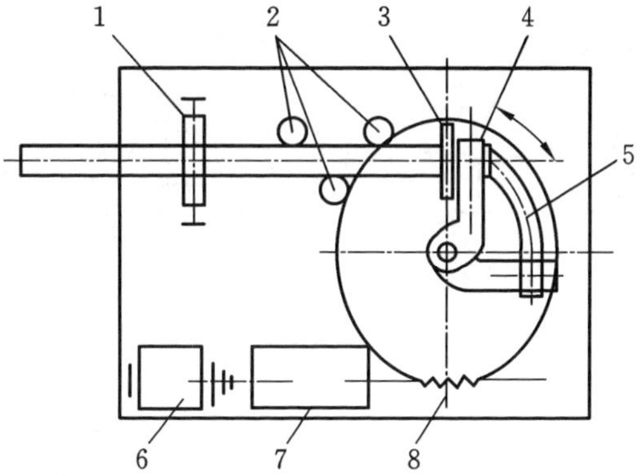

图 2.16　火焰弯管机结构示意图

1—托辊；2—调节轮；3—火焰圈；4—转臂；5—弯管；
6—电动机；7—调速机构；8—传动机构

b. 中频感应电热弯管机煨弯

中频感应电热弯管机是通过电感应圈的电流交变使管壁中产生感应涡流，涡流电流通过管壁时电能转化为热能，将管壁加热到 900～1200 ℃，然后由自控系统控制管子经过前进、加热、拉弯、冷却等过程，实现管道煨弯。适用于煨制外径为 $\phi95$～$\phi299$ mm 的碳素钢管、合金钢管和不锈钢管等，弯管的最小曲率半径可达 $1.5D$。

2. 折皱弯管

折皱弯管是指加热管子一侧，使其在弯曲变形过程中形成褶皱，而煨制成的弯管。折皱弯管制作如图 2.17 所示。

折皱弯管其外侧管壁厚度和长度无变化，折皱内侧形成褶皱，特点是弹性好，能吸收弯曲变形，可作自然补偿器用，但由于褶皱的存在增大了介质的流动阻力，适用于曲率半径较小或弯管背部壁厚不允许减薄的情况，可以用在输送公称直径范围为 DN100～DN600，工作压力≤2.5 MPa 的给水、热水、饱和蒸汽以及含硫量较低的天然气管道中。

折皱弯管画线前需要确定弯管展开长度 L、折皱间距 a、圆周不加热宽度 f、加热区宽度 b、不加热区宽度 c，如图 2.18 所示，图中阴影部分为加热区域。由于折皱弯管在弯曲前后弯管外侧圆弧长度不变，管子中心线缩短，所以弯管展开长度 L 可由式(2-6)计算：

$$L=\frac{\pi}{2}(R+D/2) \tag{2-6}$$

式中 L——弯管展开长度(弯曲段净长),mm;

R——弯管的曲率半径,mm;

D——管子外径,mm。

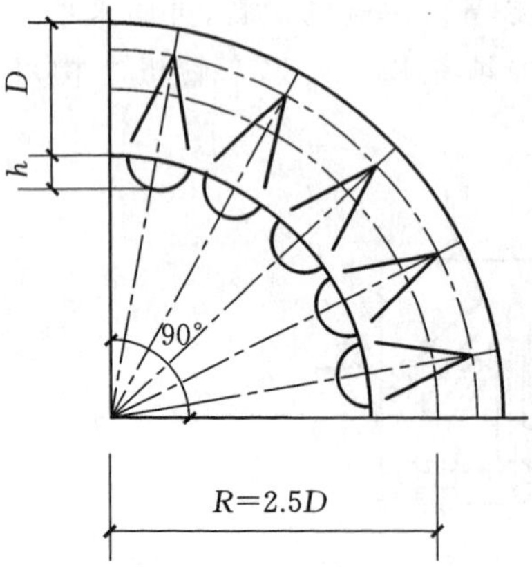

图 2.17 折皱弯管制作

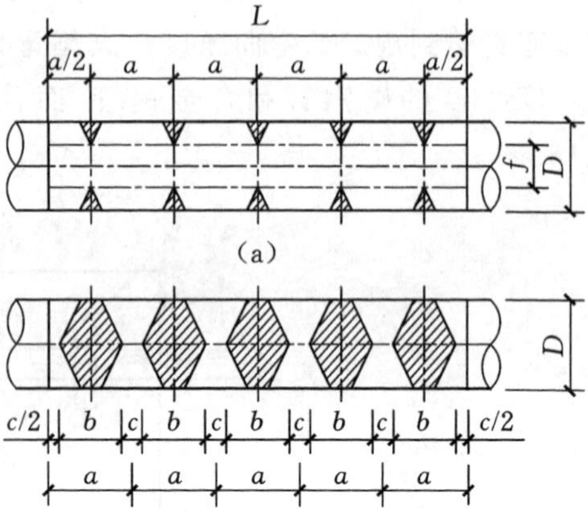

图 2.18 折皱弯管画线图

(a)折皱弯管的弯背;(b)折皱弯管的弯里

折皱弯管的制作流程如下:

① 在直管段上按样本尺寸进行画线;按照图 2.18 折皱弯管画线图,折皱弯管的弯背按图 2.18(a)来画线,折皱弯管的弯里按图 2.18(b)来画线。当曲率半径为 2.5D 弯管时,图中参数可按表 2.3 选取。

表 2.3 90°折皱弯管($R=2.5D$)参数

外径 D/mm	折皱数 n	最小长度 L/mm	折皱间距 a/mm	加热区宽度 b/mm	不加热区宽度 c/mm	圆周不加热宽度 f/mm
108	5	500	100	80	20	50
133	5	625	125	95	30	70
159	6	750	125	95	30	85
219	6	1020	170	135	35	115
273	6	1275	212	172	40	146
325	7	1525	218	174	44	170
377	8	1770	220	175	45	195
426	8	1990	249	199	50	225
529	9	2500	288	218	60	280
630	9	2970	330	260	70	330

② 在管道加热前，将管子两端堵塞，以减少热量损失，缩短加热时间。

③ 加热管道至 850～950 ℃时进行煨弯，达到弯曲角度时浇冷水冷却定型。为避免相邻折皱加工时的相互影响，折皱的加工应间隔进行。

④ 对成形的折皱弯管再次加热到 600 ℃，进行退火处理，以消除加工应力。

2.1.3.2　焊接弯管

焊接弯管(又称为虾米腰弯头)是由若干个带有斜截面的直管段对口焊接而成。焊接弯管的弯曲角度、弯曲半径及弯管的组成节数可根据需要选定。焊接弯管由两个端节和若干个中节组成，中节两端带有斜截面，端节一端带有斜截面，端节为中节的一半，如图 2.19 所示。

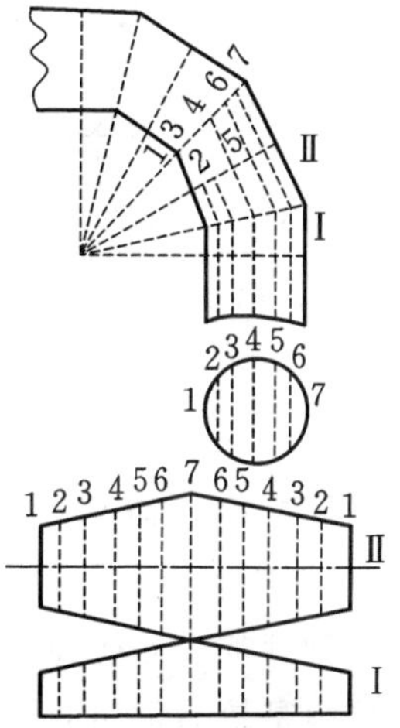

图 2.19　四节焊接弯管

焊接弯管的分节数越多，曲率半径越大，焊接弯管越光滑，流动阻力越小，但是分节数越多，环形焊缝越多，弯管的弹性越差。所以，分节数既不能太多，也不能太少，一般可按照表 2.4 来确定。端节和中节的制作方法有两种：一种是采用钢板卷制，另一种是直接在钢管上截取(一般用于公称直径＜DN400 的管道)。两种方法都需要按端节和中节的展开图制作下料样板，然后按照样板画线、下料、各管节开坡口、组对，最后焊接成型。

焊接弯管的特点是可以根据实际需要控制弯曲角度、曲率半径，加工时钢管无塑性变形，管壁厚度、横断面形状不变，刚性好。但由于焊接弯管中间有多条环形焊缝，弹性差，不能用来起自然补偿作用。适用于管径较大，曲率半径较小，煨制或其他方法加工较困难的场合。

表 2.4　焊接弯曲半径及节数

外径 D/mm	弯曲半径 R	节数 n				
		90°	60°	45°	30°	22.5°
57～159	$1D$～$1.5D$	4	3	3	3	3
219～318	$1.5D$～$2D$	5	4	4	4	4
218 以上	$2D$～$2.5D$	7	4	4	4	4

2.1.3.3　模压弯管

模压弯管实质上包括冲压弯管和模压弯管两种。冲压弯管，如图 2.20(a)所示，一般为小口径无缝钢管，曲率半径为 $1.0D$～$1.5D$。模压弯管，如图 2.20(b)所示，一般为大口径焊接弯管，是将弯管展开为扇形，用钢板下料，将扇形钢板加热压制成瓦状，修整切除多余部分后将上下两块瓦状钢板焊接，即制作成型。模压弯管的特点是制作效率高，成本低，但需要大量模具，适用于工厂化大批量生产。

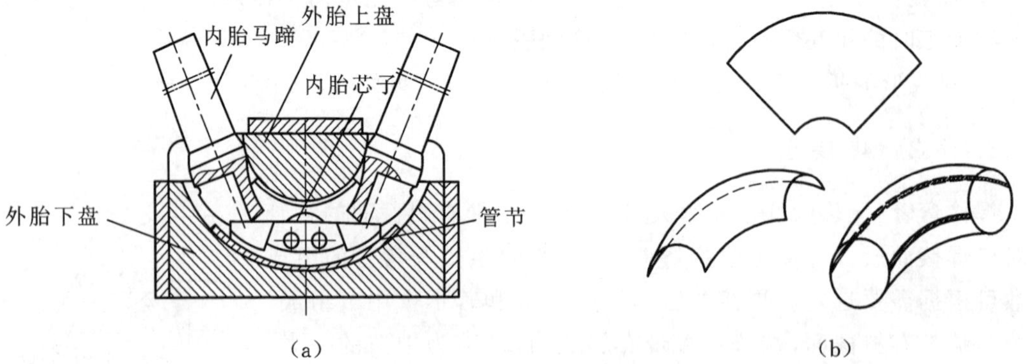

图 2.20　模压弯管制作

(a)无缝冲压弯管及制作；(b)大口径有缝模压弯管制作

2.1.4　钢管的连接

钢管常用的连接方法中，最基本的是螺纹连接、法兰连接和焊接，此外，卡套连接和沟槽连接也是较为常用的方法。不同的连接方法适用于不同的场合，以满足不同的安装要求。

2.1.4.1　螺纹连接

螺纹连接，也称丝扣连接，指将内螺纹管件、阀门等与加工有外螺纹的管道，依靠螺纹连接起来的方式。

1. 螺纹连接的特点及适用

螺纹连接具有结构简单、加工操作方便、连接灵活、可拆卸性好、密封性能优越、不破坏管道内表面等优点，但是大口径管道的螺纹加工和连接难度大，螺纹连接的最大接口公称直径为 DN150。

螺纹连接适用于钢管与带螺纹的设备、附件等的连接，低压流体输送用镀锌焊接钢管的连接，公称直径≤DN32 的室内供暖系统焊接钢管的连接，公称直径≤DN100 的室内燃气管道的连接，需要经常拆卸的场合。

2. 管螺纹连接方式

管道采用螺纹连接所用的螺纹称为管螺纹。管螺纹根据结构形式不同有圆柱形管螺纹和圆锥形管螺纹两种。管螺纹的连接有三种方式：圆柱形接圆柱形、圆锥形接圆柱形和圆锥形接圆锥形，如图 2.21 所示。

① 圆柱形接圆柱形方式：指管端的圆柱外螺纹与管件的圆柱内螺纹的连接。这种连接方式除带梢螺纹外，两接头的螺纹都具有相同的直径和深度，在两接头螺纹间平行地存在着空隙，这种空隙是靠连接用的填料和带梢螺纹的压紧而严密的。此连接方式的特点是加工

较容易，但连接强度小，严密性较差，仅用于长丝活接来代替活接头的场合。

② 圆锥形接圆柱形方式：指管端的圆锥外螺纹与管件的圆柱内螺纹的连接。圆锥外螺纹在其长度上具有 1∶16 的倾斜度，内外螺纹在各点能紧密扣紧，但其中仍需加填料充实。此连接方式的特点是连接强度及严密性都比较好，是管道螺纹连接的主要接口方式。

③ 圆锥形接圆锥形方式：指管端的圆锥外螺纹与管件的圆锥内螺纹的连接。这种连接方式的两接头螺纹都是圆锥形，所以其连接比较紧固，整个螺纹表面都能密合，不必加填料。此连接方式的特点是连接强度及严密性都很好，主要用于接口强度和严密性要求较高的管道工程中。

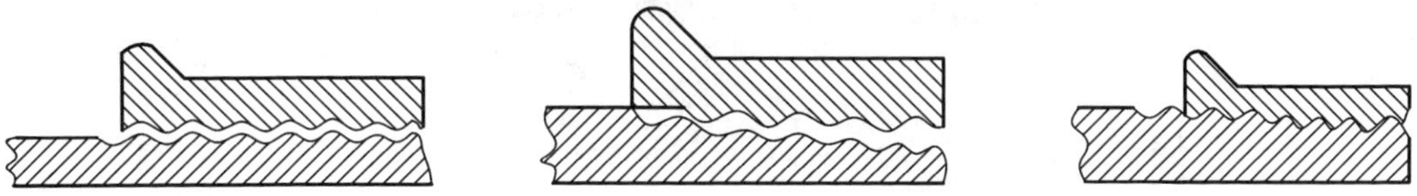

(a)　　(b)　　(c)

图 2.21　螺纹连接的三种方式

(a)圆柱形接圆柱形；(b)圆锥形接圆柱形；(c)圆锥形接圆锥形

钢管螺纹连接一般采用管端的圆锥外螺纹与管件的圆柱内螺纹连接，即圆锥形接圆柱形连接方式。螺栓与螺母的连接在于压紧而不要求严密，所以采用圆柱形接圆柱形连接方式。圆锥形接圆锥形的螺纹连接方式最严密，但因内锥螺纹加工困难，故该方式很少采用。

3. 管螺纹的加工

管螺纹加工一般指钢管的外螺纹加工，加工方法包括手工套丝和电动套丝两种。手工套丝的常用工具有管螺纹圆板牙和套丝板，电动套丝的常用工具为电动套丝机。

管螺纹圆板牙是手工套螺纹常用的工具，如图 2.22 所示，其体积小、操作使用方便，适用于公称直径≤DN50 管道的螺纹加工。

套丝板又称管子绞板，是手工加工金属管道管端螺纹常用的工具。常见的有普通式和轻便式两种。普通式套丝板的构造如图 2.23 所示，由板牙头和板牙架组成，在套丝板的板牙架上设有四个板牙孔，用来安装板牙，板牙是用来套丝的车刀，每组四块能套两种管径的螺纹。使用时应按管子规格选用对应的板牙，不可乱用。一般在板牙尾部及板牙孔处均印有 1、2、3、4 编号，使用时须将板牙头按编号 1、2、3、4 的顺序装入对应编号的板牙架孔内进行套丝，切不可将顺序装乱，否则会出现乱丝和细丝螺纹。普通式套丝板按其被加工的管子规格分为小型和大型。小型适用于 DN15～DN50 管道的套丝加工，大型适用于 DN40～DN100 管道的套丝加工。轻便式套丝板只适用于套制小于 DN40 直径的管子，由于只有一个手柄，可以在操作空间狭小的地方使用。

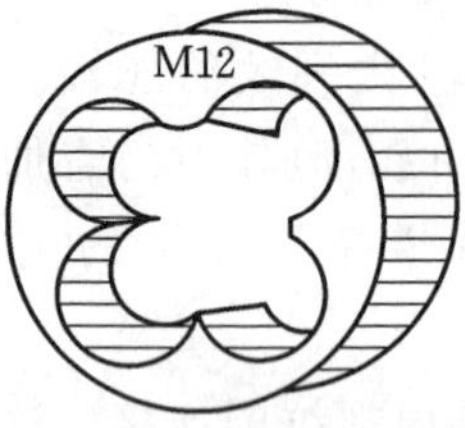

(a)

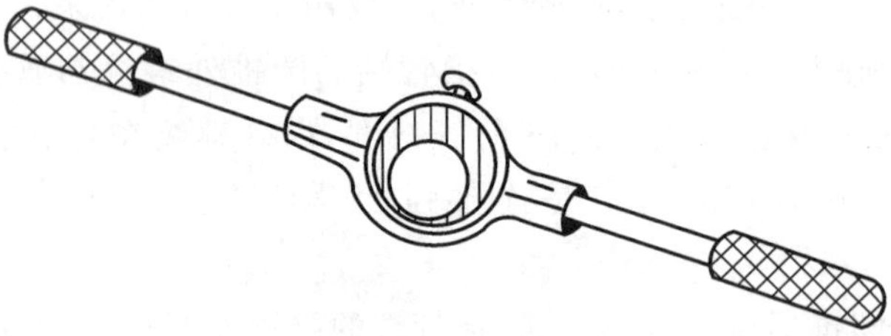

(b)

(c)

图 2.22　管螺纹圆板牙及扳手

(a)管螺纹圆板牙；(b)圆板牙扳手；(c)实物图

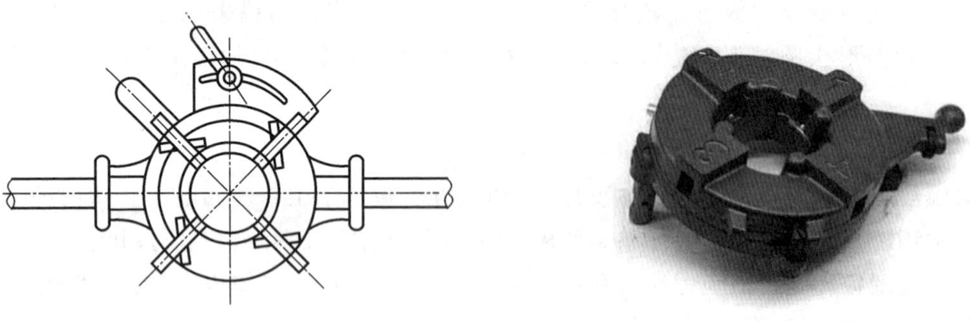

(a)

(b)

图 2.23　套丝板和板牙

(a)套丝板及实物图；(b)板牙及实物图

电动套丝机的套丝原理和套丝板的原理相同，不但可以进行管子套丝还可以用于管子切断、内口倒角等。电动套丝机在结构上分为两大类：一类是刀头和板牙可以转动，管子卡住不动；另一类是刀头和板牙不动，管子旋转。施工现场多采用后者。电动套丝机加工效率高，螺纹质量好，工人劳动强度低，因此得到广泛应用。

管螺纹的加工长度与被连接件的内螺纹长度有关。连接各种管件（如三通、弯头、活接头、阀门等）的内螺纹一般为短螺纹。当采用长丝连接时，需要加工长螺纹。管子端部加工后的螺纹长度尺寸如表 2.5 所示。

表 2.5 管子端部加工后的螺纹长度尺寸

管子规格尺寸		短螺纹（牙数）	长丝用的长螺纹（牙数）	连接阀门的螺纹（牙数）
管螺纹	公称直径 DN/mm			
1/2″	15	9	27	8
3/4″	20	9	27	8
1″	25	9	27	8
$1\frac{1}{4}$″	32	9	28	8
$1\frac{1}{2}$″	40	10	30	9
2″	50	11	33	10
$2\frac{1}{2}$″	70	12	37	11
3″	80	13	44	12

4. 螺纹加工的质量要求及加工缺陷的避免

螺纹加工应满足的质量要求包括：螺纹应端正、光滑、无毛刺、无裂纹；断丝缺扣部分累计不超过 1/3 圈；螺纹尺寸正确，松紧度适宜。为了满足质量要求，避免出现断丝、龟裂现象，小口径管道公称直径＜DN25 的管螺纹套两遍为宜，公称直径≥DN25 的管螺纹套三遍为宜。螺纹加工中，应避免以下缺陷的产生：

① 螺纹不正：产生的原因可能是中心线和管子中心线不重合或手工套丝时两臂用力不均，铰板被推歪，也可能是管子端面锯切不正引起套丝不正。

② 偏扣螺纹：产生的原因可能是管壁薄厚不均匀或进刀不正或卡爪未锁紧。

③ 细丝螺纹：产生的原因可能是板牙顺序弄错或板牙活动间隙太大；对于手工套丝，一个螺纹要经过 2～3 遍套成，第二次进刀未与第一次的螺纹对准可能出现细丝或乱丝。

④ 断丝缺扣：产生的原因可能是板牙不锐利或有损坏，套丝时用力过猛而使板牙进刀量太大或用力不均匀，切下的铁渣积存等。

⑤ 出现裂缝：如果螺纹有横向裂缝，则是板牙进刀量太大或管壁较薄而产生；若出现竖向裂缝，是焊接钢管的焊缝未焊透或焊缝不牢所致。

5. 管螺纹连接

在进行管螺纹连接操作之前，首先要备好螺纹连接密封用的填料和连接用的工具。

(1) 填料的选用

为保证螺纹连接接口的严密性，维护和检修时不致因螺纹锈蚀而不易拆卸，应在螺纹连接件之间加上适当的填料。填料既要能充填空隙又要能防腐蚀。应注意的是若管子螺纹套得过松，不能采取多加填充材料的方式来防止渗漏，而只能切去丝头重新套丝，以保证接口长久严密。

常用的填料有两种，一种是麻丝沾白铅油，另一种是聚四氟乙烯生料带。输送冷热水、压缩空气的管道采用麻丝沾白铅油或生料带；室内燃气管道采用生料带，禁用麻丝沾白铅油；制冷管道、氧气管道、输油管道采用生料带。

(2) 管螺纹连接工具

管螺纹常用的连接工具是管钳，有张开式和链条式两种，如图 2.24 所示。张开式管钳利用钳颚夹紧管子，其规格见表 2.6。

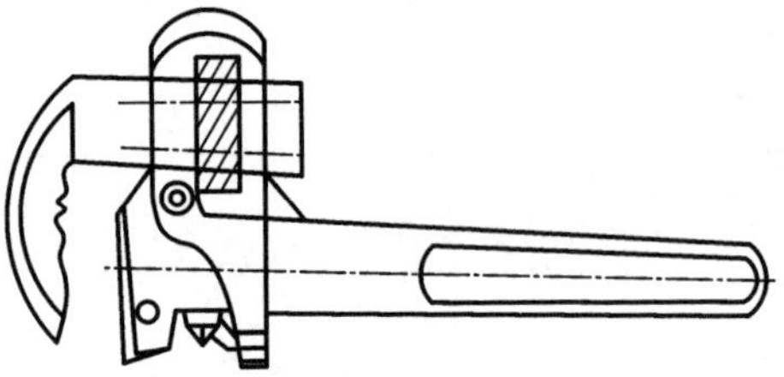

(a)

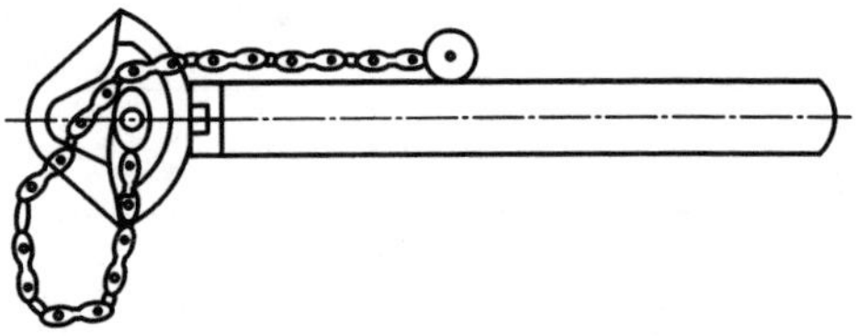

(b)

图 2.24 管钳

(a)张开式管钳；(b)链条式管钳

表 2.6 张开式管钳规格及适用管径

管钳规格										
	mm	150	200	250	300	350	450	600	900	1200
	in	6″	8″	10″	12″	14″	18″	24″	36″	48″
适用管径范围/mm		4～8	8～10	8～15	10～20	15～25	32～50	50～80	65～100	80～125

链条式管钳利用链子缠绕在管子上将管子夹紧，其规格见表 2.7。

表 2.7 链条式管钳规格及适用管径

管钳规格						
	mm	350	450	600	900	1200
	in	14″	18″	24″	36″	48″
适用管径范围/mm		25～40	32～50	50～80	80～125	100～200

安装不同管径的管子应选用对应规格的管钳。张开式管钳适用于安装直径较小的管道，当因场地限制如在地沟中操作或管子离墙面较近，使用张开式管钳手柄旋转不开时，可用链条式管钳。

链条式管钳用于安装直径较大的管道，也可以用来临时固定管道，在空中作业时用链条式管钳较安全和便于操作。链条式管钳长期不用时应在链子上涂油保护，使用时将油擦干净，防止打滑。

使用管钳时不允许用管子套在管钳手柄上加大力臂，以免把钳颈拉断或使钳颚被破坏。

(3) 管螺纹连接的操作步骤

首先将麻丝整理成薄而均匀的细丝后，将白铅油均匀地涂在管端的外螺纹上，然后面对管端将麻丝从管端的第二扣开始顺时针缠绕，缠好麻丝后，用手将螺纹拧入2～3扣，再用管钳拧紧。拧紧后管端应留有2～3扣螺纹，最后对外露螺纹做防腐处理。

2.1.4.2 法兰连接

法兰连接是在设备、管道、阀门附件等接口两端的两个法兰盘之间垫上垫片，并用螺栓、螺母紧固，而将设备、管道、阀门附件等连接起来的一种连接方式。该连接方法安装拆卸方便、接口强度高、严密性好；但其耗费钢材和人工多、造价高，不宜作为管路连接的主要方法，一般主要用在重要的设备机房和管路上需要经常拆卸检修的地方，如制冷机房、换热机房等。法兰连接的操作流程如下：

1. 选择法兰连接用组件

法兰连接需要有上下法兰盘、垫片、螺栓和螺母。

(1) 选择法兰盘

法兰盘又称法兰凸缘盘或突缘，法兰盘上有孔眼，螺栓穿过孔眼，利用螺母和密封垫圈使两法兰紧连。我国现行的法兰标准有国家标准和行业标准。各标准的法兰螺孔中心直径尺寸一致，可通用。法兰盘尺寸标注及实物见图2.25。

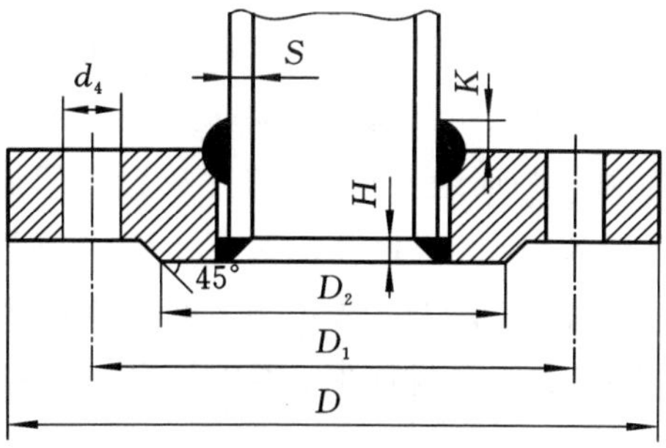

(a)

(b)

图2.25 法兰盘

(a)法兰盘尺寸标注；(b)法兰盘实物图

从外形上法兰分为圆形、方形和椭圆形，其中圆形法兰用得最多；按法兰的材质可分为钢制法兰、铸铁法兰、铜法兰、塑料法兰和玻璃钢法兰等；按法兰的密封面形式分为平面法兰、突面法兰、环连接面法兰、凹凸面法兰和榫槽面法兰等，如图2.26所示。法兰密封面的结构选择主要考虑到介质性质、压力、温度等参数和密封等要求。

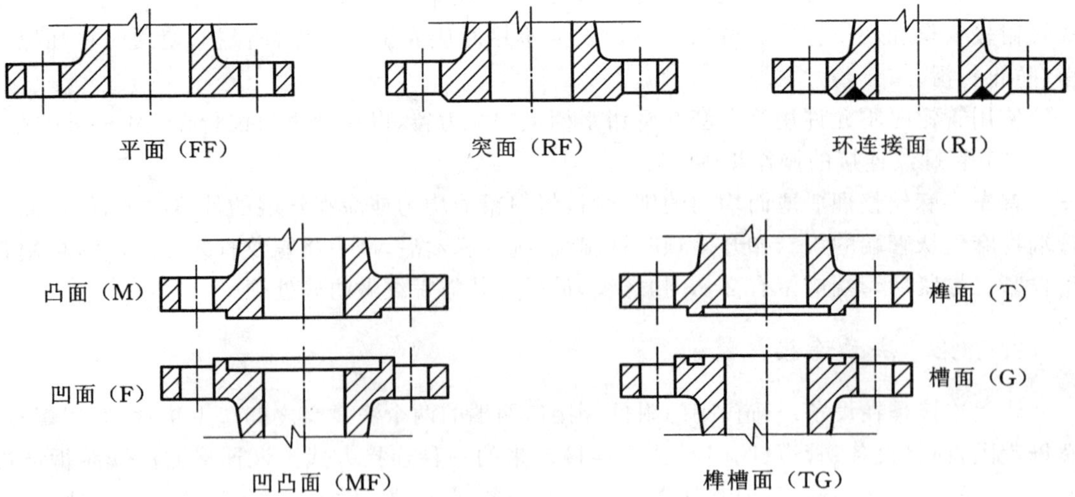

图 2.26　不同密封面形式的法兰

① 平面法兰(FF)：该法兰密封面具有结构简单、加工方便的优点。平面法兰之间一般采用石棉橡胶等非金属软垫片，由于这种密封面和垫片接触面积较大，如预紧不当，垫片易被挤出密封面；也不易压紧、密封性能较差。适用于压力不高的场合，一般使用在公称压力≤2.5 MPa 的情况下。

② 突面法兰(RF)：该法兰密封面具有结构简单、加工连接方便的优点。突面法兰之间的垫片可由螺栓使其定位，不易跑偏，密封性能较平面法兰好，是用途最广泛的法兰，但在高温、高压等情况下使用效果不是很好。

③ 环连接面法兰(RJ)：该法兰密封面的垫片置于环形槽内。垫片在槽中不会被挤出，压紧面积小，垫片受力均匀，但安装和拆卸不太方便。由于垫片与介质不直接接触，介质腐蚀影响和压力机制的渗透影响最小，可用于高压、易燃、易爆、有毒介质等密封要求严格的场合。

④ 凹凸面法兰(MF)：该法兰密封面由一凹面和一凸面组合而成，垫片放置在凹面的凹槽内。与平面法兰相比，装配时便于对中，垫片不易被挤出，密封性能优于平面、突面法兰，但是拆卸维修不便，破碎的垫片易进入流动介质中。凹凸面法兰常用于密封要求较严格的场合，但对于介质温度高、封口直径大的设备，使用该种密封面时，垫片仍存在被挤出的可能。

⑤ 榫槽面法兰(TG)：该法兰密封面由一榫面和一槽面配合组成，垫片置于槽面的凹槽内不会被挤出，垫片安装时对中性好，压紧面积最小，垫片受力均匀。由于垫片不与介质直接接触，介质腐蚀影响和压力机制的渗透影响最小，可用于高压、易燃、易爆、有毒介质等密封要求严格的场合。但是榫槽面法兰密封面加工比较困难，拆卸不方便，更换垫片时易损伤密封面。

根据介质的种类和参数选定法兰的类型、材质(参见表 2.8)，然后根据公称直径、压力确定法兰的结构尺寸和螺栓数目。

表 2.8 法兰及垫片选用参数表

输送介质	公称压力 PN/MPa	介质温度/℃	法兰形式	垫片类型
水、盐水、碱液、乳化液、酸类	≤1.0	<60	光滑面平焊	工业橡胶板
	≤1.0	<90		低压橡胶石棉板
热水、化学软水、水蒸气、冷凝液	≤1.6	≤200	光滑面平焊	低、中压橡胶石棉板
	2.5	≤300		中压橡胶石棉板
	2.5	301～450	光滑面对焊	缠绕式垫片
	4.0	≤450	凹凸面对焊	缠绕式垫片
	6.4～20.0	<660		金属齿形垫片
天然气、半水煤气、氮气、氢气	≤1.6	≤300	光滑面平焊	低、中压橡胶石棉板
	2.5	≤300		中压橡胶石棉板
	4.0	<500	凹凸面对焊	缠绕式垫片
	6.4	<500		金属齿形垫片

(2) 选用或制作垫片

法兰连接用垫片的作用是将法兰密封面间隙进行密封，防止流体渗漏，提高法兰接口的严密性。所以，垫片要有弹性、韧性和耐腐蚀性，同时也不能腐蚀法兰。

按制作材料不同，垫片可分为：金属垫片、半金属垫片、非金属垫片等。

① 金属垫片

金属垫片具有耐高温、高压的性能，常用于高温、高压等工作条件比较恶劣的管路系统。当介质压力>6.4 MPa 时，应采用金属垫片。常用的金属垫片有齿形金属垫片、八角形金属垫片、平行金属垫片等形式，如图 2.27 所示。

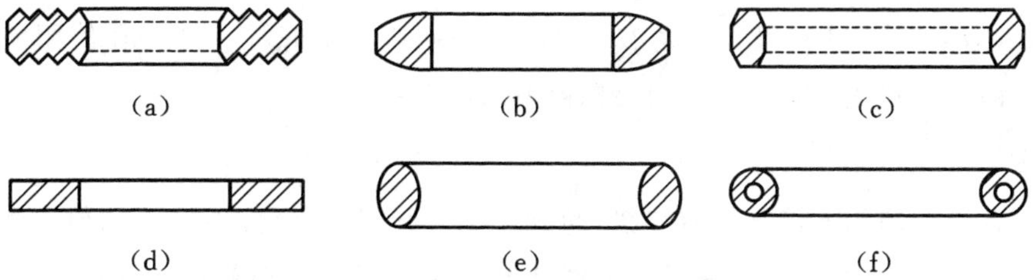

图 2.27 金属垫片形式

(a)齿形金属垫片；(b)透镜形金属垫片；(c)八角形金属垫片；(d)平行金属垫片；(e)椭圆形金属垫片；(f)“O”形金属密封垫环

② 半金属垫片

常用的半金属垫片有缠绕式垫片和金属包石棉垫片两种。

a. 缠绕式垫片。该垫片由 V 形或 M 形金属带夹石棉带逐层缠绕而成。金属带有软钢和不锈钢金属带两种。常用的缠绕式垫片受压后的推荐厚度见表 2.9。不锈钢金属带缠绕式垫片弹性好、耐高温，一般用于高温、高压或温度、压力波动大的场合。

表 2.9　缠绕式垫片受压后的推荐厚度

公称厚度/mm	3.2	4.5	6.4	7.3
受压后厚度/mm	2.2～2.4	3.2～3.4	4.6～4.8	4.7～4.9

b. 金属包石棉垫片。该垫片是用金属夹套内包裹石棉制成，其特性及使用场合与缠绕式垫片类似。金属夹套材料可以是软钢、铜、不锈钢等。不同夹套适用温度不同，铜夹套、软钢夹套、不锈钢夹套分别适用于 350 ℃、550 ℃、850 ℃的情况。

③ 非金属垫片

常用的非金属垫片有橡胶垫片、石棉橡胶垫片、耐油石棉橡胶垫片和聚四氟乙烯类垫片等。

垫片的材质应根据管内流体介质的性质或同一介质在不同温度和不同压力的条件下选用，可根据表 2.8 选用。通常情况下，高温、高压管道一般采用金属垫片；中温（＜450 ℃）、中压管道多采用半金属垫片；中低温、中低压管道多采用非金属垫片。

除选用成品垫片外也可在现场制作法兰垫片，垫片的内径不得小于法兰的孔径，外径应小于法兰上紧固螺栓孔内边缘，使垫片不遮挡螺栓孔，垫片厚度和边宽应一致，对不涂敷黏结剂的垫片，在制作垫片时应留一个手把，以便于安装。

（3）选用螺栓和螺母

法兰连接用的螺栓采用六角螺栓和六角螺母。螺栓的类型应根据压力和温度选择：当公称压力≤1.0 MPa 或温度＜350 ℃时采用粗制单头螺栓；当公称压力为 1.6～4.0 MPa 时采用半精制单头螺栓；当公称压力为 6.4～10.0 MPa 或温度＞350 ℃时采用半精制双头螺栓；当公称压力≥10.0 MPa 及温度＞350 ℃时采用精制双头螺栓。螺栓在使用前应刷防锈漆 1～2 遍，面漆与管道一致。安装时，螺栓的朝向应一致。

2. 法兰与管道的连接

法兰与管道管端的连接方式有焊接、螺纹连接、管子翻边松套连接等几种。其中焊接包括平焊法兰、对焊法兰和承插焊法兰。如图 2.28 所示为法兰与管端的不同连接方式。

① 平焊法兰：又称搭焊法兰，一般采用钢板加工制作，易于制造、成本低，应用最为广泛，但法兰刚度低，在温度和压力较高时易发生泄漏。一般用于公称压力≤1.6 MPa，温度＜300 ℃的中低压管道的连接。

② 对焊法兰：又称高颈法兰，法兰上有一小段锥形短管，连接时管道与锥形短管对口焊接。对焊法兰多由铸钢或锻钢制造，刚度较大，在较高的压力和温度条件下（尤其在温度波

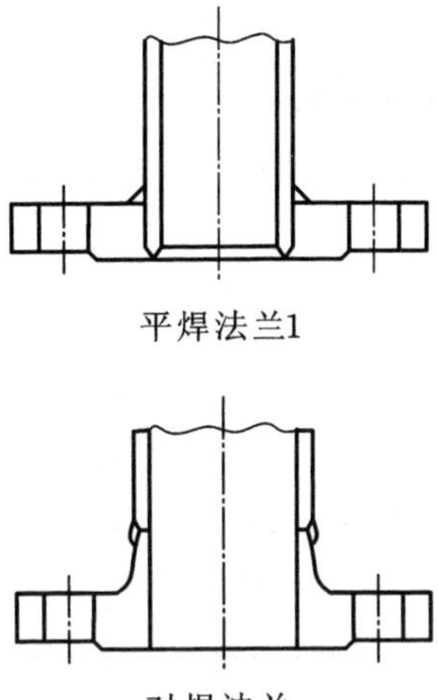

图 2.28 法兰与管端的不同连接方式

动条件下)也能保证密封。适用于工作压力≤16 MPa,温度为350～450 ℃的管道连接。

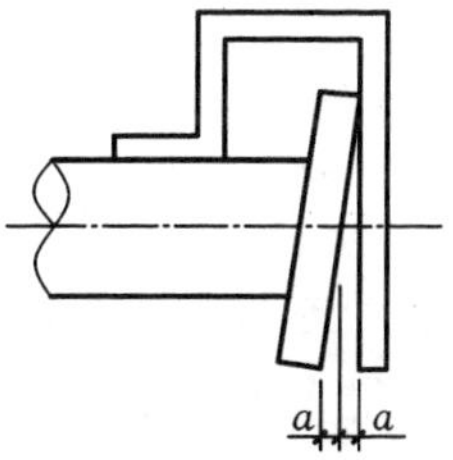

图 2.29 法兰倾斜偏差示意

法兰与管道焊接连接时要保持法兰与管道垂直,偏差 a(图 2.29)不应大于管外径的 1%,且不得超过 3 mm,对应不同管径的允许偏差见表 2.10。管口不得与法兰密封面平齐,应缩回 1.3～1.5倍管壁厚度。焊接时焊肉不得突出,法兰密封面上不得有焊渣。

表 2.10 法兰的允许偏差

公称直径 DN/mm	≤80	100～125	300～350	400～500
允许偏差/mm	±1.5	±2	±2.5	±3

③ 螺纹法兰:法兰与管端采用螺纹连接,管端的螺纹长度应稍短于法兰盘的内螺纹长度。适用于镀锌钢管与钢法兰盘的连接以及钢管与铸铁法兰盘的连接。法兰与管端的螺纹连接时,应注意将管端的外螺纹与法兰的内螺纹对正后再连接。

④ 松套法兰:又称活动法兰,法兰与管子不固定,将法兰盘套在管子外,然后将管子端头翻边盖在法兰盘上,连接时靠法兰挤压管子的翻出部分,使其紧密结合。松套法兰不与介质接触。主要用于钢制法兰盘与有色金属管(铅管、铝管、铜管)、不锈钢管道、塑料管的连接以及铸铁法兰盘与钢管的连接。管端翻边时要保持翻边平正、无裂口、无损伤,并不得遮挡螺栓孔。

法兰与管道连接,如采用焊接,焊接法兰应按照坡口、对口、焊接的顺序来与管道连接。如采用螺纹法兰,应先将连接的管端套成短螺纹,并将管端螺纹缠上填料,用手把螺纹法兰拧上,然后用管钳、钢管、螺纹扳手来上紧法兰,使法兰连接在管道上。

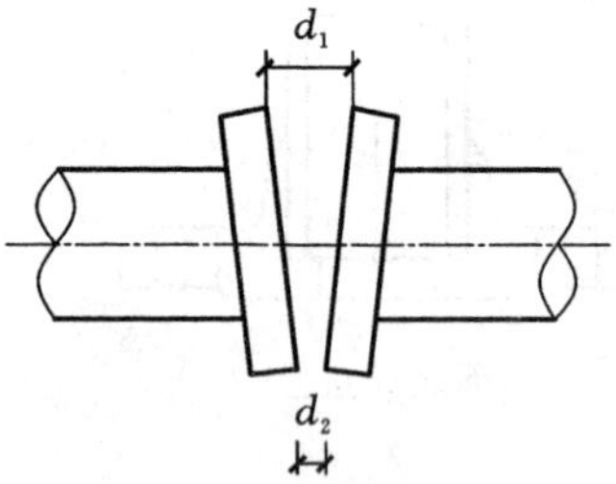

图 2.30　法兰平行度允许偏差

3. 上垫片

法兰垫片安装时，一对法兰之间只能上一个垫片，不得多上，多层垫片会导致渗漏；安装时注意将垫片的手把露出，以便于拆卸更换。

4. 法兰与法兰的连接

法兰与法兰的连接，紧固前应保证法兰与管道同心，螺栓能自由穿入螺栓孔，并且法兰间应保持平行，法兰密封面平行度允许偏差见图 2.30 和表 2.11。

表 2.11　法兰密封面平行度允许偏差

公称直径 DN/mm	允许偏差(d_1-d_2)/mm	
	PN＜1.6 MPa	PN＝1.6～4.0 MPa
≤100	0.20	0.10
＞100	0.30	0.15

法兰连接时应采用同一规格的螺栓，按照同一方向穿入螺栓孔中。若螺栓需加垫圈，每个螺栓最多加一个。用手带上螺母后，用扳手分三到四次对称交叉拧紧螺栓，以保证垫片各处受力均匀。螺栓拧紧后露出的螺纹长度不应大于螺栓直径的一半。

2.1.4.3　焊接

在建筑设备工程中，管道的焊接连接是一种重要的连接方式。金属的焊接方法可分为：熔焊、钎焊、压焊和特种焊四类，其中熔焊是金属管道焊接中常用的方法。熔焊焊接是将管子接口处及焊条加热，达到金属熔化的状态，而使两个被焊件连接成一整体。熔焊包括电弧焊、气焊、气体保护焊、等离子弧焊等，钢管焊接最常用的方法是电弧焊和气焊。

1. 焊接的特点和适用

管道焊接不需要接口配件，连接方便，省时省工省料，造价较低；运行安全可靠，接口严密性好，不易渗漏，不需要经常维护检修；接口强度高，牢固耐久。但焊接操作工艺要求较高，需要专业的技术人员和专用设备；不宜用于需要经常拆卸和对材料性能有特殊要求的场合。

2. 焊接使用的机具和材料

(1) 电焊用机具及焊条

根据电弧焊接的燃烧条件分为明弧焊接和埋弧焊接。明弧焊接也称手工电弧焊接，广泛用于金属焊接中。图 2.31 所示为手工电弧焊接的工艺图。

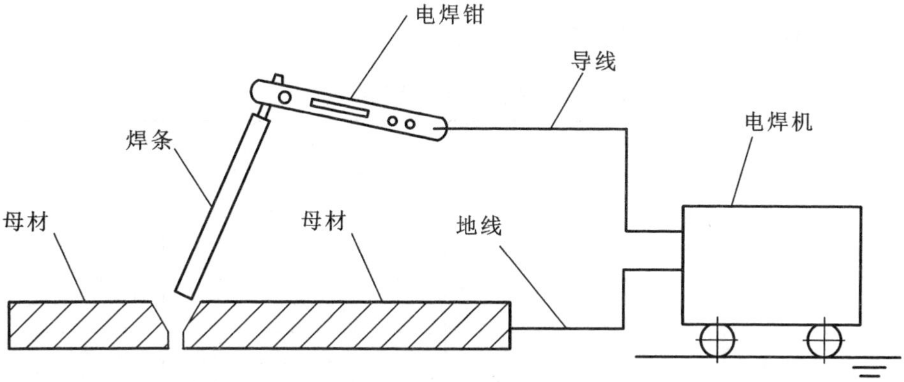

图 2.31 手工电弧焊接的工艺图

手工电弧焊的焊接机具由电焊机、导线、电焊钳、防护面罩等组成。

电焊机有交流电焊机、直流电焊机、变压器-整流器电焊机以及逆变器电焊机等。交流电焊机是最为常见的一种，这种电焊机使用交流电源，通过变压器降低电压后，输出交流电流供焊接使用。其特点是结构简单、使用方便，但由于交流电的特性，焊接时的电弧稳定性相对较差，适用于一般结构的焊接工作。

直流电焊机可以提供稳定的直流电源，能够产生非常稳定的电弧，适合于需要精确控制的焊接任务。直流电焊机的电弧稳定，热量集中，焊缝成形好，但其设备成本相对交流电焊机会高一些。

变压器-整流器(T-R)电焊机结合了交流与直流的优点，首先通过变压器降压，然后通过整流器转换为直流电。T-R 电焊机在保持电弧稳定的同时，提供了更加平滑的电流波形，有助于减少焊接过程中的飞溅和提高焊缝质量。

逆变器电焊机属于新型电焊机，采用先进的电力电子技术，将输入的交流电转换为高频交流电，再经由变压器降压并整流为直流电。其特点是体积小巧、轻便、电能转换效率高，尤其适合现场施工和移动作业。

电焊钳用来夹持电焊条，其导电部分采用紫铜。防护面罩用来防止电弧光中强烈的紫外线对人的眼睛和头部皮肤的损害。

焊条由金属芯和外包药皮(涂料)组成，焊条的金属芯既是电极，熔化后又可作为填充焊缝的金属。药皮中加入合金元素，可提高焊缝的质量；焊接时药皮在高温下熔化，产生的熔渣和气体能够使焊缝处熔化了的金属与空气隔绝，防止金属氧化或氮化，避免焊缝中出现气孔等缺陷；熔渣层可以减缓焊缝处金属的冷却速度，减小焊缝应力。

焊接时根据焊件的厚度选用焊条的粗细，根据选用的焊条直径来选择适合的电流大小。焊较薄的钢材用小电流和细焊条，焊厚钢材则用大电流和粗焊条。焊条直径与焊件厚度的关系见表 2.12 所示。

表 2.12 焊条直径与焊件厚度关系

焊件厚度/mm	2	3	4～5	6～12	≥13
焊条直径/mm	2	3.2	3.2～4	4～5	4～6

焊条直径与使用电流关系见表 2.13 所示。

表 2.13 焊条直径与使用电流关系

焊条直径/mm	焊接电流/A	焊条直径/mm	焊接电流/A
1.6	25～40	4	160～200
2.0	40～65	5	200～270
2.5	50～80	5.8	260～300
3.2	100～130		

(2) 气焊机具及焊丝

气焊与气割的气源设备相同，包括氧气瓶和乙炔瓶，但燃烧设备不同，气焊时使用焊炬（也称焊枪）。焊炬的作用是使氧气和可燃气体在焊炬的混合气管中混合，以保证从焊嘴喷出的混合气体燃烧时，形成具有一定能量和形状的稳定焊接火焰。气焊使用焊丝，焊丝由碳钢制成。焊炬按气体混合方式分为射吸式焊炬和等压式焊炬两种。射吸式焊炬示意图如图 2.32 所示。

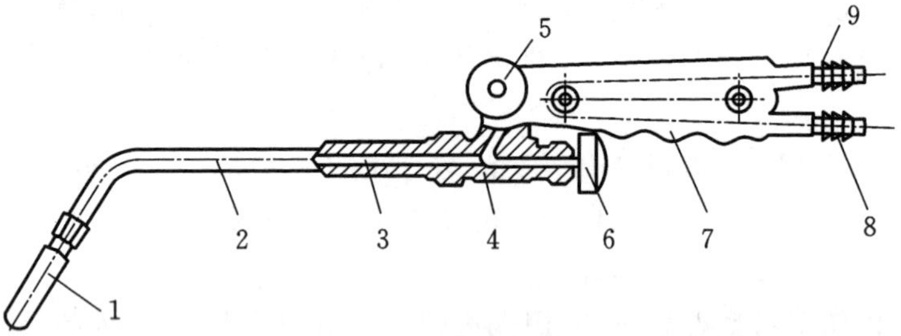

图 2.32 射吸式焊炬示意图

1—焊嘴；2—混合气管；3—射吸管；4—喷嘴；5—燃气阀；
6—氧气阀；7—手柄；8—氧气接口；9—燃气接口

3. 焊接的连接方法

焊接连接时，首先要对焊接管道的管端进行坡口加工，之后进行管道的对口，最后进行接口的焊接连接。

(1) 管端坡口加工

坡口加工是管道焊接连接的第一步，是焊接工作的必要准备，其目的是保证焊接的熔深，减少焊接材料的消耗和焊接变形，保证焊缝的抗拉强度，从而保证焊接质量。

坡口的加工方法有手工铲、管道坡口机、氧气-乙炔焰切割加工等。手工铲适用于小管径、壁厚 $\delta \leqslant 4$ mm 的管道坡口加工。管道坡口机适用于大口径、壁厚 4～10 mm 的管道坡口加工。氧气-乙炔焰切割加工坡口的速度快，加工方便，但加工后需清除氧化层。

常用的坡口形式有 I 形、V 形、X 形和 U 形四种，如图 2.33 所示，应根据焊件的厚度和要求选择合适的坡口形式。

I 形坡口实际上并未开坡口，采用直接对焊方式，适用于壁厚 $\delta < 6$ mm 时的管道焊接，

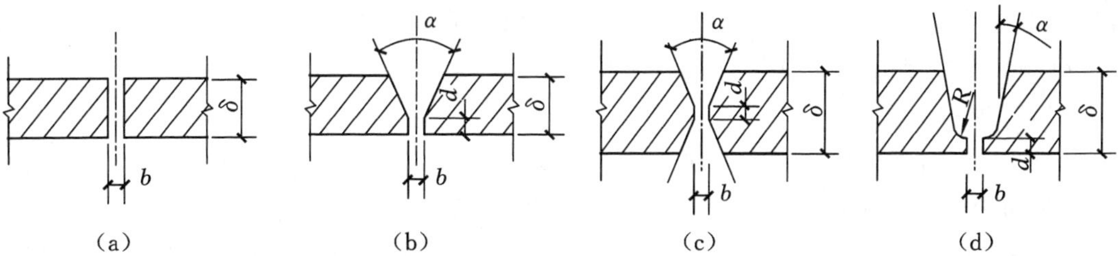

图 2.33 常用的坡口形式

(a)I形坡口;(b)V形坡口;(c)X形坡口;(d)U形坡口

当 $\delta \leqslant 3$ mm 时可采用单面焊,3 mm $< \delta \leqslant 6$ mm 时应采用双面焊,对于重要结构,当 $\delta >$ 3 mm时就应开坡口后再行焊接。V形坡口适用于壁厚为3～26 mm的管道焊接。X形坡口适用于壁厚为12～60 mm的管道焊接,当壁厚在12～26 mm时宜开X形坡口,X形坡口比V形坡口可减少近一半的填充金属量,焊后变形也较小。U形坡口适用于壁厚为12～60 mm的管道焊接,其填充金属量少,焊后变形更小,但加工困难,一般用于重要构件的焊接。

(2) 钢管对口

管道的管端坡口加工完成后进行钢管对口,采用管道对口夹紧装置,按照焊接要求对正、对齐,以保证管道连接后的平直度。

(3) 接口的焊接

钢管对好口后开始接口的焊接,无论是气焊还是电焊,按照焊条与管道的相对位置,焊接方式有平焊、立焊、横焊和仰焊四种情况,如图2.34所示。

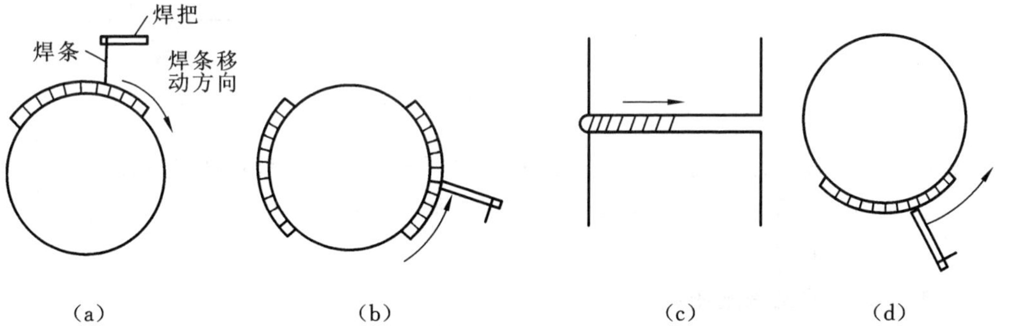

图 2.34 焊接方式

(a)平焊;(b)立焊;(c)横焊;(d)仰焊

① 平焊:由于焊缝在水平位置,熔滴的重力方向与电弧的吹力方向基本一致,所以熔滴的过渡平稳,操作容易。

② 立焊:由于熔滴受重力作用容易向下流淌,因此焊接操作时,宜采用小直径的焊条和较小的焊接电流由下向上焊。

③ 横焊:焊接操作时,熔滴受重力的作用极易下淌,因此,应采用短弧、小直径焊条、适宜的电流和运条方式,防止出现咬边、焊瘤和未焊透等缺陷。

④ 仰焊:由于熔滴重力方向与平焊电弧吹力方向相反,熔滴过渡困难,熔池中的金属向

下滴失,熔池的形状和大小难以控制,应采用小直径(直径不超过 4 mm)焊条、较小的电流(仰焊电流比平焊电流宜小 10%～20%)和短电弧间歇焊法。

4. 钢管焊接的技术要求

① 焊接时,由于平焊较其他三种形式更容易操作,焊接质量易得到保证,应尽量采用。凡可以转动的管子应转动后采用平焊或立焊方式,尽量减少仰焊操作。

② 焊接时,应尽量减小收缩应力,选择合理的焊接顺序和焊接参数,尤其是当环境温度低于－20 ℃时,应将焊口处 200～250 mm 的钢管预热到 100～200 ℃再行施焊。

③ 钢板卷焊管道对焊时,纵向焊缝应错开管子圆周长的 1/4～1/2。

④ 相邻对接焊缝的间距不宜小于 180～200 mm,并且不应小于管外径。

⑤ 管道的焊缝不得置于套管内,焊缝距支、吊架净距不应小于 50 mm。

5. 焊接完成后的质量检查

焊接质量的检查分为非破坏性检验和破坏性检验两大类,管道焊接检验主要为非破坏性检验。非破坏性检验包括外观检验、严密性检验和无损探伤检验。

其中外观检查的检查内容为表面缺陷、焊缝尺寸等。焊缝应均匀焊透,且不得有裂纹、咬边、气孔、夹渣、未焊透、焊瘤等缺陷。常见的焊缝缺陷见图 2.35。

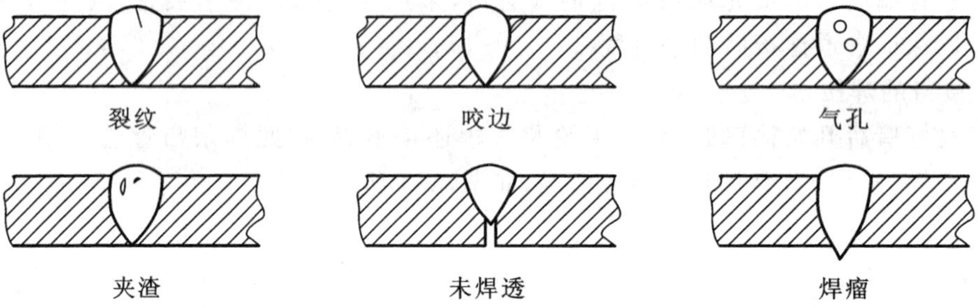

图 2.35　常见的焊缝缺陷

严密性检验可以采用渗透试验、气压试验和水压试验;无损探伤检验包括超声波检验、X 射线检验、γ 射线检验等。检验操作时应严格按照规定要求执行。

6. 焊接方法的选用

一般按照以下原则来选用焊接方法:

① 电焊、气焊都能使用的场合,优先选用电焊方法。

② 对于公称直径≤DN50、壁厚≤3.5 mm 的低压管道,一般采用气焊;公称直径＞DN50,壁厚＞3.5 mm 的管道或高压管道应采用电焊。

③ 施工空间狭小,不能采用电焊施焊的场合,采用气焊。

2.1.4.4　卡套连接

卡套连接,又称为压紧式连接,是一种利用金属卡套实现管道密封连接的方式。其核心组件为金属卡套,通常由不锈钢或者铜制成。

1. 卡套连接的特点及适用场合

该连接方法的特点是安装操作简便,密封性能好,结合强度高,抗振动性能好,适应性强，可拆卸性强。适用于小直径、低温、低压管道的连接。对于大口径钢管，卡套连接可能会受到材料强度的限制，导致连接不牢固。卡套连接在高温、高压等恶劣环境下的性能可能会受到影响。

2. 卡套连接的类型及密封原理

卡套连接的类型很多，有噬合式、挤压式、撑胀式、自撑式等。噬合式卡套连接，由接头体、卡套及螺母三个零件组成，卡套式管接头的结构如图 2.36(a)所示。连接时，接头体的外螺纹与螺母的内螺纹相互结合，随着螺母的螺旋推进，卡套受到挤压，刃口切入钢管外壁，卡套刃口端 26°的外锥面与接头体的 24°锥孔紧密挤压，卡套尾部内侧与钢管外壁牢牢抱合，实现钢管与接头体的连接，将管道内的流体密封，卡套连接的密封原理如图 2.36(b)、(c)所示。由于卡套受到螺母和接头体的挤压，中部稍稍向上拱起，具有了较好的弹性，可以避免由振动造成的螺母松脱。噬合式卡套主要适用于钢管、钢塑复合管的连接，挤压式卡套适用于塑料管、铝塑复合管的连接。卡套连接的管道实物图如图 2.36(d)所示。

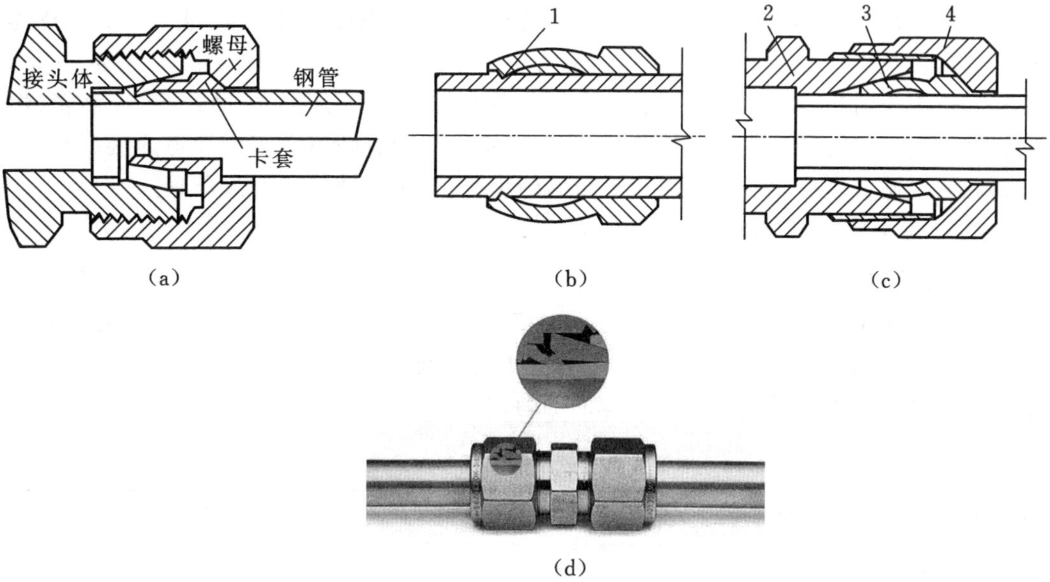

图 2.36 卡套连接结构及密封原理

(a)卡套式管接头的结构；(b)在压力的作用下形成凹槽；(c)密封原理；(d)卡套连接的管道实物图
1—环形凹槽；2—接头体；3—双刃卡套；4—压紧螺母

3. 卡套连接的操作方法和流程

卡套连接的流程为：管子外表面检查→管端清理→卡套式管接头清洗、上油→卡套连接。

连接时将螺母、卡套套在钢管上，再将钢管插入接头体中，对正后用手旋紧螺母，当用手转不动时，说明接头体、卡套、管子和螺母均已处于准备工作状态，然后再用扳手缓慢拧紧螺母直到管子不能转动为止。做好记号，最后再将螺母拧 1～1.25 圈，装配完成。

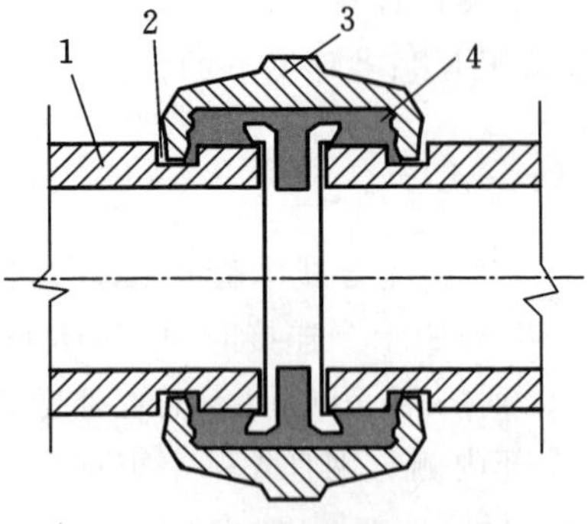

图 2.37　沟槽连接示意图

1—钢管；2—管道凹槽；
3—卡箍；4—橡胶密封圈

2.1.4.5　沟槽连接

沟槽连接又称卡箍连接，是在管段端部利用专用压槽工具在钢管上压出具有特定宽度和深度的环形凹槽（厚壁的管道可利用专用车槽工具车出环形沟槽），使用专用卡箍扣紧管子上沟槽的同时，压紧卡箍内的密封材料，实现密封和管道连接。沟槽连接示意如图 2.37 所示。卡箍的材料有胶、不锈钢、复合材料等。

1. 沟槽连接的特点及适用

沟槽连接的特点是安装、维护简便快捷，结合强度高，严密性好，适应性强，适用范围广。在承受较大外力或者长时间高温环境下，密封圈可能会老化，影响密封效果；在一些特殊介质输送中，需要选用对应化学稳定性的密封材料来保证安全。沟槽连接的理论适用温度为 −40～230 ℃，工作压力在 2.5 MPa 左右，公称直径范围为 DN32～DN250。适用于消防、给水、石油、化工、天然气等领域，可以完成无缝钢管、镀锌钢管、焊接钢管、不锈钢管、铜管及衬塑复合管等的连接，特别适用于有防腐要求的管道连接。此外，对于一些临时设施或者经常需要变更管道布局的场所，采用沟槽连接更为合适。

2. 沟槽连接的操作方法和流程

（1）管道切断

沟槽连接管道的下料长度应满足每个连接口之间有 3～4 mm 的间隙。管道应采用机械切断。管道截面应垂直管道轴线，端面垂直度允许偏差值应符合表 2.14 的规定。管道切断后在管端从管外壁向里加工 1/2 壁厚的圆角。

表 2.14　沟槽式管道连接的沟槽深度及支、吊架间距

公称直径 DN/mm	沟槽深度/mm	允许偏差/mm	支、吊架的间距/m	端面垂直度允许偏差/mm
65～100	2.2	0～+0.3	3.5	1.0
125～150	2.2	0～+0.3	4.2	1.5
200	2.5	0～+0.3	4.2	1.5
225～250	2.5	0～+0.3	5.0	1.5
300	3.0	0～+0.5	5.0	1.5

（2）沟槽加工

将压槽管段保持水平，采用专用滚槽机垂直于钢管压槽。压槽时应持续渐进，深度应符合表 2.14 的要求。压槽完毕用标准量规测量槽的全周深度，如果沟槽过浅，应调整压槽机后再进行加工，如果沟槽过深，则应作废品处理。

（3）沟槽连接

选用与管道沟槽匹配的橡胶密封圈，涂上润滑剂，先将其套在一根管道的末端，然后将对接的另一根管道套上，再将胶圈移至连接段中央，将卡箍套在胶圈外，并将边缘卡入沟槽中。将带变形块的螺栓插入螺栓孔，对称交替拧紧螺母。

2.2　铜管的加工及连接

2.2.1　铜管的加工

2.2.1.1　铜管的调直

铜管的调直方法通常有两种，一种是冷调直，一种是热调直。

1. 冷调直

冷调直是将管子在常温下进行调直。冷调直有两种情况：

① 对于公称直径≤DN50 的微弯管，对管道进行支撑，在弯曲处用榔子轻轻敲打凸面。

② 当管子较长、弯曲较大时，管子放在一个较平的木板上进行调直，需两个人合作。一个人看弯曲的部位，另一个人用榔子敲打凸面。应采用木榔或橡皮榔轻轻敲击，逐段调直。

2. 热调直

热调直是把管子加热到一定温度后再进行调直。采用加工用地炉对铜管的弯曲部位进行加热，加热到一定温度后，将铜管放在搭着垫板的平台上反复滚动，利用铜管自身的重力调直管道。调直用的平台不宜用金属平板做垫板，应垫以木板，防止在调直过程中产生凹坑或者磨损、划伤管道表面。

2.2.1.2　铜管的切割、扩口及胀管

1. 铜管的切割

铜管安装前应根据图纸及现场实测的配管长度结合连接方式下料切割。其操作步骤及注意事项如下：

① 切割时可采用专用切管器垂直于铜管轴线方向切断铜管，如图 2.38 所示。

图 2.38　切管器切割铜管示意图

② 操作时应该缓慢地夹紧切管器，缓慢地转动，在铜管不发生变形的情况下切断铜管。若管端明显变形，则将其切断舍弃，重新加工。

③ 严禁将铜管直接放在地面上作业，以防止水和杂物进入。

④ 铜管的切割面会产生毛刺，使用刮刀等将内侧的毛刺去掉，作业时将管端向下，以防止铜屑掉入管内，如图 2.39 所示。

⑤ 打磨切割面，将铜管切口朝下放置并加以磨光，如图 2.40 所示。

⑥ 用工具轻轻敲击铜管外表面，并用压缩空气吹扫铜管内部，清除铜管内的铜屑和杂物，如图 2.41 所示。

图 2.39　铜管切割面毛刺清理

图 2.40　铜管切口打磨

图 2.41　铜管铜屑清理

2. 扩喇叭口

扩喇叭口操作步骤如下：

① 在对铜管一端进行扩口前，先套入接管螺母，避免铜管被扩口之后无法套入接管螺母，如图 2.42 所示。

图 2.42　铜管套螺母

② 确认扩口靠模内是清洁的，如图 2.43 所示。

③ 用符合设计尺寸的扩口靠模夹住铜管，如图 2.44 所示。

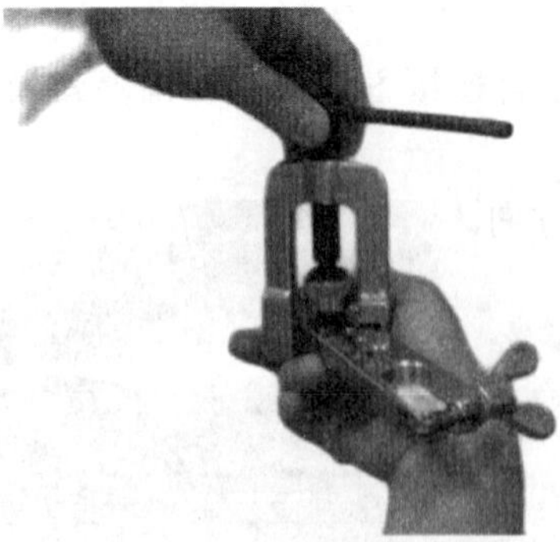

图 2.43　扩口靠模清洁确认

图 2.44　铜管夹紧

④ 确定合适的扩口靠模表面到铜管末端的距离。

如果测定的尺寸较小，相应的接触部位尺寸也会变小，可能因此造成漏气。扩口尺寸如表 2.15 所示。对应的扩口结构示意图如图 2.45 所示。

表 2.15　扩口尺寸表

铜管(外径)/mm	ϕ6.35	ϕ9.52	ϕ12.7	ϕ15.9	ϕ19.05
A(管内制冷剂为 R22)/mm	0.5				1.0
A(管内制冷剂为 R410A)/mm	1.0				1.5

⑤ 扩口后，确认扩口部分是否圆整，是否有裂缝、疤痕、遗留的毛刺，若有，则应重新扩口。

⑥ 扩口完成后，可在扩口部位均匀涂抹系统相应的压缩机冷冻油，起润滑和密封作用。

扩口后喇叭口示意如图 2.46 所示。

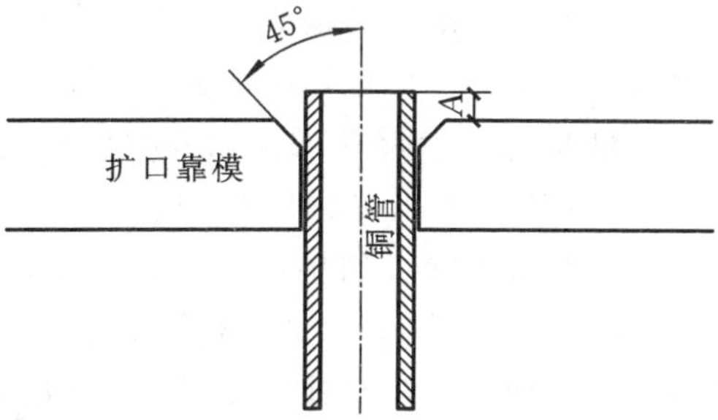

图 2.45　扩口结构示意图

图 2.46　喇叭口示意图

3. 胀管

胀管是在相同管径铜管相接时，使用胀管器将一根铜管的一端管口胀大，并制成杯形承口的加工。胀管代替了套管过渡管，只需一处焊点，降低泄漏危险。胀管示意图如图 2.47 所示。胀管时应注意以下问题：

① 胀管时在胀管表面上应加适量的润滑油(润滑油必须符合对应制冷剂系统要求)。

② 胀管长度应与管径插入深度相符合。

③ 为避免胀管处留下直线痕迹导致泄漏，操作时应将铜管转一个角度进行矫正。

④ 胀管时应避免用力过猛而导致出现裂纹。

胀管长度如图 2.48 所示。

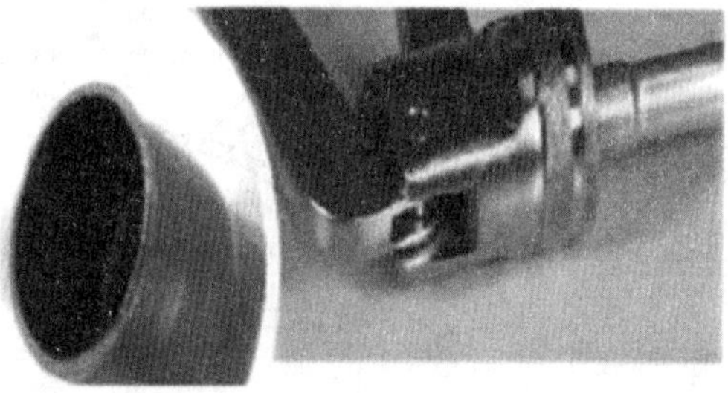

图 2.47　胀管示意图

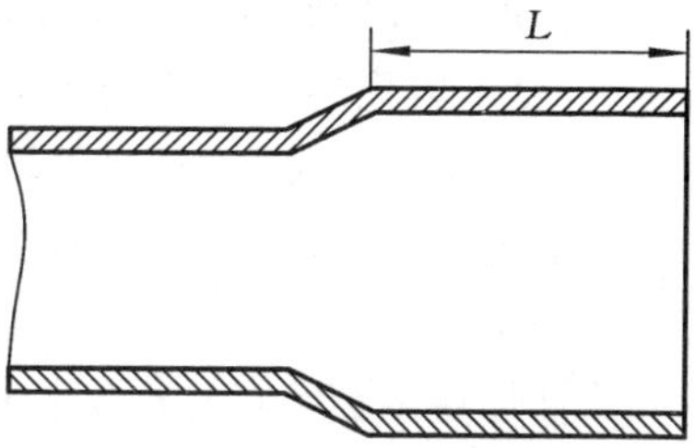

图 2.48　胀管长度

胀管长度要求如表 2.16 所示。

表 2.16　胀管长度要求

外径 ϕ/mm	6.35	9.52	12.7	15.9	19.05
胀管长度 L/mm	6	7	7	8	10

2.2.1.3　铜管的弯曲

图 2.49　手动弯管器弯制铜管示意图

铜管弯曲通常采用冷弯方法，可使用弹簧或手动弯管器进行铜管的弯曲，其基本方法与钢管的弯曲方法相同，适用于加工管径为 ϕ6.35～ϕ22.2 mm 的铜管，手动弯管器弯制铜管示意图如图 2.49 所示。也可采用电动油压弯管器进行铜管的弯曲，适用于批量加工管径为 ϕ6.35～ϕ69.9 mm 的铜管。铜管一般不进行热弯加工，这是因为热弯后管内填充物(如河砂、松香等)不易清除。如果进行热弯加工，应采用木柴、木炭或电炉加热，不宜使用焦炭或氧气-乙炔焰加热，加热温度一般为 500～600 ℃，最小曲率半径为 3.5 倍的管外径。弯曲加工时，铜管的内侧不能起皱或变形。

2.2.2　铜管的连接

铜管的连接方式有螺纹连接、焊接、法兰连接、卡套连接和卡压连接等几种方式。以上连接方式中，大部分连接方式与钢管的连接方式类似，可参考钢管连接的内容，下面仅对与钢管连接方式不同的焊接和卡压连接进行介绍。

2.2.2.1　焊接

铜及铜合金管的焊接方式有承插钎焊和熔焊两种，小口径管道采用承插钎焊方法，大口径管道可采用氧气-乙炔焰焊接、手工电弧焊和钨极氩弧焊等熔焊方法。下面仅介绍承插钎焊连接。

承插钎焊连接的原理是将熔点低于母材的钎料与母材一起加热，在母材不熔化的情况下利用承插结合部缝隙的毛细作用，使熔化后的液态钎料渗入、润湿并填充母材承插结合部的缝隙，两者相互熔解和扩散，将接口钎焊成整体。铜管承插钎焊连接如图 2.50 所示。

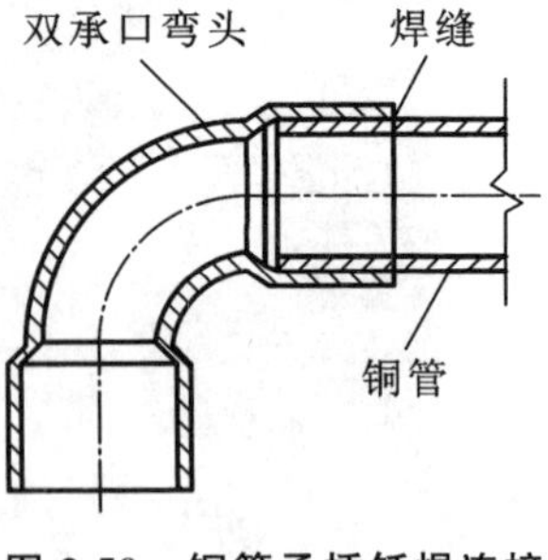

图 2.50　铜管承插钎焊连接

承插钎焊连接的特点是严密性好，管道可以明敷也可暗敷，故适用于可使用明火且管道不需拆卸的场合。但是由于钎焊时钎料熔化而母材不熔化，钎焊接头耐热能力较差，焊接强度低，一般只能用于承受较低冲击和振动的场合。

铜管承插钎焊连接的操作方法和步骤如下：

① 在钎焊前，清理除锈，去除管段表面的油污、氧化膜等。

② 将焊件装配固定后，采用轻微碳化焰的外焰加热焊件钎焊处，注意控制焰芯和焊件表面的距离为15～20 mm，当被加热到接近钎料的熔化温度时，可在纤缝处涂上焊熔剂，加热使其熔化。

③ 待焊熔剂熔化后，立即将钎料与高温焊件接触，使钎料熔化并渗入到缝的间隙中，焊料渗入间隙后，将火焰焰芯移至离焊件35～40 mm处，防止钎料过热。注意切勿用火焰直接加热钎料，并应根据焊件尺寸控制加热持续时间。

④ 焊后应立即清洗残留的焊熔剂和熔渣，防止腐蚀钎焊接头。对钎焊后易出现裂纹的焊件，钎焊后应进行保温缓冷或低温回火处理。

2.2.2.2 卡压连接

卡压连接是指将带有橡胶密封圈的承口管件套入管端，用卡钳挤压管件后使管端与管道紧固并密封的连接方式，铜管卡压连接见图2.51所示。卡压连接适用于管径不大于DN50的硬态铜管。

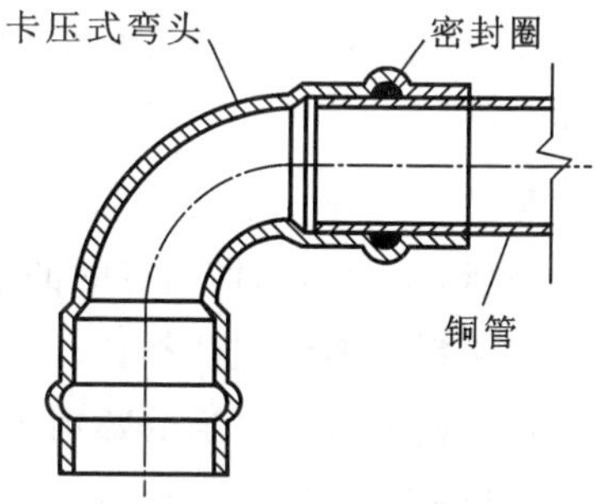

图2.51 铜管的卡压连接

卡压连接的特点是连接处牢固、可靠，密封效果好，但是拆卸后管件、管端不能重复使用。

卡压连接的操作方法和流程如下：

① 将铜管对准角度，用割管器将铜管截成所需长度。

② 找出正确适用的安装管件，管件的承口端部不得使用任何润滑剂。

③ 将切割后的铜管利用修边器，通过内外旋转铜管，去除切口内外毛刺并整圆。

④ 将铜管插入管件，插到底后应轻轻转动管子，使管与管件的结合保持同轴，并不得使管件内密封圈扭曲变形。

⑤ 采用专用的卡压机具(卡钳)，将钳口接到压接工具上，旋转螺栓，直到咬合为止。

⑥ 将钳口打开，对正角度，使卡钳端面与管件轴线垂直后，试压，达到规定的卡压力，并保持1～2 s后松开卡钳。使管件和管材外形微变形成六角形。操作结束。

2.2.3 铜管安装的注意事项

在施工现场铜管应按牌号和规格分类存放。承插钎焊连接、卡套连接、卡压连接适用于薄壁铜管的连接；螺纹连接、沟槽连接和法兰连接适用于厚壁铜管的连接。铜管安装时应防止管道表面被硬物划伤，不得与腐蚀性介质或污物接触。铜管采用承插连接时，承口应迎着介质流向安装。翻边法兰连接时，管子应保持同轴。管道穿越楼板、墙壁时应设套管。

2.3 铸铁管的加工及连接

2.3.1 铸铁管的切断

铸铁管具有良好的机械性能，硬度高，但同时也是脆性材料，不耐冲击。因此，在切割过程中，应采用恰当的工具和方法，以防止铸铁管破裂或变形。可以采用手工切断和电动切断的方法，其中手工切断可使用专用的管道切割器以及传统的錾刀进行切断，电动切断可以使用电动切割机、角磨机等进行切断。给水铸铁管、球墨铸铁管、稀土铸铁管等管壁较厚的管道，可采用机械切断方法。对普通排水铸铁管，由于其材质脆，管壁薄，所以不宜采用机械切断方式，可采用手工切断，与钢管的手工切断方法不同之处是铸铁管可采用錾切方法将其錾断。

錾切是一种利用硬质合金或高碳钢制成的錾刀，在锤击力的作用下对材料进行局部冲击和挤压，从而达到切割目的的过程。这种切割方式简单快速、操作方便，特别适合于铸铁等脆性材料的断续式切割。

操作前需选择合适的錾切工具，包括錾刀、锤子以及用来固定铸铁管的夹具或支架等。操作人员需佩戴好安全帽、护目镜、手套等个人防护装备，确保作业安全。

图 2.52 铸铁管的錾断示意图

錾切的操作方法及步骤如下：

① 定位与画线：根据所需长度，在铸铁管上画出清晰的切割线。这一步需要使用记号笔或者尖锐的专用画线工具，以确保切割位置的精确。

② 固定铸铁管：将铸铁管稳固地固定在工作台上，避免在錾切过程中发生位移，并在切断线的两侧垫上厚木板，如图 2.52 所示。

③ 开錾点：使用锤子轻击錾刀，使其切入铸铁管表面，形成第一个錾点。注意力度要适中，过大的力量可能导致铸铁管破裂或錾刀损坏。

④ 扩展錾线：从第一个錾点开始，沿着预定的切割线均匀敲击錾刀，逐渐扩展成一条直线。每次錾深度不宜过深，通常控制在 1～2 mm 以内。

⑤ 重复敲打：顺着錾线反复敲击錾刀，逐渐加深錾痕迹，錾切过程中应保持錾刀与铸铁管的角度和力度一致，以保证切口的平整和连贯。

⑥ 完成錾切：当錾刀深度达到铸铁管厚度的一半以上时，可以适当增加敲击力度，直至錾刀穿透铸铁管，完成切割工作。

2.3.2 铸铁管的连接

铸铁管的连接方法有承插连接、法兰连接、压兰连接、卡箍连接等。埋地管道大多采用承插连接和压兰连接。在特殊管件连接处，也可采用法兰连接。

2.3.2.1 铸铁管的承插连接

承插连接主要用于给水、排水、城市煤气、化工等工程中的铸铁管道。

承插连接分柔性承插连接和刚性承插连接。柔性承插连接接头是在管道承插口、止封口上放入富有弹性的橡胶圈，形成一个能适应一定范围内的位移和振动的封闭管接头。刚性承插连接是将管道的插口插入管道的承口内，然后用密封材料密封，使之成为一个牢固封闭的管道接头。工程中推荐使用柔性接口。

按照承插接口的材料来分，接口可分为青铅接口、橡胶圈接口、油麻石棉水泥接口、自应力水泥砂浆接口、石膏水泥接口、银粉水泥接口等几种。

① 油麻青铅接口(柔性接口)：特点是接口严密性好；抗弯、抗振性能好；养护容易，施工完后即可运行；造价高，施工难度大。适用于穿越铁路公路及其他振动较大的地方和抢修工程。

② 锲形橡胶圈抗振接口(柔性接口)：特点是弹性接口，抗振、抗弯性能好；操作简便，工效高；接口材料要求严，造价比较高。适用于地基条件较差，易振动的地方。

③ 油麻石棉水泥接口：造价低；特点是有一定的抗振性能及抗轻微弯曲；劳动强度大，操作较麻烦；养护要求高。适用于振动不大的地方，应用比较广泛，一般地基均可采用。

④ 自应力水泥砂浆接口：特点是操作简单，造价低，刚性及抗振性能较差；抗碱性能较差；操作时对手上皮肤有刺激。适用于振动不大的地方，但土质松软、基础较差地区最好不用。

⑤ 石膏水泥接口：特点是操作简便，工效高；材料来源广，成本低；抗弯、抗振性能差；操作时对人体皮肤有刺激。适用于振动不大的地方，气温低于 5 ℃或管内水迎向接口流动时，不能使用。

⑥ 银粉水泥接口：特点是操作简单，工效高；可以承受较高的水压；成本比石棉水泥低 45%。适用于地基、土壤条件较差，易发生振动处。

2.3.2.2 铸铁管的柔性连接

铸铁管柔性连接主要有承插压盖式柔性连接，平口法兰式柔性连接，平口节套式柔性连接，承插伸缩管柔性连接等，分别用于不同管道的连接。

排水系统常用的柔性连接所用铸铁管及管件应符合《排水用柔性接口铸铁管、管件及附件》(GB/T 12772—2016)的要求。此柔性连接口分为 A 型压盖式柔性连接接口和 W 型无承口卡箍式柔性连接接口两种，简称 A 型接口和 W 型接口。A 型接口属于承插接口，如图 2.53 所示。W 型接口如图 2.54 所示。

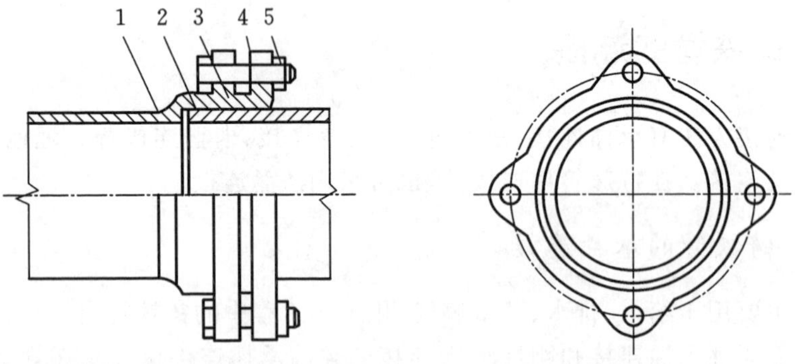

图 2.53　A 型压盖式柔性连接接口

1—承口;2—插口;3—密封圈;4—法兰压盖;5—螺栓、螺母

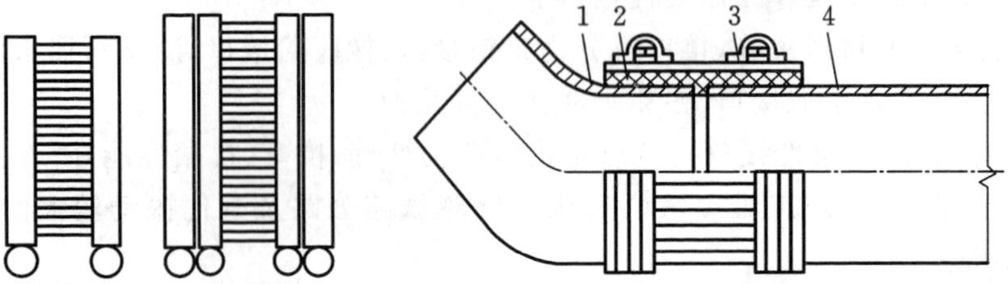

图 2.54　W 型无承口卡箍式柔性连接接口

1—无承口管件;2—密封橡胶圈;3—不锈钢;4—无承口直管

2.4　塑料管材的加工及连接

2.4.1　硬塑料管的加工及连接

2.4.1.1　硬聚氯乙烯塑料(PVC-U)管的加工

硬聚氯乙烯管材的加工包括管道的调直、切断、坡口和煨弯等,其加工特性为:在常温下具有一定的机械强度,在加热状态下随着温度的升高其状态将发生变化。当硬聚氯乙烯被加热到 80 ℃时开始变软,当温度达到 130～140 ℃处于柔软状态时,使用较小的力和一定的模具便可将其加工成为各种形状的管件。当被加热到 200～220 ℃时,就变为熔融状态,冷却后又变硬,仍能保持一定的机械强度。基于上述分析,可以先把焊条和接口加热到熔融状态,再将管道和管件焊接起来。当温度达到 228 ℃时,硬聚氯乙烯开始分解,所以焊接加工时应注意控制温度。

1. 调直

利用该管材加热到 80 ℃时变软的特性,采用热调直的方法对弯曲的管道进行调直,将弯曲的硬聚氯乙烯塑料管放在调直台上，向管内通入蒸汽使管子变软，然后利用塑料管自身重力的作用将管道调直。

2. 切断

硬聚氯乙烯塑料管通常采用人工的方法进行切断，可采用割刀、普通的钢锯、木工锯等工具。切割口的平面度公差为：小于或等于 DN50 时，应小于或等于 0.5 mm；DN50～DN160 时，应小于或等于 1 mm；大于 DN160 时，应大于或等于 2 mm。锯割时不允许锯口附近发热，以免使硬聚氯乙烯软化，应采用冷压缩空气对锯割处予以冷却。

3. 坡口

硬聚氯乙烯塑料管的坡口可用人工和机械两种方法制作。人工的方法是用锉刀锉出坡口；机械的方法是用坡口机或机床加工坡口，再用粗锉磨坡口表面。

4. 煨弯

硬聚氯乙烯塑料管不能在常温下进行弯曲加工，应加热后进行。弯曲的操作方法和流程如下：

① 画线下料。按弯曲半径(3.5～4)D 计算弯管的下料长度，计算方法同钢管。

② 充砂。将管道的一端用木塞塞紧，将砂子预热到 40～50 ℃后，填入外径比塑料管内径小 0.5～1 mm 的橡皮软管内，然后将橡皮软管插入塑料管内，用木棍捣实，填满之后将另一端用木塞塞紧。

③ 加热。可采用蒸汽加热箱、电加热箱、甘油加热箱等进行加热，加热温度为 130～140 ℃，加热长度为弯管长度的 1.1 倍。管子的加热时间可根据管径大小按表 2.17 中的规定选用。加热应缓慢，并经常转动管子。当用手指触压管子表面能产生皱纹或所按之处有指纹出现时，即可停止加热。

表 2.17　塑料管煨弯加热时间

公称外径 De/mm	≤65	80	100	150	200
加热时间/min	15～20	20～25	30～35	45～60	60～75

④ 煨弯。将加热好的塑料管从加热箱中迅速取出，采用木料制作的胎模进行煨弯，让管子紧贴内模，当弯管达到规定的角度后，用水冷却，然后取下管子，倒出管内的砂子，抽出软管，并继续用水进行冷却定型。

⑤ 弯曲质量的检查。制作完成的塑料弯管应符合下列质量要求：弯管的椭圆率不得超过 4%，外表应比较光滑，没有裂纹、褶皱、起泡、小孔等缺陷。

2.4.1.2　硬聚氯乙烯塑料管的连接

硬聚氯乙烯塑料管的连接方法主要有四种，其中，承插连接是主要连接方式，承插连接包括承插粘接和橡胶圈连接；法兰连接和螺纹连接是较常用的方法；缺少管件时也可采用焊接方法。

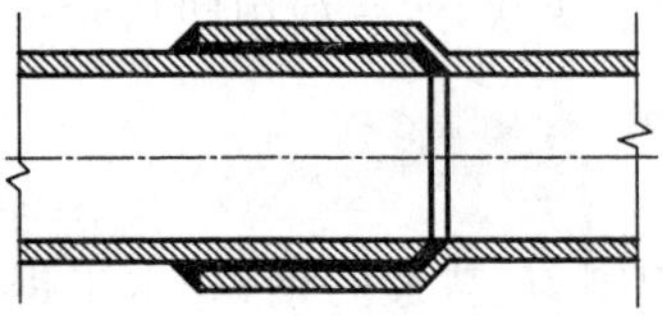

图 2.55　塑料管的承插连接

1. 承插粘接

承插粘接具有接口强度高(接口强度约为材料本体强度的 70%)、耐压高、气密性可靠、施工速度快、施工成本低等优点。但连接后不能拆卸、渗漏不易修理。管道承插粘接接口适用于公称外径 De20～De200 的管道连接。塑料管的承插连接如图 2.55 所示。

硬聚氯乙烯塑料管承插粘接的操作步骤如下:

① 管道坡口加工。采用手工或机械的方法加工,坡口加工完后,应将残屑清除干净。

② 试承插。在管道和管件涂刷胶粘剂前应试插一次,以检查插入深度及配合情况。在管道表面画出插入深度的标线,管端插入承口的深度不应小于表 2.18 规定的数值。

表 2.18　承插粘接连接管端最小插入深度

公称外径 De/mm	20	25	32	40	50	63	75	90	110	125	140	160
插入深度/mm	16.0	18.5	22.0	26.0	31.0	37.5	43.5	51.0	61.0	68.5	76.0	86.0

③ 接口表面清理。为保证接口粘接的牢固性,涂刷胶粘剂前应采用洁净的干布或棉纱将承口内表面及插口外表面的沙尘、水迹等擦拭干净。若粘接表面有油污,须用棉纱蘸丙酮等清洁剂进行擦拭,去除油污,但不得将管道、管件头部浸入清洁剂中清洗油污。

④ 涂刷胶粘剂。根据管径选用清洁无污的鬃毛刷作为涂刷工具,一般毛刷的宽度为管径的 1/3～1/2。当接口表面的清洁剂全部挥发后,用毛刷将胶粘剂迅速涂刷在插口的外表面、承口的内表面。冬期施工时,如发现胶粘剂有凝固现象,应用热水温热后使用;当环境温度高于 43 ℃时,应使用湿布使粘接处表面降温。

⑤ 连接。当接口表面的胶粘剂符合粘接要求时,立即找正方向将管端插口对准承口迅速插入用力挤压,当插入深度达到 1/2 时,稍加转动(不应超过 1/4 圈),然后一次插到底部,直到达到管道的画线位置。插接时应保证承插接口的平直度,承口插到底后不得再旋转并保持足够的时间。低温时要保持 1～3 min,以防止接口滑脱。插口插入承口的全部过程应在 20 s 内完成。

⑥ 清理、擦拭。粘接工序完成后,应将挤出的胶粘剂直接用棉纱擦拭干净。为保证接口的牢固,粘接完成后 1 h 内粘接部位不应受外力作用,24 h 内不得通水试压。

2. 橡胶圈连接

橡胶圈连接是承插连接的一种,管道的密封和连接是通过对承口沟槽内橡胶圈的挤压来实现的。橡胶圈连接适用于管外径 De63～De315 的管道连接。

管道连接由管道坡口、试承插、接口表面清理、橡胶圈安装、连接等步骤完成。橡胶圈安装时,应擦干净后放入沟槽中,不得装反或扭曲,橡胶圈安装好后,将管道插口对准管件的承口,用手动葫芦或其他拉力机械将管道一次插入到标线处。然后用塞尺沿管道与承口的间隙插入承口中,沿着圆周检查橡胶圈安装是否正确。

3. 法兰连接

法兰连接主要用于大口径硬聚氯乙烯塑料管与钢、铜等金属管道以及管道附件的连接。法兰材质通常有塑料和碳钢两种。塑料法兰与管道的连接方式有承插粘接和平焊等。碳钢法兰与塑料管常见的连接方式有焊环活套和翻边松套连接。

4. 螺纹连接

螺纹连接用于公称直径≤DN50的硬聚氯乙烯塑料管与金属配件的连接。塑料管端和管件上的螺纹采用注塑方式,该方式不影响管道强度,密封填充物宜采用聚四氟乙烯生料带,螺纹紧固后应留有2～3扣螺纹。

5. 焊接连接

(1) 塑料焊接的原理及方法

塑料焊接的原理是加热待连接管道的焊接部位和焊条至熔融状态,将焊条熔入焊口缝隙内,使管道结合为一体。塑料焊接方法有热风焊、超声波焊、摩擦焊等。最常用的方法为热风焊,该方法主要应用于硬聚氯乙烯塑料及软聚氯乙烯塑料的焊接。塑料焊接的主要流程如图2.56所示。热风焊所用塑料焊条的原料与焊件一致,但增塑剂含量较多。塑料焊条分单焊条和双焊条两种。

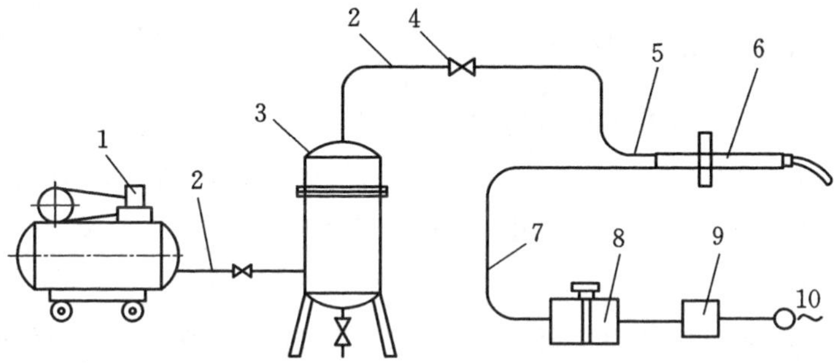

图 2.56　塑料焊接设备流程图

1—空气压缩机;2—压缩空气管;3—空气过滤器;4—控制阀;5—供气胶管;6—热风焊枪;
7—调压后的安全电源线;8—调压变压器;9—自动断路器;10—220 V电源

(2) 焊缝形式

硬聚氯乙烯塑料的焊缝形式与金属材料的焊缝形式基本相同,分为对接焊缝和搭接焊缝。焊缝及坡口形式如图2.57所示。

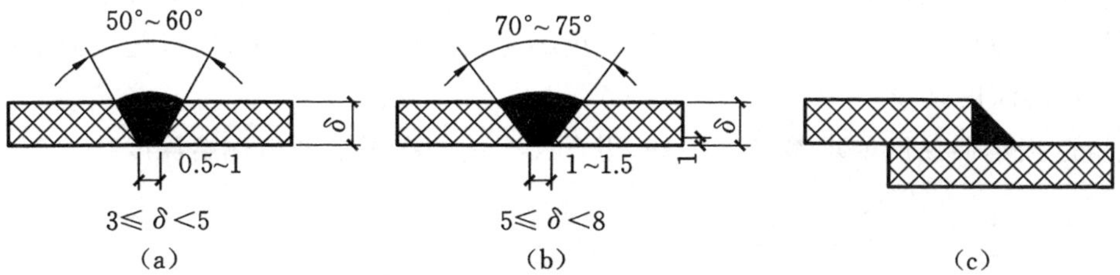

图 2.57　硬聚氯乙烯塑料管的焊缝及坡口形式

(a)、(b)对接焊缝;(c)搭接焊缝

(3) 塑料焊接要求

焊接过程中焊枪焊嘴应沿焊缝方向均匀摆动，使焊条和焊件受热均匀，防止塑料局部过热而烧焦。焊接温度一般控制在 200～250 ℃，焊接速度一般控制在每分钟 0.15～0.25 m。

(4) 塑料焊接的应用

塑料管道的焊接连接不是塑料管道连接的主要方法，一般与其他方法配合使用。主要用于承插焊接补强、管道对焊套管连接以及法兰焊接等场合。焊接连接的硬聚氯乙烯塑料管道的最高使用温度不应超过 40 ℃，原因是当温度超过 40 ℃时焊缝的强度将急剧降低。

2.4.2 软塑料管的加工及连接

2.4.2.1 软塑料管的加工

软塑料管的加工主要包括切断、管口整圆、弯曲等。软塑料管通常使用刀具或剪刀就可以轻松地切割管道，使用定型模具或机械设备通过物理压力使管口恢复到标准的圆形，进行管口整圆。软塑料管与硬塑料管和金属管不同，软塑料管具有很好的柔性，通常在常温情况下采用手工方式就可以进行弯曲，但应注意控制弯曲力度，切勿使管道出现弯折。

2.4.2.2 软塑料管的连接

软塑料管连接最常用的方法有热熔连接、电熔连接、卡套连接、卡箍连接，螺纹连接、法兰连接也较为常用。其中，热熔连接和电熔连接是 PE 管、PP 管和 PB 管等的主要连接方法，而 PE-X 管是热固性塑料，主要采用卡套连接和卡箍连接。

1. 热熔连接

热熔连接是烯烃类塑料管的主要连接方式，主要包括三种方式：承插热熔连接、对接热熔连接和鞍形热熔连接。承插热熔连接适用于小直径管道的连接，当管径大于 100 mm 时采用对接热熔连接，鞍形热熔连接适用于大口径管道的分支管连接。承插热熔连接接口强度高、严密性好、成本低，应用更普遍。

以 PP-R 管为例，承插热熔连接基本操作流程包括以下四个步骤，其热熔连接过程如图 2.58 所示。

(1) 管道切断

管道切割一般使用管剪、管道切割机或钢锯。切割时，必须使刀具垂直于管道轴线，管道切割后应去除管端的毛边和毛刺，并清除热熔连接面的尘土、油污，保持连接面干燥。

(2) 热熔深度画线

热熔连接承插深度要求参见表 2.19，用直尺测量并在管端画出热熔深度线。

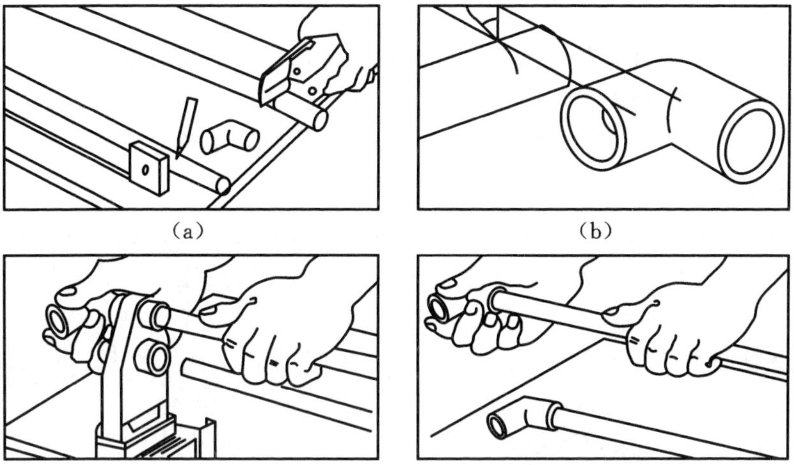

(a) (b) (c) (d)

图 2.58 热熔连接过程

(a)管道切断;(b)热熔深度画线;(c)接口加热;(d)管道连接

表 2.19 热熔连接承插深度表

公称外径 De/mm	16	20	25	32	40	50	63	75	90	110
最小承口深度/mm	13.3	14.5	16.0	18.1	20.5	23.5	27.4	31.0	35.5	41.5
最小承插深度/mm	9.8	11.1	12.5	14.6	17.0	20.0	23.9	27.5	32.0	38.0

(3) 接口加热

选用管道专用热熔器,将热熔器与 220 V、50 Hz 的交流电源接通,升温约 6 min,将焊接温度控制在约 260 ℃,直到工作温度指示灯亮起。将管端无旋转地插入加热套内达到所标志的深度,同时将管件无旋转地推到加热头上,达到规定的标志处,开始加热,加热时间参见表 2.20。

表 2.20 热熔连接技术参数

公称外径 De/mm	加热时间/s	调节时间/s	冷却时间/s
20	5	4	3
25	7	4	3
32	8	4	4
40	12	6	4
50	18	6	5
63	24	6	6
75	30	10	8
90	40	10	8
110	50	15	10

(4) 管道连接

达到加热时间后,立即将管子和管件从加热套和加热头上同时取下,将管端迅速无旋转地沿轴线均匀插入到管件内达到所标志深度处,使接头处形成均匀凸缘。如果管道不正,在规定的调节时间(参见表 2.20)内还可以校正,但严禁旋转管子或管件。

2. 电熔连接

电熔连接的原理:电熔连接件的承口内表面预埋有电热线圈,通电时电热线圈将管件承口内表面和管道外表面加热,使二者熔融、结合成一体,冷却后完成电熔连接。

电熔连接具有操作简便、迅速,连接质量可靠等优点,适宜于大型工程施工,也可用于操作空间狭小、无法进行热熔连接的场合。电熔连接广泛用于 PE 管、PP 管、PB 管等管道施工中。

电熔连接设备包括电熔控制箱和电熔夹具。电熔控制箱由小型发电机、电器操纵箱等组成。电熔夹具的作用是保证待熔接管道的同轴,使电熔管件在熔接和冷却时不受外力,保证连接质量。电熔夹具一般通过螺栓来调节、紧固。

电熔连接的步骤:清洁管子、管件连接面上的污物,保持熔接表面干燥,并标出管子的插入深度。用夹具将连接管固定,校直两对应的连接件。将电熔连接设备与电熔管件的导线正确连接,通电,加热时间应符合电熔管件生产厂家及电熔连接设备的有关规定。熔接完成待冷却后,拆除接口夹具和接线。

3. 卡套连接

当 PE-X 管的外径≥De32 时宜采用卡套连接,如图 2.59 所示。塑料管卡套连接的原理是将接头体的内插管伸入到 PE-X 管内,套在管外的 C 形紧箍环在螺母拧紧时挤压管壁,使内插管外壁和 PE-X 管内壁之间的橡胶圈被压紧,螺母螺纹与接头体连为一体,实现连接和密封。

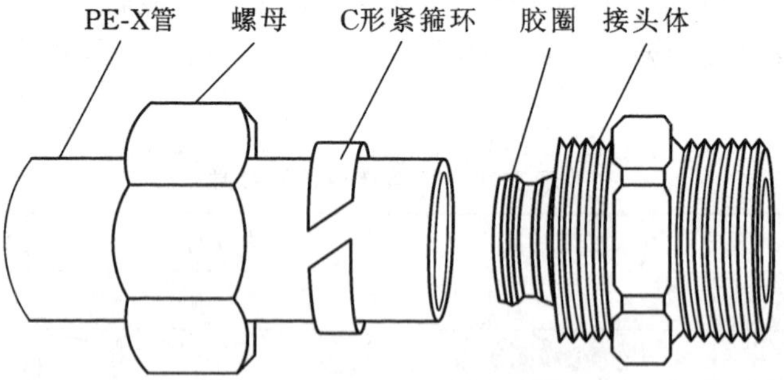

图 2.59　PE-X 管卡套连接示意图

4. 卡箍连接

当 PE-X 管的外径≤De25 时宜采用卡箍连接。塑料管卡箍连接的原理:用塑料管外的铜制卡紧环将塑料管与插入塑料管内的带凹槽的插管挤压紧密,实现管道与管件密封连接。其连接步骤和操作方法与钢管的卡箍连接相似。

2.5 复合管材的加工及连接

2.5.1 铝塑复合管的加工及连接

2.5.1.1 管道的加工

铝塑复合管管径较小，管道加工的主要任务是调直、切断和弯曲。

1. 调直

铝塑复合管一般多以盘卷形式供货，在管道安装之前首先应进行调直。调直操作前在管道外部包裹一些软质材料，如布料等，以减少调直过程对管道的损伤。对于公称外径≤De20的铝塑复合管，盘卷展开后，可直接用手调直；对公称外径≥De25的铝塑复合管，可在平整的地面上用脚轻踩住管子，并滚动管子盘卷展开管道，然后用手进一步调直。调直过程中应注意调直的方向，控制调直的力度，切不可频繁调直操作，避免折损管材。

2. 切断

铝塑复合管含铝层和塑料层，虽物理性质差异较大，但采用专用的管剪或管子割刀就可将管子切断。

3. 弯曲

铝塑复合管一般在常温下使用合适的弯管弹簧或弯管器进行弯曲，无须加热，对于公称外径≤De25的铝塑复合管可采用在管内放置专用弯管弹簧并用手加力弯曲的方式进行弯曲，如图2.60所示；公称外径为De32的管道宜采用专用弯管器弯曲。控制管道的弯曲半径$R \geqslant 5D$（D为管子外径），以免造成塑性拉伸裂纹，影响管子的强度，避免管道的局部阻力增大。管道弯曲时应尽可能做到一次成型，避免多次弯曲回直，使管子被弯曲部位出现永久性变形和疲劳破坏。

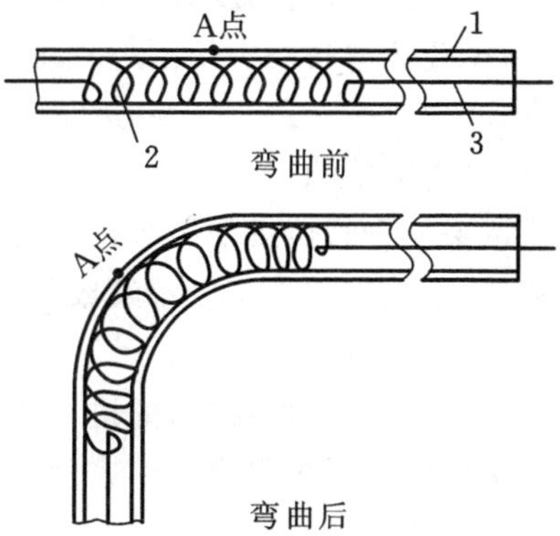

图2.60 铝塑复合管的弯曲

1—铝塑复合管；2—弯曲弹簧；3—抽拉钢丝

2.5.1.2 管道的连接

铝塑复合管的连接需使用专用管件，连接方法一般有卡套连接和卡压连接两种。

1. 卡套连接

卡套连接是铝塑管连接中使用较早的、常用的方法。这种方法与PE-X管连接基本相同，不同之处在于连接之前的坡口加工，需采用专用刮刀刮削内层PE（或PE-X）层来进行坡口。

2. 卡压连接

铝塑复合管卡压连接的原理：接头芯体外圆表面有锯齿形环槽和两只O形橡胶密封圈，连接时将接头芯体插入铝塑管内，当用专用钳压工具钳压套于铝塑管外层的不锈钢套时，不锈钢套收缩，发生塑性变形，使铝塑管内壁塑料层与接头芯体紧密咬合，实现管道的密封和连接。卡压式铜管件是各类型铝塑复合管管件中密封性最好、连接可靠性最高的一种管件。卡压式连接适用于管外径为16～75 mm的铝塑复合管连接。

2.5.2 钢塑复合管的加工及连接

钢塑复合管有衬塑复合钢管和涂塑复合钢管两种，衬塑或涂塑工艺一般由专业工厂完成。钢塑复合管加工连接时必须注意保护塑料层不被破坏，管道常用的连接方式有螺纹连接、法兰连接、沟槽连接等。

2.5.2.1 螺纹连接

螺纹连接一般适用于小管径钢塑复合管道的连接，适用的最大公称直径为DN100。

钢塑复合管螺纹连接的施工工序如下：

(1) 管道切断

钢塑复合管的切断宜采用锯床，也可采用盘锯、手工锯，不得采用热力切割、砂轮切割方法，以免破坏塑料层。切割过程中，应采用冷却液冷却管道，以防止内衬(或内涂的)塑料层受热破坏。

(2) 螺纹加工

钢塑复合管螺纹加工应采用自动套丝机，加工过程中应采用冷却液冷却，以免塑料层受热破坏；不应采用手工管螺纹绞板，以免塑料层产生偏心破坏。

(3) 管端处理

螺纹加工后、连接前，先进行管端清理，之后倒角，进行防腐、密封处理，宜采用防锈密封胶与聚四氯乙烯生料带作为密封填料缠绕螺纹，并在管壁上标记拧入深度。

(4) 螺纹连接

先检查衬塑管件内橡胶密封圈或厌氧密封胶是否正常，若正常则将配件与管端对正，用手拧上管端丝扣，直到管件接口插入衬塑(或涂塑)钢管，然后用管钳将管子与配件进行连接。

(5) 接口养护

管子与配件连接后，将外露的螺纹及所有钳痕和表面损伤部位涂上防锈密封胶。若管件采用的是厌氧密封胶密封，则当厌氧密封胶达到固化强度的50%(养护期大于24 h)后，才可进行试压。

钢塑复合管螺纹连接时的注意事项：钢塑复合管与铜管、塑料管连接时应采用专用过渡接头；与阀门连接时也应采用黄铜质内衬塑的内外螺纹专用过渡管接头，不得直接连接；专用过渡接头与其他材质的管道配件、附件连接时，应对外螺纹的端部进行防腐处理。

2.5.2.2 法兰连接

法兰连接可用于大管径钢塑复合管的连接。连接方法可采取一次安装法或二次安装法。一次安装法是现场测量、绘制管道单线加工图，然后送到专业工厂进行管段、配件衬塑(或涂塑)加工后，再运抵现场安装的方法。二次安装法是在现场加工非衬塑(或涂塑)钢管、焊接法兰，并与管件、阀门等连接起来组成管道系统，然后拆下，并在预安装的管道、管件、阀件和法兰盘上打上钢印编号，以记录安装位置，之后运至专业加工厂进行衬塑(或涂塑)加工，再运回现场进行安装的方法。

2.5.2.3 沟槽连接

沟槽连接方式适用于公称直径≥DN65 的衬塑(或涂塑)钢管的连接。对衬塑复合钢管可采用现场加工沟槽并进行连接的方法。对涂塑复合钢管一般宜采用现场测量、工厂涂塑加工、现场安装的方法。

本章小结

管道的加工及连接是建筑设备工程各系统施工的必备基础环节，不仅关系到整个系统的运行效率，更是保证系统安全稳定运行的关键。本章主要介绍了建筑设备工程中常用的钢管、铜管、铸铁管、塑料管材及复合管材的加工及连接的方法，各方法使用的工具、特点、技术要求及适用场合等。重点掌握钢管加工中弯管的加工方法，弯管的受力变形分析及得出的结论；钢管的螺纹连接、焊接、法兰连接的特点及适用场合，铜管的卡压连接、硬塑料管的承插粘接、软塑料管的热熔连接的特点及适用场合。通过本章内容的学习可为后续章节的学习做好铺垫。

思考题和习题

1. 钢管的调直方法有哪几种？调直方法如何选用？调直时有哪些注意事项？
2. 钢管的切断方法有哪几种？说明分类的具体内容。
3. 钢管切断时有哪些安全方面的要求？切断方法如何选用？
4. 弯管加工制作的方法有哪几种？各方法制作的弯管的特点和用途？
5. 钢管煨弯时管道将产生一定的变形，试分别从管道外侧、管道内侧和截面变形这三个方面分析弯管的受力情况。
6. 通过弯管的受力分析能够得出哪些结论？
7. 当直缝卷制焊接钢管煨弯时，应特别注意哪些问题？
8. 简述钢管的主要连接方式及其特点及适用场合。
9. 什么是螺纹连接？管螺纹连接的方式有哪几种？各方式有何特点？
10. 管螺纹加工中会产生哪些缺陷？分析缺陷产生的原因。
11. 什么是法兰连接？法兰连接用的组件有哪些？

12. 法兰有哪些分类方式？说明各分类方式的具体内容。

13. 钢管接口焊接的方法有哪几种？各有何特点？

14. 钢管焊接有哪些技术要求？焊接方法选用的原则是什么？

15. 铜管的连接方式有哪几种？各有何特点？

16. 什么是卡压连接？卡压连接的操作方法和流程是怎样的？

17. 铸铁管的切断方法和连接方法各有哪些？

18. 何为錾切？简述錾切的操作方法及步骤。

19. 软塑料管的常用连接方法有哪些？PE 管的主要连接方法是什么？

20. 当 PP-R 管材使用承插热熔连接时，其基本操作流程是怎样的？承插热熔连接有哪些优点？

3 室内供暖系统安装

【本章提要】

室内供暖管道安装的方法、技术要求及各管道的安装技术要点，散热器的布置原则、散热器的组装、散热器及附属设备的安装技术要点，低温热水地面辐射供暖系统的地面构造、安装流程等，散热器及低温热水地面辐射供暖系统的试压与验收的技术要求。

【本章重点与难点】

重点：室内供暖管道安装的技术要求，各管道安装的技术要点，散热器的布置原则和组装流程；低温热水地面辐射供暖系统的地面构造和安装要点，供暖系统的试压方法。

难点：室内供暖管道的坡度确定，低温热水地面辐射供暖系统的地面构造。

【学习目标与要求】

知识目标：能阐述室内供暖管道安装的施工方法和技术要求；能列举各管道安装的技术要点；能复述散热器的布置原则，能列举散热器组装所需配件的名称和数量，能描述附属设备安装的技术要点；能说明低温热水地面辐射供暖系统地面构造的组成和安装的流程；能描述供暖系统试压及验收的技术要求。

能力目标：通过对室内供暖系统安装内容的学习，能够完成对室内供暖系统管道和设备的施工方法、技术要求以及实施步骤的梳理，能够运用相关知识解决工程实际问题。

素质目标：室内供暖系统安装是建筑设备工程施工中的重要环节，要能够认识到施工中的节能环保措施和电气、机械安全问题，能够践行严格遵守各项安全规定的要求，增强环保意识，提高安全防范能力。

【本章知识图谱】

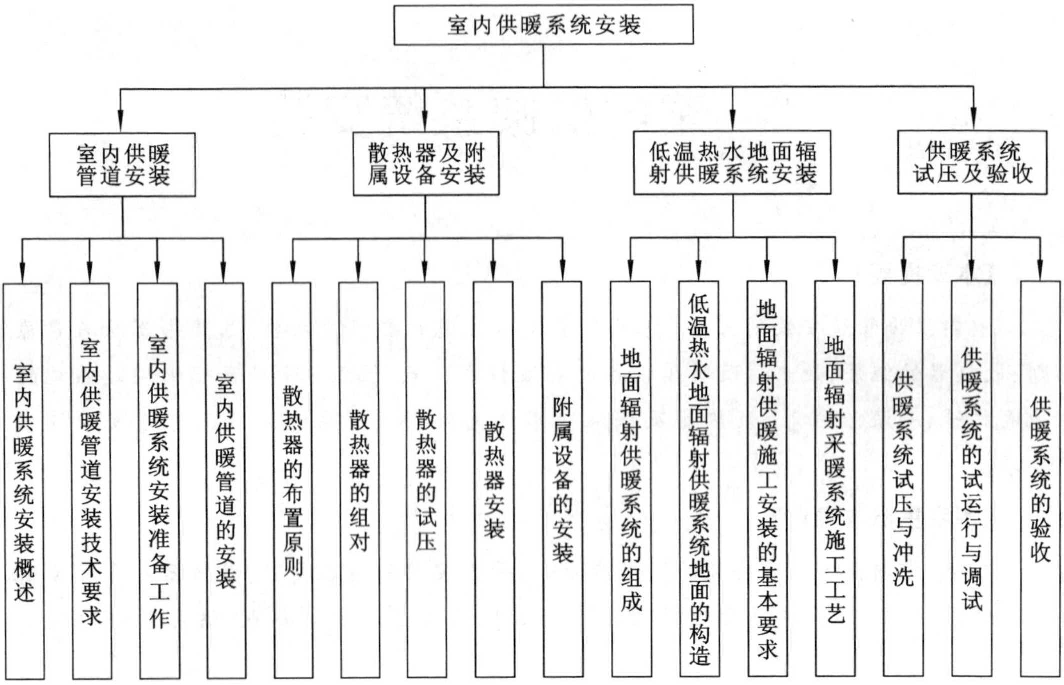

3.1　室内供暖管道安装

3.1.1　室内供暖系统安装概述

室内供暖系统是指利用人工技术向室内提供热量，使室内维持一定的温度，为营造适宜的生活或生产条件而设置的系统。供暖系统的安装除了要实现工程师的设计意图，还要保证系统的安全稳定运行及管理和维护的便捷，并且在保证施工质量的前提下尽量节省原材料和人工费用，做到高效、环保施工。

3.1.1.1　室内供暖系统的分类

供暖系统有不同的分类方式，其中，按热媒种类不同主要可以分为：热水供暖系统、蒸汽供暖系统、热风供暖系统、烟气供暖系统、电供暖系统及燃气红外辐射供暖系统等。

1. 热水供暖系统

以热水作为热媒的供暖系统称为热水供暖系统，主要应用于各类民用建筑及有余热水产生的工业建筑等。热水供暖系统的热能利用率高，输送时无效热损失较小，散热设备不易腐蚀，使用周期长，且散热设备表面温度低，避免了过热可能导致的烫伤风险，符合卫生要求，系统操作方便，运行安全，易于实现供水温度的集中调节，系统蓄热能力高，适于远距离输送。

2. 蒸汽供暖系统

以蒸汽作为热媒的供暖系统称为蒸汽供暖系统，主要应用于工业建筑。在蒸汽供暖系统中，水在锅炉中被加热转化成具有一定压力和温度的蒸汽，蒸汽靠自身压力作用通过管道流入散热设备内，在散热设备内放热后，蒸汽转化为凝结水，凝结水经过疏水器后沿凝结水管道返回凝结水箱内，再由凝结水泵送回锅炉。

3. 热风供暖系统

热风供暖系统是指以热空气为热媒的供暖系统，把空气加热至 30～50 ℃，直接送入房间。该系统常用于公共建筑和大型工业车间等。

4. 烟气供暖系统

烟气供暖系统是指以燃料燃烧产生的高温烟气为热媒的供暖系统，高温烟气将热量带给散热设备，有火炉、火墙、火坑、火地等形式。

供暖系统还有许多方式，例如发热电缆供暖、燃气辐射供暖等。

3.1.1.2　室内供暖系统的组成

室内供暖系统主要由供热管道、末端装置和附属设备等组成。

1. 供热管道

供热管道是指热源和末端装置之间的管道，包括供暖总管、主立管、干管、分支立管以及散热器横支管，通过管道将热媒输送到各个散热设备。

2. 末端装置

末端装置即散热设备，是指向房间散热以保持室内要求温度的设备，如散热器、热水辐射管道、暖风机等。

3. 附属设备

室内供暖系统的附属设备主要包括补偿器、集气装置、排气装置、除污器、膨胀水箱、热量表、温控阀及锁闭阀等。

3.1.1.3　室内供暖系统的安装方法

在民用建筑中，室内供暖系统作为建筑设备工程的一环，通常需要与其他设施如通风空调管道、给水排水管道、电线电缆桥架等协调安装，并且需要与土建工程紧密配合。而在工业建筑中，该系统则必须与各类工艺管道和动力输送管道等一并安装。因此，在施工过程中，必须进行周密的规划，确保妥善处理各类管道之间的关系，以保证整体工程的顺利进行。

室内供暖系统的安装方法主要有两种：第一种是先行安装散热器，随后进行干管、立管和支管的安装；第二种是先设置干管及立管，再安装散热器及支管。无论选择哪种安装方式，都必须先确立一个基准点或基准面，才能使管道的定位、标高、下料长度和管件配备等落到实处。在基准确定后，按照图样测绘的加工草图以及管道上的编号、标记，将预制好的干管、立管、支管、补偿器等半成品加工件及管子组合件，按环路分别运至安装区域或位置上。在安装前，务必要与墙面或者地沟壁上的定位记号进行仔细核对，确保每个组件都正确放置。此外，在每个施工点的管道安装过程中以及安装完成后，都要使用支架进行固定，这是保障安装精准度的必要手段，也满足连续施工作业的要求。

3.1.2　室内供暖管道安装的技术要求

室内供暖管道安装的技术要求如下：

① 室内供暖管道可采用钢管、塑料管和复合管材，其供暖总管、主立管、干管、支立管宜采用热镀锌焊接钢管和无缝钢管等；支立管与散热器之间连接的横支管可采用钢管、塑料管和复合管材等。

② 室内供暖管道安装应有坡度，如设计无要求，其坡度应符合下列规定：

A. 汽、水同向流动的热水供暖管道和蒸汽管道及凝结水管道，坡度应为 0.003，但不得小于 0.002；汽、水逆向流动的蒸汽和凝结水管道，坡度不小于 0.005。

B. 连接散热器的支管应有坡度，目的是防止散热器支管倒坡影响通水、通气，造成散热器不热。具体规定如下：

a. 当支管全长≤500 mm 时，其坡度值为 5 mm；

b. 当支管全长＞500 mm 时，其坡度值为 10 mm；

c. 当一根立管连接两根支管，其任一根全长＞500 mm 时，其坡度值均为 10 mm。

③ 管道从门窗或其他洞口、梁柱、墙垛等部位绕过，转角处如果高于或低于管道水平走向，在其最高点或最低点应分别安装排气或泄水装置。

④ 钢管管道的连接，公称直径≤DN32，采用螺纹连接；公称直径＞DN32，采用焊接或法兰连接。塑料管道可采用热熔连接。

⑤ 管道支架附近的焊口，要求焊口距支架净距＞50 mm，最好位于两支座间距的 1/5 位置上，在这个位置上的焊口受力最小。

⑥ 当供暖热媒为 110～130 ℃的高温水时，管道可拆卸件应使用法兰，不得使用长丝和活接头。法兰垫料应使用耐热橡胶板。

⑦ 管径＜DN32 的不保温供暖双立管道，两管中心距应为 80 mm，允许偏差为 5 mm。热水或蒸汽立管应该置于面向的右侧，回水立管则置于左侧。

⑧ 供暖系统的金属管道立管管卡安装应符合下列规定：

a. 楼层高度小于或等于 5 m，每层必须安装 1 个。

b. 楼层高度大于 5 m，每层不得少于 2 个。

c. 管卡安装高度，距地面应为 1.5～1.8 m，2 个以上管卡应匀称安装，同一房间管卡应安装在同一高度上。

⑨ 管道穿过墙壁和楼板，应设置铁皮或钢制套管。安装在普通房间楼板内的套管，其顶部高出装饰地面 20 mm，安装在卫生间及厨房楼板内的套管，其顶部应高出装饰地面

50 mm，底部应与楼板底面相平；安装在墙壁内的套管其两端与饰面相平。穿过楼板的套管与管道之间的缝隙宜用阻燃密实材料填实，且端面应光滑。管道的接口不得设在套管内。

⑩ 管道穿过基础、墙壁和楼板，应配合土建施工预留孔洞。孔洞尺寸如设计无要求，可参照表 3.1 的规定。

表 3.1　预留孔洞尺寸

序号	管道名称		明管预留孔洞尺寸/(mm×mm)	暗管预留孔洞尺寸/(mm×mm)
1	供暖立管	≤DN25 DN32～DN50 DN70～DN100	100×100 150×150 200×200	130×130 150×150 200×200
2	双供暖立管	≤DN32	150×100	200×130
3	供暖主干管	≤DN25 DN100～DN125	300×250 350×350	—
4	散热器支管	≤DN25 DN32～DN40	100×100 150×130	60×60 150×100

⑪ 管道穿过结构伸缩缝、抗震缝及沉降缝敷设时，应根据情况采取下列保护措施：

在墙体两侧采取柔性连接。在管道或保温层外皮上、下部留有不小于 150 mm 的净空；在穿墙处做成方形补偿器，水平安装。

⑫ 明装管道成排安装时，直线部分应互相平行。曲线部分：当管道水平或垂直并行时，应与直线部分保持等距，管道水平上下并行时，弯管部分的曲率半径应一致。

⑬ 焊接钢管管径＞DN32 的管道转弯，在作为自然补偿时应使用煨弯。塑料管及复合管除必须使用直角弯头的场合外应使用管道直接弯曲转弯。

⑭ 水平管道纵、横方向弯曲，立管垂直度，成排管段和成排阀门安装允许偏差必须符合表 3.2 中的规定。

表 3.2　管道、阀门安装允许偏差

项次	管道名称			允许偏差/mm	检验方法
1	水平管道纵横方向弯曲	钢管	每米，全长 25 m 以上	1，不大于 25	用水平尺、直尺、拉线和尺量检查
		塑料复合管	每米，全长 25 m 以上	1.5，不大于 25	
		铸铁管	每米，全长 25 m 以上	2，不大于 25	
2	立管垂直度	钢管	每米，5 m 以上	3，不大于 8	吊线和尺量检查
		塑料复合管	每米，5 m 以上	2，不大于 8	
		铸铁管	每米，5 m 以上	3，不大于 10	

续表3.2

项次	管道名称			允许偏差/mm	检验方法
3	弯管	褶皱不平度/mm	管径≤100 mm	4	用外卡钳和尺量检查
			管径>100 mm	5	
4	成排管段和成排阀门		在同一平面上间距	3	尺量检查

⑮ 在同一房间内，同类型的供暖设备、管道及附件，除有特殊要求外，应安装在同一高度上。

⑯ 管道支、吊、托架的安装，应符合下列规定：

a. 位置正确，埋设应平整牢固。

b. 固定支架与管道接触应紧密，固定应牢靠。

c. 滑动支架应灵活，滑托与滑槽两侧间应留有 3～5 mm 的间隙，纵向移动量应符合设计要求。

d. 无热伸长管道的吊架、吊杆应垂直安装。

e. 有热伸长管道的吊架、吊杆应向热膨胀的反方向偏移。

f. 固定在建筑结构上的管道支、吊架不得影响结构的安全。

⑰ 安装过程中，多种管道交叉时的避让原则见表 3.3。

表 3.3　多管道交叉时的避让原则

避让管	不让管	理由
小管	大管	小管绕弯容易，且造价低
压力流管	重力流管	重力流管改变坡度和流向对流动影响较大
冷水管	热水管	热水管绕弯要考虑排气、放水等问题
给水管	排水管	排水管径大，且水中杂质多，受坡度限制严格
低压管	高压管	高压管造价高，且强度要求也高
气体管	水管	水流动的动力消耗大
阀件少的管	阀件多的管	考虑安装操作与维护等多种因素
金属管	非金属管	金属管易弯曲、切割和连接
一般管道	通风管	通风管体积大、绕弯困难

3.1.3　室内供暖系统安装的准备工作

室内供暖系统安装的准备工作包括技术准备、材料准备、人员准备、施工现场的设施准备等。施工必须遵循设计蓝图，加强技术管理，严格按程序执行。在施工前，施工团队需要熟悉图纸内容，做好图纸会审；编制施工预算、施工用机具及易损耗品的供应计划；提出正式工程用的材料、设备计划。特别关注那些工作量大、难度高的关键环节，确保施工前有充分的准备与计划。大型项目要编制严密的施工组织设计方案。根据预算工日和现有人力资源，拟订具体的施工计划。施工管理人员必须在工人进场前确保材料供应计划已落实，并检查所提供材料、零部件、设备是否具有相应的合格证明和质量保证。如使用替代产品，必须获得设计人员的批准，并办理相应的技术签证。小型工程所需的材料、设备、零部件应一次性送达现场；大型工程可以根据进度分阶段供应，但绝不能影响工程进度。施工场地的临时水源、电源等，都应满足施工的基本要求，以保证施工活动可以顺畅无阻地进行。

3.1.4 室内供暖管道的安装

3.1.4.1 总管安装

室内供暖管道以入口阀门或建筑物外墙皮 1.5 m 为界。室内供暖总管由供水(汽)总管和回水(凝结水)总管组成，一般是穿越基础预留孔洞或在地梁下方、基础上方并行进入室内。管道管位的布置原则是：按其供水方向看，右侧是供水总管，左侧是回水总管。两根管道上均应设置总控制阀或入口装置(如减压、调压、疏水、过滤、测温、测压等装置)，其目的是用于启闭和调节。

1. 总管在地沟内的安装

热水供暖总管在地沟内的安装见图 3.1。在总管入口处，供、回总管底部用三通接出室外，安装时可用比量法下料进行预制，连成整体。必要时经水压试验合格后，做好防腐保温，然后整体穿入预留基础孔洞，以免因场地狭窄操作不便而影响保温效果。

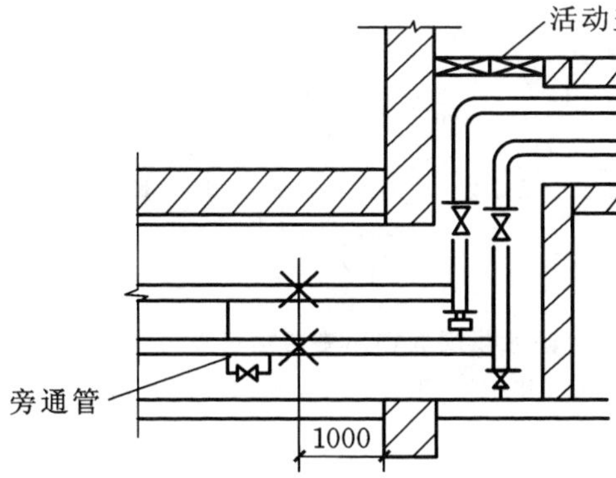

图 3.1 热水供暖入口总管在地沟内的安装示意图

2. 供暖入口装置安装

进入建筑物的供暖系统管路上必须设有阀门，阀门前应设旁通管及旁通阀，连通供、回水干管，并考虑泄水和排气，阀后应设置压力表、温度计、过滤器、热量表，以便于热量计量和运行调节。入口装置的温度计、压力表规格应符合设计要求。过滤器安装之前先清洗干净。阀门需进行水压试验，合格后再组合安装。入口装置的连接主要是螺纹连接和焊接，组合时应设可拆卸的连接件。热水供暖入口安装热量表的做法见图 3.2；不安装热量表的做法见图 3.3。

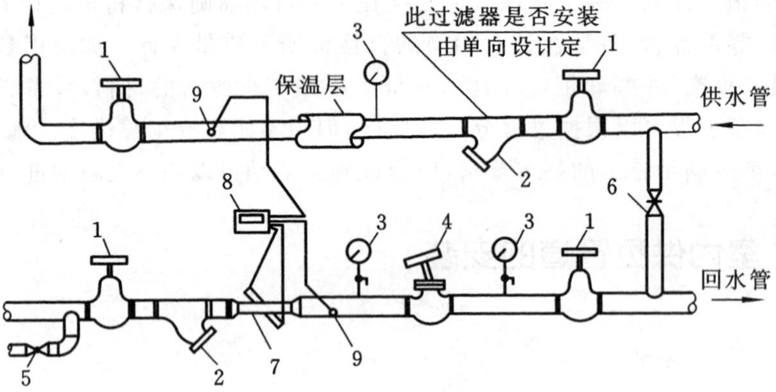

图 3.2　热水供暖入口安装热量表

1—阀门；2—过滤器；3—压力表；4—平衡阀；5—闸阀；6—阀门；
7—超声波流量计；8—热量表；9—温度传感器

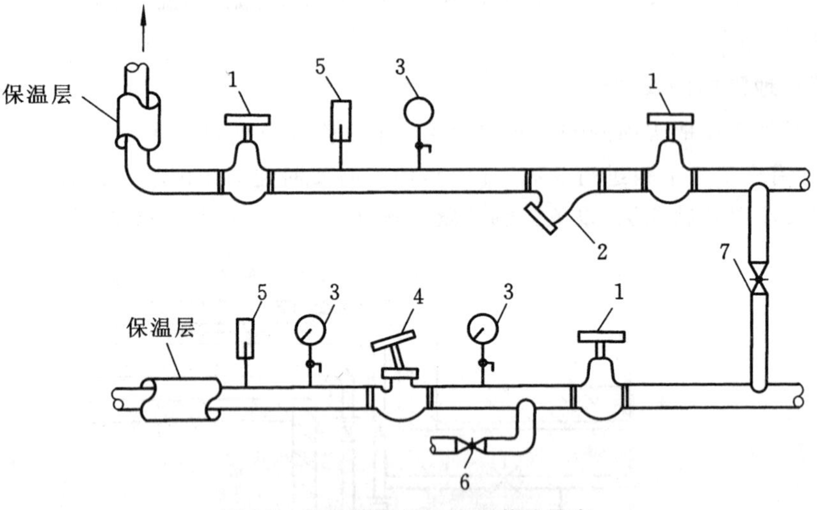

图 3.3　热水供暖入口不安装热量表

1—阀门；2—过滤器；3—压力表；4—平衡阀；5—温度计；6—闸阀；7—阀门

3.1.4.2　主立管安装

1. 检查各层楼板上预留套管或孔洞的位置和尺寸

套管或孔洞的位置和尺寸的检查可由上向下穿过套管或孔洞挂铅垂线，配以尺寸测量，有偏差时标出正确位置及尺寸进行修正。

2. 自下而上逐层安装主立管

主立管的连接通常采用焊接。为了减少主立管上的焊口数量,尽可能每层使用一根长管,且焊口应置于楼板上 0.4～1.0 m 处,以便于焊接操作。安装主立管时,在其下端应设置刚性支座,以承担立管荷重,并要求刚性支座必须安装稳固。主立管的刚性支座如图 3.4 所示。

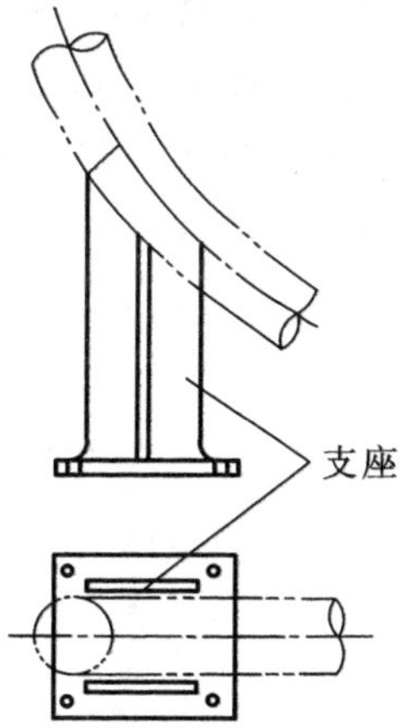

图 3.4 主立管的刚性支座

3. 管卡固定

用角钢、立管卡或 U 形管卡将主立管固定,作用是保持立管的垂直,可每层设一个,但不得影响管道沿轴向自由伸缩。

3.1.4.3 干管安装

在室内供暖系统中,供暖干管通常可分为供水干管(或蒸汽干管)及回水干管(或凝结水干管)两种。根据其所敷设的位置按保温情况分为保温干管和不保温干管两种。当供暖干管安装在地沟、管廊、设备层、屋顶内时应做保温处理,并应在水压试验合格并验收后进行保温及隐蔽。当明装于顶层屋面下和明装地面上时可不做保温。

干管的安装一般可按如下程序进行:确定干管位置、画线、安装支架、埋设支架、管道吊装就位、管道连接、检查、调整管道坡向并固定、水压试验、防腐保温等。

1. 确定干管位置、画线、安装支架

根据施工图所要求的干管走向、位置、标高和坡度,检查预留孔洞,挂通线弹出管子安装的坡度线;应取管底标高作为管道坡度线的基准,以便于管道支架的制作和安装。在挂通线时,如干管过长,挂线不能保证平直度,中间应加铁钎支承,以保证弹画的坡度线符合要求。在坡度线上画出支架安装打洞的位置方块线,即可埋设支架。

2. 埋设支架

根据确定好的支架位置,把已经预制好的支架设到墙上或焊到预先埋设的铁件上。首先确定支架的位置、标高和间距,把埋入墙内的深度标在墙上,再进行打洞,洞要冲洗干净后再用 1∶3 水泥砂浆把支架埋固在里面。支架的位置、标高和间距应力求准确。

3. 管道吊装就位

当栽埋支架的混凝土强度约达有效强度的 75%后,即可将下好料、加工好的管段对号入座,吊装摆放到支架上。

4. 管道对口连接

安放到支架上的管段,相互对口,按要求焊接或丝接,连成整条管线。

5. 检查、调整管道坡向并固定

用水平尺等工具检查核对管道坡度是否符合设计要求,对不合格管段应进行调整,待合格后将其固定在支架上。

6. 干管安装注意事项

干管安装注意事项如下:

① 干管连接的接头不得装于墙体楼板等结构处，不得设于套管内。当管道输送的热媒温度超过 100 ℃时，如穿过易燃和可燃性房间的墙壁，必须按照防火规范的规定加设防火层，一般性管道与易燃和可燃建筑物的净距应保持 100 mm 以上。

② 主干管与分支水平干管的连接方法如图 3.5(a)所示。主立管与分支水平干管的连接方法如图 3.5(b)所示，干管上的支架距主立管的距离不应小于 2 m。

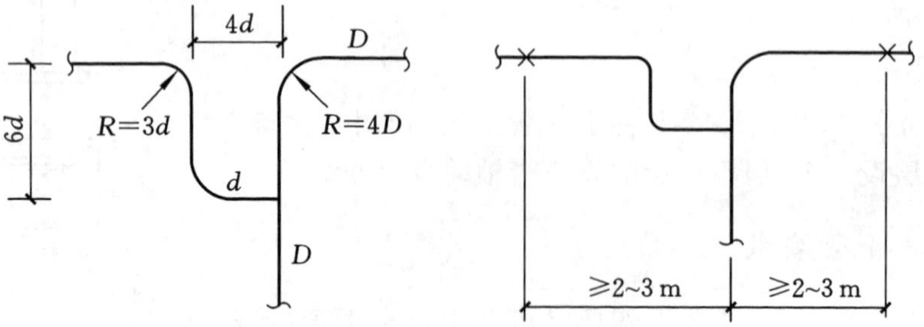

图 3.5 主干管与分支管连接

(a)主干管与分支水平干管连接；(b)主立管与分支水平干管连接

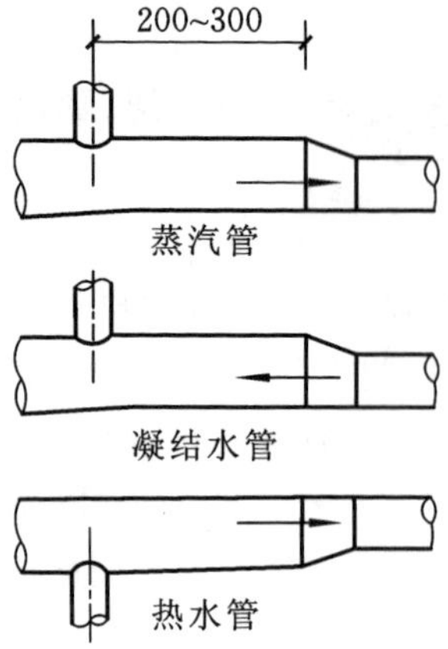

图 3.6 干管变径

③ 在干管的弯曲部位和焊口部位不得连接支管。设计要求连接支管时，支管必须离开焊口一个管径的距离，且不小于 100 mm。

④ 干管的变径方式与管内热媒的种类有关，其加工和连接的方式应按图 3.6 所示的方式进行。

⑤ 热媒管和冷水管上下平行敷设时，热水管应敷设在冷水管的上方。

⑥ 水平敷设的干管，要按规定的坡度和坡向安装，并便于管道排气和泄水。

⑦ 回水干管在过门时，应按图 3.7 所示方法安装。管道可避开门口位置，在门上方敷设，也可在门下方设置的地沟内敷设。在上方敷设时，在系统的高点应设置自动排气阀；在门下方地沟内敷设时，过门地沟的断面尺寸为 400 mm×400 mm，长度由门宽确定，沟内泄水阀上面应设置一局部地沟活动盖板，过门转弯不能距外门太近，尽量避免安装在门厅或走廊内，以防冻裂。

⑧ 管道补偿尽可能采用自然补偿的方式，如利用管道转弯，也可选用方形补偿器。民用建筑干管上的方形补偿器尽量设在间隔墙上或走廊、楼梯间等辅助房间内；工业建筑尽量绕柱设置。方形补偿器宜水平安装并与管道坡度相同。如果必须垂直安装，应有排气措施。

3.1.4.4 支立管安装

室内供暖支立管有单管、双管两种形式；其安装方法有明装、暗装两种形式；支立管与散热器支管的连接又分为单侧连接和双侧连接两种。因此，安装前均应对照图纸予以明确。

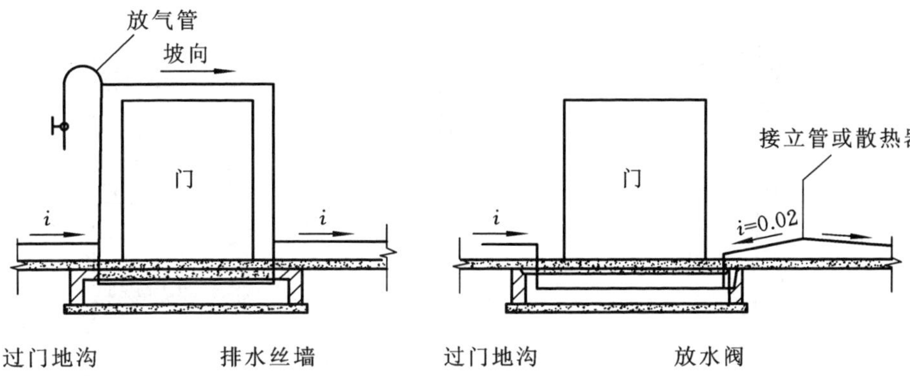

图 3.7 干管过门安装

(a)蒸汽回水管过门;(b)热水管过门

供暖支立管安装宜在各楼层地坪施工完毕或散热器挂装后进行,便于立管的预制和量尺下料。供暖支立管安装的关键是垂直度和量尺下料的准确性,以保证散热器支管的坡度。

1. 确定支立管的位置

首先根据干管和散热器的实际安装位置,对预留套管或孔洞的位置和尺寸进行检查、调整,确定支立管的位置。支立管的垂直度也是用由上向下穿过套管或孔洞挂铅垂线方法确定的,沿此铅垂线在墙上弹出支立管的中心线。

2. 确定支立管下料长度

支立管位置确定后,再根据所接散热器横支管的坡降值确定立管上弯头、三通或四通的位置,从而确定出支立管各管段的下料长度。

3. 安装立管卡和支立管

以中心线为准,根据建筑物层高和立管的根数,按规范要求,埋设立管卡,待管卡固定后,安装支立管。

4. 支立管安装的注意事项

支立管与干管连接方式取决于干管的连接方式。干管为焊接时,立管与干管的连接采用焊接;干管为螺纹连接时,立管与干管的连接采用螺纹连接。一般情况下,立管和支管的管径都不大(<DN32)时,大多采用螺纹连接。

支立管与干管连接时,应设乙字弯管或引向立管的横向短管,以免立管距墙面太远,影响室内美观。图 3.8(a)所示为支立管上端与干管的连接法,图 3.8(b)所示为支立管下端与敷设在地沟内干管的连接法。应注意在支立管上、下两端分别安装阀门和活接头。

支立管与散热器横支管垂直交叉处,应在立管上煨弧形弯(即抱弯),且应向室内弯曲绕过横支管(图 3.9),弧形弯的加工尺寸见表 3.4。

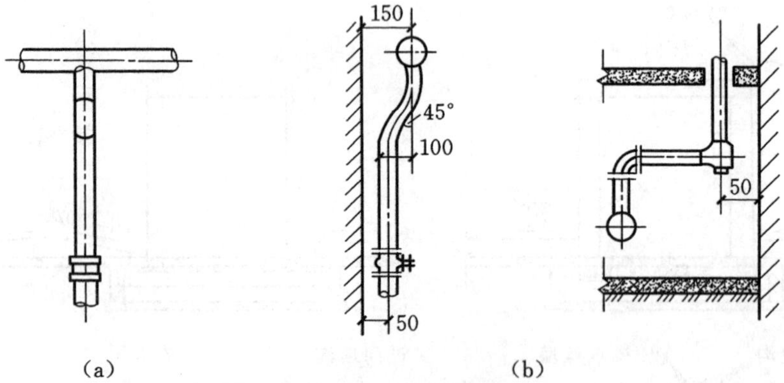

图 3.8　支立管与干管的连接方式

(a)上供式;(b)下供式(或上供式回水)

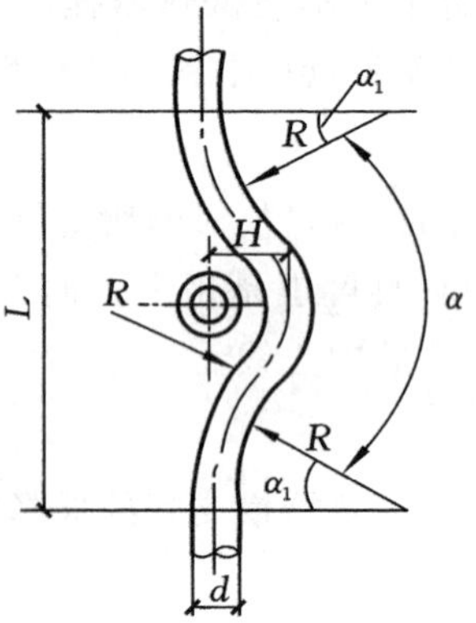

图 3.9　弧形弯的加工

表 3.4　弧形弯尺寸

公称直径	α/mm	α_1/mm	R/mm	L/mm	H/mm
DN15	94	47	50	146	32
DN20	82	41	65	170	35
DN25	72	36	85	198	38
DN32	72	36	105	244	42

注:α,α_1——弯管中心弧长。

① 支立管固定卡的安装要求为:层高≤4 m 的房间,每层安装一个立管卡子,距地面高度为 1.5～1.8 m;层高＞4 m 时每层不得少于两个,应均匀安装。单立管用单管卡,双立管用双管卡。栽埋立管卡时,应按立管外表面与墙壁抹灰面的距离来确定立管卡的卡管环中心距墙壁抹灰面的距离。通常情况下,管道外表面与墙壁抹灰面的净距按如下原则确定:当管径≤DN32时,为 25～35 mm;当管径＞DN32 时,为 30～50 mm。

② 安装立管时，先将支立管临时固定。待支立管与散热器横支管连接好后，再正式安装支立管管卡。

3.1.4.5 散热器横支管安装

散热器横支管的安装一般在支立管和散热器安装完毕后进行。在安装过程中，应注意如下事项：

① 由于支立管中心距墙的距离与散热器接口中心距墙的距离不同，因此一般在横支管上制作乙字弯。乙字弯加工制作的质量直接影响到横支管安装的准确性以及安装好后散热器和横支管及支立管的受力情况。由于偏差较大易使各接口漏损，故乙字弯的制作应规整，符合要求。

② 散热器支管应有坡度。当支管全长≤500 mm 时，坡度值为 5 mm；>500 mm 时，坡度值为 10 mm。支管长度超过 1.5 m 时，应在其中间装设管卡或托钩。

③ 散热器横支管应安装可拆卸的连接件，如活接头或长丝配锁紧螺母。

④ 散热器横支管过墙时，除应加设套管外，还应注意支管接头不准设于墙内。

⑤ 在支管上安装阀门时，应在靠近散热器侧设可拆卸连接件，以便于检修。

3.1.5 支架的安装

供暖管道承托于支架上，支架应稳固可靠。预埋支架时要考虑管道按设计要求的坡度敷设。为此可先确定干管两端的标高，中间支架的标高可由该两点拉直线确定。支架的最大间距见表 3.5。间距过大会使管道产生过大的弯曲变形而使管道流体不能正常运转。

表 3.5 钢管管道支架的最大间距

公称直径 DN/mm	15	20	25	32	40	50	65	80	100	125	150	200	250	300
保温管支架间距/m	1.5	2.0	2.0	2.5	3.0	3.0	4.0	4.0	4.5	5.0	6.0	7.0	8.0	8.5
非保温管支架间距/m	2.5	3.0	3.5	4.0	4.5	5.0	6.0	6.0	6.5	7.0	8.0	9.5	11.0	12.0

3.1.5.1 支架的分类

根据管道支架的作用、特点，将支架分为固定支架和活动支架。固定支架本身必须能承受较大的力，并能限制管道位移，使钢管的直线部分分段膨胀。固定支架必须按设计规定的位置安装，紧固后室内供暖系统才能投入运行。活动支架不应妨碍管道由于热胀冷缩而引起的移动，每两个固定支架间有一个解决管道热胀冷缩问题的补偿器，固定支架之间设有若干个活动支架。

根据结构形式可将支架分为托架(或托钩)、吊架、管卡三种。

3.1.5.2 支架安装要求

支架可固定在墙上或柱上,支架埋在墙内深度不小于 120 mm,洞口不宜过大。支架采用角钢和槽钢制作。埋支架时应将墙洞内碎砖、灰土扫净并用水浸湿后填入水泥砂浆再将支架插入,并加入碎石卡紧支架,再填实水泥砂浆,但需注意洞口应略低于墙面,以便修补饰面时找平。工业建筑中常用抱柱子支架,应除去支架与柱子接触处粉刷层。若用螺栓紧固,螺栓要拧紧。当支架焊在柱子预埋铁件上时,要把焊接处污物除去,焊接牢固。不能随意在承重梁及屋架的钢筋上焊接支架来支吊较大的钢管,如遇特殊需要必须经结构设计人员同意。埋设支架的水泥砂浆具有一定强度后方可搁置管道。冬期施工时,埋设支架要采取冬期施工措施(如用热盐水拌和水泥砂浆)。埋设支架应注意保证管子离墙距离符合要求,一般干管离墙或柱子表面净距离不小于 60 mm,立支管离墙或柱子表面净距离为 30 mm。所有预留孔洞及支架埋设处的墙面应在管道安装后,装修工程前填堵。

3.2 散热器及附属设备安装

散热器的类型很多,常用散热器有灰铸铁制、钢制、铝制、铜铝复合、钢铝复合等类型。按其形状不同又分为翼形散热器、柱形散热器、柱翼形散热器、板式散热器、扁管式散热器、排管散热器等。随着建筑节能政策的实施,高效的散热设备不断被开发,一些老产品逐渐被淘汰或被限制使用。目前推荐的散热器产品大多采用较好的原材料或使用较新的生产工艺,这些散热器传热系数高,且造型美观,还可根据房间的不同需要,做成各种形状,可以满足装饰、装修的需求。

3.2.1 散热器的布置原则

布置散热器时,应符合下列规定:

① 散热器宜安装在外墙窗台下,当安装或布置管道有困难时,也可靠内墙安装。

② 两道外门之间的门斗内,不应设置散热器。

③ 楼梯间的散热器,应分配在底层或按一定比例分配在下部各层。

④ 铸铁散热器的组装片数,宜符合下列规定:粗柱型(包括柱翼型)不宜超过 20 片;细柱型不宜超过 25 片。

⑤ 除幼儿园、养老院和特殊功能要求的建筑外,散热器应明装。必须暗装时,装饰罩应有合理的气流通道、足够的通道面积,并方便维修。散热器的外表面应刷非金属性涂料。

⑥ 幼儿园、养老院和特殊功能要求的建筑的散热器必须暗装或加防护罩。

3.2.2 散热器的组对

铸铁片式散热器在安装时需要现场组对，散热器组对的材料和操作如下：

① 散热器片：应按设计图纸中的要求准备片数(n)。柱形散热器挂装时，均为中片组对；如果采用立式落地安装，每组至少用 2 个足片；超过 14 片的应用 3 个足片，且第 3 个足片应置于散热器组中间。

② 对丝：散热器片的组对连接件叫对丝，其数量为 $2(n-1)$ 个(n 为设计片数)，对丝的规格为 DN40。

③ 垫片：为保证接口的严密性，对丝的中部(正反螺纹的分界处)应套上 2 mm 厚的石棉橡胶垫片(或耐热橡胶垫片)，其数量为 $2(n+1)$ 个。

④ 散热器补心：散热器组与接管的连接件叫散热器补心，其规格有 40×32、40×25、40×20、40×15 四种，并有正丝补心和反丝补心两种。每组散热器用 2 个补心，其正反应按图纸标明。当支管与散热器组同侧连接时，均用正扣补心 2 个，异侧连接时，用正、反扣补心各 1 个。

⑤ 散热器堵头：散热器组不接管的接口处所用的零件叫散热器堵头(或称汽包堵)，其规格为 DN40，在散热器的上部安装手动放气阀的堵头称为放风堵头，也分正、反螺纹。每组散热器应用 2 个堵头，对同侧接管的散热器用反堵头 2 个，异侧接管的散热器用正、反堵头各 1 个。

3.2.3 散热器的试压

散热器组对完毕后，所有散热器挂装之前应逐组进行水压试验，每组散热器留出两个接头，下部接头与手压泵或其他加压机械连接，上部接头装排气阀，其余的接头用丝堵堵住。试压时散热器立放或斜置，先打开进水阀充入自来水，打开排气阀排气，待充满水并排气后关闭排气阀，将补充水加压注入散热器内。试验压力按设计要求，试压时应分两次升至试验压力，稳压 2～3 min。逐个接口进行外观检查，不渗不漏即为合格，然后刷面漆待安装。铸铁散热器更换不合格片后应重新进行水压试验，直至合格。

3.2.4 散热器安装

散热器一般多安装于外墙的窗下，散热器组的中心线要与外窗中心重合。

散热器的安装形式有明装、暗装和半明半暗三种。

根据《建筑给水排水及采暖工程施工质量验收规范》(GB 50242—2002)，确定散热器的安装位置，画出托钩和管卡的安装位置。散热器背面与装饰后的墙内表面安装距离应符合设计或产品说明书要求，如设计未注明，可取 30 mm。散热器安装位置允许偏差和检验方法见表 3.6。

表 3.6 散热器安装位置允许偏差和检验方法

项次	项目	允许偏差/mm	检验方法
1	散热器背面与墙内表面距离	30	尺量
2	与窗中心线或设计定位之间的尺寸	20	
3	散热器垂直高度	3	吊线和尺量

散热器垂直中心线应与窗口垂直中心线重合。托钩位置标定后，打洞并清除洞内砖渣，用水湿润洞壁后，即可挂线栽托钩。操作时先用 150 号细石混凝土填塞满洞孔，再将托钩尾端垂直墙面插入洞内捣实，抹平。待混凝土强度达到有效强度的 70％以上后，即可挂装散热器。

使用电动工具打孔时，应使孔洞里大外小。托钩埋深应不大于 120 mm，固定卡埋深应大于 80 mm。栽钩子(固定卡)时，应先检查其规格尺寸，符合要求后，安装在墙上，其数量参见表 3.7，散热器托钩参见图 3.10，散热器卡子参见图 3.11。柱形散热器卡子安装和托钩安装参见图 3.12，铜铝散热器的安装参见图 3.13。

表 3.7 散热器支、托架数量表

项次	散热器型号	安装方式	每组片数/片	上部托钩或卡架数/个	下部托钩或卡架数/个	总计/个
1	长翼形	挂装	2～4	1	2	3
			5	2	2	4
			6	2	3	5
			7	2	4	6
2	柱形 柱翼形	挂装	3～8	1	2	3
			9～12	1	3	4
			13～16	2	4	6
			17～20	2	5	7
			21～25	2	6	8
3	柱形 柱翼形	带足落地	3～8	1		1
			9～12	1		1
			13～16	2		2
			17～20	2		2
			21～25	2		2

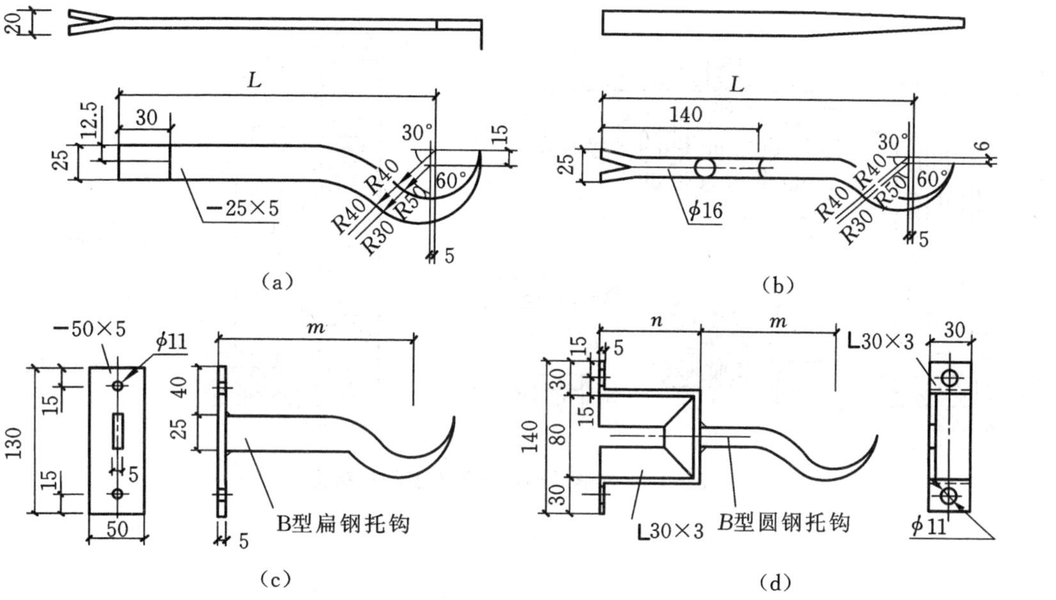

图 3.10 散热器托钩

(a)A 型扁钢托钩;(b)A 型圆钢托钩;(c)B 型扁钢托钩;(d)B 型圆钢托钩

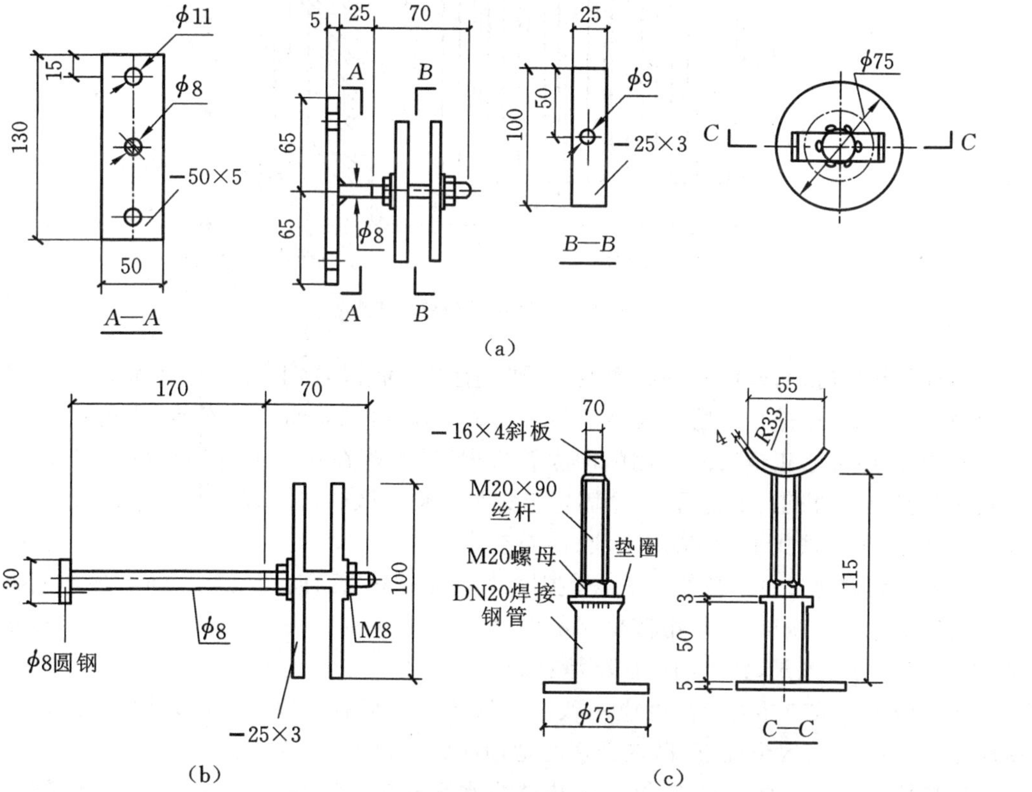

图 3.11 散热器卡子

(a)D 型卡子;(b)E 型卡子;(c)F 型卡子

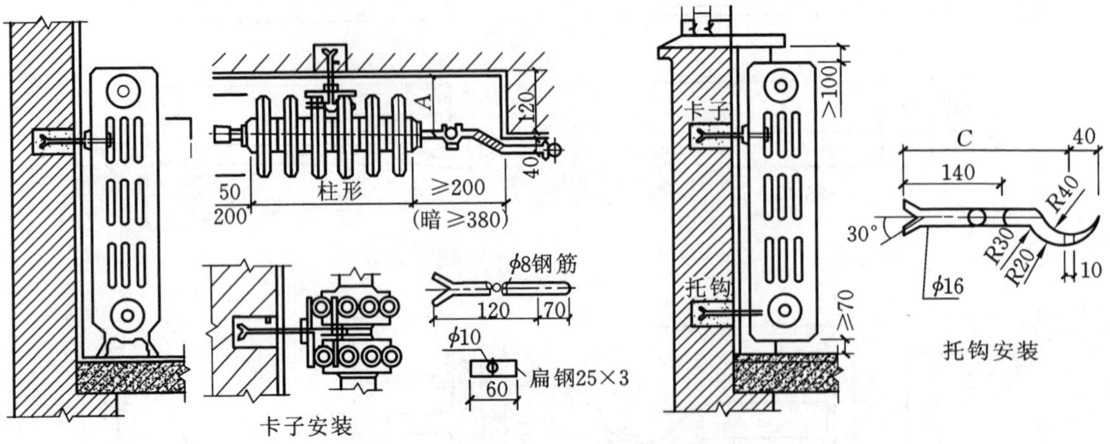

图 3.12　柱形散热器卡子安装和托钩安装

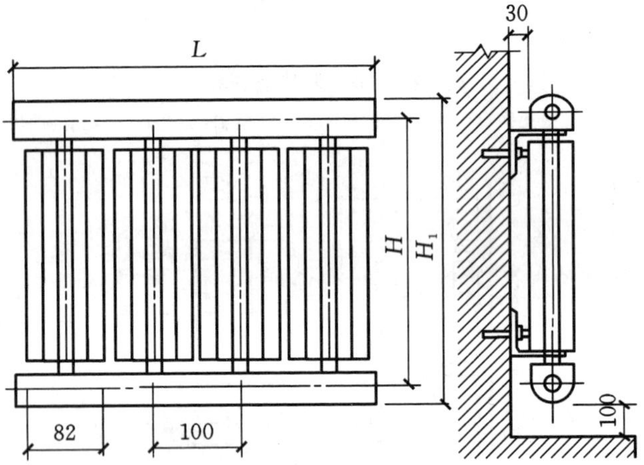

图 3.13　铜铝散热器的安装

安装散热器时，将丝堵和补心加散热器胶垫拧紧到散热器上，待钩子(固定卡)周围的填充达到强度后，即可进行安装。翼型散热器安装时，应将掉翼面朝墙安装；挂式安装时，须将散热器抬起，将补心正螺纹的一侧朝向立管方向，慢慢落在托钩上，挂稳、找正，带腿或底架的散热器就位，在找正、平直后，上紧固定卡螺母。带足散热器安装时若不平，可用锉刀磨平找正，必要时用垫铁找平，严禁用木块、砖石垫高。串片式散热器安装时，应保持肋片完好。松动片数不允许超过总片数的 2%。受损肋片应面向下或面向墙安装。所有散热器挂装之前均应逐个进行水压试验，每组散热器留出两个接头，下部接头与手压泵或其他加压机械连接，上部接头装排气阀，其余的用丝堵堵住。

同一楼层的散热器安装高度应一致。当散热器底部有管道通过时，其底与地面净距不得小于 250 mm，一般情况下，散热器底距地面净距不得小于 150 mm。

散热器一般都是垂直安装，翼型散热器应水平安装，串片式散热器应尽可能平放，避免竖放。散热器安装完毕，将弯头、三通、活接头、管箍、阀门等管件连接到供暖系统中。注意，有些阀门有方向性要求，安装时不能装反。图 3.14 为截止阀的安装示意图。

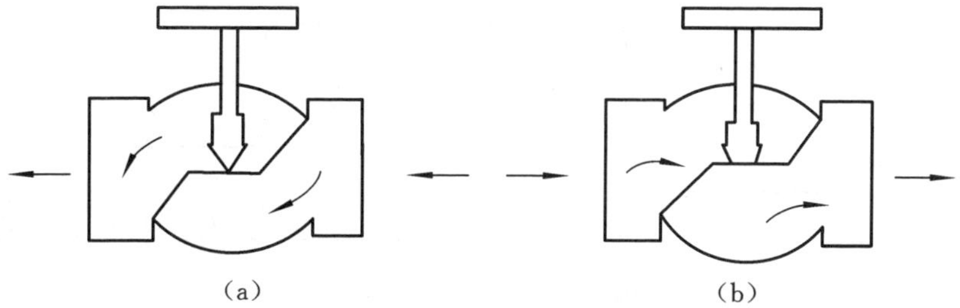

图 3.14 截止阀安装示意图

(a)正确;(b)错误

新型散热器的质量一般较轻,通常采用轻型挂装件安装固定,简化了安装流程。散热器与供暖管道的连接方式也从单一的螺纹连接转变为粘接、热熔连接、专用管件连接等多种形式,使用的管材也不仅是钢管一种,各种复合管、塑料管甚至铜管的应用越来越多,各专用连接管件的品种也越来越丰富,安装连接工作已呈多样化状态。图 3.15 所示为一些新型的散热器。

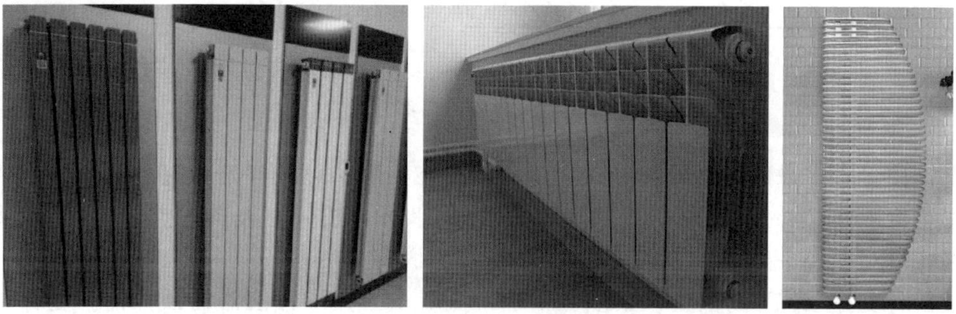

图 3.15 新型散热器

3.2.5 附属设备的安装

为了使室内供暖系统运行正常,调节、维修方便,还须设置一些附属设备,如补偿器、集气装置、排气装置、除污器、过滤器、膨胀水箱、热量表、温控阀及流量锁闭阀等。施工时应预留安装孔洞,并注意体积较大的箱罐、设备,如其尺寸大于外门的尺寸,则要在建筑结构封闭之前运置于室内。安装位置要便于修理及更换。

3.2.5.1 补偿器的安装

管道应充分利用管道转弯、分支处等自然补偿的部位进行补偿,自然补偿示意图见图 3.16,分支的自然补偿见图 3.17。当自然补偿不能满足要求时,应设置专用补偿器,专用补偿器必须与固定支座配合使用。专用补偿器通常有方形补偿器、波纹管补偿器、套筒补偿器和球形补偿器。由于补偿器的种类很多,不同的补偿器与固定支架和活动(滑动)支架的组合位置也不同,施工中应引起重视。

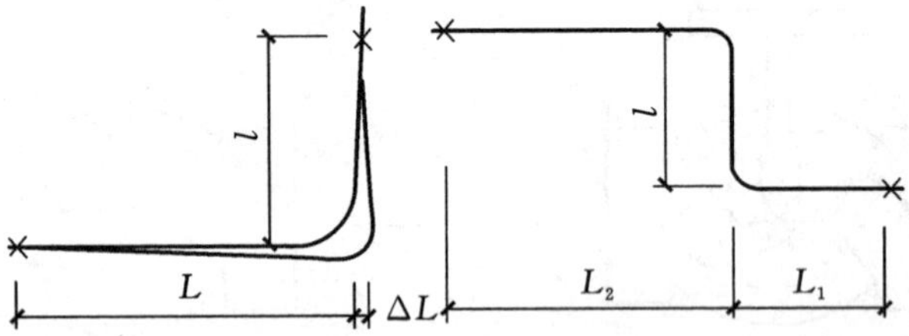

图 3.16　自然补偿示意图

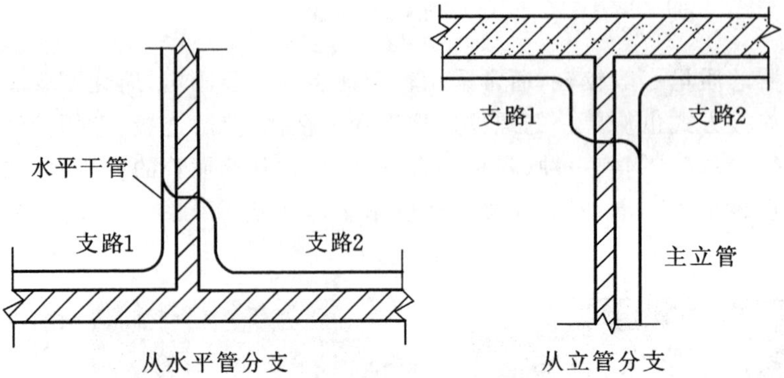

图 3.17　分支的自然补偿

小管径管道多采用方形补偿器，也称胀力弯，在安装前可按规定做好预拉伸，安装时，先按照安装位置摆好补偿器，并在其中间加支架，用水平尺按管道坡向逐点找坡，然后将补偿器两端接口对正找平后焊接。在调整完管道，焊牢固定卡后，再除去补偿器临时支撑。换用钢管做临时支撑，最后采用点焊固定。如图 3.18 所示为方形补偿器的预拉伸。更详细的补偿器安装内容将在室外热力管道部分进行介绍。

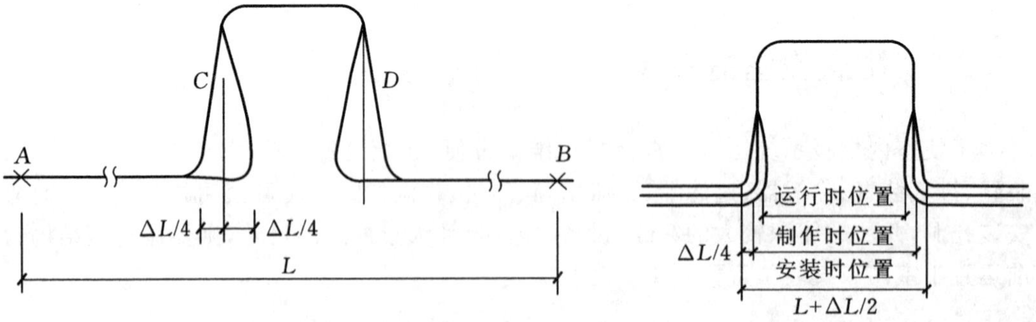

图 3.18　方形补偿器的预拉伸

A、B—固定支架位置；C、D—受力方向；L—补偿管道长度；ΔL—补偿量

3.2.5.2　集气、排气装置的安装

集气、排气装置一般指集气罐和排气阀，常被设置在供暖系统管道的最高处，上供式系统可放在供水干管末端或连在倒数第一、第二根立管接干管处；下供式系统往往与空气管相

接，双管系统的每根立管上宜设置集气、排气装置。

集气罐分为立式和卧式两种，一般用 4～5 mm 厚的钢板卷成或用 $\phi 100$～$\phi 250$ mm 的钢管焊成，集气罐的直径应比连接处的干管直径大一倍以上，以便于气体析出并聚集于罐顶。为了增大贮气量，进、出水管宜接近罐底，并在罐上部设 15 mm 的放气管，放气管末端有放气阀门，并通向排水设施。也可以在集气罐的顶部设置自动排气阀，省去手动放气的麻烦。也有集气、排气的组合阀罐体产品。

自动排气阀大多依靠水对浮体的浮力，通过杠杆机构的传动使排气孔自动开启和关闭，从而实现自动阻水排气。自动排气阀外形小巧，造型美观。安装时，应采用立式安装，并在自动排气阀与管路接点之间装个阀门。集气罐和自动排气阀的结构形式见图 3.19 和图 3.20。

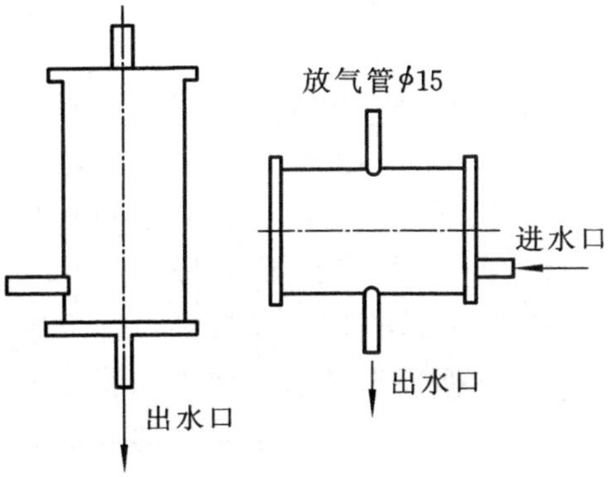

立式　　卧式

图 3.19　集气罐

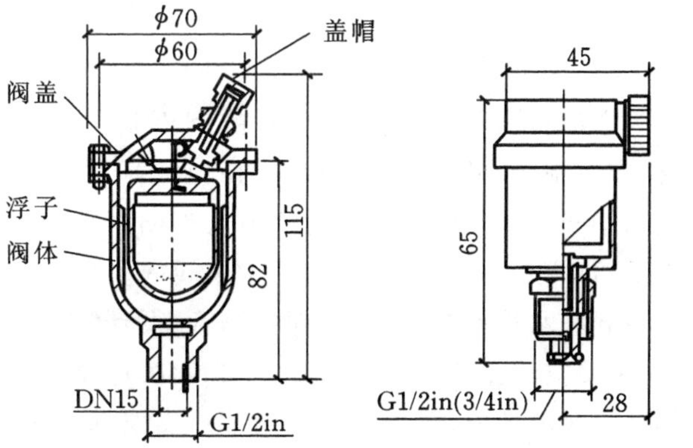

PPQ-R-S型自动排气阀　　ZP88-1型立式自动排气阀

图 3.20　自动排气阀

3.2.5.3　除污器和过滤器的安装

为了防止供暖管路中的污物堵塞管路和设备，常在热源循环水泵入水口和用户引入口处设置除污器，对于安装热量表的用户，则常在热量表的入口前设置除污器。除污器可购买成品，也可根据标准图自制，安装时应注意方向。除污器有立式除污器和卧式除污器两种，其中，立式除污器的体积较大，大型除污器多采用落地安装，上部设有排气阀，下部设置排污丝堵或阀门，多配有排污阀，须定期清理除污器内部的污物。立式除污器多用在热源处、大型建筑供热管入口处等，其结构如图 3.21 所示。

Y 形过滤器有多种规格，从 DN15 至 DN450，均可直接安装在管道上，其结构如图 3.22 所示。

3.2.5.4　膨胀水箱的安装

有些小型的供暖系统，需要进行系统定压，通常采用高位膨胀水箱定压，膨胀水箱一般放在小区最高的建筑屋顶上，箱底至少要比室内供暖系统最高点高出 0.3 m。热水供暖系统中的膨胀水箱具有接收膨胀水量、稳定压力以及使自然循环系统能排除空气的作用。其形状

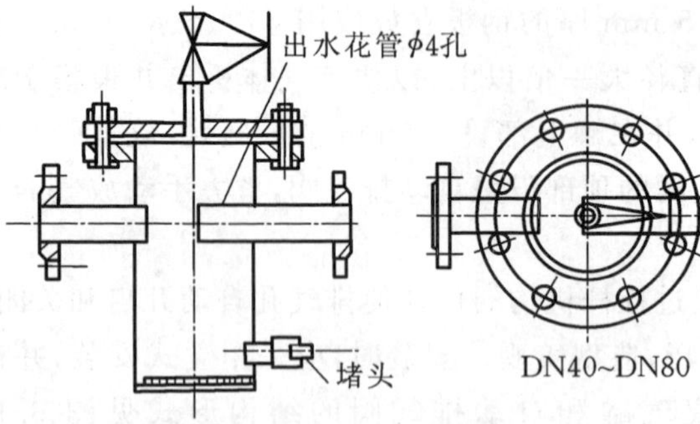

图 3.21 立式除污器

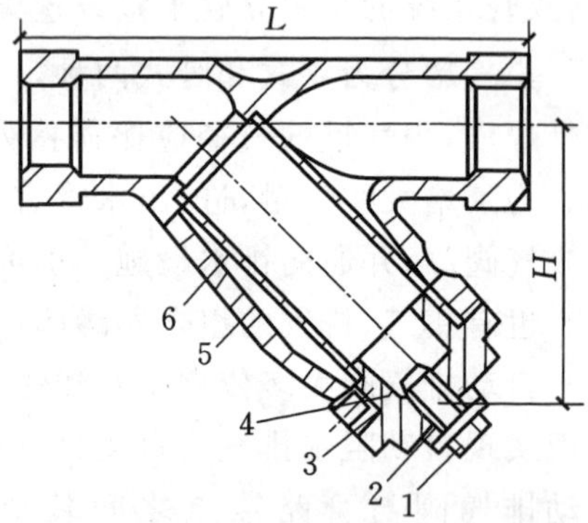

图 3.22 Y型过滤器

1—螺栓；2、3—垫片；4—封盖；
5—阀体；6—过滤网

分为方形和圆形，用厚约 3 mm 的钢板制作，如图 3.23 所示。圆形水箱比方形水箱节省钢材，容易制作，材料受力分布均匀。水箱顶部的人孔盖应用螺栓紧固，并在水箱下方垫枕木或角钢架。水箱内外涂红丹漆或其他防锈漆，并应进行满水试漏试验。高位膨胀水箱常与生活给水箱一同安装在屋顶的水箱间内。当安装在非供暖房间内时，应有保温措施。

膨胀水箱上有 5 根管，即膨胀管、循环管、溢流管、信号管和排水管，其位置参见标准图集《采暖空调循环水系统定压》(05K210)。膨胀管一般连接到循环水泵前的回水总管靠近循环水泵的地方，而不能连接到某一支路回水干管上。循环管的作用是使水箱内的水不冻结，因此，当水箱所处环境温度在 0 ℃以上时，可不设循环管。有循环管时，应将循环管连接在距膨胀管 1.5～3.0 m 的地方，其安装方法见图 3.24。溢流管的作用是当系统内水充满后自动溢流，其末端宜接到楼房或锅炉房排水设备上，或便于观察的地方，且不允许直接与下水道相接。信号管又称检查管，是供管理人员检查系统内部水是否充满用的，信号管末端接到锅炉房内排水设备上方，末端装有阀门。多数情况下，膨胀水箱距热源较远，除膨胀管和

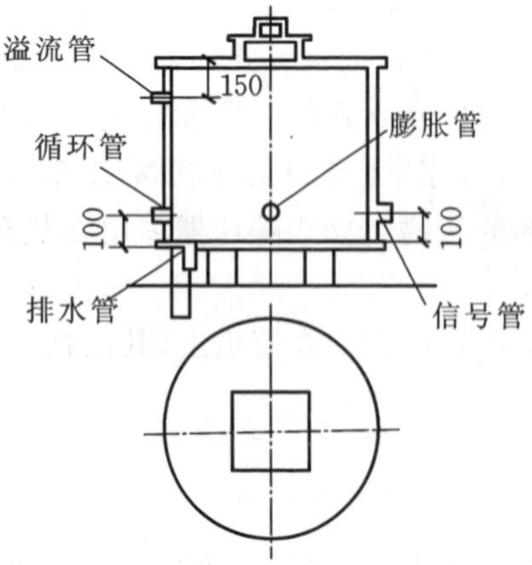

图 3.23 膨胀水箱

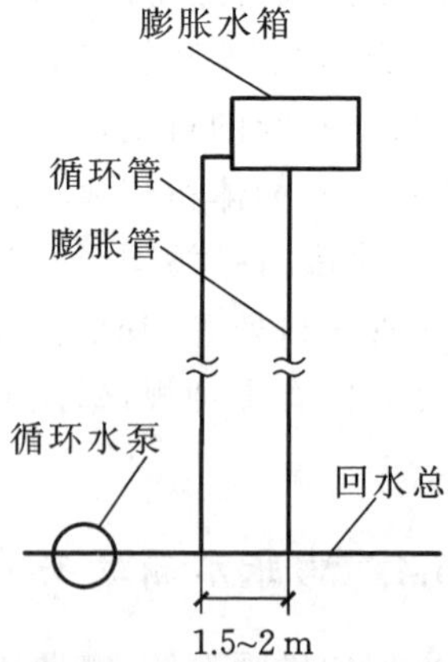

图 3.24 膨胀水箱胀管与循环管的安装

循环管外,其他水箱上的管线引至位置均应视现场情况确定。为了保证系统安全运行,膨胀管、循环管、溢流管上都不允许设置阀门。

3.2.5.5 热量表的安装

根据国家有关建筑节能的要求以及新的设计规范,供热系统应安装热计量表,散热器应安装温控阀和旁通管。热计量表又分为建筑总热表和分户热表,分别安装在用户入口和各户的热力引入口,为此,国家发行了相关的做法图集,供参照执行。

热量表由一个热水流量计、一对温度传感器及一个积算仪组成,热量表的安装分流量计的安装、温度传感器的安装和积算仪的安装。

(1) 流量计的安装

根据流量计选型及设计要求在正确位置安装流量计;保证安装位置前后为直管段;根据生产厂家提供的安装要求改善水质,并安装过滤器、设置托架等。

(2) 温度传感器的安装

根据管径的不同,将温度传感器的护套安装在垂直或逆流倾斜位置,以保证护套末端处在管道的中央。注意在水管上安装温度传感器后,要保证运行时不会漏水。

(3) 积算仪的安装

根据信号形式与厂家要求,正确接线;根据流量计的安装位置(进水管还是回水管)匹配参数。

3.2.5.6 温控阀的安装

散热器的温控阀是由恒温控制器流量调节阀以及一对连接件组成。温控阀安装在每台散热器的进水管或分户供暖系统的总入口进水管上。温控阀的安装需要注意:内置式传感器不主张垂直安装,因为阀体和表面管道的热效应也许会导致恒温控制器的错误动作,应确保恒温阀的传感器能够感应到室内环流空气的温度,不得被窗帘盒或暖气罩等覆盖。

3.2.5.7 流量锁闭阀的安装

流量锁闭阀采用专用钥匙锁闭和限制用户的流量,可以对供暖、供水系统实现分户的通断控制,用户在非破坏性情况下不能开启和调节阀门。流量锁闭阀常用于供暖、分户计量以及给水系统。

3.3 低温热水地面辐射供暖系统安装

低温热水地面辐射供暖系统是指用供水温度不超过 60 ℃的低温热水作为热媒,接入预埋在建筑地面填充层内的盘管中,利用辐射加热达到室温要求的供暖系统。该系统的供回水温差一般控制在 10 ℃,系统的最大压力为 0.8 MPa,一般控制在 0.6 MPa 或以下。

低温热水地面辐射供暖系统具有舒适卫生、热稳定性好、节能环保等优点，近年来得到广泛使用。

3.3.1 地面辐射供暖系统的组成

3.3.1.1 加热管

加热管是指敷设在地面填充层内的盘管，通常采用耐热聚乙烯(PE-RT)管、交联铝塑复合(PAP、XPAP)管、聚丁烯(PB)管、交联聚乙烯(PE-X)管、无规共聚聚丙烯(PP-R)管等。这些管材的共同特点是抗老化、抗高压、易弯曲、不结垢等。

3.3.1.2 分集水器

分集水器是低温热水地面辐射供暖系统中，用于连接供暖主干供水管和回水管的装置。分集水器由分水器、集水器和固定支架三部分组成。包括分水器主管(主杠)、集水器主管(主杠)、分路调节器控制阀门、排气阀、主管堵头、墙板和面板(支架式分集水器没有面板)等部件。主要配件有分水器、集水器、过滤器、阀门、放气阀、锁闭阀、活节头、内节头等。

3.3.1.3 其他材料

1. 绝热板材

铺设绝热层是限制加热盘管向楼板下散热的主要措施。绝热层材料宜采用自熄型聚苯乙烯泡沫塑料，其厚度应由设计确定。

2. 保护层

保护层铺设在绝热层上面，通常采用铝箔，主要作用是反射热辐射，与绝热层共同作用，减少加热盘管向下的导热和辐射热损失。

3.3.2 低温热水地面辐射供暖系统地面的构造

低温热水地面辐射供暖系统地面的构造一般由楼板结构层(或其他结构层)、保温层、保护层、填充层、找平层和地面层等组成，如图 3.25 所示。

从图 3.25 中可以看出，地热盘管均设在建筑施工的细石混凝土填充层中，在地热盘管与楼板结构层的砂浆找平层之间，都设置了绝热层(又称保温层)，绝热层多采用密度大于或等于 20 kg/m^3 的自熄型聚苯乙烯泡沫板，厚度不小于 25 mm，若地面载荷大于 500 kg/cm^2，绝热材质的选择则应与承压能力相适应。地热盘管的填充层厚度一般不少于 50 mm。除上述低温热水地面辐射供暖结构外，还有预制沟槽保温板和预制轻薄供暖板结构。

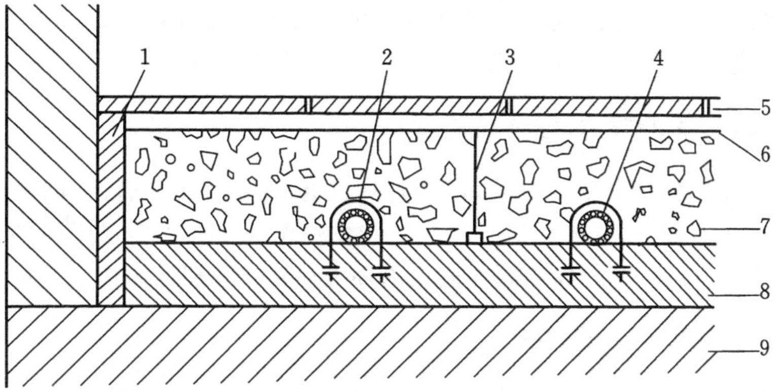

图 3.25 地面供暖结构剖面图

1—边角保温材料；2—塑料卡钉；3—伸缩缝；4—加热管材；5—地面层；
6—找平层；7—细石混凝土填充层；8—复合保温层；9—楼板结构层

3.3.3 地面辐射供暖施工安装的基本要求

3.3.3.1 安装前应该具备的基本条件

安装前具备的条件如下：

① 进行低温热水地面辐射供暖系统安装的施工队伍，必须持有专业施工资质证书，施工人员必须经过专业培训，否则不得施工。

② 建筑工程主体已基本完成，屋面已封顶，各层楼板地面的水泥砂浆的找平层已经完成。室内有吊顶的均施工完毕，抹灰等室内初装修工程也施工结束。

③ 地热管道工程施工应尽量在入冬之前完成。

④ 安装施工前，已由设计单位、建设单位、安装施工人员进行了图纸会审。施工技术负责人已编制了施工方案并与现场施工人员进行技术、质量、安全交底。

⑤ 所需用的管材、连接件、专用工具和其他材料、机具设备均已进入现场。电源、水源也已接通，均能保证连续施工。进场的管材、管件、阀件等，经检查均符合设计要求。

⑥ 具备试压、冲洗管道排放下水的安全地点。

⑦ 管道穿越墙壁、楼板及嵌墙暗敷设处，已由建筑施工专业队伍配合预留，经检查预留孔洞槽的位置正确，符合安装要求。

3.3.3.2 技术准备及材料进场检查

所有进场材料的技术文件应当齐全，材料生产厂家应提交的技术文件要有：

① 国家授权机构提供的有效期内的符合相关标准要求的检验报告；

② 产品合格证；

③ 有特殊要求的材料，厂家应提供相应说明书。

所有进场产品标志应当清晰，外观检查合格，必要时可抽样送相关部门进行检测。在地热管材进场开箱后、进行安装之前，必须对各类塑料管的外观及接头之间的配合公差，进行认真仔细的量尺检查，同时检验和清除管材、管件内的污垢和杂物。

3.3.3.3　加热管和发热电缆的存放

加热管和发热电缆不得裸露散放，需进行遮光包装后才能运输，装卸搬运与运输过程中，必须轻抬轻放，不得抛、摔、滚、拖。加热管和发热电缆应存放在温度不超过 40 ℃、通风良好、整洁干净的库房中，要远离热源并避免因环境温度或物理压力而受到损坏。

3.3.3.4　施工环境温度要求

地面辐射供暖应在环境温度不低于 5 ℃的条件下进行施工与安装。环境温度过低时，加热管或发热电缆的韧性降低、弯曲性能变差，给安装带来困难，混凝土填充层的浇筑与养护也难以保证质量。当环境温度低于 0 ℃时，施工现场应采取升温措施。

3.3.4　地面辐射供暖系统施工工艺

3.3.4.1　工作条件

在建筑主体工程以及室内地面抹灰工程完成之后，地面辐射供暖的施工应当与地面工程施工同步展开。

3.3.4.2　施工工艺流程

(1) 清理地面

铺设绝热层的地面应平整、干燥、无杂物。边角交接面根部应平直，且无积灰现象。绝热层的铺设应平整、无空鼓、无翘起，绝热层相互间接合应严密。直接与土壤接触或有潮湿气体侵入的地面，在铺放绝热层之前应先铺一层防潮层。

(2) 铺设保温板和保护层

在铺设辐射面绝热层的同时或在填充层施工前，应在与辐射面垂直构件交接处设置不间断的侧面绝热层。可按下列要求设置侧面绝热层：侧面绝热层应从辐射面绝热层的上边缘做到填充层的上边缘，与交接部位应有可靠的固定措施，与辐射面绝热层连接应严密。泡沫塑料类绝热层、预制沟槽保温板、预制轻薄供暖板的铺设应平整，板间的相互结合应严密，接头应用塑料胶带粘接平顺。

(3) 铺设加热盘管

按照设计图纸的技术要求进行放线定位，要求同一通路的地热管应保持相互平行与水平。之后开始布置加热盘管。

加热盘管铺设要求如下：

① 加热管铺设按照从远到近逐环排放，管子应敷设在贴有锡箔保护层的绝热层上，管道所在不同的位置由不同的专用卡具固定。

② 加热盘管通常敷设于填充层内，每一条通路均不得有接头，隐蔽之前必须对管路进

行检查。

③ 加热盘管固定点的间距，直管段不应大于 500 mm，弯曲管段不应大于 250 mm。

④ 加热管和发热电缆在施工安装过程中，应避免与油、沥青或其他化学溶剂类物质接触。

⑤ 为防止建筑构件出现龟裂和破损，必须妥善处理管道和地面的膨胀问题，除混凝土加入防止龟裂的添加剂外，供暖面积大于 30 m^2 或边长超过 6 m 时，地面应设伸缩缝。伸缩缝间距不大于 6 m，宽度不应小于 8 mm，缝内满填弹性膨胀膏。加热管穿越伸缩缝处，应设置长度不小于 200 mm 的柔性套管。

⑥ 管子需切割截断时，须针对 PE-X 管子或 PP-R 管子采用不同的专用切割工具进行。剪切时要求管子断面与管子轴向垂直，以保证切口平整。

⑦ 管子需要做定型弯曲时，PE-X 管与 XLPE 管子可以采用专用弯管卡或用电热风机加热弯曲定型，但严禁用明火直接加热或电加热。也可采用直角弯头。PP-R 管则根据需要直接采用弯头连接件。加热盘管弯曲部分不得出现硬折弯现象。曲率半径符合规范规定。

⑧ 加热盘管的弯曲半径，一般情况下，PE-X 管和 PB 管不应小于 5 倍管外径，其余管道不应小于 8 倍管外径。

⑨ 管子铺设完，管网经冲洗后，通过与分水器和集水器连接，则可与管网进行碰头连接。

(4) 加热管的固定

加热管应采取以下方式进行固定：

① 用固定卡子将加热管直接固定在敷有复合面层的绝热板上。

② 用扎带将加热管绑扎在铺设于绝热层表面的钢丝网上。

③ 卡在铺设于绝热层表面的专用管架或管卡上。

目前，加热管的卡具分成两大类型，一种为成品卡具整体长度形式，一种类似为 U 形卡环形状。加热管采用聚丙烯共聚物(PP-C)管时，固定卡具的形式为整体安装。安装之前先根据热管的回路布置方式，按照管道支承的间距规定(直管段 500 mm，弯管段 250 mm，计算及备料不可大于规定值)，在锡层上画上记号，但不得破坏防潮层的表面。然后把整根的固定卡具设置在锡箔保护层或其他隔潮层上，做好标记，位置应正确，设置应平整无翘起部位，管卡设置后必须与管道紧密接触。

加热管采用交联聚乙烯(PE-X)管，若采用整体安装形式的卡具，则施工工艺同上，同样须先行设置固定卡具。如果采用 PE-X 管配套固定卡具，则须待地热管的水平管安装时，边排管、边定位、边安设固定卡具。其管子支承间距可参见表 3.8 进行计算、排尺、定位，不可大于表中规定值。固定卡具的安装可采用专用工具，随着管子安装过程进行。

表 3.8　PE-X 管的管道安装支承间距

外径/mm	ϕ16	ϕ20	ϕ25	ϕ32	ϕ40	ϕ50	ϕ63	ϕ75	ϕ90	ϕ110
水平管/mm	600	600	800	800	1000	1000	1500	1500	2000	2000
立管/mm	800	1000	1200	1200	1500	1500	1500	2000	2500	2500

(5) 分水器和集水器安装、连接

① 检查与核实进场的分水器与集水器的规格、型号、尺寸、连接方式、分路数目是否符合设计要求。

② 分水器和集水器安装时,分水器在上,集水器在下,中心距 200 mm,集水器距地面不小于 300 mm,并应固定。

③ 加热盘管末端出地面至连接配件的管段,应设置在硬质套管内,然后与分水器和集水器进行连接。

④ 低温热水地面辐射供暖系统中的热管采用的分水器和集水器应与其他的连接件一样,也是分成夹紧式接口和卡环式接口。分路数量必须与设计图纸一致。

⑤ 分水器和集水器安装前,先在其安装位置的墙上吊线、画线,然后按照定位线安装固定卡具的紧固件,用线坠吊直校正后,将固定件先固定在墙上,然后再按照安装位置把分水器和集水器分别就位安装,校正无误后,先临时固定,待地热管道安装全部完成后再固定。

⑥ 如果加热盘管采用 PP-C 管,按设计选型和要求进行接口连接。

3.4 供暖系统试压及验收

3.4.1 供暖系统试压与冲洗

室内供暖系统安装完毕后,正式运行前必须进行试压,一般采用水压试验,在室外气温过低时,也可采用气压试验。室内供暖系统试压可以分段进行,也可整个系统同时进行。试压的目的是检查管路的机械强度与严密性。

3.4.1.1 室内散热器供暖系统的试压

室内供暖管道用试验压力做强度试验。试验压力是由设计确定的,以不超过散热器能承受的压力为原则。压力的确定见表 3.9。当高层建筑试验时,若底部散热器所受静水压力超过其承受能力,水压试验应分区进行,即按楼层分区,进行两次以上的试验。系统的工作压力要进行严密性试验,工作压力是由循环水泵的扬程来确定的。

表 3.9 室内供暖系统水压试验的试验压力

管道类别	试验压力 P_s/MPa	
	P_s	要求
蒸汽、热水管道	顶点工作压力+0.1	顶部压力不小于 0.3
高温水管道	顶点工作压力+0.4	—
塑料管、塑料复合管	顶点工作压力+0.2	顶部压力不小于 0.4

水压试验时,先升压至试验压力 P_s,保持 10 min,如压力降不超过 0.02 MPa,则强度试

验合格。试验时,应拆去压力表,打开疏水器旁通阀,关闭进口阀,不使压力表、减压器、疏水器参与试验,以防污物堵塞。

3.4.1.2 低温热水地板辐射供暖系统的试压

1. 中间验收

地板辐射供暖系统,应根据工程施工特点进行中间验收。中间验收过程,从地热管道敷设和热媒集配装置安装完毕进行试压起,至混凝土填充层养护期满再次进行试压为止,由施工单位会同监理单位进行。

2. 水压试验

浇筑混凝土填充层之前和混凝土填充层养护期满之后,应分别进行系统水压试验。水压试验应符合下列要求:

① 水压试验之前,应对试压管道和构件采取安全有效的固定和保护措施;

② 试验压力为工作压力的 1.5 倍,且不应小于 0.6 MPa;

③ 冬季进行水压试验时,应采取可靠的防冻措施。

水压试验应按下列步骤进行:

① 经分水器缓慢注水,同时将管道内空气排出;

② 充满水后,进行水密性检查;

③ 采用手摇泵缓慢升压,升压时间不得少于 15 min;

④ 升压至规定试验压力后,稳压 1 h,观察有无漏水现象;

⑤ 稳压 1 h 后,补压至规定试验压力值,5 min 内的压力降不超过 0.05 MPa,无渗漏为合格。

加热管道试压验收合格后,管道保持在 0.4 MPa 的压力状况下,方可按设计构造的要求进行混凝土(或水泥砂浆)的浇筑和捣实;混凝土填充层的浇捣和养护过程中,系统应保持 0.4 MPa的压力。系统试压如图 3.26 所示。

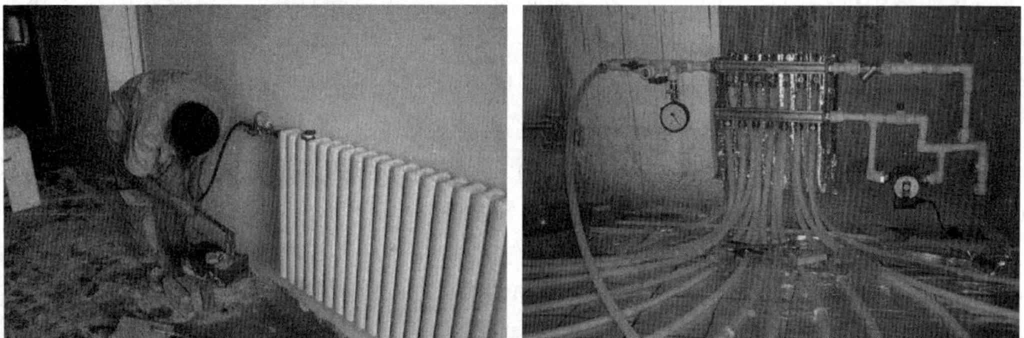

图 3.26 系统试压

3.4.1.3 供暖系统的清洗

在确保系统试压符合标准后，必须执行系统的冲洗流程并清理过滤器和除污器。为确保清洗彻底，需先移除管道上的流量孔板、滤网、温度计和止回阀等部件，待清洁工作完成后再重新安装这些部件。对于热水供暖系统，应该使用清水进行冲洗，若系统规模较大或管道较长，建议分段进行冲洗工作，直至排放的水清澈无色。

在蒸汽供暖系统中，推荐采用蒸汽吹洗方法，从总汽阀开始，并逐段进行。应设置一个排气口，并将排气管引导至室外的安全区域。在吹洗过程中，务必开启疏水器前的冲洗管或者旁路阀门，防止受污染的凝结水通过疏水器排出。

3.4.2 供暖系统的试运行和调试

3.4.2.1 热水供暖系统的试运行

1. 系统试运行准备工作

室内供暖系统一般在清洗后进行试运行。如在冬季投入运行，运行前必须保证水源、电源能够正常供给，修理、排水等工具齐备，事前要确定方案，统一指挥，明确分工。当在气温 -3 ℃以下供暖时，门窗洞口必须尽可能保持严密。还要设法提高水温或降低水的冰点，最好有临时取暖措施使室温维持在 5 ℃以上，以防有系统内水结冰胀裂管道和散热设备。

2. 系统试运行注意事项

当室外管路较长，又带有数个用户时，应先供室外管网，后供室内系统；如室外管路较短，也可逐个直接供给各室内用户。先供室外管网对应先关闭各热用户入口处供回水干管上阀门。开启旁通阀使室外管网中的水循环运转时要不断向系统补水并设法排气，经检查，确认室外管网无渗、不热后方可向室内系统供热。发现故障应立即排除，以防止室内温度过低冻坏管道和设备。

与室外集中供热网相连的用户，冬季通暖时事先要求供热站配合，一般室内热水供暖系统应关闭入口进水管总阀门，打开最高处放气门(单独锅炉房供暖系统还要打开膨胀水箱信号管上阀门)，从回水总管充水，当放气门见水后可将充水用的进水处阀门关小，注意反复排气、补水，使系统中真正充满水后再打开进水总管上阀门。

系统较大时，应分环供热，先供远环路后供近环路。当有不正常现象需抢修时，应尽量关闭离发生故障处最近的供回水管上的阀门，减少影响范围和放水量，修好后应立即打开所有关闭的阀门。使用正式供暖工程作为冬季施工临时供暖引起的管道变形，应在冬季施工结束后，予以调整和修理。如属于低温水或低压蒸汽系统，切忌临时通入高温水或高压蒸汽，以免使管道产生过大的变形和破坏，造成损失。

3.4.2.2 热水供暖系统调试

① 室内供暖系统的调试一般是从远环路开始。通过在各房间(先在远环路房间)所设置的温度计测定温度，根据温度调节远环路立管上的阀门，调节到设计所要求的室温状况，

然后逐个系统、逐个环路、从远至近地调整每一根立管上阀门的开启度。

② 在对每一个环路进行调节的过程中，还可以利用立管上各个支管的散热器控制阀进行调节，能够调节各房间的供热使其达到设计温度或者平衡。

③ 依上面顺序，必须经过反复调节才能使系统内各个环路、各个房间之间的供热达到平衡或者设计温度。

④ 最后达到热力平衡时，各立管上阀门的开启度，是从近环路至远环路逐渐开大。

⑤ 对于异程式系统，通常需要调小接近主管道的立管阀门开度，而同程式系统要求对立管阀门进行精细调节，尤其是那些距离主管道最远和最近的立管。

⑥ 同程式系统上每一个环路调节时，要注意其中间位置上的立管流量一般都偏小一点，调节时应将此立管上的阀门适当加大开启度，又适当关闭最近与最远立管上的阀门。开启度的具体大小与位置，必须通过反复调试，直至达到平衡。

⑦ 供暖系统为双立管(传统系统)供暖时，一般要把上层的支管阀门关小一点，对于处于不利位置的下层散热器，应把支管上阀门开到最大，并尽量避免上层热、底层冷的不均衡状态。

⑧ 对于那些水力平衡率较高的室内采暖系统，则可免去初调节步骤。

⑨ 蒸汽供暖系统也应进行初调节，使各散热器放热均衡，回水通畅，这一般也是依靠开、关阀门来进行的。

3.4.2.3 地面辐射供暖系统调试

① 地面辐射供暖系统未经调试，严禁运行使用。

② 具备供热条件时，调试应在竣工验收阶段进行；不具备供热条件时，经与工程使用单位协商，可延期进行调试。

③ 调试工作由施工单位在工程使用单位配合下进行。

④ 调试时初次通暖应缓慢升温，先将水温控制在 25～30 ℃范围内运行 24 h，以后再隔 24 h 升温不超过 5 ℃，直至达到设计水温。

⑤ 调试过程应持续在设计水温条件下连续通暖 24 h，并调节每一通路水温达到正常范围。

3.4.3 供暖系统的验收

室内供暖系统的最终验收过程，必须遵循严格的规程和标准。

首先，该流程包括对各个分项工程、分部工程以及单位工程的系统检验，确保每部分都达到既定要求。在单位工程验收的关键阶段，需要有来自施工、设计和建设监理单位的专业人员参与，并确保所有验收活动均有详细记录存档，以便于未来参考与核实。

其次，单位工程的竣工验收程序应当在完成分项、分部工程的验收后进行，以此作为基础确认整体项目的质量是否符合规定。在整个过程中，每个环节的施工安装都需严格对照设计要求执行，并遵守采暖施工及验收的具体规范。任何设计上的变更都必须有相应的凭证支持，以确保工程的透明性和可追溯性。

此外，所有进行的试验和质量检查都需要留有书面记录，以便验证工程质量是否符合国家及行业标准。最后，在竣工验收时，施工单位需要提供完整的技术文档供建设监理单位和相关利益方审查，以保障工程的整体质量和性能符合预期目标。这一过程体现了该专业工程具有精确性、清晰性与规范性，并保证了室内采暖系统工程的高标准完成。

技术文档包括：

① 全套施工图、竣工图及设计变更文件。

② 设备、制品和主要材料的合格证或试验记录。

③ 隐蔽工程验收记录和中间试验记录。

④ 设备试运行记录。

⑤ 水压试验记录。

⑥ 通水冲洗记录。

⑦ 质量检查评定记录。

⑧ 工程检查事故处理记录。

质量合格、文件齐备、试运行正常的系统，才能办理竣工验收手续。

本章小结

室内供暖系统是实现供给建筑物热量，以维持建筑物室内一定温度的末端系统，其安装是按照设计蓝图将各个部件准确安装到位的过程。随着工程技术发展和环保要求的提高，室内供暖系统施工技术也在不断发展。本章详细介绍了室内供暖管道的安装、散热器和低温地面辐射供暖系统的安装，并在最后对系统的试压、清洗及试运行进行了详细描述。

思考题和习题

1. 热水供暖管道安装时应有坡度，当设计无要求时，热水供暖干管、立管与散热器连接的支管其坡度应符合哪些规定？

2. 在管道施工安装中，应遵循怎样的避让原则？其理由是什么？

3. 请简要回答室内供暖干管的安装一般可按怎样的程序进行。

4. 膨胀水箱是供暖系统的主要附属设备，膨胀水箱上共需接出 5 根水管，请说出 5 根水管的名称和作用。

5. 散热器的布置应遵循哪些原则？

6. 散热器组对都需要哪些配件？试计算 12 片散热器片组对需要的各配件的数量。

7. 请简要回答低温热水地面辐射供暖系统地面构造的各层情况，卫生间的地面构造中需要作何特殊考虑？

8. 请简要回答低温热水地面辐射供暖系统的施工工艺流程。

9. 室内散热器供暖系统采用水压试验时包括哪两个部分的试验？两个试验具体有哪些要求？

10. 低温热水地面辐射供暖系统的试压应符合哪些要求？

4　室外热力管网系统安装

【本章提要】

室外热力管道敷设的形式及安装，热力管道支架及补偿器的形式及安装，各热力管道的试压与验收方法。

【本章重点与难点】

重点：管道直埋敷设的安装程序，梯形沟槽的尺寸确定计算，各常用管道支架的适用场合，热力管道的试压方式。

难点：方形补偿器的设置。

【学习目标与要求】

知识目标：能说明室外地下敷设管道安装的技术要点，能计算确定直埋管道梯形沟槽的上底和下底宽度尺寸，能解释热力管道支架及补偿器安装的要求及自然补偿、专用补偿的概念和适用场合，能描述热力管道的试压与验收的方法。

能力目标：通过对室外热力管网系统的学习，能够完成对室外热力管网敷设方式、支架和补偿器的形式和适用场合、各热力管道的试压与验收方法等知识内容的梳理，能够根据管网特点选择适用的敷设方式和支架形式。

素质目标：室外热力管网系统的安装需要严谨的技术和多方的通力协作，要能够认识到技术是第一生产力和团队协作精神的重要性，注重工匠精神和团队协作意识的培养，提升职业素养和综合能力。

【本章知识图谱】

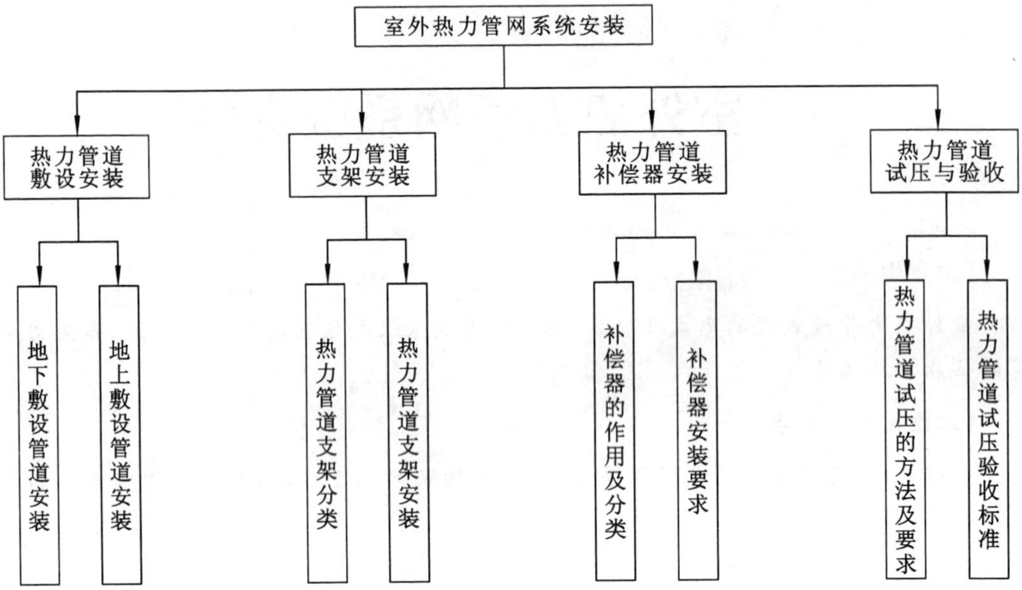

室外热力管道敷设是指将热力管道及其附件按设计要求组成整体并使之就位的工作。室外热力管道的敷设形式，分为地下敷设和架空敷设两类。室外热力管道施工应按《城镇供热管网工程施工及验收规范》(CJJ 28—2014)、《建筑给水排水及采暖工程施工质量验收规范》(GB 50242—2002)的规定执行。

4.1 室外地下敷设管道安装

4.1.1 地下管道敷设形式

地下敷设不影响市容和交通，因而是城镇集中供热管道广泛采用的敷设方式。供热管道的地下敷设，分为地沟敷设和直埋敷设两种。其中地沟敷设又分为可通行地沟敷设、半通行地沟敷设和不可通行地沟敷设。

4.1.1.1 通行地沟

通行地沟是指工作人员可以在地沟内直立通行的地沟，其结构如图 4.1 所示。通行地沟一般用砖或块石砌筑而成，上面覆盖钢筋混凝土预制板或整体浇灌的沟盖。地沟内除安装的管道所占空间外，还有高度不低于 1.8 m、宽度不小于 0.7 m 的检修人员通道，地沟中应装有不高于 36 V 电压的照明设施。地沟内一般修有排水槽，坡度不小于 0.002。地沟内设有自然通风塔及机械排风机，使检修时地沟内空气温度不超过 40 ℃。

4.1.1.2 半通行地沟

半通行地沟是指工作人员可以在地沟内检查管道和开展小型修理工作的地沟，但更换管道等大修工作仍需挖开地面进行，其结构如图 4.2 所示。半通行地沟可用砖或钢筋混凝土预制块砌成，高度为 1.2～1.4 m，管子沿沟底或沟壁敷设。为了安全，半通行地沟只宜用于低压蒸汽管道和温度低于 130 ℃ 的热水供热管道。

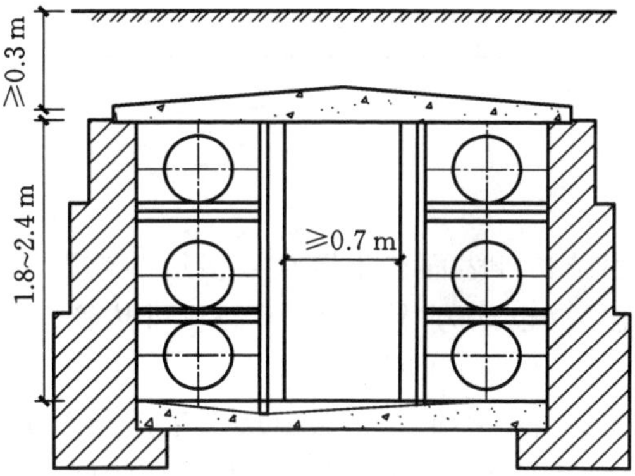

图 4.1 通行地沟结构示意图

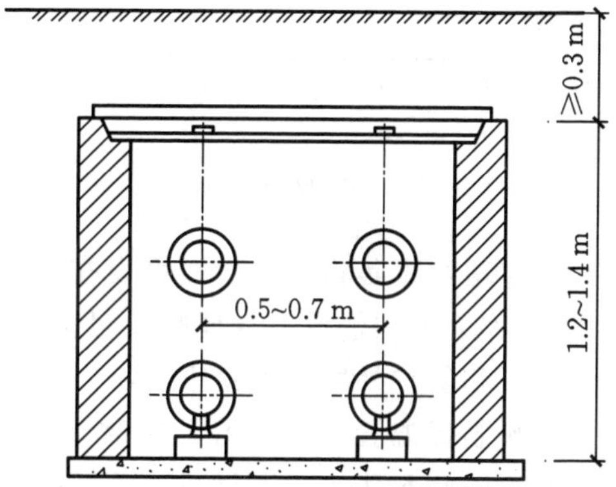

图 4.2 半通行地沟结构示意图

4.1.1.3 不通行地沟

不通行地沟是指工作人员不能在其中通行的一种地沟。该地沟的横截面较小，只需保证管道施工安装的必要尺寸，其结构如图 4.3 所示。不通行地沟可以用砖或钢筋混凝土预制块砌成，地沟的基础结构根据地下水及土质情况确定。不通行地沟一般应修在地下水位以上，如地下水位较高，则应设有排水沟及排水设备，以便专门排除地下水。因热力管道不怕冻，一般可把管道敷设在冰冻线以上。

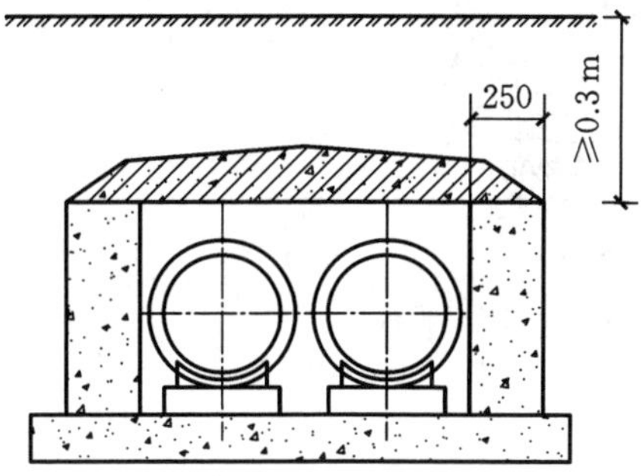

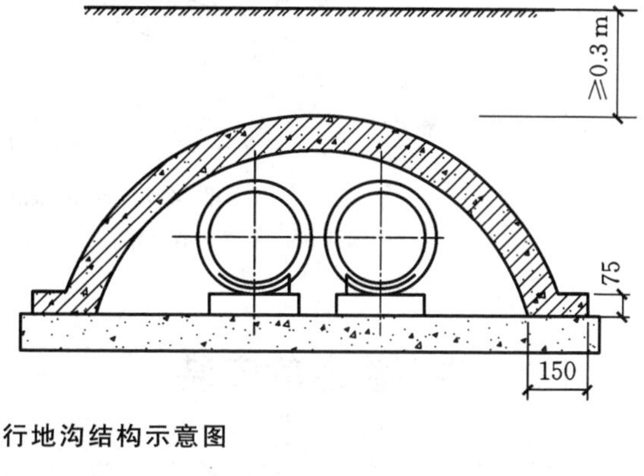

图 4.3 不通行地沟结构示意图

无论上述哪种形式的地沟，其高度和宽度都应满足安装和使用要求。地沟敷设的常用尺寸见表 4.1。当通行地沟内需要在沟内更换管道时，人行通道宽度不应小于管道外径加0.1 m。

表 4.1　地沟敷设有关尺寸

地沟类型	地沟净高/m	人行通道宽/m	管道保温表面与沟壁净距/m	管道保温表面与沟顶净距/m	管道保温表面与沟底净距/m	管道保温表面间净距/m
通行地沟	≥1.8	≥0.7	0.1～0.15	0.2～0.3	0.1～0.2	≥0.15
半通行地沟	≥1.2	≥0.6	0.1～0.15	0.2～0.3	0.1～0.2	≥0.15
不通行地沟	—	—	0.15	0.05～0.1	0.1～0.3	0.2～0.3

注：本表摘至《城镇供热管网设计标准》(CJJ/T 34—2022)。

4.1.1.4　直埋敷设

直埋敷设是将管道直接埋设在土壤里，管道保温结构外表面与土壤直接接触的敷设方式，也称为无沟敷设。直埋敷设目前多采用预制保温管(也称为“管中管”)，即将供热管道、保温层和保护外壳三者紧密黏结在一起，形成一个整体，如图 4.4 所示。

预制保温管一般选用无缝钢管，大口径可选用螺旋缝焊接钢管。保温层多采用硬质聚氨酯泡沫塑料作为保温材料。硬质聚氨酯泡沫塑料的密度小，导热系数低，保温性能好，吸水性不强，并且有足够的机械强度，但耐热温度不高。保护外壳多采用高密度聚乙烯硬质塑料管，高密度聚乙烯管具有较高的机械性能，耐磨损，抗冲击性能较好，化学稳定性好，具有良好的耐腐蚀性和抗老化性，可以焊接，便于施工。

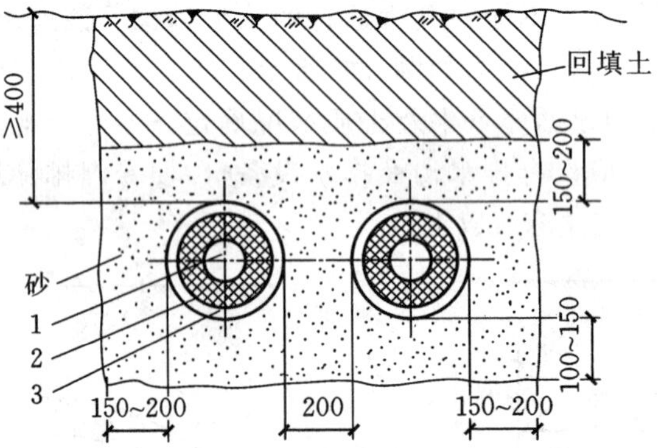

图 4.4　预制保温管直埋敷设

1—钢管；2—硬质聚氨酯泡沫塑料保温层；3—高密度聚乙烯保温外壳

4.1.2　地下管道的安装

4.1.2.1　通行和半通行地沟内管道的安装

这两种地沟内的管道可以装设在地沟内一侧或两侧，管道支架一般都采用钢支架。安装支架，一般在土建浇筑地沟基础和砌筑沟墙前，根据支架的间距及管道的坡度，确定出支架的具体位置、标高，向土建施工人员提出预留安装支架孔洞的具体要求。若每只支架上安放的管子超过一根，则应按支架间最小间距来预埋或预留孔洞。

管道安装前，须检查支架的牢固性和标高。然后根据管道保温层表面与沟墙间的净距要求（表 4.1），在支架上标出管道的中心线，就可将管道就位。若同一地沟内设置多层管道，则最好等下层的管子安装、试压、保温完成后，再逐层向上进行安装。

地沟内部管道的安装，通常也是先在地面上开好坡口、分段组装后再就位于管沟内各支架上。

4.1.2.2 不通行地沟内管道安装

在不通行地沟内，管道只设一层，且管道须均安装在混凝土支墩上。支墩间距即为管道支架间距。支墩可在浇筑地沟基础时一并浇筑，且其表面须预埋支撑钢板。供、回水管的支墩应错开布置。

因不通行地沟内的操作空间较狭小，故管道安装一般在浇筑完地沟基础层后立即进行，待水压试验合格、防腐保温做完后，再砌筑墙和封顶。

4.1.2.3 直埋敷设管道安装

1. 沟槽开挖及沟基处理

沟槽的开挖形式及尺寸是根据开挖处地形、土质、地下水位、管数及埋深确定的。沟槽的形式有直槽、梯形槽、混合槽和联合槽四种，如图 4.5 所示。

若管沟在地下水位以上，挖沟后敞露时间不长，多采用直槽断面。沟深在直槽所要求的深度以上，但不超过 5 m 时可采用梯形槽，其边坡的大小与土质有关。施工时，可参考表 4.2 所列数据选取。沟槽开挖时应不破坏槽底处的原土层。

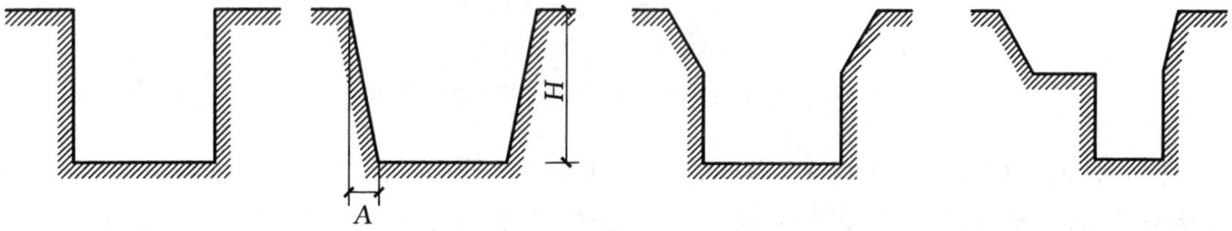

图 4.5 沟槽断面形式

表 4.2 梯形槽边坡

土的类别	边坡（H ∶ A）	
	槽深＜3 m	槽深 3～5 m
砂土	1 ∶ 0.75	1 ∶ 1.00
亚黏土	1 ∶ 0.50	1 ∶ 0.67
亚砂土	1 ∶ 0.33	1 ∶ 0.50

续表4.2

土的类别	边坡($H:A$)	
	槽深<3 m	槽深 3～5 m
黏土	1∶0.25	1∶0.33
干黄土	1∶0.20	1∶0.25

沟槽形式确定后，可根据式(4-1)计算出沟底宽度 W。

$$W=2D_b+B+2C \tag{4-1}$$

式中 D_b——管道保温结构外表面直径，mm；

B——管道间净距，mm，不得小于 200 mm；

C——管道与沟壁间净距，mm，不得小于 150 mm。

直埋管道断面形式如图 4.6 所示。

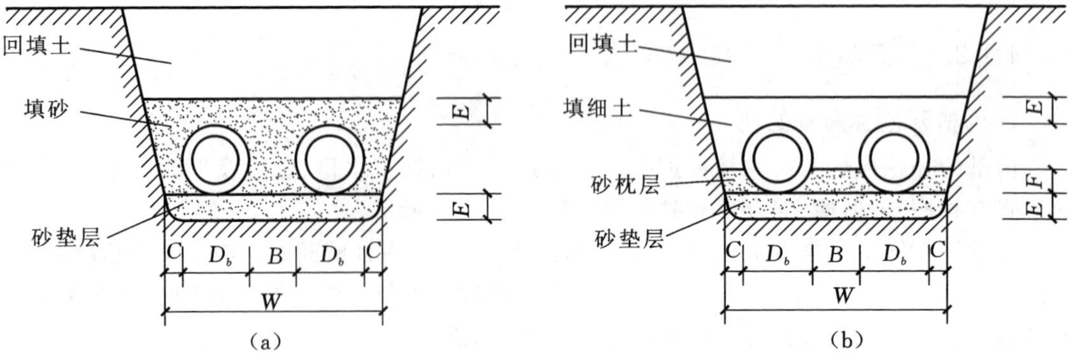

图 4.6　直埋管道断面形式

(a)砂子埋管；(b)细土埋管

$B\geqslant200$ mm；$C\geqslant150$ mm；$E=100$ mm；$F=75$ mm

因为管道直接坐落在土壤上，沟底管基的处理极为重要。原土层沟底，若土质坚实，可直接坐管，若土质较松软，应进行夯实。砾石沟底，应挖出 200 mm，用好土回填并夯实。因雨水或地下水位与沟底较近而使沟底原土层易受到扰动时，应铺 100～200 mm 厚碎石或卵石垫层，石上再铺 100～150 mm 厚的砂子作为砂枕层。沟基处理时，应注意设计中对坡度、坡向的要求。

2. 热力管道下管施工

直埋热力管道保温层的做法有工厂预制法、现场浇灌法和沟槽填充法三种。第一种做法是将保温管在工厂预制好，然后运至施工现场下管施工。下管前，根据吊装设备的能力，预先把 2～4 根管子在地面上先组焊在一起，敞口处开好坡口，并在保温管外面包一层塑料保护膜；同时在沟内管道的接口处挖出操作坑，坑深为管底以下 200 mm，坑处沟壁距保温管外壁不小于 200 mm。吊管时，不得以绳索直接接触保温管外壳，应用宽度约 150 mm 的编织带兜托管子。起吊时要慢，放管时要轻。此外，下管时还要考虑固定支墩的浇灌。

后两种做法都是先将管道组焊后吊装至沟槽内，并临时用支墩支撑牢固，连接并经试压合格后，再进行现场浇灌或沟槽填充。若采用现场浇灌法，则采用聚氨基甲酸酯硬质泡沫塑料或聚异氰脲酸酯硬质泡沫塑料等，逐段进行现场浇灌保温，然后按要求将保温层与沟底间孔隙填充砂层后，除去临时支撑，并将此处用同样的保温材料保温。若采用沟槽填充法，则将符合要求的保温材料调成泥状直接填充至管道与沟槽周围的空隙间，且管顶的厚度应符合设计要求，最后做回填土处理。

3. 管道连接、焊口检查及接口保温

管道就位后，即可进行焊接，然后按设计要求进行焊口检验，合格后可做接口保温工作。注意接口保温前，应先将接口需保温的地方用钢刷和砂布打磨干净，然后采用与保温管道相同的保温材料将接口处保温，且与保温管道的保温材料间不留缝隙。如果设计要求必须做水压试验，可在接口保温之前、焊口检验之后进行试压，合格后再做接口保温。

4. 沟槽的回填

回填时，最好先铺 70 mm 厚的粗砂枕层，然后用细土填至管顶以上 100 mm 处，再用厚土回填。要求回填土中不得含有 30 mm 以上的砖或石块，且不能用淤泥土和湿黏土回填。当填至管顶以上 0.5 m 时，应夯实后再填，每回填 0.2～0.3 m，夯击三遍，直到与地面平齐。回填后沟槽上的土面应略呈拱形，拱高一般取 150 mm。

4.2 室外架空管道安装

4.2.1 室外架空管道敷设形式

架空敷设多用于城市边缘、无居住建筑的地区和工业厂区。地上敷设按支承结构高度的不同分为低支架敷设、中支架敷设和高支架敷设。

4.2.1.1 低支架敷设

在不妨碍交通，不影响厂区、街区扩建的地段可采用低支架敷设。低支架敷设大多沿工厂围墙或平行公路、铁路布置。为避免雨、雪的侵蚀，管道保温结构底部距地面的净高不小于0.3 m，一般以 0.5～1.0 m 为宜。低支架一般采用毛石砌筑或混凝土浇筑，如图 4.7 所示。

4.2.1.2 中支架敷设

在行人频繁，需要通行车辆的地方通常选用中支架敷设。中支架敷设的管道保温结构底部距地面的净高为 2.5～4.0 m，一般采用钢筋混凝土浇筑（或预制）或钢结构，如图 4.8 所示。

4.2.1.3 高支架敷设

跨越公路、铁路、河流等可以采用高支架敷设。高支架通常采用钢结构或钢筋混凝土结构，管道保温结构底部距地面的净高 H 为 4.5～6.0 m，如图 4.9 所示。

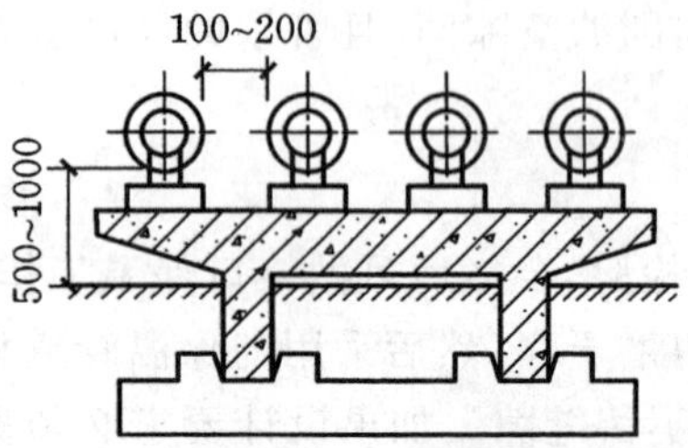

图 4.7　低支架敷设

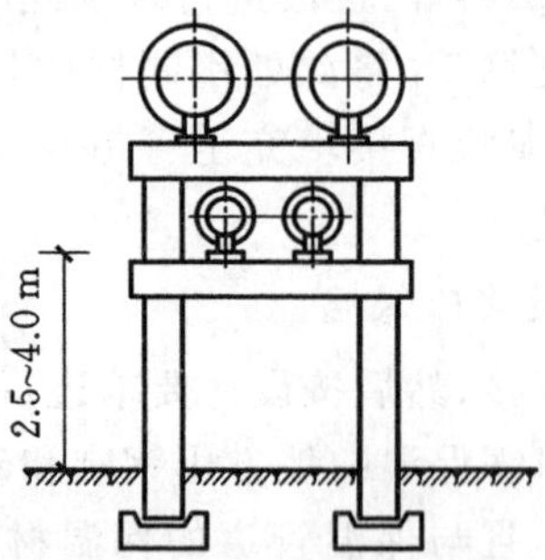

图 4.8　中支架敷设

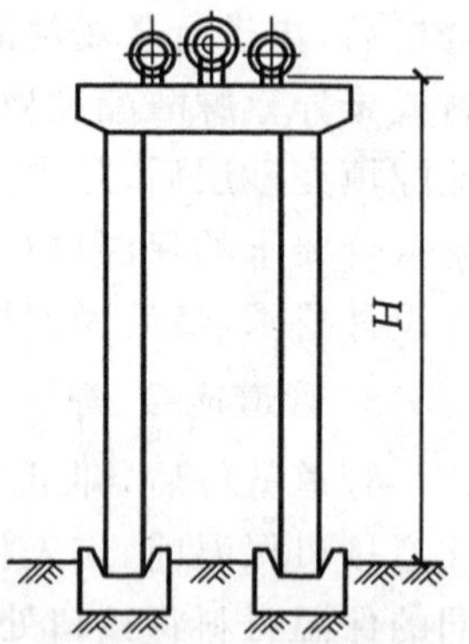

图 4.9　高支架敷设

架空敷设的管道不受地下水的侵蚀，使用寿命长，管道坡度易于保证，所需的放水、排气设备少，可充分使用工作可靠、构造简单的方形补偿器，且土方量小，维护管理方便，但占地面积大，管道热损失大，不够美观。

架空敷设适用于地下水位高，年降雨量大，地下土质为湿陷性黄土或腐蚀性土壤，沿管线地下设施密度大以及地下敷设时土方工程量大的地区。

4.2.2　室外架空管道的安装

架空管道支架应在管路敷设前由土建部门做好。若是钢筋混凝土支架，必须达到一定的养护强度后方可进行管道安装。在安装管道前，必须先对支架的稳固性、中心线和标高进行严格的检查。应用经纬仪测定各支架的位置及标高，检验是否符合设计图纸的要求。各支架的中心线应为一直线，不允许出现折线情况。一般管道是有坡度的，故应检查各支架的标高，不允许由于支架标高的错误而造成管道的反向坡度情况。

在安装架空管道时，为了工作的方便和安全，必须在支架的两侧架设脚手架。脚手架的高度以操作时方便为准，一般脚手架平台的高度比管道中心标高低 1 m 左右，以便工人通行、操作和堆放一定数量的保温材料。根据管径及管数，设置单侧或双侧脚手架。

为减少架空支架上的高空作业量及加快工程进度，提高焊接质量等，一般情况下，根据施工图纸把适量的管子、管件和阀门等，在地面上进行预制组装，然后再分段进行吊装就位，最后进行段与段间的连接。还要检查支架的安装是否满足要求，若偏差较大，应修正后将其焊在管道上。

架空管道的吊装，多采用起重机械进行，如汽车式起重机、履带式起重机，或桅杆及卷扬机等。吊装管道时，应严格按照操作规程进行，注意施工安全。

管道安装经检查符合要求并经水压试验合格后才可进行防腐保温工作。

4.3 热力管道支架及补偿器安装

4.3.1 热力管道支架的形式

在管道安装工程中，支架是不可或缺的构件，是直接支承管道并承受管道作用力的管路附件，用来支撑管道和限制管道位移。根据支架对管道位移的限制情况，分为活动支架和固定支架。

4.3.1.1 活动支架

活动支架是允许管道和支承结构有相对位移的管道支架。活动支架按其构造和功能分为滑动支架、滚动支架、悬吊支架和导向支架等。热力管道活动支架的作用是直接承受热力管道及其保温结构的重量，并使管道在温度的作用下能沿管道轴向自由伸缩。

1. 滑动支架

滑动支架承受管道的垂直荷载，允许管道与支架间在水平方向有滑动位移。滑动支架摩擦力较大，但制作简单，应用广泛。

滑动支架分为低位滑动支架和高位滑动支架两种。图 4.10 所示是曲面槽低位滑动支架，该支架是用一定规格的曲面槽钢段焊在管道下面作为支座，支座可在混凝土底座上往复滑动。图 4.11 所示是一种弧形板低位滑动支架，该支架是用一段弧形板代替曲面槽钢段焊在管道下面作为支座，适用于热伸长量较大的不保温管道。图 4.12 所示是 U 形螺栓固定的低位滑动支架，适用于热伸长量较小的不保温管道。

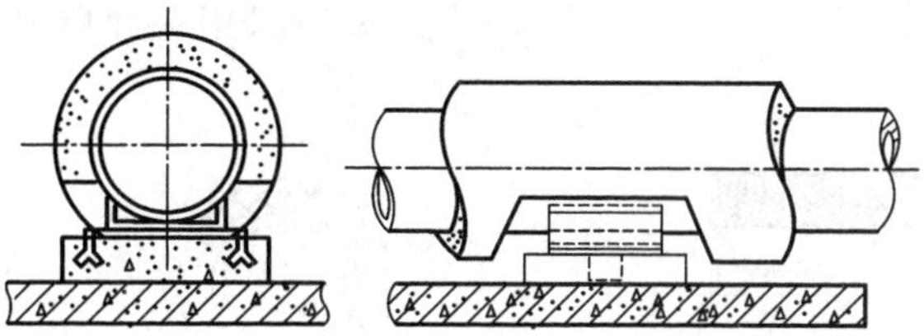

图 4.10 曲面槽低位滑动支架

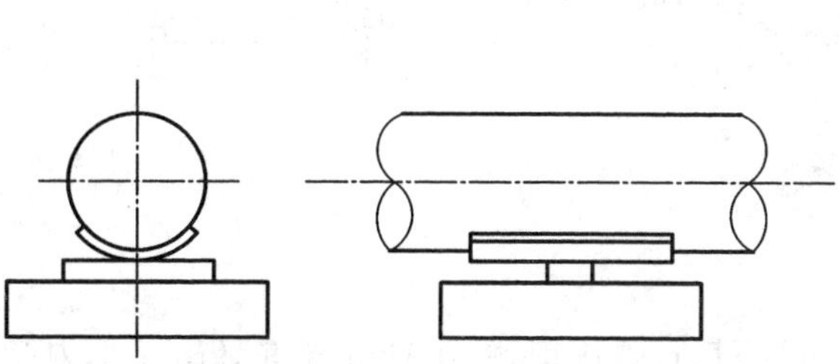

图 4.11 弧形板低位滑动支架

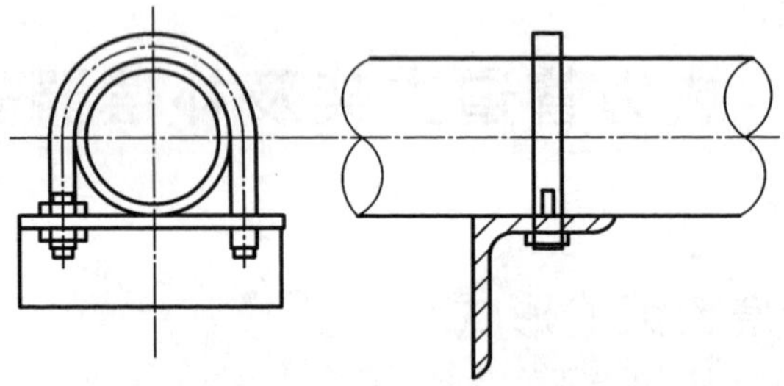

图 4.12　U 形螺栓固定的低位滑动支架

高位曲面槽滑动支架如图 4.13 所示，其托架高度高于保温层厚度，弥补了低位滑动支架在支座周围不能保温的缺点，因而管道热损失较小。滑托高度为 100～150 mm，管道与滑托焊接，滑托可在支架上滑动。

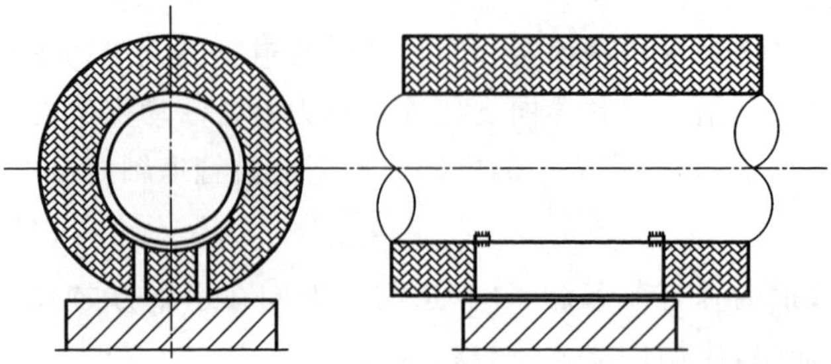

图 4.13　高位曲面槽滑动支架

2. 滚动支架

滚动支架是在管托与支架之间加入辊轴、滚柱或滚珠盘等部件，管子与支架间的位移变为滚动，从而使滑动摩擦力变为滚动摩擦力。其结构形式有滚轴支架（图 4.14）和滚柱支架（图 4.15）两种。滚动支架由于锈蚀而不能转动时，会变为质量较差的滑动支架，因此滚动支架需进行必要的维护，使滚动部件保持正常状态，一般只用在介质温度较高、管径较大的架空敷设的管道上。

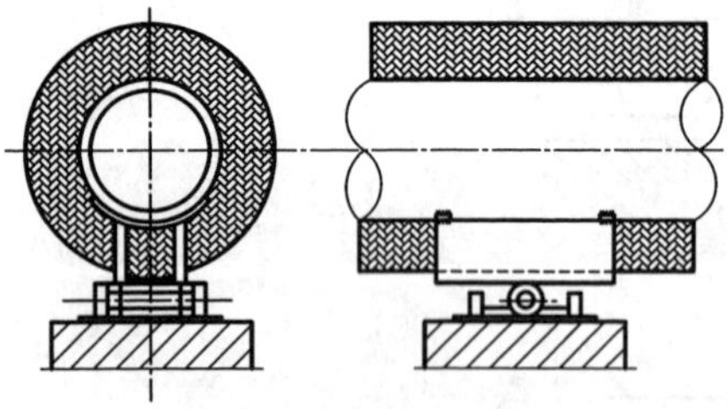

图 4.14　滚轴支架

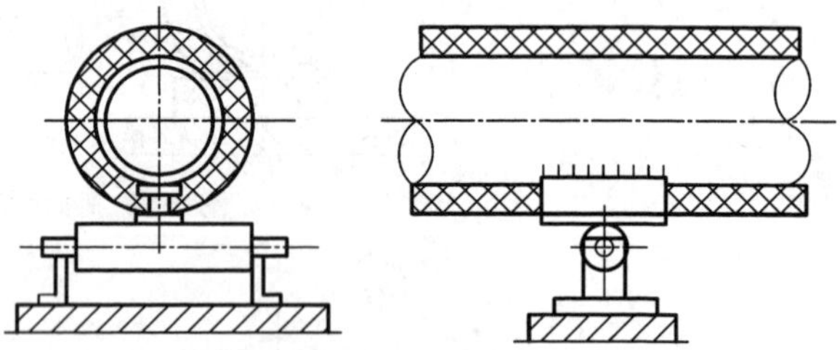

图 4.15　滚柱支架

3. 悬吊支架

悬吊支架（简称为吊架）是管道用抱箍、吊杆等杆件悬吊在承力结构下面，有刚性吊架及弹簧吊架之分。图 4.16 所示为几种常见的刚性吊架，刚性吊架用于无垂直位移的管道。在热力管道有垂直位移的地方，常装设弹簧吊架。

设置悬吊支架时，应将支架支承在可靠的结构上，应尽量生根在土建结构的梁、柱、钢或砖墙上。悬吊支架的生根结构，一般采用插墙支承或与土建结构预埋件相焊接的方式。如无预埋件，可采用梁箍或槽钢夹柱的方式。

由于各点的温度形变量不同，悬吊支架的偏移角度不同，致使各悬吊支架受力不均，引起供热管道发生扭曲。为减小供热管道产生的扭曲，应尽量选用较长的吊杆。

在安装悬吊支架的供热管道上，应选用扭曲不影响使用功能的热补偿器，如方型补偿器等，而不得采用套筒型补偿器。

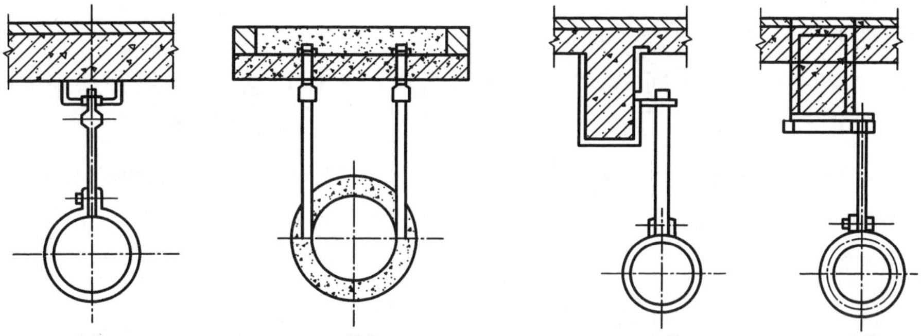

(a) (b) (c) (d)

图 4.16 悬吊支架

(a)可在纵向及横向移动；(b)只能在纵向移动；
(c)焊接在钢筋混凝土构件里埋置的预埋件上；(d)箍在钢筋混凝土梁上

4. 导向支架

导向支架是只允许管道轴向伸缩，限制管道横向位移的支架形式。导向支架由导向板和滑动支架两部分组成，如图 4.17 所示。它通常安装在补偿器的两侧，作用是使管道在支架上滑动时不致偏离管子中心线，即在水平供热管道上只允许管道沿轴向水平位移。在垂直供热管道上导向板防止管道横向位移，防止管道纵向失稳，保证补偿器正常工作。

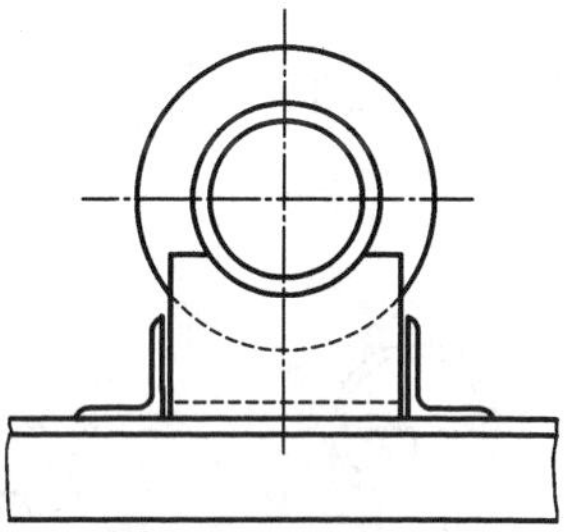

图 4.17 导向支架

活动支架的间距是由供热管道的允许跨距来决定的。供热管道允许跨距通常按强度及刚度两方面条件来计算，选取其中较小值作为供热管道活动支架的间距。表 4.3 所示为供热管道活动支架间距表。

表 4.3 活动支架间距表

公称直径 DN/mm			40	50	65	80	100	125	150	200	250	300	350	400	450
活动支架间距/m	保温	架空敷设	3.5	4	5	5	6.5	7.5	7.5	10	12	12	12	13	14
		地沟敷设	2.5	3	3.5	4	4.5	5.5	5.5	7	8	8.5	8.5	9.0	9
	不保温	架空敷设	6	6.5	8.5	8.5	11.5	12	12	14	16	16	16	17.0	17
		地沟敷设	5.5	6	6.5	7	7.5	8	8	10	11	11	11	11.5	12

4.3.1.2 固定支架

固定支架是不允许管道和支承结构有相对位移的管道支架。热力管道固定支架设置在以下位置：

① 设置在有分支管路与之相连接的供热管网的干管上，或与供热管网干管相连接的分支管路上，以防止由于供热管道的轴向位移而使其连接点受到破坏。

② 设置在安装阀门处的供热管道上，以防止供热管道的水平推力作用在阀门上，破坏或影响阀门的开启、关断及其严密性。

③ 设置在各补偿器的中间，均匀分配供热管道的热伸长量，保证热补偿器安全可靠地工作。

因为固定支架不但要承受活动支架摩擦反力、补偿器反力等很大的轴向作用力，而且要承受管道内部压力的反力，所以，固定支架的结构一般应经设计计算确定。

最常用的是金属结构的固定支架，有夹环式固定支架(图 4.18)、焊接角钢固定支架(图 4.19)、焊接槽钢固定支架(图 4.20)和挡板式固定支架(图 4.21)。

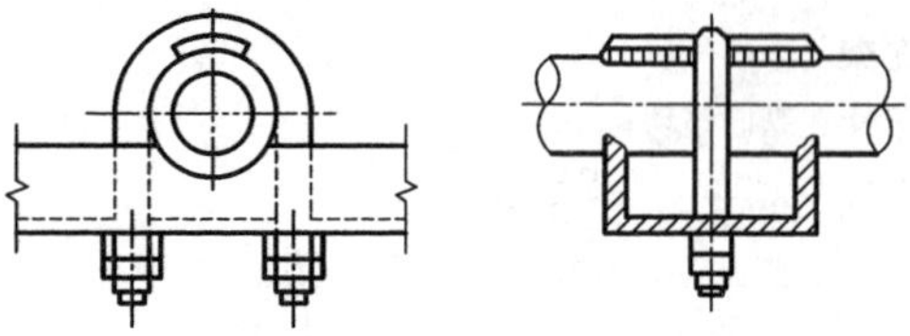

图 4.18　夹环式固定支架

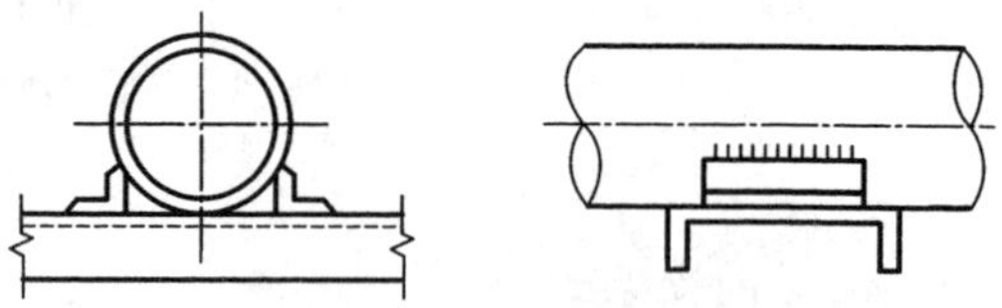

图 4.19　焊接角钢固定支架

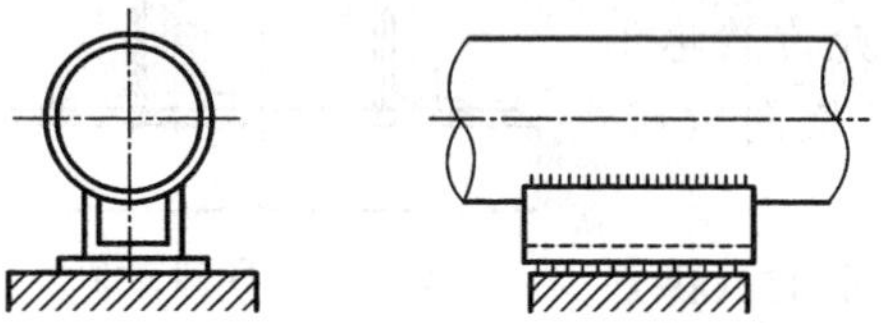

图 4.20　焊接槽钢固定支架

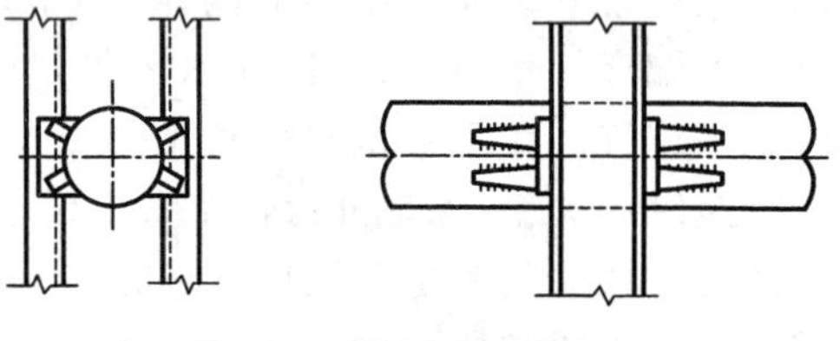

图 4.21　挡板式固定支架

夹环式固定支架和焊接角钢固定支架，常用在管径较小，轴向推力也较小的供热管道上，与弧形板低位活动支架配合使用。槽钢型活动支架的底面钢板与支承钢板相焊接，就成为固定支架，该支架所承受的轴向推力一般不超过 50 kN，轴向推力超过 50 kN 时，多采用挡板式固定支架。

固定支架间的最大允许距离与所采用的热补偿器的形式及供热管道的敷设方式有关，通常参照表 4.4 选定。

表 4.4 固定支架最大间距表

补偿器类型	敷设方式	公称直径 DN/mm													
		25	32	40	50	65	80	100	125	150	200	250	300	350	400
方形补偿器	地沟与架空敷设/m	30	35	45	50	55	60	65	70	80	90	100	115	130	145
	直埋敷设/m	—	—	45	50	55	60	65	70	70	90	90	110	110	110
套管形补偿器	地沟与架空敷设/m	—	—	—	—	—	—	—	50	55	60	70	80	90	100
	直埋敷设/m	—	—	—	—	—	—	—	30	35	50	60	65	65	70

4.3.2 热力管道支架的安装

管道支架的形式由支架对管道所处位置点上的约束性质来确定。若管道约束点不允许有位移，则应设置固定支架，若管道约束点处无垂直位移或垂直位移很小，则可设置活动支架。

管道支、吊架安装需要满足以下要求：

① 支架横梁应牢固地固定在墙、柱子或其他结构物上，横梁长度方向应水平，顶面应与管子中心线平行。

② 无热位移的管道吊架的吊杆应垂直于管子，吊杆的长度要能调节。两根热位移方向相反或位移值不等的管道，除设计有规定外，不得使用同一杆件。

③ 固定支架承受着管道内压力的反力及补偿器的反力，因此固定支架必须严格安装在设计规定的位置，并应使管子牢固地固定在支架上。在无补偿装置、有位移的直管段上，不得安装一个以上的固定支架。

④ 活动支架不应妨碍管道由热膨胀所引起的移动。保温层不得妨碍热位移。管道在支架横梁或支座的金属垫块上滑动时，支架不应偏斜或使滑托卡住。

⑤ 补偿器的两侧应安装 1～2 个导向支架，使管道在支架上伸缩时不至于偏离中心线。在保温管道中不宜采用过多的导向支架，以免妨碍管道的自由伸缩。

⑥ 支架的受力部件，如横梁、吊杆及螺栓等的规格应符合设计或有关标准的规定。

⑦ 支架应使管道中心与墙的距离符合设计要求，一般保温管道的保温层表面离墙或柱子表面的净距离不应小于 60 mm。

⑧ 弹簧支、吊架的弹簧安装高度，应按设计要求调整，并进行记录。弹簧的临时固定件，应待系统安装、试压、保温完毕后拆除。

⑨ 铸铁、铅、铝及大口径管道上的阀门，应设置专用支架支撑，不得由管道承重。

另外，管道支架的形式多种多样，安装要求也不尽相同。支、吊架安装时，除满足上面的基本要求外，还需满足设计要求及《采暖通风国家标准图集》(N112)(T607)和《动力设施国家标准图集》(R402)对支吊架安装的具体要求。

4.3.3 热力管道补偿器安装

为了防止供热管道升温时，由于热伸长或温度应力而引起管道变形或破坏，需要在管道上设置补偿器，以吸收管道的热伸长，从而减小管壁的应力和作用在阀件或支架结构上的作用力。

管道补偿分为自然补偿和专用补偿。自然补偿是利用管路自然转弯的几何形状所具有的弹性来补偿热膨胀，使管子热应力得以减小。专用补偿是利用专门设置在管路上的补偿器的变形来补偿热膨胀，专用补偿器有方形补偿器、套管补偿器、波纹管补偿器及球形补偿器等类型。供热管道上的补偿器，一般由设计部门选定。

4.3.3.1 方形补偿器

方形补偿器是通过其结构的形变来吸收管路的热膨胀，而补偿器的形变将引起补偿器两侧管路上的直管段产生一定的弯曲。具有加工方便，轴向推力小，不需要经常维修等优点，但占地面积大，不易布置。

为避免产生弯曲的管段过长，又不影响补偿器的补偿能力，一般在距补偿器 40 倍公称直径处设置一个导向支架，这个支架的作用是能使管道沿轴向运动，并限制管道出现横向位移。

方形补偿器俗称方胀力，用管子煨制或用弯头焊制而成，有四种类型，如图 4.22 所示。

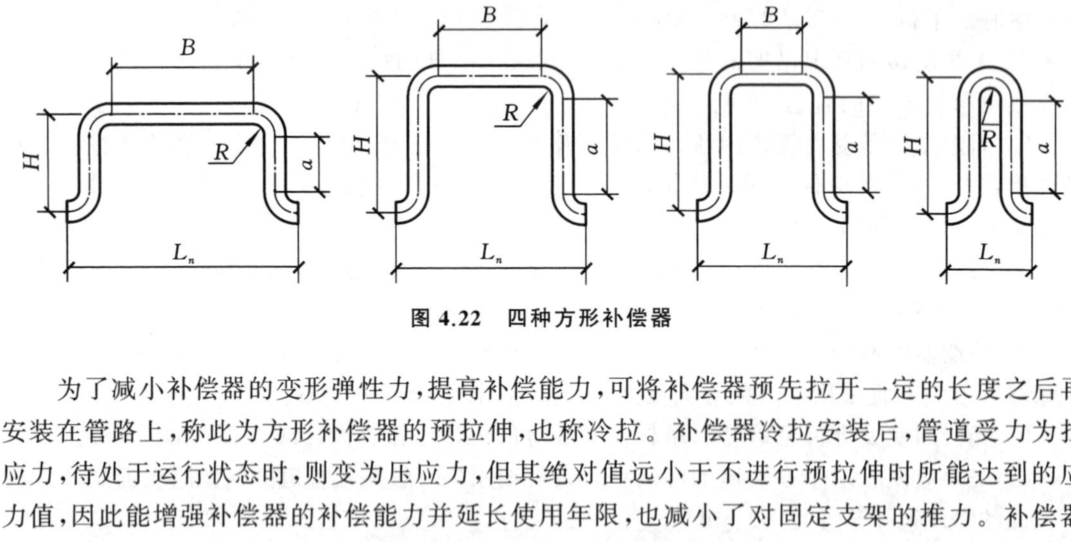

图 4.22 四种方形补偿器

为了减小补偿器的变形弹性力，提高补偿能力，可将补偿器预先拉开一定的长度之后再安装在管路上，称此为方形补偿器的预拉伸，也称冷拉。补偿器冷拉安装后，管道受力为拉应力，待处于运行状态时，则变为压应力，但其绝对值远小于不进行预拉伸时所能达到的应力值，因此能增强补偿器的补偿能力并延长使用年限，也减小了对固定支架的推力。补偿器的冷拉值的大小与管道的工作温度、安装温度和热伸长量有关。

方形补偿器是用钢管煨弯制成的，应经过退火才能具有足够的塑性。当补偿器较大，需有焊接缝时，根据弯曲力矩图，其焊接点应在受力最小的长臂中间。

方形补偿器制作时最好用一根管子煨制而成，若使用两根或三根管子焊接而成，则要求焊口必须设在垂直臂的中点处。制作的方形补偿器四个弯头的角度都必须是 90°，并应处于同一平面内，其扭曲偏差小于或等于 3 mm/m，且总偏差小于或等于 10 mm。同时两垂臂长应相等，允许偏差为±10 mm，平行臂长度允许偏差为±20 mm。

方形补偿器可水平安装，也可垂直安装。水平安装时，外伸的垂直臂应水平，突出的平行臂的坡度和坡向与管道相同；垂直安装时，最高点应设放气装置，最低点应设泄水装置。

安装补偿器应做好预拉伸，补偿器的冷拉方法有两种，一种是用带螺栓的冷拉器进行冷拉；另一种是用带螺丝杆的撑拉工具或千斤顶将补偿器的两垂直臂撑开以实现冷拉。

4.3.3.2　套管补偿器

套管补偿器是由芯管和外壳管组成的，两者同心套装并可轴向移动的补偿器，如图 4.23 所示。套管补偿器具有补偿能力大，结构尺寸小，占地少，安装方便的优点，但轴向推力大，易发生介质渗漏，需经常维修和更换填料。

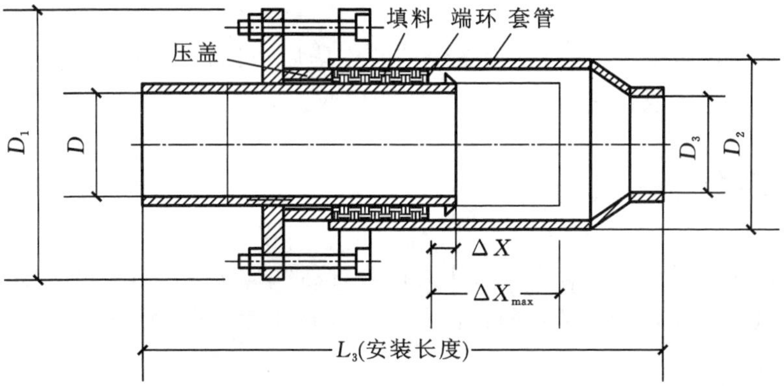

图 4.23　套管补偿器

套管补偿器又称填料式补偿器，有铸铁和钢制两种。铸铁式套管补偿器用法兰与管道连接，只用于公称压力小于 1.3 MPa、公称直径小于 300 mm 的管道。钢制套管补偿器与管道焊接连接，可用于公称压力小于 1.6 MPa 的管道。

套管补偿器安装的时候需要注意：必须安装在直线管段上，不得偏斜，以免补偿器工作时芯管被卡住而损坏补偿器。为使补偿器工作可靠，应在靠近补偿器芯管处的活动支座上安装导向支座。

套管补偿器常用在可通行地沟里，因它占地面积小，需要经常检修。在不可通行地沟内也可使用，但必须设检查井，以便定期检查。当直线管路较长，需设置多个补偿器时，最好采用双向补偿器，这样不但工作可靠，而且可减少检查井数量，降低造价。

4.3.3.3　波纹管补偿器

波纹管补偿器是利用波纹形管壁的弹性变形来吸收管道的热膨胀。波纹管补偿器的形式很多，有轴向型和万向型、单式和复式等。波纹管补偿器体积小，质量轻，占地面积小，易于布置，安装方便，且具有密封性能好的优点。同时波纹管内装有导流管，减小了流体的流动阻力，延长了使用寿命。与套管补偿器相比，波纹管补偿器不需要进行维修，承压能力和工作温度都比较高，因此，目前在供热管道中应用广泛。但波纹管补偿器也存在补偿能力小、价格较高等缺点。

波纹管补偿器安装时需要注意：其端管直径与管道直径相同，端管与管道采用焊接连接，有特殊要求时，也可与管道采用法兰连接。

为了提高补偿器的补偿能力，波纹管补偿器也应经预拉伸之后再装在管路上，预拉伸量（冷拉值）的计算方法与方形补偿器的相同。

波纹管补偿器安装时，补偿器与管道必须同轴，不得用补偿器变形的方法调整管道的安装偏差，不允许补偿器受到扭转力矩作用。一般情况下，两个固定支架之间宜只设置一个补偿器，补偿器一端要靠近固定支架，另一端应安装导向支架。

4.4 热力管道的试压与验收

室外管道同室内管道一样，当管道系统安装完毕后，根据施工程序及规范的要求，应进行管道系统的试压、清洗、试运行工作，以备工程验收。

4.4.1 热力管道试压

热力管道试压是指对热力管道进行压力试验，按照试验的目的，可分为强度试验和严密性试验。强度试验是检查管道及其附件的机械性能的强度；严密性试验是为了检查系统连接部位的严密性。

压力试验应按强度试验、严密性试验的顺序进行，试验介质宜采用清洁水。当因设计结构或气温较低等原因进行水压强度试验确实有困难时，或工艺要求必须用气体试验时，也可采用气压试验代替，但必须采取有效的安全措施，并报请主管部门批准方可进行。

4.4.1.1 试压前的准备

压力试验应编制试验方案，并应报有关单位审批。试验前应进行技术、安全交底。压力试验前应划定试验区、设置安全标志。在整个试验过程应有专人值守，无关人员不得进入试验区。站内、检查室和沟槽中应有可靠的排水系统。试验现场应进行清理，具备检查的条件。

压力试验前应完成下列工作：

① 试压系统管道已安装完毕，并符合设计要求和有关规范的规定。

② 管道各种支架、吊架已安装调整完毕，固定支架的混凝土已达到设计强度，回填土及填充物已满足设计要求。

③ 焊接和热处理工作结束，并经检验合格。焊缝及其他应检查的部位，未涂漆和保温。

④ 埋地管道的坐标、标高、坡度及管基、垫层等经复查合格。试验用的临时加固措施经检查确认安全可靠。

⑤ 管道自由端的临时加固装置应安装完成，并应经设计核算与检查确认安全可靠。试验管道与其他管线应用盲板或采取其他措施隔开，不得影响其他系统的安全。

⑥ 管道试压时使用的材料、机具、设备、仪表等准备齐全。压力表应经校验，其精度不得小于1.5级，量程应为试验压力的1.5～2倍，数量不得少于2块，并应分别安装在试验泵出口和试验系统末端。

⑦ 严密性试验应在试验范围内的管道工程全部安装完成后进行。压力试验长度宜为一个完整的设计施工段。

⑧ 横向型、铰接型补偿器在严密性试验前不宜进行预变位。

4.4.1.2 强度试验

强度试验应在试验段内的管道接口防腐、保温及设备安装前进行。管道试验压力应以设计要求为准，当设计无要求时，强度试验压力应为1.5倍设计压力，且不得小于0.6 MPa；当设备有特殊要求时，试验压力应按产品说明书或根据设备性质确定。对地面高差较大的管道，试验介质的静压应计入试验压力中。热水管道的试验压力应以最高点的压力为准，最低点的压力不得大于管道及设备能承受的额定压力。

水压试验按充水、升压、强度检查、降压等步骤进行。充水点和加压装置应设在系统的较低处，也有利于低点进水、高点排气。当管道充水时应将管道及设备中的空气排尽，全面检查系统有无漏水现象，如有漏水应及时进行处理。

充水结束观察无漏水现象后，开始缓慢加压，一般分2～3次升至试验压力。当压力表指针开始动作时，停止加压，进行管道检查，如发生泄漏应及时处理。再次加压，当压力上升到一定数值时，再次停压检查，无问题继续加压，直至达到试验压力。停止升压并迅速关闭进水阀，观察压力表，如压力表指针跳动，说明排气不良，应打开放气阀再次排气并加压至试验压力，然后记录时间，进行检查，稳压10 min无渗漏、无压降后降至设计压力，稳压30 min无渗漏、无压降则强度试验合格。

4.4.1.3 严密性试验

严密性试验压力一般均为工作压力，严密性试验一般伴随强度试验进行，强度试验合格后将水压降至工作压力，稳压下进行严密性检查。一级管网及站内稳压在1 h，前后压降不大于0.05 MPa为合格；二级管网稳压在30 min，前后压降不大于0.05 MPa为合格。

压力试验过程中发现渗漏时，不得带压处理。消除缺陷后，应重新进行试验。试验结束后应及时排尽管内积水，拆除试验用临时加固装置。排水时不得形成负压，试验用水应排到指定地点，不得随意排放，不得污染环境。压力试验合格后应填写供热管道水压试验记录、设备强度和严密性试验记录。

4.4.2 热力管道的清洗与吹扫

为了去除在管道安装过程中残留的杂物，确保系统运行后介质流动畅通，热力管道在试运行前应进行清洗。清洗方法应根据设计及供热管网的运行要求、介质类别确定。可采用人工清洗、水力冲洗和气体吹洗。

4.4.2.1 清洗前的准备

清洗前应编制清洗方案，并应报有关单位审批。方案中应包括清洗方法、技术要求、操作及安全措施等内容。清洗前应进行技术、安全交底。清洗前应完成下列工作：

① 减压器、疏水器、流量计和流量孔板等应已拆下并妥善存放，待清洗结束后方可复装。

② 不与管道同时清洗的设备、容器及仪表管等应隔开或拆除。

③ 支架的承载力应能承受清洗时的冲击力，必要时应经设计核算。

④ 水力冲洗进水管的截面面积不得小于被冲洗管截面面积的50%，排水管截面面积不得小于进水管截面面积。

⑤ 蒸汽吹洗排气管的管径应按设计计算确定。吹洗口及冲洗箱应已按设计要求加固。

⑥ 设备和容器应有单独的排水口。

⑦ 清洗使用的其他装置已安装完成，并应经检查合格。

4.4.2.2 水力清洗

工作介质为液体的管道，一般应进行水冲洗，当不能用水冲洗或不能满足清洁要求时，可改用气体吹洗，但应采取相应安全措施。冲洗用的水可选用洁净的饮用水或工业用水，在淡水奇缺的地区可先用海水冲洗，再用淡水冲洗。

水力冲洗应按主干线、支干线、支线分别进行，冲洗前先应充满水并浸泡热力管道，冲洗水流方向应与设计的介质流向一致。冲洗时的管内平均流速不应小于 1 m/s；排水时管内不得形成负压。水力冲洗应连续进行，以排水水样中固形物的含量接近或等于冲洗用水中固形物的含量为合格。清洗结束后应将水排净，并对排污管、除污器等装置进行人工清洗。

4.4.2.3 气体吹扫

气体吹扫有空气吹扫和蒸汽吹扫两种。输送介质为气体的管道，一般应用空气吹扫，同时空气吹洗也适用于管径小于DN300的热水管道。

输送蒸汽的管道宜用蒸汽吹扫。蒸汽吹扫时必须划定安全区，并设置标志。在整个吹扫作业过程中，应有专人值守。蒸汽吹扫使用的蒸汽压力和流量应按设计计算确定，吹扫压力不应大于管道工作压力的75%。蒸汽吹扫按升温、暖管、恒温、吹扫的顺序进行。暖管速度不宜过快，并应及时疏水，恒温 1 h 后再进行吹扫。吹扫次数应为2～3次，每次的间隔时间宜为20～30 min。蒸汽吹扫的检查，对于一般蒸汽或其他无特殊要求的管道，可用刨光的木板置于排气口处检查，以出口蒸汽无污物为合格。

清扫合格的热力管道应按技术要求恢复拆下来的设施及部件，并应填写清扫记录。

4.4.3 热力管道验收

热力管道施工完毕后应检查其工程是否符合设计及施工规范的质量要求，按《城镇供热管网工程施工及验收规范》(CJJ 28—2014)、《建筑给水排水及采暖工程施工质量验收规范》(GB 50242—2002)的规定验收。验收时,和供暖工程一样,施工单位应提交各项记录、图纸等文件,主要包括:施工图、竣工图及设计变更;材料及阀门合格证和试验记录;隐蔽工程记录和中间试验记录;水压记录;热力系统通水冲洗记录;工程质量事故处理记录;质量评定记录。施工验收是保证工程质量的关键工作,因此应认真进行,并由建筑工程质量检验监督机构进行合格验收。

本章小结

室外供热管网是集中供热系统中投资份额较大,施工最繁重的部分。合理地选择供热管道的敷设方式以及做好管网的定线工作,对节省投资、保证热网安全可靠地运行和施工维修方便等,都有重要的意义。供热管网系统安装是指将供热管道及其附件按设计要求组成整体并使之就位的工作。供热管道的敷设形式,分为地上(架空)敷设和地下敷设两类。本章主要介绍室外热力管道敷设安装、热力管道支架安装、热力管道补偿器安装以及管道安装后的试压与验收方法。

思考题和习题

1. 地下管道敷设的形式有哪几种？分别有何特点？
2. 地下敷设管道安装的特点是什么？
3. 简述直埋敷设管道安装的步骤。
4. 架空敷设有几种敷设方式？分别适用于什么场所？
5. 支架的安装方式有哪些？分别如何安装？
6. 简述活动支架的作用,并列举各类型活动支架。
7. 简述固定支架的作用,并列举几个常见的类型。
8. 补偿器有哪些类型？分别适用于什么场所？
9. 什么是“冷拉”？它的作用是什么？
10. 供热管道水压试验有何规定？
11. 热力管网清洗前应做哪些准备工作？

5 通风空调系统安装

【本章提要】

本章主要介绍建筑通风及空调工程的基础知识，风管及部件的制作和安装，通风、空调设备的安装要求和通风空调系统试运转、调试及验收的要求。

【本章重点与难点】

重点：风管的法兰的制作，风管的加固方法，风管的连接，风管安装的步骤及注意事项，常用风机安装的技术要点，风机盘管机组安装的技术要点。

难点：风管的咬口连接，共板法兰连接方式。

【学习目标与要求】

知识目标：掌握风管的分类、风管制作加工的基本工序、展开画线的含义和适用范围；能理清风管安装的过程、共板法兰连接的操作流程；能列举风机的类型、不同类型风机的安装要求，掌握风机盘管的安装要求和技术要点；能描述通风空调系统试运转、调试及验收的要求。

能力目标：通过对通风空调系统安装内容的学习，能够完成对风管及部件、风管的安装、通风空调设备安装和试运行调试验收等知识内容的梳理，进而能够运用所学知识解决工作中的实际问题。

素质目标：在建筑设备工程施工中，通风空调系统的安装是非常重要的一环，要能够认识到完成该环节以确保设备和系统正常运行需要精湛的安装技艺和严谨细致的工作作风，同时要能意识到施工人员具备安全和节能环保意识的重要性，能够践行严格遵守操作规程的要求，深刻领会并践行大国工匠精神。

【本章知识图谱】

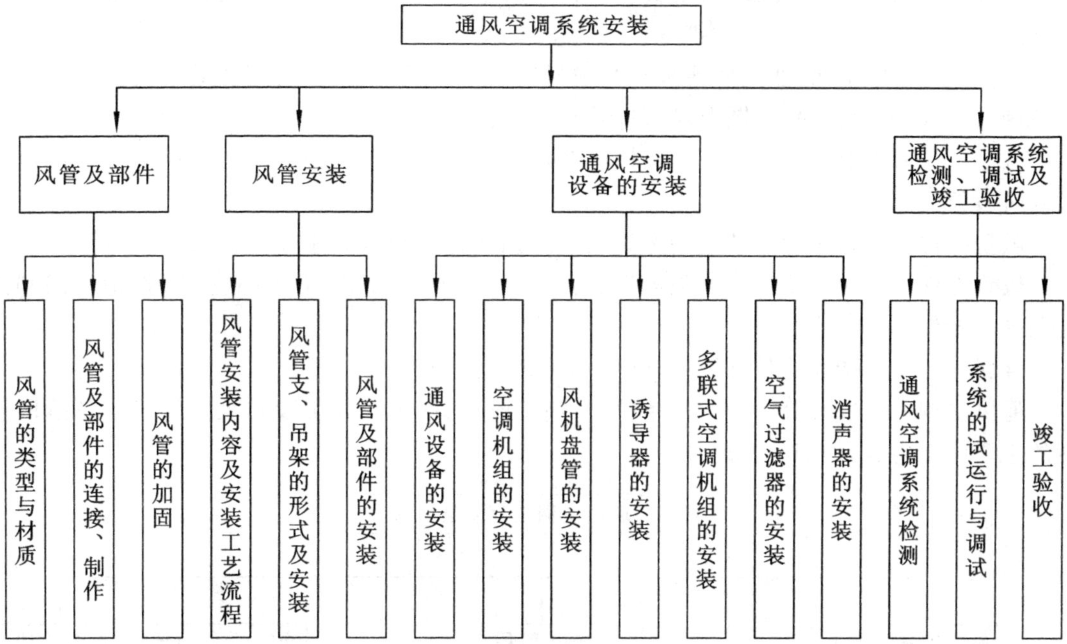

5.1 风管及部件

5.1.1 概述

通风系统是指用自然或机械的方法向某一特定的房间或空间送入室外空气，和由某一特定的房间或空间排出空气的过程，送入的空气可以是经过处理的，也可以是不经过处理的。即通风是利用室外新风来置换室内空气以改善室内空气品质。通风系统的功能主要有：

① 提供人呼吸所需要的氧气；

② 稀释室内污染物或气味；

③ 排除室内工艺过程产生的污染物；

④ 除去室内余热或余湿；

⑤ 提供室内燃烧设备所需的空气。

值得注意，建筑中的通风系统可能只完成其中的一项或几项任务。

空调系统是指通过人为的方法对某一特定房间或空间的温度、湿度、洁净度和空气流动速度等进行调节与控制，并提供足量的新鲜空气。空调系统可以实现对建筑热湿环境、空气品质的全面控制。不论室外气象条件怎样变化，空调系统的目标是维持室内热环境的舒适性，或使室内热环境满足生产工艺的要求。

通风空调工程安装是建筑设备安装工程中的重要组成部分。通风空调工程安装中常见术语如下：

风管——采用金属、非金属薄板或其他材料制作而成，用于空气流通的管道。其制作尺寸，矩形风管以外边长为准，圆形风管以外径为准。

风道——采用混凝土、砖等建筑材料砌筑而成，用于空气流通的通道。风道尺寸均以内径或内边长为准。

风管配件——指风管系统中的弯管、三通、四通、异径管、导流叶片和法兰等构件。

风管部件——风管系统中各类风口、阀门、风罩、风帽、消声器、空气过滤器、检视门和测定孔等功能件。

金属附件——指连接件和固定件（如螺栓、铆钉等）。

通风空调工程安装分为施工准备阶段、施工阶段、竣工验收阶段和服务阶段。各阶段包括的主要施工内容，如图 5.1 所示。

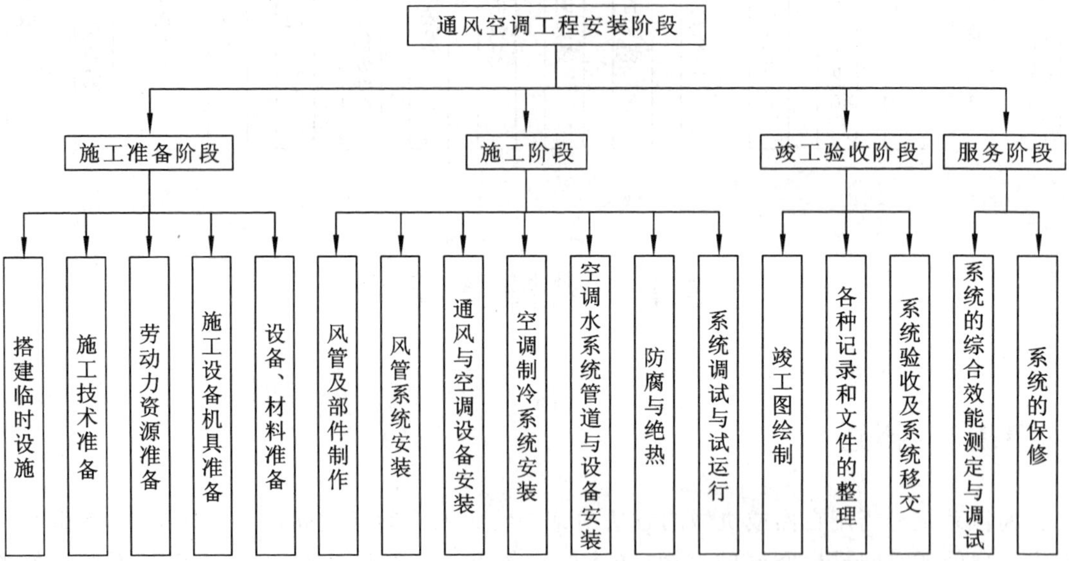

图 5.1　通风空调工程安装阶段的主要施工内容

施工准备阶段包含了现场临时设施的搭建、施工技术准备、劳动力资源的准备、施工设备和机具的准备以及对到货设备、加工的成品和材料的检查准备。其中，施工技术准备包含图纸内容的熟悉、现场安装条件的检查（如场地是否清理干净，预留孔洞、支架、设备基础的位置、方向及尺寸是否正确）、施工现场的测绘和安装简图的绘制等。

5.1.2　风管的类型及材质

5.1.2.1　风管系统的类型

风管系统的类型可分为以下几种：

① 按照风管系统的工作压力，划分为高压系统、中压系统、低压系统、微压系统四个类别，不同类型风管制作和安装时的密封要求见表5.1。

表5.1 风管类别

类别	风管系统工作压力 P/Pa		密封要求
	管内正压	管内负压	
高压	$1500<P\leqslant2500$	$-2000<P\leqslant-1000$	所有的接缝及接管连接处均应采取密封措施
中压	$500<P\leqslant1500$	$-1000<P\leqslant-500$	接缝及接管连接处应加设密封措施
低压	$125<P\leqslant500$	$-500<P\leqslant-125$	接缝及接管连接处应严密，密封面宜设在风管的正压侧
微压	$P\leqslant125$	$P>-125$	接缝及接管连接处应严密

② 按照风管系统的连接形式，分为法兰连接风管和无法兰连接风管。

③ 从风管系统性能的角度出发，被细分为三种类型：通风与空调系统风管、除尘系统风管和净化空调系统风管。各类风管在加工质量上都有其特定的标准和要求。例如，除尘系统风管，由于其内部流速高，磨损较为显著，因此对管壁厚度和系统的密封性能有着较高的要求。为了确保系统的顺畅运行，降低阻力损失，这类风管的弯管弯曲半径被规定为至少$3D$（D为风管直径），并且不得采用大于60°的弯曲角度。

5.1.2.2 风管的材质及要求

通风空调系统的风管，按风管的材质可分为金属风管、非金属风管和复合材料风管。

金属风管主要涵盖钢板风管，如普通薄钢板风管和镀锌薄钢板风管，还有不锈钢板风管、铝板风管以及塑料复合钢板风管等。本章节重点介绍非金属及复合材料风管。

非金属风管常用的有硬聚氯乙烯板风管和索斯风管（又称纤维织物风管）。复合材料风管常用的有酚醛复合板风管、聚氨酯复合板风管、玻璃纤维复合风管、无机玻璃钢风管。这些材质的风管普遍具有轻便、易安装、耐腐蚀等优点，特别适用于某些特殊环境和要求，在实际工程中得到了较为广泛的应用。非金属风管的防火性能应当满足标准《建筑材料及制品燃烧性能分级》(GB 8624—2012)中B1级的要求。

1. 酚醛铝箔与聚氨酯铝箔复合板风管

酚醛铝箔与聚氨酯铝箔复合板风管均属于双面铝箔泡沫类风管设计。这两款风管内外层均覆盖有铝箔，而中间层则分别由酚醛泡沫或聚氨酯泡沫构成，以实现高效绝热。共同优点包括轻质、外观优雅以及制作工艺简单。酚醛复合板风管在低、中压空调系统和潮湿环境中表现优异；而聚氨酯复合板风管则适用于更广泛的低、中、高压（2000 Pa以下）空调系统，洁净系统及潮湿环境。在板材拼接时，推荐采用45°角粘接或“H”形加固条拼接方式。酚醛泡沫板材的常见尺寸规格为4000 mm×1200 mm和2000 mm×1200 mm（长×宽）。

2. 玻璃纤维复合板风管

玻璃纤维复合板风管以离心玻璃纤维板为基础，内部覆盖玻璃丝布，外部则是防潮铝箔布（进口板材内层涂有热敏黑色丙烯酸聚合物，外层为稀纹布、铝箔或牛皮纸）。它是经过防火胶粘剂的复合干燥后，再经切割、开槽、粘接加固等工艺精心制作而成。这款风管不仅美观、轻质，还具备出色的保温和吸声性能。然而，其风管比摩阻系数较大且防积尘性能稍显不足，因此在使用时需搭配性能卓越的过滤器。玻璃纤维复合板风管的复合板厚度应至少为25 mm，保温层的玻璃纤维密度应不低于 70 kg/m^3。适用于商用和居住建筑的中压(1000 Pa 以下)通风系统。

3. 无机玻璃钢风管

玻璃钢板材是采用玻璃纤维(玻璃布)作为增强材料，耐腐蚀的合成树脂作为黏合剂，同时添加优质的石英砂由机器控制缠绕复合而成。该板材的优点是强度高、耐腐蚀、安装方便，具有较好的耐火性能，被广泛运用于纺织、印染、化工、冶金等行业，特别是在需要排除带有腐蚀性气体的通风系统中。对于玻璃钢风管及其部件，其表面必须保持平整，不得扭曲；内表面应光滑；外表面需美观且厚薄均匀，不应出现气泡、分层等现象。

4. 硬聚氯乙烯风管

硬聚氯乙烯塑料板是通过将聚氯乙烯树脂与稳定剂、润滑剂和少量增塑剂混合并加热而成。该材料显著的特点是其卓越的耐腐蚀性，能在多种酸碱环境下保持稳定性能。值得注意的是，在遇到强氧化剂如浓硝酸、发烟硫酸、芳香族碳氢化合物以及氯化碳氢化合物时，其稳定性会受到一定影响。此外，硬聚氯乙烯塑料板还兼具一定的强度和弹性，其线膨胀系数和导热系数均较低，便于加工成型。因此，利用这种材料制作的风管和风机，常被应用于输送温度在−10 ℃～60 ℃之间且含有腐蚀性气体的通风系统中。

对于硬聚氯乙烯板的品质要求，其表面必须保持平整，不允许存在气泡、裂纹等瑕疵。同时，板材的厚薄需均匀，不应出现离层现象。对于中、低压系统中所使用的硬聚氯乙烯风管板材，其厚度必须满足或超过规定标准(表 5.2)，而高压系统的板材厚度则需按照具体设计要求来确定。

表 5.2　中、低压系统的硬聚氯乙烯风管板材厚度

圆形风管		矩形风管	
风管直径 D/mm	板材厚度/mm	风管长边尺寸 b/mm	板材厚度/mm
$D \leqslant 320$	3.0	$b \leqslant 320$	3.0
$320 < D \leqslant 630$	4.0	$320 < b \leqslant 500$	4.0
$630 < D \leqslant 100$	5.0	$500 < b \leqslant 800$	5.0
$1000 < D \leqslant 2000$	6.0	$800 < b \leqslant 1250$	6.0
—	—	$1250 < b \leqslant 2000$	8.0

5. 纤维织物风管

纤维织物风管，俗称布袋风管，是当代风管技术的一项创新，它采用特殊纤维材质编织成柔性空气分布系统。这一系统不仅替代了传统送风管、风阀、散流器和绝热材料等，更以其独特的纤维渗透和喷孔射流送风模式，实现了均匀送风的效果。系统运行时静谧无声，能有效提升环境品质；同时，安装简便快捷，显著缩短了工程周期。其灵活的安装特性使得纤维织物风管在体育场馆、工业厂房、食品工厂等多种建筑领域得到了广泛应用。

除以上风管外，通风空调系统中还常见由土建部门施工的砖、混凝土风道等结构，这些结构在大型建筑或特定场合中扮演着举足轻重的角色。对于各种材质的风管，无论是纤维织物还是传统结构材料，在规格、制作、安装和检测等方面，均可参照《通风管道技术规程》(JGJ/T 141—2017)及《通风与空调工程施工质量验收规范》(GB 50243—2016)中的标准规范进行操作。关于常见风管的性能要求，可参考表5.3。

表 5.3 常见风管的性能

性能	镀锌薄钢板风管	无机玻璃钢风管	复合玻纤板风管	纤维织物风管
防火性能	不燃，但其保温层能否燃烧要依材质而定	不燃	本身有一定的防火性，但成品是否阻燃要看风管使用的胶粘剂	防火特性取决于纤维材质。防火要求高时，可以使用特制的玻璃纤维布制作风管，可达A级防火标准
消声性能	无消声性能，自身振动会产生声音，必须加装消声器	无消声性能，隔声性能优于镀锌薄钢板管，必须加装消声器	其管壁是一种多孔吸声材料，可省去专用消声器	一定程度上可吸收噪声，可省去专用消声器
保温性能	导热系数大，本身无保温性能，必须另外加包保温层及保护层	导热系数较大，本身无保温性能	导热系数小，本身有一定保温性能，不用加装保温层	纤维织物本身的渗透性使管壁内外无温差，因而风管表面不会凝露，一般不加装保温层
防潮性能	易受潮腐蚀生锈，在输送含湿量大的空气时更为严重	受原料配比的制约，其防潮性能的稳定性较差	本身不易受潮腐蚀，但要防止管道内部、管端和切口处被水长期浸泡	材料均为强疏水性材料，不易受潮
施工安装	管道较重，制作安装周期长，管道尺寸及走向变更时费工费时。保温层在风管安装好后现场安装，工序烦琐	管道重，不易搬运，强度较高，较脆，易破损。制作安装周期长，管道尺寸及走向变更时费工费时	材料搬运较容易，但仍需要辅助性支架等，对房屋结构有一定要求	质量轻，安装简单，可实现单人独立安装，因采用钢绳悬挂，对建筑物结构强度要求低

5.1.3 风管制作前准备

在风管制作之前，首要步骤是核实所使用材料的规格、性能以及成品的外观质量等，确保其完全符合设计标准以及当前国家、行业对产品所制定的规范。这一过程中，需仔细核查材料的出厂合格证明或质量鉴定文件。若设计中未明确特定要求，则应以《通风与空调工程施工质量验收规范》(GB 50243—2016)作为基准。材料进场时，需遵循国家现行的相关标准进行严格的验收。

5.1.4 风管板材的连接

5.1.4.1 非金属风管的连接

常见的非金属风管的连接主要有硬聚氯乙烯管的连接和玻璃钢板材的连接。

1. 硬聚氯乙烯管的连接

使用硬聚氯乙烯板材制作风管的过程中，热空气焊接法为主要的连接手段。这一焊接过程依赖一系列专业设备，包括空气压缩机、空气过滤器、调压变压器、分气器、输气胶管以及电热式焊枪等。板材焊接时，对接的焊缝形式多样，包括对接焊缝、搭接焊缝、填角焊缝以及对角焊缝，其中对接焊缝机械强度最高。

2. 玻璃钢板材的连接

对于玻璃钢风管的管段或配件，通常选择法兰连接的方式进行组装。为了确保整体的质量，在加工风管或配件时，会采取将风管与法兰同步加工成型的策略，确保两者能够完美地融为一体。

5.1.4.2 金属风管的连接

金属风管板材的连接方式可以根据其用途细分为三种情况：拼接、闭合接和延长接。拼接主要是为了增加板材的面积，通过将两块金属板在平面上连接实现；闭合接则是在将板材卷制成风管或配件时，将对接的缝隙进行连接；而延长接则是指将两段风管之间进行连接，从而延长管道长度。

在制作风管、配件和部件时，金属板材的连接方式需根据板材类型和设计需求来选定。常见的连接方式有咬口连接、焊接和铆钉连接。对于镀锌钢板和带有复合保护层的钢板，推荐采用咬口连接或铆接，避免使用可能损害保护层防腐性能的焊接方式。在板材拼接时，咬口缝应错开，避免产生十字形拼接缝。需要指出，当使用机械咬口连接方式，通常可以提高加工效率和连接质量。因此，在风管和配件的加工过程中，应尽量采用咬口连接的加工工艺。

在具体施工中，选择连接方式时，需综合考虑板材的厚度、材质、连接的强度、稳定性要求，以及加工工艺、施工技术、设备条件等因素。连接方法的具体选择可参照表 5.4。

表 5.4 风管连接工艺与方法

板厚 δ/mm	材质		
	钢板	不锈钢板	铝板
δ≤1.0	咬接	咬接	咬接
1.0<δ≤1.2			
1.2<δ≤1.5	焊接(电焊)	焊接(氩弧焊或电焊)	焊接(氩弧焊或气焊)
δ≥1.5			

1. 咬口连接

咬口连接是一种通过将两块板边折成特定形状以实现互相咬合的技术。这种连接方式在折边压紧后,不仅增强了风管的强度,还减少了变形可能,并赋予其美观的外形。因此,在风管及其配件的加工过程中,我们应优先考虑采用咬口连接。

在选择咬口连接时,需根据实际应用场景和需求来确定最佳的咬口形式。常见的咬口形式包括平咬口、立咬口、转角咬口、联合角咬口和按扣式咬口等,每种形式都有其独特的优点和适用范围,如图 5.2 所示。

为了确保咬口连接的稳固性和密封性,需要预留一定的咬口宽度。这个宽度需根据板材的厚度和所选的咬口形式来确定,并且应符合相应的规范或标准,如表 5.5 所示。

表 5.5 金属风管板咬口结构形式、咬口宽度及适用范围

咬口名称	板材厚度和咬口宽度 B/mm			适用范围
	0.5～0.7	0.7～0.9	1.0～1.2	
平咬口	6～8	8～10	0～12	主要用于板材拼接
立咬口	5～6	6～7	7～8	圆、矩形风管横向连接或纵向连接
转角咬口	6～7	7～8	8～9	矩形风管或配件四角部位的连接,风管管端封口、孔口接管处风管连接管的连接
联合角咬口	8～9	9～10	10～11	也叫包角咬口。矩形风管或配件四角部位的连接
按扣式咬口	12	12	12	矩形风管或配件四角部位的连接,风管管端封口、孔口接管处风管连接管的连接

在高压风管的连接过程中,应避免使用按扣式咬口,以确保其结构的稳固性和密封性。在风管的纵向咬口处及接合部,应采取有效的密封措施。咬口的加工主要包括三个步骤:折边(或称为打咬口)、折边套合以及咬口压实。折边过程应确保宽度一致、平直均匀,这是确保咬口缝严密及牢固的关键。而在咬口压实时,需特别注意避免半咬口或张裂等不良现象。

咬口的加工既可采用手工方式,也可选择机械方式。对于厚度在 1.2 mm 以内的折边咬

口,机械加工往往更为高效和准确。目前市面上常用的咬口机械包括直管和弯管平咬口成型机、手动或电动折边机、圆形弯管立咬口成型机、圆形弯头合缝机、咬口压实机等。这些机械不仅加工出的咬口平整光滑,而且生产效率高、操作简单、噪声小、劳动强度低。此外,这些咬口机械系列齐全,体积小巧,易于搬运,既适用于集中预制加工,也适合在施工现场使用。

2. 铆钉连接

铆钉连接,即通常所说的铆接,是一种特定的连接技术,其过程是将两块待连接的板材边缘重叠,随后通过铆钉将其固定在一起,形成紧密的连接结构,如图 5.3 所示。

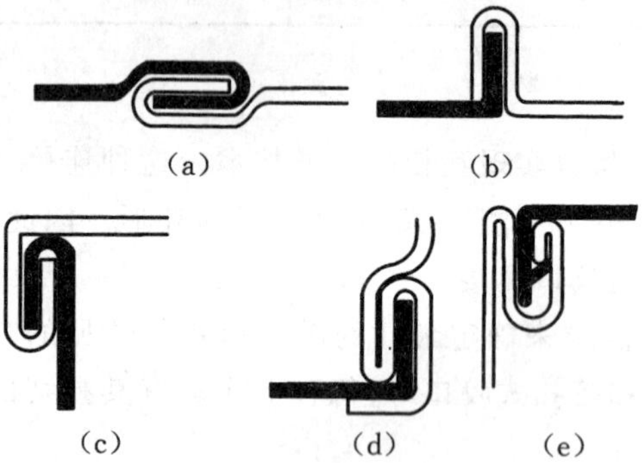

图 5.2　各种咬口形式

(a)单平咬口;(b)单立咬口;(c)转角咬口;
(d)联合角咬口;(e)按扣式咬口

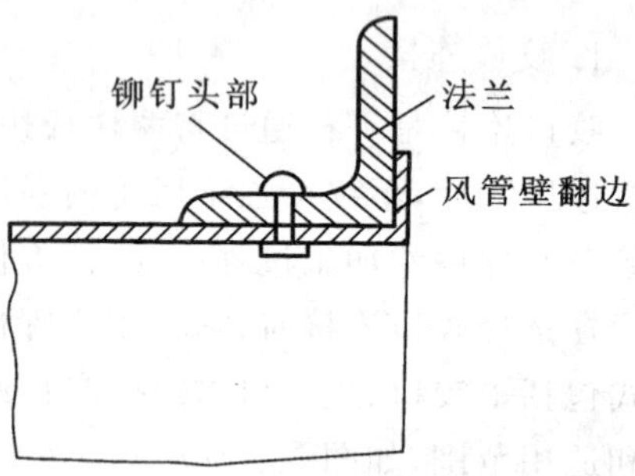

图 5.3　铆接

在进行铆接操作时,关键的一点是要确保铆钉的中心线与板材表面保持垂直,如图 5.4 所示。同时,铆钉的头部应紧密贴合板材,确保板材之间的缝隙被有效封闭。此外,铆钉的排列也需整齐、均匀,以保证连接的稳固性和美观性。

在通风空调工程中,当板材较厚而无法采用咬接方式,或者板材虽不厚但材质较脆不适合咬接时,铆接成为了一种有效的替代方案。特别是在风管与法兰的连接中,铆接得到了大量的应用。

然而,随着焊接技术的不断进步和普及,板材间的铆接逐渐被焊接所取代。但在某些特定情况下,当设计要求使用铆接,或镀锌钢板的厚度超出了咬口机械的加工能力时,铆接仍然是不可或缺的连接方式。

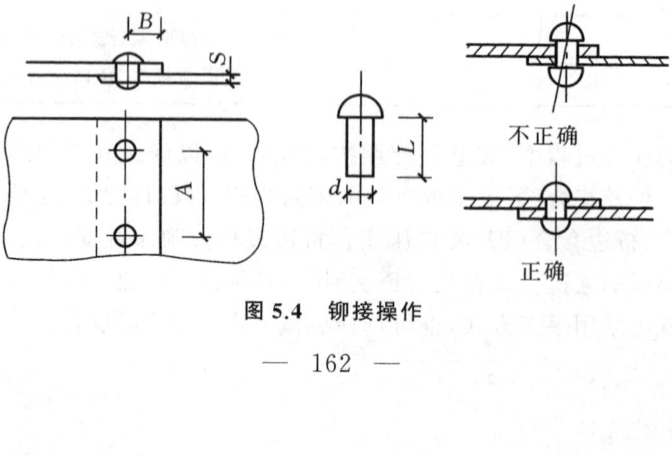

图 5.4　铆接操作

3. 焊接

在通风空调工程中，当对风管密封性要求较高，或板材较厚无法使用咬口连接时，通常会选择焊接。焊接方式可以确保接口的严密性，但焊接后的风管易变形，且焊缝处易受到锈蚀或氧化的影响。根据风管的构造和焊接方法的不同，可以选择多种不同的焊缝形式，具体可参考表 5.6。

表 5.6 焊缝的形式及适用范围

名称	适用范围
对接缝	用于板材的拼接缝、横向缝或纵向闭合缝
角缝	用于矩形风管，管件的纵向闭合缝或矩形弯管、三通、四通管的转角缝
搭接缝	用法同对接缝，一般在板材较薄时使用
搭接角缝	用法同角缝，一般在板材较薄时使用
板边缝	用法同搭接缝，一般在板材较薄时采用气焊
板边角缝	用法同搭接角缝，一般在板材较薄时采用气焊

常用的焊接方法有电焊、气焊、锡焊及氩弧焊。

(1) 电焊(电弧焊)

电焊特别适用于连接厚度＞1.2 mm 的钢板和厚度＞1 mm 的不锈钢板。在进行板材对接焊接时，为了确保焊接的准确性和稳定性，应预留 0.5～1 mm 的对接缝。而采用搭接焊时，需要约 10 mm 的搭接量，以保证焊接的牢固性。

(2) 气焊

气焊技术特别适用于连接厚度为 0.8～3 mm 的薄钢板和厚度＞1.5 mm 的铝板。对于 0.8～3 mm 的钢板，气焊前建议先进行分点焊，然后再沿着焊缝全长进行连续焊接，以提高焊接质量。对于厚度＜0.8 mm 的钢板，由于其变形过大，不建议使用气焊。在铝板焊接时，为了确保焊接质量，应选择与母材相同材质的焊条，并清除焊口处和焊丝上的氧化皮及污物。焊接完成后，应用热水清除焊缝表面的焊渣、焊剂等。特别要注意的是，不锈钢板不适合使用气焊，因为气焊会在金属内部产生增碳和氧化作用，降低焊缝处的耐腐蚀性能。此外，不锈钢的导热系数小、热膨胀系数大，使用气焊时易使主材发生挠曲。

(3) 锡焊

锡焊的焊接强度和耐温性都相对较低，一般仅用于连接厚度＜1.2 mm 的薄钢板。然而，由于其密封性能较好，锡焊常被用作镀锌钢板咬口连接的密封手段。

(4) 氩弧焊

氩弧焊技术特别适用于连接厚度＞1 mm 的不锈钢板和厚度＞1.5 mm 的铝板。这种焊接方法因其热集中、热影响区域小的特点，加之有氩气保护焊缝金属，因此焊缝具有很高的强度和耐腐蚀性能。

5.1.5 风管及配件的制作

金属风管的制作加工工序依次为放样，剪切，折方或卷圆，法兰制作及风管的加固。

5.1.5.1 放样

根据风管或配件的外形尺寸按照1∶1的比例把它的表面展成平面，在平板上依实际尺寸画成展开图，此过程称为放样，也称展开画线。

1. 直风管的放样

直风管分为圆形和矩形两种基本类型。

(1) 圆形直风管的放样

对于圆形直风管，其展开形态表现为一个矩形。在这个矩形中，一条边的长度等同于风管的圆周长度 πD（其中 D 为圆形风管的外径），而另一条边的长度则对应风管的长度 L。如图5.5所示，当风管通过咬口方式进行卷合时，考虑到板材的厚度，应在图纸上的外轮廓线之外再标记出一个额外的留量（图中虚线所示，标为 M 值）。此外，若风管之间使用法兰进行连接，还需标记出风管的翻边量，通常这个翻边量为10 mm（如图中虚线所示）。当风管的直径较大，单张钢板无法覆盖时，可以通过拼接（如咬口连接、焊接或铆接）多块板材，然后再根据展开的尺寸进行切割。

(2) 矩形直风管的放样

矩形直风管的展开形态同样是一个矩形。在这个矩形中，一条边的长度是风管宽度 $(A+B)$ 的两倍，而另一条边则是风管的长度 L。如图5.6所示，在展开画线时，对于咬口折合的风管，也需要在板材厚度的基础上添加额外的留量（如图中虚线所示的 M），同时对于法兰连接的翻边量也需进行标记（10 mm）。最后，绘制好的展开图需要通过规方检验来确保四个角都保持垂直，这样可以避免在折合风管时出现扭曲的情况。

在金属板加工制作风管的过程中，通常使用几何作图法在板材上绘制各种线段和加工件的展开图形。

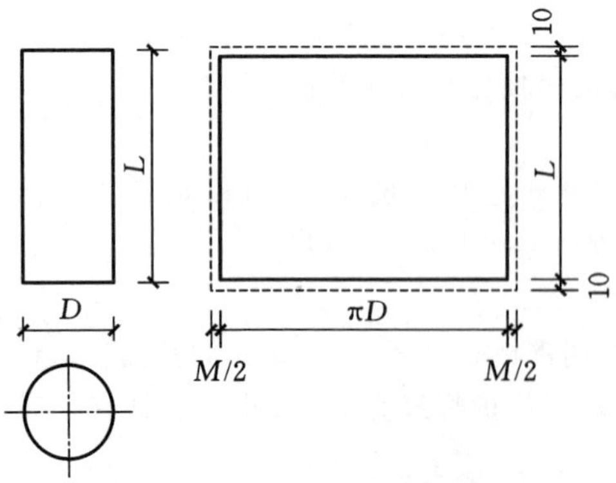

图5.5 圆形风管展开图

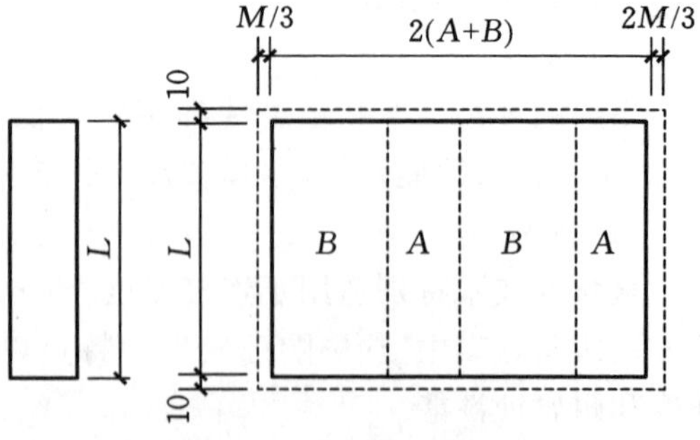

图5.6 矩形风管展开图

2. 常用风管配件的展开画线

在通风空调设备安装工程中，常见的风管配件种类繁多，包括弯头、三通、四通、各类变径及异径管、天圆地方管、静压箱和法兰等。这些配件的截面形状主要分为圆形和矩形。展开画线是制作这些配件的重要步骤，常用的展开画线方法包括平行线展开法、放射线展开法和三角形展开法。

平行线展开法特别适合用于形状为柱面的管件。而放射线展开法则更适用于表面呈锥形或锥形一部分（如正圆锥、斜圆锥等）的管件。当管件表面既非柱面也非锥形时，可以选用三角形展开法。

圆形弯头，俗称"虾米腰弯头"，由两个端节和若干个中间节构成，其中端节的尺寸是中间节的一半。弯头的曲率半径需根据工程需求进行设定，半径越大，中间节数越多，流体流动阻力越小，但相应的空间占用和制作工时也会增加。在加工制作时，应严格遵循施工设计图纸或相关技术规范。

5.1.5.2 剪切

剪切操作是按照画线形状对材料进行裁剪下料的关键步骤。剪切前需仔细复核剪切线，确保准确无误，避免材料浪费。剪切时需精确对准画线，确保位置准确、切口整齐、直线平直、曲线圆滑。剪切方式有手工剪切和机械剪切两种，其中手工剪切适用于厚度＜0.8 mm 的板料，而机械剪切则适用于更厚的材料。常用的手工剪切工具有直剪刀、弯剪刀、侧剪刀和手动滚轮剪刀等，而机械剪切则常使用龙门剪板机、振动式曲线剪板机、双轮直线剪板机等设备。

5.1.5.3 折方或卷圆

1. 折方技术

折方技术是主要用于矩形风管和配件的直角构造技术。主要包括两种方法：手工折方和机械折方。在手工折方时，先将厚度≤1.0 mm 的钢板放置在方垫铁上（或采用槽钢、角钢作为辅助），然后通过敲打形成直角。之后使用硬木方尺进行精确修整，以确保边角锐利且表面平整。机械折方则依赖如手动扳边机等设备，通过压制实现折方。

2. 卷圆技术

卷圆技术是专门用于圆形风管和配件的成型技术。制作这些部件时，首先需要将平板材料卷成圆形，然后进行闭合连接。手工卷圆通常适用于厚度在 1.0 mm 以内的钢板。这个过程涉及在圆垫铁或圆钢管上压制打好咬口边的板材，使其弯曲成圆形，并确保咬口紧密扣合。随后，使用硬木尺进行均匀敲打，以调整并使其呈现完美的圆形。对于机械卷圆，则使用专门的卷圆机进行。这种机器适用于处理厚度在 2.0 mm 以内的板材。为了提高风管的预制效率，确保其制作质量，风管的剪切、咬口成型等工序应尽可能采用机械加工方式。

5.1.5.4 法兰制作

1. 矩形风管法兰制作

矩形风管法兰宜采用风管长边加两倍角钢立面、短边不变的形式进行下料制作。角钢、螺栓、铆钉规格及间距应符合表 5.7 的规定。

表 5.7 金属矩形风管法兰角钢及螺栓、铆钉规格

风管长边尺寸 b/mm	角钢规格	螺栓规格（孔）	铆钉规格（孔）	螺栓及铆钉间距/mm	
				低、中压系统	高压系统
$b \leqslant 630$	∟25×3	M6 或 M8	$\phi 4$ 或 $\phi 4.5$	≤150	≤100
$630 < b \leqslant 1500$	∟30×3	M8 或 M10	$\phi 5$ 或 $\phi 5.5$		
$1500 < b \leqslant 2500$	∟40×4	M8 或 M10			
$2500 < b \leqslant 4000$	∟50×5	M8 或 M10			

矩形法兰的构造是通过焊接四根角钢来完成的。其中两根角钢的长度等同于风管的短边，而另外两根角钢的长度则是风管长边长度加上两个角钢的宽度之和，如图 5.7 所示。在画线和切割角钢制作法兰时，务必确保焊接后的法兰内径不小于风管的外径。常见的下料工具有电动切割机、手动冲剪机或联合冲剪机等。

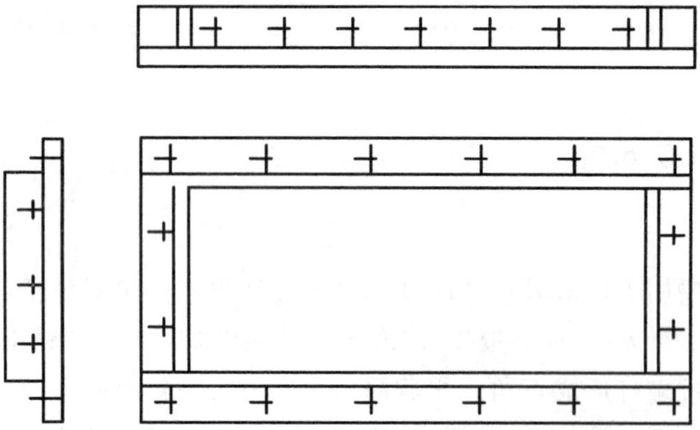

图 5.7 矩形风管法兰

完成角钢的切割后，需要进行找正和调直处理，并去除两端的毛刺。随后，根据规定的距离，在角钢上冲或钻出铆钉孔和螺栓孔。之后，这些角钢会被组合并焊接成完整的法兰。

对于通风空调系统的法兰，螺栓孔和铆钉孔的孔距应控制在 150 mm 以内；而在空气洁净系统中，螺栓孔距应不超过 120 mm，铆钉的孔距则不应大于 100 mm。为了方便安装，螺栓孔的孔径应比螺栓直径稍大，约大 1.5 mm，且螺栓孔的孔距必须精确。同时，同一批次、同一规格的法兰，其螺栓孔排列应具有互换性，以确保安装时的便捷性。特别需要注意的是，矩形风管法兰的四角都应设置螺栓孔，以确保连接稳固。

2. 圆形风管法兰制作

圆形法兰的制作方式包括手工煨制和机械煨制，但在实际工程中，机械煨制因其高效性而被广泛应用。首先，将整根的角钢或扁钢置于法兰弯曲机上，然后根据所需的法兰直径调整机器设置，使其卷曲成螺旋形状。接着，对卷好的材料进行画线、切割，随后在平台上进行精确的找平和找正操作。最后，进行焊接和冲孔处理。

为确保法兰与风管组合时既严密又不过紧，即适度而不松，我们需要在制作过程中确保法兰的尺寸偏差为正值，并且这个偏差值应控制在 2 mm 以内。对于圆形风管的法兰，我们可以选择使用扁钢或角钢来制作，同时，法兰的型材、螺栓规格以及它们之间的间距都应遵循表 5.8 中的规定。

表 5.8　金属圆形风管法兰型材与螺栓规格及间距

风管直径 D/mm	法兰型材规格		螺栓规格	螺栓间距/mm	
	扁钢	角钢	（孔）	低、中压系统	高压系统
$D \leqslant 140$	20×4	—	M6 或 8	100～150	80～100
$140 < D \leqslant 280$	25×4	—			
$280 < D \leqslant 630$	—	∟25×3			
$630 < D \leqslant 1250$	—	∟30×4	M8 或 10		
$1250 < D \leqslant 2000$	—	∟40×4			

注：圆形风管法兰加工工序为下料→卷圆→焊接→找平及钻孔。制作方法有人工和机械两种，目前多采用机械加工。

3. 垫料

在通风空调系统的制作中，法兰连接是风管间、风管与配件、风管与部件间常用的连接方式。为了确保接口处的密封性，两法兰接口之间通常需要添加垫料。这些垫料的选择多种多样，包括但不限于橡胶板、石棉橡胶板、石棉绳以及软聚氯乙烯板等，其厚度一般控制在 3～5 mm。可根据不同的使用场合选用合适的垫料，具体如下：

① 输送空气温度低于 70 ℃的风管，使用橡胶板或闭孔海绵橡胶板等。

② 输送空气或烟气温度高于 70 ℃的风管，使用石棉或石棉橡胶板等。

③ 输送含有腐蚀性气体（酸性或碱性气体）的风管，使用耐酸橡胶板或软聚氯乙烯板等。

④ 输送产生凝结水或含有蒸汽的潮湿空气的风管，应使用橡胶板或闭孔海绵橡胶板。

⑤ 除尘系统的风管，应使用橡胶板。

⑥ 净化系统的风管，应选用不漏气、不产尘、弹性好及具有一定强度的材料，如软质橡胶板或闭孔海绵橡胶板，垫料厚度不得小于 5 mm。严禁使用厚纸板、石棉绳等易产生尘粒的材料。

5.1.5.5　风管的加固

针对大管径或长边长的风管，为了确保其结构稳固、控制截面变形，并降低运行过程中因振动产生的噪声，需要对风管进行加固。

1. 圆形风管的加固

考虑到运输、安装便捷性、材料节约等因素，圆形风管的制作长度通常不建议超过 4 m。由于其自身具有良好的刚度，并且直风管两端的连接法兰提供了一定的加强效果，因此，一般情况下不需要额外的加固措施，但以下情况除外：

① 直咬缝圆形风管直径≥800 mm，且管段长度>1250 mm 或总表面积>4 m^2；

② 用于高压系统的螺旋风管，直径>2000 mm。

2. 矩形风管的加固

与圆形风管相比，矩形风管的自身强度较低。为了减少在运输和安装过程中可能出现的变形，制作时必须同步进行加固。以下情况建议对矩形风管进行加固：

① 矩形风管的边长>630 mm 或矩形保温风管边长>800 mm，管段长度>1250 mm。

② 低压风管单边平面面积>1.2 m^2，中压、高压风管>1.0 m^2。

3. 金属风管的加固形式

常见的金属风管的加固形式，如图 5.8 所示。

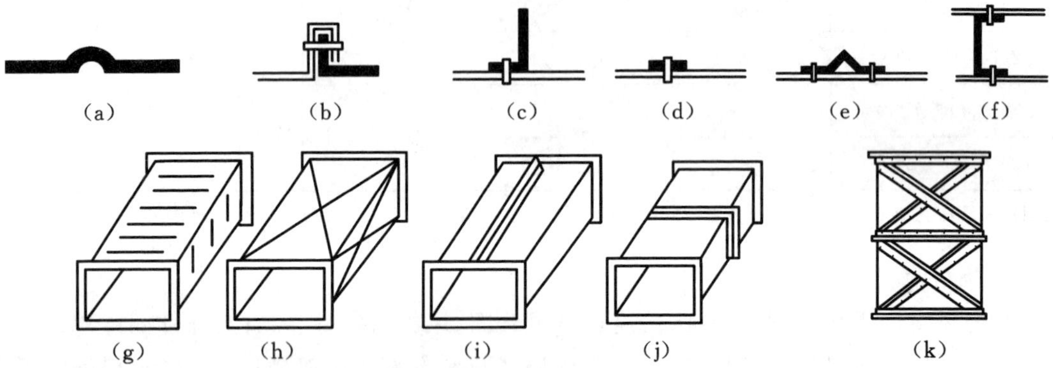

图 5.8　风管的加固形式

（1）滚槽加固法

滚槽加固法是一种在风管壁板上进行加固的方法，也被称作楞筋加固或凸棱加固。如图 5.8(a)、(g)、(h)所示，在风管展开下料后，通过滚槽机械在壁板上形成十字线或直线型滚槽，然后咬合并合缝。这种方法工艺简单，使用专用机械，能显著节省人工和钢板材料。它特别适用于边长<800 mm 的风管加固。

（2）立咬口加固法

立咬口加固法通过接头起高来实现加固，如图 5.8(b)、(i)所示。起高高度基于风管的边长设定，通常为 25～50 mm，四角需加补角，并用铆钉固定，间距不超过 220 mm，并与补角相铆固。虽然能节省钢材，但加工复杂，接头处易漏风，目前较少采用。

（3）角钢框加固法

角钢框加固法采用角钢或扁钢作为加固框，如图 5.8(c)、(j)、(k)所示。它加固效果好，应用广泛，但钢材消耗较多。角钢规格可略小于法兰规格。不同风管尺寸对应不同规格的加固框。加固框必须与风管铆接,铆钉间距应均匀,不小于 220 mm。

(4) 单边角钢加固法

当风管大边尺寸在加固范围内,而小边尺寸不符合要求时,可以采用单边角钢加固法。它施工简单,节省人工和材料,但外观可能不够美观,因此较少用于明装风管。使用的角钢规格可与法兰相同。

(5) 内壁加固筋法

内壁加固筋法在风管内设置加固筋,由 1.0～1.5 mm 的镀锌薄钢板条压成三角形后铆在风管内。它常用于对外观要求较高的明装风管。如图 5.8(e)所示。

(6) 内支撑加固法

内支撑加固法通过选用 M10 通丝螺杆或其他材料(如扁钢)在风管内设置支撑进行加固。如图 5.8(d)、(f)所示。支撑的最大间距不应超过 950 mm。

对于空气洁净系统所用的风管,由于其要求内壁表面平整以避免积尘,加固部件不应安装在风管内,且不建议使用凸棱加固法。相反,应优先考虑风管外部使用角钢进行加固。非规则椭圆风管的加固,可参考矩形风管的加固方法执行。

5.1.6 风管部件的制作

5.1.6.1 风阀

风阀的制作应符合下列规定:

① 风阀应设有开度指示装置,并应能准确反映阀片开度。

② 手动风量调节阀的手轮或手柄应以顺时针方向转动为关闭状态。

③ 电动、气动调节阀的驱动执行装置,动作应可靠,在最大工作压力下应工作正常。

④ 净化空调系统的风阀,活动件、固定件以及紧固件均应采取防腐措施,风阀叶片主轴与阀体轴套配合应严密,且应采取密封措施。

⑤ 工作压力大于 1 kPa 的调节风阀,生产厂应提供在 1.5 倍工作压力下能自由开关的强度测试合格的证书或试验报告。

⑥ 密闭阀应能严密关闭,漏风量应符合设计要求。

⑦ 防火阀、排烟阀或排烟口的质量必须符合消防产品的规定。

5.1.6.2 消声器、消声弯管

消声器、消声弯管的制作应符合下列规定:

① 消声器的类别、消声性能及空气阻力应符合设计要求和产品技术文件的规定。

② 矩形消声弯管平面边长＞800 mm 时,应设置吸声导流片。

③ 消声器内消声材料的织物覆面层应平整,不应有破损,并应顺气流方向进行搭接。

④ 消声器内的织物覆面层应有保护层,保护层应采用不易锈蚀的材料,不得使用普通铁丝网。当使用穿孔板保护层时,穿孔率应大于 20%。

⑤ 净化空调系统消声器内的覆面材料应采用尼龙布等不易产生尘埃的材料。

⑥ 微穿孔(缝)消声器的孔径或孔缝、穿孔率及板材厚度应符合产品设计要求,综合消声量应符合产品技术文件要求。

5.1.6.3 柔性短管

柔性短管的制作应符合下列规定:

① 柔性短管的外径或外边长应与风管尺寸相匹配。

② 柔性短管应采用抗腐、防潮、不透气及不易霉变的柔性材料。

③ 用于净化空调系统的柔性短管应是内壁光滑、不易产生尘埃的材料。

④ 柔性短管的长度宜为150~250 mm,接缝的缝制或黏结应牢固、可靠,不应有开裂;成型短管应平整,无扭曲等现象。

⑤ 柔性短管不应为异径连接管,矩形柔性短管与风管连接不得采用抱箍固定的形式。

⑥ 柔性短管与法兰组装宜采用压板铆接连接,铆钉间距宜为60~80 mm。

⑦ 防排烟系统的柔性短管必须采用不燃材料,即在高温280 ℃下能够持续安全运行30 min及以上的材料。

5.1.6.4 风罩

通风与空调系统中风罩种类很多,风罩的制作应符合下列规定:

① 风罩的结构应牢固,形状应规则,表面应平整光滑,转角处弧度应均匀,外壳不得有尖锐的边角。

② 与风管连接的法兰应与风管法兰相匹配。

③ 厨房排烟罩下部集水槽应严密不漏水,并应坡向排放口。罩内安装的过滤器应便于拆卸和清洗。

④ 槽边侧吸罩、条缝抽风罩的尺寸应正确,吸口应平整。罩口加强板间距应均匀。

5.1.6.5 风帽

风帽的制作应符合下列规定:

① 风帽的结构应牢固,形状应规则,表面应平整。

② 与风管连接的法兰应与风管法兰相匹配。

③ 伞形风帽伞盖的边缘应采取加固措施,各支撑的高度尺寸应一致。

④ 锥形风帽内外锥体的中心应同心,锥体组合的连接缝应顺水,下部排水口应畅通。

⑤ 筒形风帽外筒体的上下边缘应采取加固措施,不圆度不应大于直径的2%。伞盖边缘与外筒体的距离应一致,挡风圈的位置应准确。

⑥ 旋流型屋顶自然通风器的外形应规整,转动应平稳流畅,且不应有碰擦音。

5.1.6.6 风口

风口加工工艺基本上分为画线、下料、冲盘压框、钻孔、焊接和组装成型。风口表面应平整,与设计尺寸的偏差不应大于2 mm,矩形风口两对角线之差不应大于3 mm,圆形风口任意正交直径的偏差不应大于2 mm。

风口的制作应符合下列规定：

① 风口的结构应牢固，形状应规则，外表装饰面应平整。

② 风口的叶片或扩散环的分布应均匀。

③ 风口各部位的颜色应一致，不应有明显的划伤和压痕。调节机构应转动灵活、定位可靠。

④ 风口尺寸应以颈部的外径或外边长尺寸为准。

5.2 风管安装

5.2.1 施工安装内容

在风管系统施工之前，为确保施工顺利进行，需与建设方、总承包方、监理方以及设计方等就风管安装预留孔洞和消防、电气、水系统等管路的整体布局进行确认。施工过程中，还需与土建工程以及其他专业团队保持紧密的沟通与协作。将预制完成的风管及部件按照既定的安装顺序和系统分类，有序地运至施工现场。随后，需明确风管的走向和标高，并对风管的分段尺寸进行仔细核查。待所有风管和部件按照编号配对并复核无误后，方可进行连接和安装作业。在安装过程中，需要留意管道上需安装的阀门、管件、仪器仪表等附属设施，以及支、吊架和管卡的位置。此外，对于部分管道，还需特别注意其坡度与坡向，以确保整个风管系统的稳定运行。

5.2.2 风管系统安装的施工条件及主要机具

5.2.2.1 风管系统安装的施工条件

风管系统安装的施工条件如下：

① 对于一般送排风系统和空调系统的风管安装，必须确保建筑物的屋面已经完成施工，并且安装区域的障碍物已被彻底清除，以确保施工的顺利进行。

② 空气洁净系统的管道安装工作应在满足特定条件后进行，即建筑物内部的相关地面需保持清洁，墙面已完成抹灰处理，且室内无明显扬尘现象。

③ 一般除尘系统的风管安装应在厂房内与风管相关的工艺设备全部安装完毕，并且设备的接管或吸尘罩、排尘罩位置已确定无误后进行。

④ 通风及空调系统的所有风管、部件和配件均已完成加工，并通过了严格的质量检查，以确保其合格。

⑤ 与土建施工的配合至关重要。需预留的安装孔洞、预埋的支架构件必须完好无损，并经过检查确认符合设计要求。

⑥ 施工前的准备工作需充分完成，包括施工工具、吊装机械设备、必要的脚手架或升降

平台等的准备，同时确保施工用料能够满足施工需求。

5.2.2.2 风管安装主要机具

① 机械设备：包括电焊机、电动砂轮切割机、台钻、压筋机、圆弯头咬口机、型钢切割机、角（扁）钢卷圆机、电动拉铆枪、冲孔机等。如图 5.9 所示。

② 通用和专用工具：包括手剪、手锤、电钻、手持电动剪、角向砂轮磨光机、电锤、扳手、钢丝钳、木锤、橡胶板冲、玻璃胶枪、裁纸刀、倒链、滑轮、白棕绳、刷子、架梯、高凳、脚手板等。如图 5.9 所示。

③ 检测装置：包括钢卷尺、钢直尺、线坠、水准仪、漏风量检测装置、水平尺等。

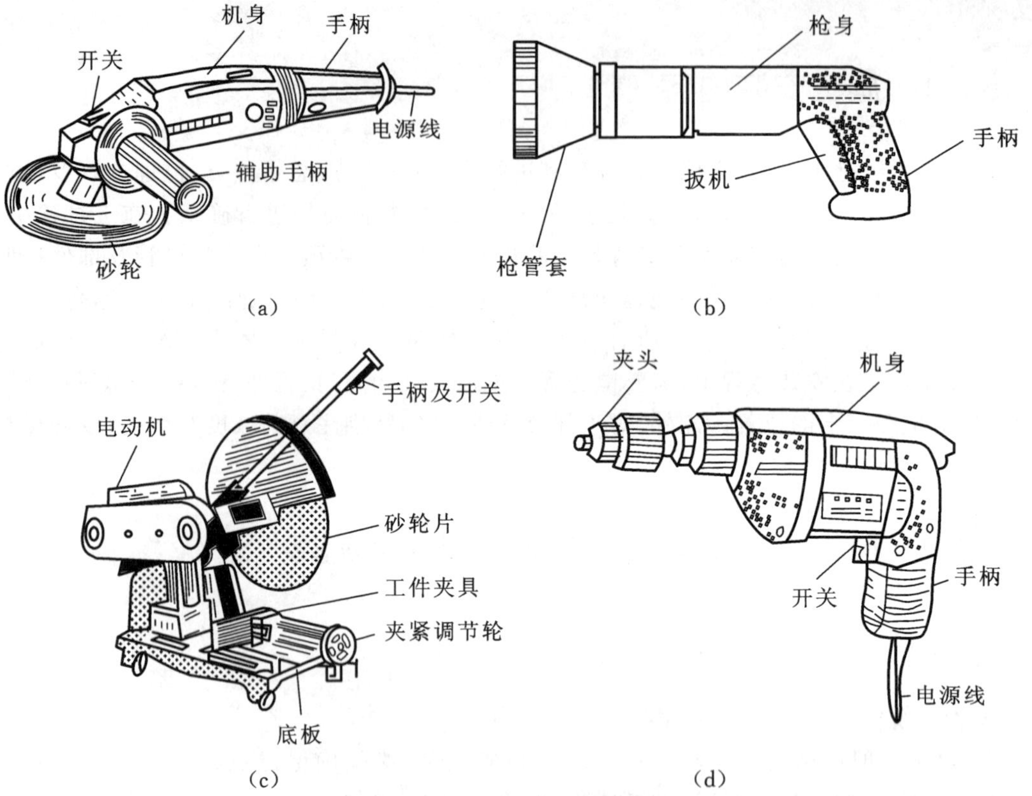

图 5.9 风管安装主要机具

(a)磨光机；(b)射钉枪；(c)电动砂轮切割机；(d)电钻

5.2.3 风管系统的安装工艺流程

风管系统安装的完整工艺流程涵盖多个关键步骤，首先是施工前详尽的准备，接着是风管、部件和法兰的预制与组装，然后是支吊架的制作与安装，最后进行风管系统的整体安装，以及通风设备的定位安装。完成安装后，还需严格检验风管严密性，确保无泄漏。紧接着，进行风管、部件及设备的绝热施工，以保证系统的高效运行。之后，进行通风设备的试运转和单机调试，确保各项性能指标达标。最后，进行竣工验收，全面检查系统的安装质量和性能。在正式安装之前，为了确保施工的顺利进行，必须完成以下前期工作：现场复核、现场实测以及草图绘制。

5.2.3.1 现场复核

现场复核是上述工艺流程中极为关键的一环，它涉及对设计图纸的细致核对和实地测量。虽然设计图纸是施工的基础，但由于通风空调工程中风管及其构件的尺寸较大，图纸上可能只标注了主要尺寸，细部尺寸则未详尽标注。这可能导致按图制作的风管及管件在实际安装时出现问题。问题产生的原因主要有以下几个方面：

① 在一些施工图中，风管系统可能只绘制了平面图，而忽略了部件的详细尺寸标注。例如，三通、90°弯头、变径管等部件在平面图上往往只是示意性表示，没有标注实际尺寸。这可能导致按照图纸制作的风管与部件在实际安装时无法顺利对接，影响整个系统的运行效果。

② 在绘制施工图时，由于图例无法完全按实际比例展示，尤其是在图幅较小时，平面图和剖面图中的风管通常会被放大绘制。此外，制图和设计过程中难免会出现误差，这些都会导致图纸本身的精确度受限。因此，如果在没有明确尺寸标注的部位仅凭比例尺寸进行制作，将会给安装工作带来不可避免的困难。

③ 土建施工过程中，往往会出现一些尺寸上的误差，如柱距、柱断面尺寸、门窗位置尺寸的偏差，以及预留墙面、楼板上孔洞的位置和尺寸、设备基础的位置和尺寸、层高、梁高等与设计值的较大差异。这些误差如果未能被充分考虑，仅按照施工图纸进行风管及管件的加工制作，无疑会为后续的通风空调系统中风管及管件的安装带来极大的困难。

④ 当工艺设备、空调设备的位置或型号发生变化，或者建筑结构尺寸在施工过程中发生修改、变更时，都会给施工带来额外的困难。

⑤ 在设计阶段，如果各专业工程之间在交叉部位未能及时协调或协调未果，可能会导致各种管线的交叉、碰撞问题频繁出现。因此，在安装之前，对通风空调系统的安装现场进行有关尺寸的实测显得尤为重要，这样不仅能减少材料的浪费，还能有效避免安装过程中困难的出现。

5.2.3.2 现场实测

现场实测是一项关键步骤，旨在建筑中准确测定与通风空调系统紧密相关的各项参数。这包括建筑结构尺寸、预留风管孔洞的尺寸和位置，以及通风设备进出口的尺寸和具体位置。为确保测量的准确性，需要与土建施工人员深入交流，了解室内标高的控制点线和间壁位置。实测内容主要包括以下几个方面：

① 需要精确测量通风空调系统的风管、部件及设备自身的几何尺寸，并确定其进出口距离地面的高度。

② 测量通风空调设备的基础或支架的尺寸、高度，以及它们与墙壁面的距离。测量时需根据通风管路的实际走向进行，同时还需留意与工艺管道、电气线路等可能存在的交叉、跨越及相互间的距离。

③ 要测量通风空调系统与生产设备的相对位置，包括接口的方向和高度，确保它们能够顺利对接。

④ 测量与通风空调系统密切相关的土建尺寸，这包括外墙壁和隔墙的厚度，门窗的高度和宽度，柱子的断面尺寸，梁的底面与屋顶的距离，平台的高度等。同时，还需测量梁底高度、顶棚底高度、安装位置、柱距、隔墙与隔墙之间、预留孔洞之间、隔墙与外墙之间的距离，以及楼层的高度和地面到屋顶的高度等。这些测量数据将为通风空调系统的设计和安装提供重要参考。

5.2.3.3 草图绘制

绘制通风空调系统的加工安装草图，其根本目标是有序地组织通风空调工程的预算与安装流程。基于实地勘察、测量数据，结合施工图纸的分析与计算，得以绘制出翔实的加工安装草图，绘制草图的具体步骤如下：

① 首先依据施工设计图纸和现场实测结果，确定风管各部分的准确标高。

② 接下来考虑到风管法兰螺栓的安装便捷性和保温工作的顺利进行，明确主风管及风管中心线距墙壁或柱子的距离，确保风管边缘与墙壁之间至少有 150 mm 的间隔。

③ 随后根据相关规定和安装位置，精确计算三通、四通的长度及夹角，以及弯头的角度和弯曲半径。

④ 在确定支管间距和风管配件尺寸后，测量直风管的长度。

⑤ 然后根据图纸，确定风口距地面的高度和风管的标高，并在扣除三通、弯头位置和尺寸后，标记支管的长度。

⑥ 接着考虑到风机的标高和风帽的标高，扣除柔性连接短管、风机启闭式插板阀（或对开多叶风量调节阀）的长度后，标出排气竖管的长度。

⑦ 最后依据《通风与空调工程施工质量验收规范》(GB 50243—2016)的相关规定、通风空调支吊架标准图集及现场实际条件，确定支、吊架的种类、数量、位置、结构形式及安装所需的加工件。在绘制的通风空调系统加工安装平面草图、系统图（或立面图）中，对各组风管、配件进行编号并注明详细的加工安装尺寸、标高以及编制系统风管及配件的加工明细表，以便于在加工厂内成批集中加工预制、组装成组合件，并在现场将扩大组合件装配成完整的系统。

5.2.4 风管支架、吊架的形式及安装

风管的安装布局通常依据建筑结构的墙、柱、楼板或屋架来设置，并固定于预先安装好的支架或吊架上。在风管安装之前，首先要进行的是支、吊架的安装，支架与吊架的安装质量对风管安装的整体进程和最终质量起着决定性的作用。

5.2.4.1 风管支架、吊架的安装形式

(1) 对于沿墙安装的风管，常采用托架作为固定方式。托架的横梁，特别是当风管直径大于 1000 mm 时，为了确保结构的稳定性，通常选择使用角钢或槽钢来制作。托架安装时，

圆形风管的定位以管中心标高为基准，而矩形风管则以管底标高为基准，根据设计标高确定托架横梁面与地面的安装距离，并确保横梁埋入墙内的深度不小于 200 mm，见图 5.10。

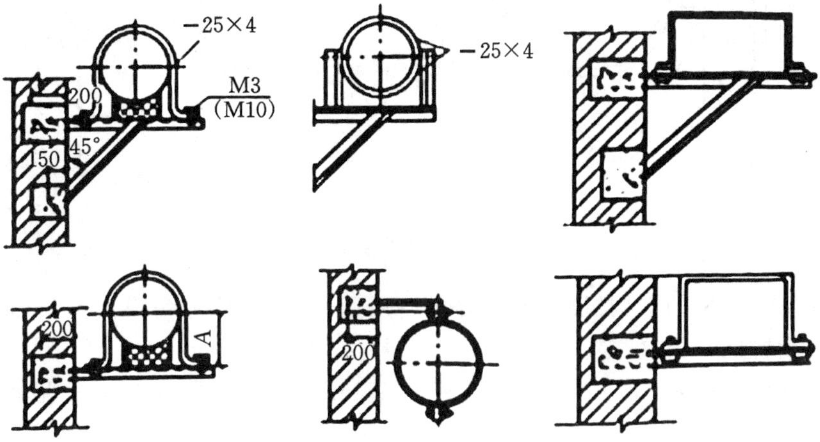

图 5.10 风管在墙上安装的托架

(2) 在柱上安装风管时，可以选择预埋钢板或螺栓的方法固定托架横梁，或者使用圆钢、角钢等型钢制作抱柱式安装结构，见图 5.11。

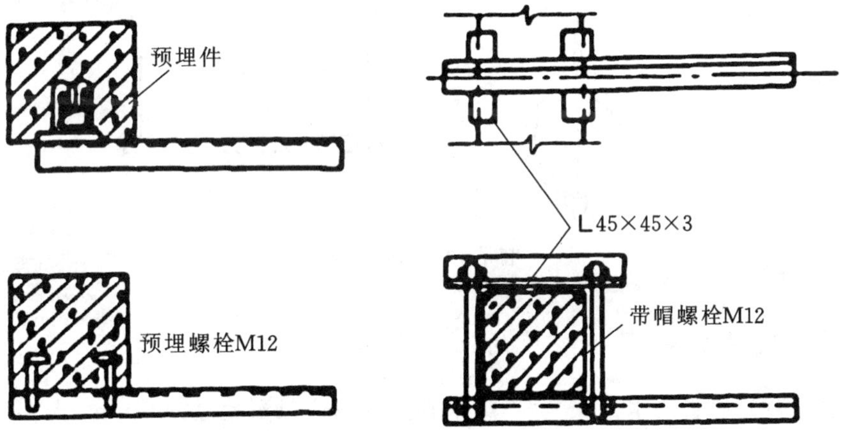

图 5.11 风管沿柱安装的托架

(3) 垂直风管安装时，不受荷载，可利用风管法兰连接吊杆固定，或用扁钢制作的两半圆管卡栽埋于墙上固定，见图 5.12。

(4) 抗震烈度为 6 度及 6 度以上地区的建筑机电工程必须进行抗震设计。抗震支吊架的设置部位及一般规定如下：

① 防排烟风道、事故通风风道及相关设备应采用抗震支、吊架。

② 锅炉房、制冷机房、热交换站内的管道应有可靠的侧向和纵向抗震支撑。供暖、空调水管道多根管道共用支、吊架或管径≥300 mm 的单根管道支、吊架，宜采用门型抗震支、吊架。

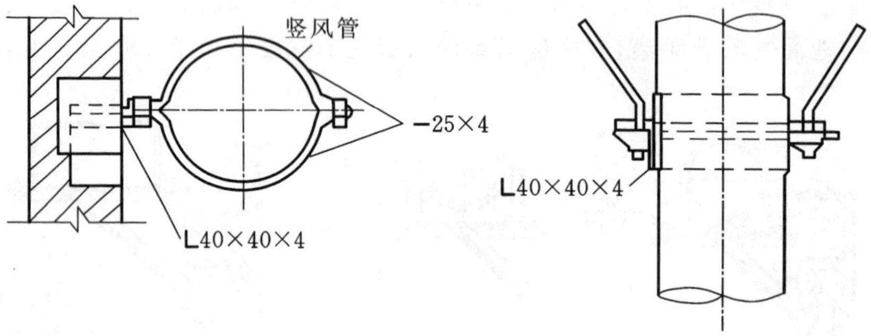

图 5.12　垂直风管的固定

③ 重力>1.8 kN 的空调机组、风机等设备采用吊装时，应避免设在人员活动和疏散通道上方，且应设置抗震支、吊架。

④ 矩形截面面积>0.38 m^2 和圆形直径⩾0.7 m 的风道需采用抗震支、吊架。

风管吊架如图 5.13 所示。

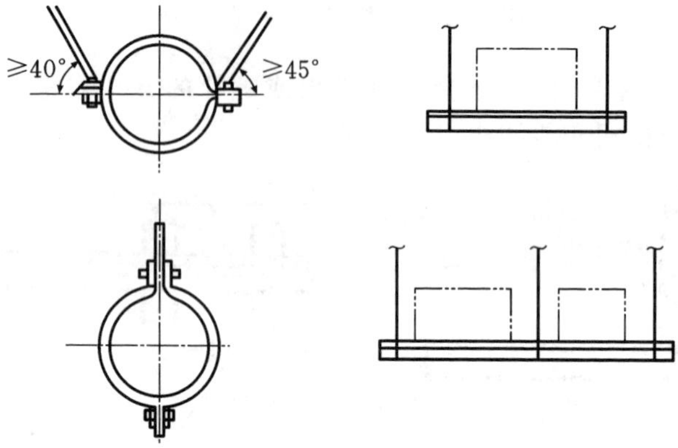

图 5.13　风管吊架

5.2.4.2　风管支架、吊架安装的注意事项

① 当进行金属风管的水平安装时，如果其直径或边长不超过 400 mm，支架与吊架之间的间距应控制在 4 m 以内；若直径或边长超过 400 mm，则间距应不大于 3 m。螺旋风管的支架与吊架间距可适当放宽至 5 m 和 3.75 m；而薄钢板法兰风管的支架、吊架间距同样不应超过 3 m。在垂直安装时，至少应设置两个固定点，并确保支架间距不超过 4 m。

② 设置支架、吊架时，需特别注意避免对阀门和自控机构的正常操作造成影响，同时也不应设置在风口或检查门处，与风口和分支管的距离应至少保持 200 mm 的间隔。

③ 对于悬吊的水平主、干风管，当其直线长度超过 20 m 时，为确保稳定性，应增设防晃支架或设置防止摆动的固定点。

④ 在矩形风管的抱箍支架制作上，应确保折角平直，抱箍与风管紧密贴合。而对于圆形风管，其支架应设有托座或抱箍，并且要求圆弧部分匀称，与风管外径相吻合。

⑤ 在处理不锈钢板、铝板风管与碳素钢支架的接触部分时，为避免电化学腐蚀，应采取

隔绝或防腐绝缘措施。

⑥ 当风管的边长或直径大于1250 mm时,特别是在弯头、三通等关键部位,应单独设置支架或吊架,以确保其稳定性和安全性。

5.2.4.3 抗震支架、吊架安装的注意事项

抗震支、吊架的安装质量直接影响到其抗震性能。因此,在安装过程中需要严格按照相关标准和规范进行操作,确保每个支吊架都安装牢固、位置准确。安装完成后,还需要进行严格的检查和验收,以确保其符合设计要求,安装需满足《建筑与市政工程抗震通用规范》(GB 55002—2021)、《建筑机电工程抗震设计规范》(GB 50981—2014)、《建筑抗震设计规范》(GB 50011—2010)(2016年版)及相关要求,具体如下:

① 抗震支、吊架在地震中应对各类管道、设备给予可靠保护,承受来自任意水平方向的地震作用。管道抗震支吊架不应限制管线热胀冷缩产生的位移。保温管道的抗震支、吊架限位应按管道保温后的尺寸设计,且不应限制管线热胀冷缩产生的位移。

② 组成抗震支、吊架的所有构件应采用成品构件,连接紧固件的构造应便于安装。

③ 抗震支、吊架与钢筋混凝土结构应采用锚栓连接,与钢结构应采用焊接或螺栓连接。

④ 抗震支、吊架设置应根据所承受荷载进行抗震验算,并调整抗震支、吊架间距,直至各点均满足抗震荷载要求。

5.2.5 风管的安装

5.2.5.1 风管的连接

风管连接有法兰连接和无法兰连接。

1. 风管法兰连接

法兰连接作为一种主要的连接方式,主要用于风管与风管之间,或风管与各种部件、配件的连接。法兰的安装和拆卸过程简便,同时它还能对风管起到加固的作用。根据风管的截面形状,法兰可以细分为圆形法兰和矩形法兰;而从材质上划分,则有碳钢法兰、不锈钢法兰和铝法兰等。

(1) 风管法兰连接工序

在进行法兰连接时,首先需要根据设计要求选择适当的垫料,然后将两个法兰对齐,并初步固定几个螺栓,但不要立即拧紧。待所有螺栓都穿过后,再逐一均匀地拧紧螺栓,以防止螺栓滑扣。连接完成后,应以两端的法兰为基准,用拉线的方式检查风管的连接是否平直。不同材质风管的法兰连接可以选用不同种类的螺栓,具体情况如下:

① 当使用不锈钢风管进行法兰连接时,建议选用与风管同材质的不锈钢螺栓。

② 若使用普通碳素钢标准件,应根据设计要求进行涂料喷涂。

③ 对于铝板风管,法兰连接时应采用镀锌螺栓,并在法兰两侧放置镀锌垫圈。

④ 对于硬聚氯乙烯风管和法兰的连接,应采用镀锌螺栓或增强尼龙螺栓,并在螺栓与法兰的接触处添加镀锌垫圈。

(2) 组合法兰

组合法兰是一种新颖的风管连接件，特别适合用于通风空调系统中矩形风管的连接。作为现代风管连接的创新方式，组合法兰正逐渐得到广泛应用。组合法兰由法兰组件（图 5.14）和连接扁角钢（图 5.15）两部分组成。法兰组件由厚度为 0.75～1.2 mm 的镀锌钢板通过模具压制而成，长度可根据风管的边长定制。连接扁角钢则使用厚度为2.8～4.0 mm 的钢板冲压制成。

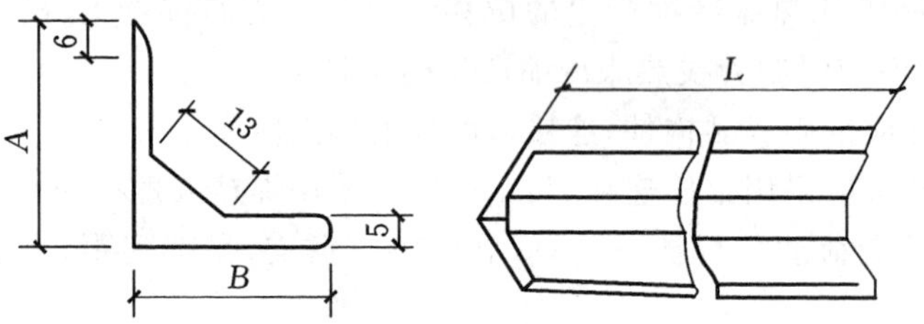

图 5.14　法兰组件

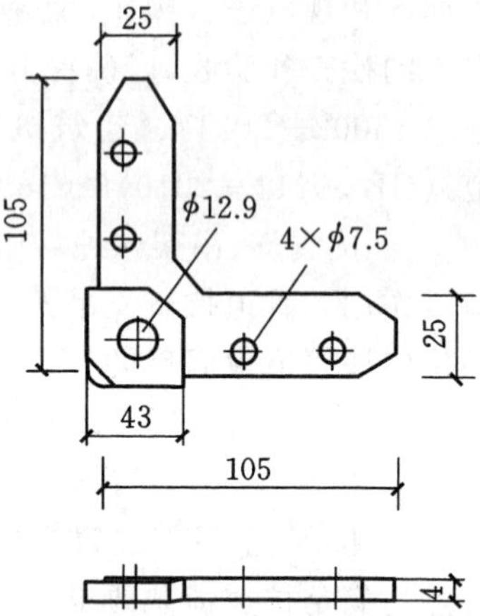

图 5.15　连接扁角钢

在进行风管连接时，将四个扁角钢分别插入法兰组件的两端，组成一个方形法兰，然后将风管从法兰组件的开口处插入，并用铆钉固定，如图 5.16 所示。两风管之间的法兰对接部分，用 4 个 M12 螺栓进行紧固，并在法兰间垫上一层厚度为 3～5 mm、宽度为 20 mm 的闭孔海绵橡胶作为垫料，如图 5.17 所示。

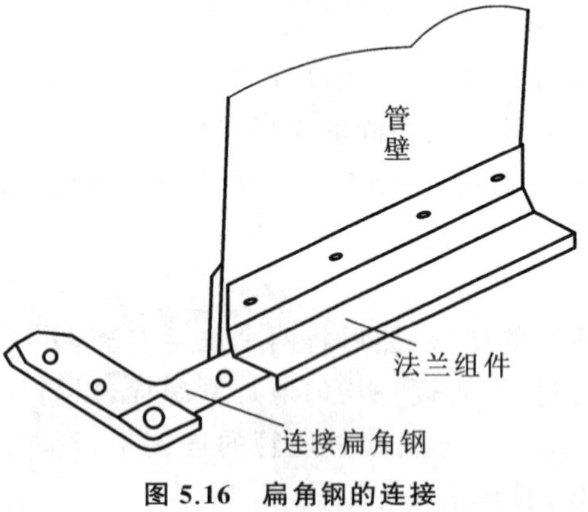

图 5.16　扁角钢的连接

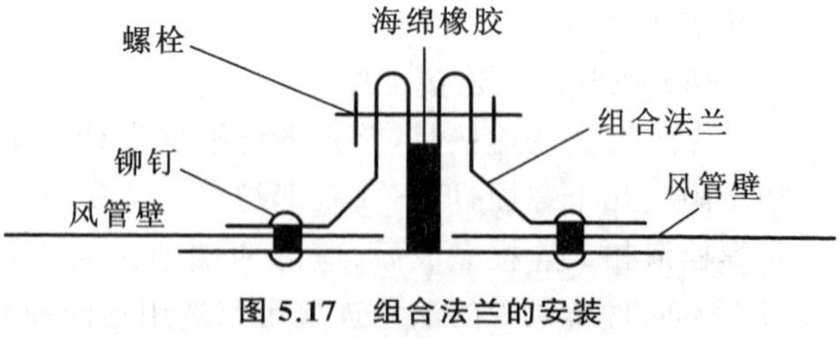

图 5.17　组合法兰的安装

组合法兰以其新颖的设计、轻巧的外观和优异的安装质量，受到了广泛好评。它不仅能节省型钢的用量，降低法兰螺栓、铆钉等材料的消耗，从而降低造价，而且使得整体质量减轻，可适当减少支架数量，加大支架间距。

2. 风管无法兰连接

除了法兰连接外，无法兰连接也有十几种不同的方式。

(1) 圆形风管无法兰连接

圆形风管无法兰连接主要用于一般送排风系统和螺旋缝圆风管的连接。其连接方式有承插连接，芯管连接及抱箍连接，具体见表 5.9。

表 5.9　圆形风管无法兰连接形式

无法兰连接形式		附件板厚/mm	接口要求	使用范围
承插连接	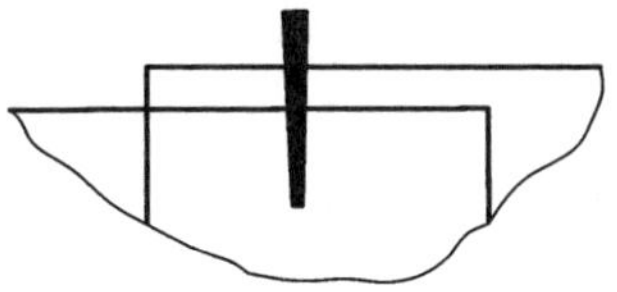	—	插入深度≥30 mm，有密封要求	低压风管直径<700 mm
带加强筋承插	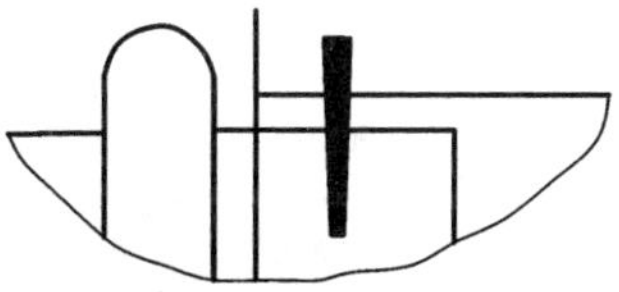	—	插入深度≥20 mm，有密封要求	中、低压风管
角钢加固承插	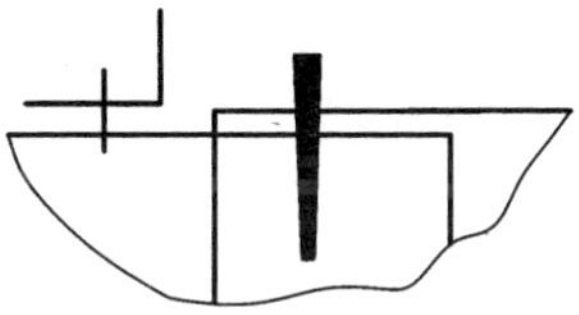	—	插入深度≥20 mm，有密封要求	中、低压风管
芯管连接	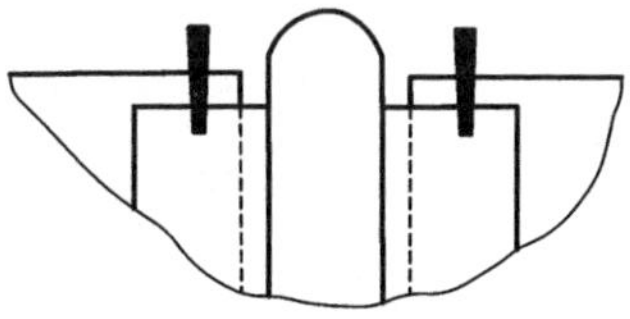	≥钢板厚	插入深度≥20 mm，有密封要求	中、低压风管
立筋抱箍连接	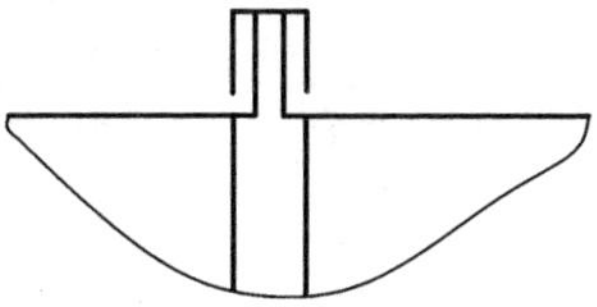	≥ 钢板厚	翻边与楞筋匹配一致，紧固严密	中、低压风管
抱箍连接	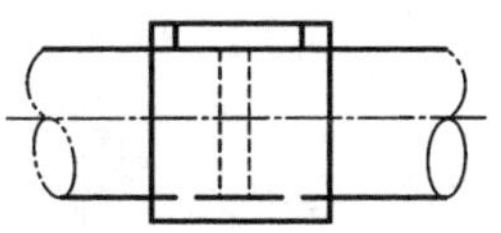	≥钢板厚	对口尽量靠近，不重叠，抱箍应居中	中、低压风管宽度≥100 mm

(2) 矩形风管无法兰连接

矩形风管无法兰连接的连接方式有插条连接、立咬口连接及薄钢板法兰弹簧夹连接等，具体见表5.10。

表 5.10 矩形风管无法兰连接形式

无法兰连接形式		附件板厚/mm	使用范围
S形插条	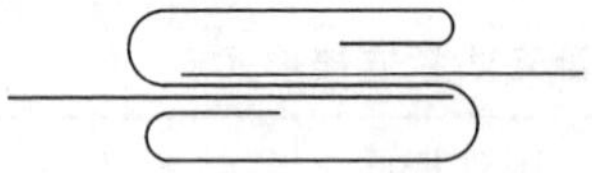	≥0.7	低压风管
C形插条		≥0.7	中、低压风管
立插条	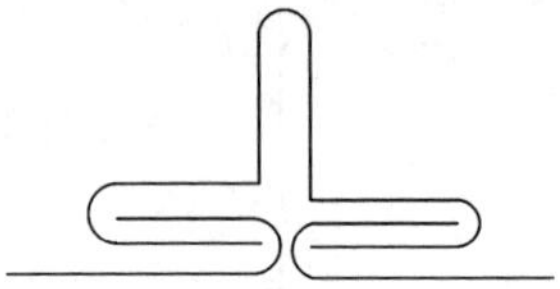	≥0.7	中、低压风管
立咬口	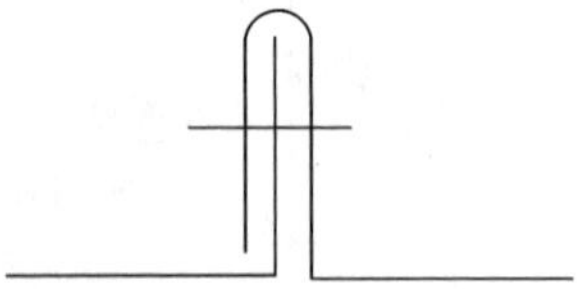	≥0.7	中、低压风管
包边立咬	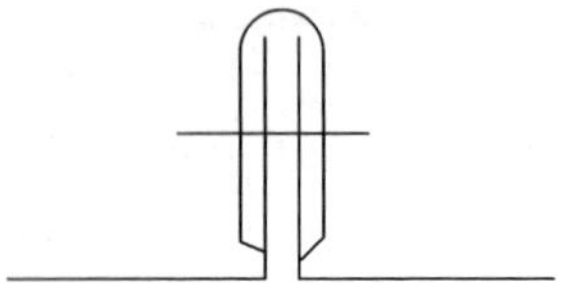	≥0.7	中、低压风管
薄钢板法兰插条	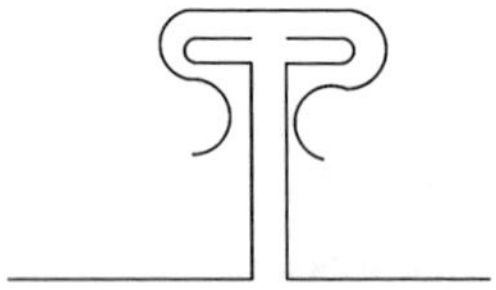	≥1.0	中、低压风管
薄钢板法兰弹簧夹	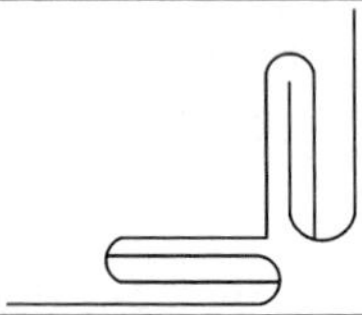	≥1.0	中、低压风管
直角形平插条	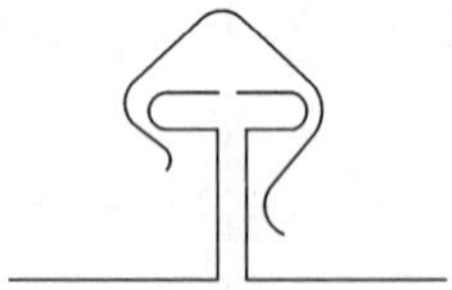	≥0.7	低压风管
立联合角形插条	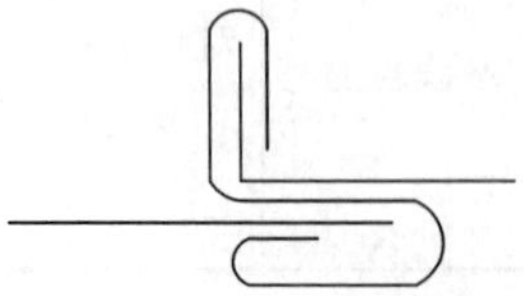	≥0.8	低压风管

(3) 共板法兰连接

共板法兰连接作为当前工程中广泛应用的无法兰连接技术，自20世纪90年代起便受到美国等发达国家的青睐。该技术因其风管加工的快速便捷、材料节约、投资少、漏风量小和能耗低等诸多优点，已经在我国通风空调工程的低、中压系统中得到广泛应用，尤其适用于长边尺寸不超过2000 mm的风管。

共板法兰连接主要由法兰角(亦称角码)、法兰夹以及与风管直接相连的法兰条构成。为了满足大规模施工需求，我国已有共板法兰风管自动生产线，实现了风管的工厂化生产。这些生产线配备了剪板机、咬边机、压筋机、共板法兰成型机、折方机以及角码与勾码冲床等设备。标准直管在流水线上直接压制形成连体法兰，而非标直管、弯头、三通、四通及配件则在单机设备上完成TDF法兰成型。法兰角采用模具直接冲压成型，安装时仅需卡在风管四个角上即可完成。生产过程可划分为加工半成品交货和成品加工及安装两个工序。

① 加工半成品交货

按照客户提供的分解图和系统编号图，首先进行下料剪裁，然后按照系统风管编号进行压筋(加强)和联合咬边，接着进行共板法兰成型和折方，之后进行合缝与角码拼装、硅胶密封缝隙处理、品质检查，最后出货。

② 成品加工及安装

基于客户确认的施工图，首先进行现场尺寸和标高的测量，进行系统编号和图纸分解，然后在工厂进行加工和吊筋吊架制作，经过品质检查后出货。随后，根据系统编号图及对应系统风管编号进行吊装，并进行漏光测试和保温工作。共板法兰风管的安装步骤详见图5.18，共板法兰风管的安装图见图5.19。

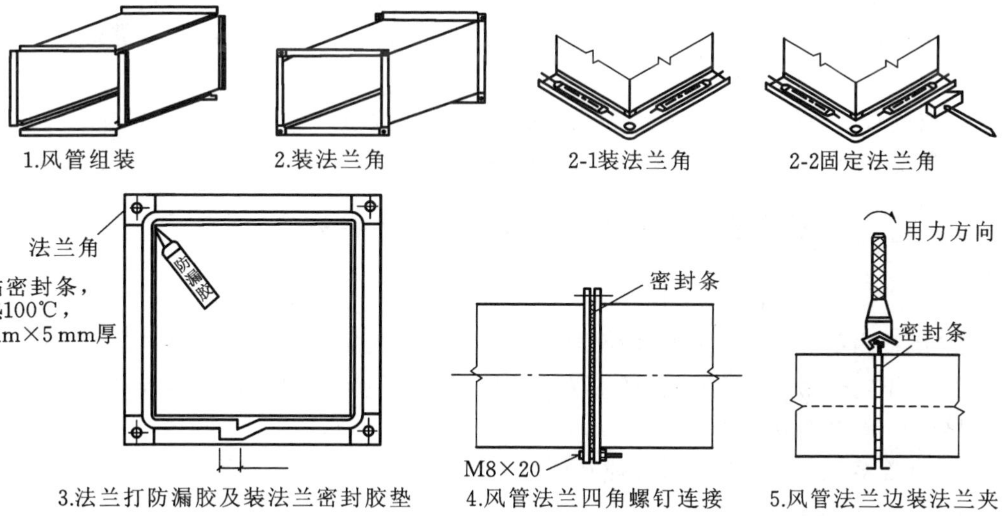

图5.18 共板法兰风管安装示意图

5.2.5.2 风管的吊装

风管的安装通常采取现场地面组装的方式，遵循先干管后支管的安装顺序，并根据预定的吊装方案(如整体吊装、分段吊装或单节安装)进行连接。当因场地条件限制而无法进行整体吊装时，可将风管分节用绳索拉至脚手架上，再抬至支架上进行逐节法兰对正安装。为

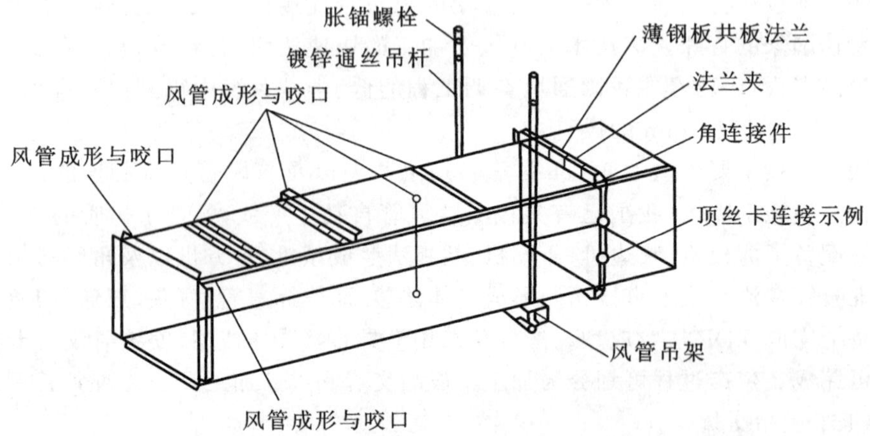

图 5.19 共板法兰风管的安装图

提高施工速度，保证施工质量，推荐采用现场地面组装结合分段吊装的施工方法。

风管的连接长度通常可达 10～12 m。对于无法兰连接的风管，一次性整体拼接的长度一般不超过四节。在连接风管时，应避免将拆卸的接口置于墙体或楼板内部。为便于安装和保持外观整洁，所有连接法兰的螺栓、螺母应位于易于拆装的同一侧。

吊装前，务必再次核实支架和吊架的安装位置、标高是否准确且是否固定牢固。在起吊管段并确保绑扎牢固后进行吊装；当管段吊离地面 200～300 mm 时，应暂停起吊，检查滑轮、绳索等受力情况，确保安全后再继续吊升至托架或吊架上。吊装到位后，应进行找平找正并固定；当水平主管安装完成并经过位置、标高检测及固定牢固后，方可进行分支管或立管的安装。

完成风管安装后，可通过拉线和吊线的方式进行检查。一般而言，只要支架安装正确，风管连接平直，风管即可保持横平竖直的状态。

5.2.5.3 风管安装的注意事项及减少阻力的措施

1. 风管安装的注意事项

① 风管内部应严格避免其他管线的穿越，确保风流畅通无阻。

② 对于输送易燃、易爆气体或安装在易燃、易爆环境中的风管系统，务必安装可靠的防静电接地装置，以保障系统安全。

③ 风管系统在穿越生活区域或其他辅助生产车间时，若涉及输送易燃、易爆气体，应避免设置接口，以减少潜在的安全隐患。

④ 室外风管系统的拉索等金属固定件与避雷针或避雷网之间应严格隔离，防止因连接不当而产生安全风险。

⑤ 当风管穿越需要封闭的防火、防爆的墙体或楼板时，必须设置厚度不小于 1.6 mm 的钢制防护套管，并在风管与防护套管之间使用不燃柔性材料进行严密封堵，以确保安全。

⑥ 风管的连接应确保平直，水平安装的风管水平度偏差应控制在 3‰以内，总偏差不应超过 20 mm；垂直安装的风管垂直度偏差应控制在 2‰以内，总偏差不应超过 20 mm。对于

暗装的风管，其安装位置应准确无误，不得侵占其他管线的安装位置。

⑦ 保温风管的保温工作宜在吊装前完成，吊装过程中应特别小心，避免保温层受到损伤，以保证其保温效果。

2. 风管系统减少阻力的措施

风管制作安装还应注意减少风管系统阻力的几种措施：

① 矩形风管其宽高之比不宜大于 4，最大不应超过 10。

② 风管变径应做成渐扩或渐缩形，其每边扩大或收缩角度不宜大于 30°。

③ 风管改变方向、变径及分路时，不应过多使用矩形箱替代弯头、三通等管件，必须使用分配气流的静压箱时，其断面风速不宜大于 1.5 m/s。

④ 弯头、三通、调节阀、变径管等管件之间距离宜保持 5～10 倍管径长。

5.2.6 风管部件的安装

5.2.6.1 风管部件的安装要求

1. 风管部件

通风空调风管系统由一系列关键部件组成，这些部件不仅调节总管或支管的风量，如多叶阀、蝶阀和插板阀等，还包括系统的末端装置，如送风口、排风口和回风口等。此外，局部通风系统也离不开各类风帽、吸尘罩、排气罩以及柔性短管等部件。

2. 风管部件的安装要求

① 为确保操作便捷，风管部件及其操作机构应安装在易于接近和操作的位置。

② 斜插板风阀安装时，阀板需顺应气流方向插入；水平安装时，阀板应设计为向上开启。

③ 止回阀和定风量阀的安装方向必须准确无误。

④ 防爆波活门和防爆超压排气活门在安装时，穿墙管的法兰和杠杆需保持垂直状态。活门应朝排气方向开启，确保在设计的超压下能自动启闭，关闭后阀盘与密封面贴合严密。

⑤ 防火阀、排烟阀(口)的安装位置和方向必须正确。位于防火分区隔墙两侧的防火阀，与墙面的距离不应超过 200 mm。

5.2.6.2 风阀的安装

1. 风阀安装的位置

风量调节阀：安装位置多样，可安装在总风管、支风管或风口等位置。风阀与风管之间的连接通常采用法兰连接。

止回阀：通常安装在风机出口的风管上，以防止风机停止运转后气流倒流。

防火阀：用于火灾时切断气流，安装在送风、回风总管穿越机房的隔墙和楼板处，不同防火分区风管的穿墙处等位置，防火阀安装示意图如图 5.20 所示。

2. 风阀的安装要求

风阀应安装在便于操作及检修的部位。安装后，手动或电动操作装置应灵活可靠，阀板关闭应严密。直径或边长尺寸大于或等于 630 mm 的防火阀，应设独立支、吊架。排烟阀（排烟口）及手控装置（包括钢索预埋套管）的位置应符合设计要求。钢索预埋套管弯管不应多于 2 个，且不得有死弯及瘪陷；安装完毕后应操控自如，无卡涩现象。除尘系统吸入管段的调节阀，宜安装在垂直管段上。

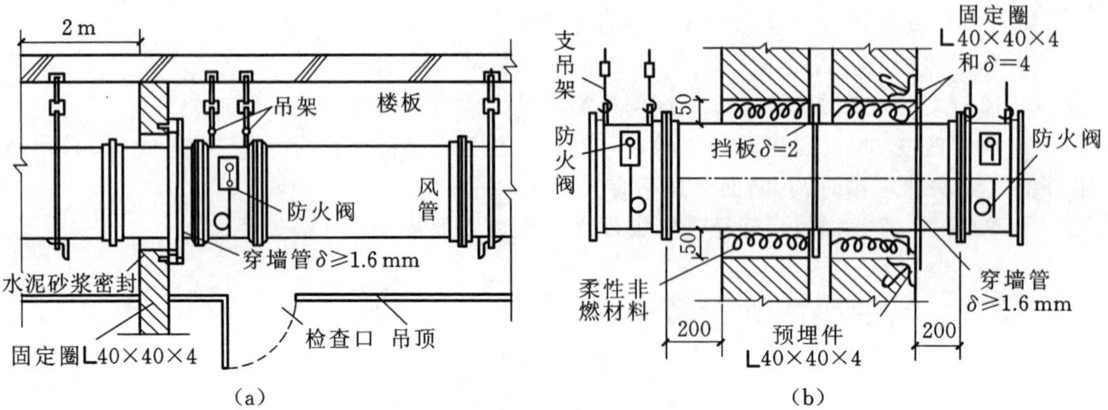

图 5.20　防火阀安装示意图

(a)防火墙处；(b)变形缝处

5.2.6.3　风口的安装

1. 风口的类型

插板式（或箅板式）风口：常用于通风系统或要求不高的空调系统的送、回风口，是借助插板改变风口净面积。制作的插板应平整，边缘光滑，以使调节插板时顺滑省力。箅板式风口常用于回风口，是通过调节螺栓来调节孔口的净面积。活动箅板式风口应注意孔口间距，制作时应严格控制孔口位置，其偏差在 1 mm 以内，并控制累计误差，使上下两板孔口间距一致，防止出现叠孔现象，影响风口的回风量。

百叶式风口：常用于空调系统，可安装在风管上、风管末端或墙上。百叶风口的叶片间距应均匀，两端轴的中心应在同一直线上，如图 5.21 所示。

散流器：散流器常用于空调或空气洁净系统。有直片型和流线型散流器两类送风口。直片型散流器有圆形和方形两种。制作时，圆形散流器应使调节环和扩散圈同轴，每层扩散圈的周边间距一致，圆弧均匀。方形散流器的边线应平直，四角方正，如图 5.22 所示。流线型散流器的叶片竖向距离，可根据要求的气流流型进行调整，其叶片形状为曲线形，和百叶风口的叶片一样，手工制作不易达到要求，一般多采用模具冲压成型。目前，有的工厂已批量生产新型散流器，其特点是散流片整体安装在圆筒中，并可整体拆卸，散流片的上面还装有整流片和风量调节阀。

孔板式风口：孔板的孔径一般为 6 mm，加工孔板式风口时，为使孔口对称和美观，并保证所需要的风量和气流流型，孔径与孔距应按设计要求进行加工，孔口的毛刺应挫平，对有折角的孔板式风口，其明露部分的焊缝应磨平、打光。

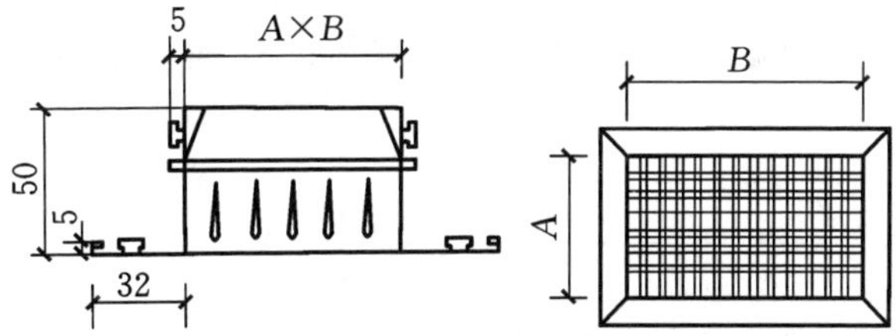

图 5.21 双层百叶风口安装图

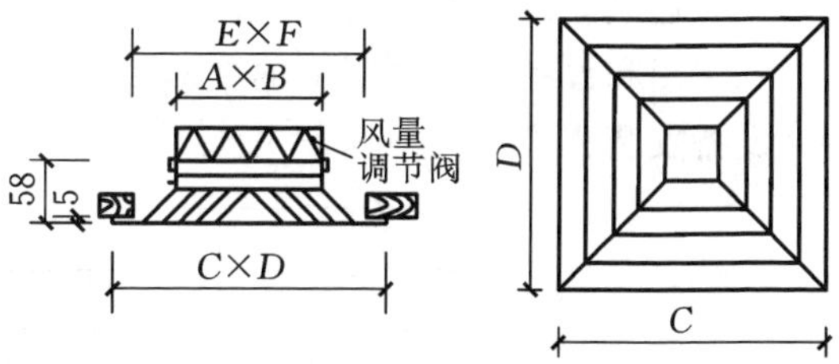

图 5.22 矩形散流器安装图

2. 风口的安装要求

风口与风管的连接应严密、牢固，边框与建筑面贴实，外表面应平整不变形。

同一房间内的相同风口的安装高度应一致，排列整齐。

风口在安装前和安装后都应扳动一下调节柄或杆。

安装风口时，应注意风口与房间的顶线和腰线协调一致，风管暗装时，风口应与房间的线条一致。吸顶安装的散流器应与顶面平齐，散流器的每层扩散圈应保持等距，散流器与总管的接口应牢固可靠。

5.2.6.4 柔性短管的安装

1. 柔性短管的应用

柔性短管在通风系统中发挥着至关重要的作用，它被广泛用于风机与风管的连接、风管与设备的连接，以及风管穿越沉降缝或变形缝等关键部位，确保整个系统的顺畅运行。

2. 柔性短管的安装要求

在安装柔性短管时，首要确保的是其松紧适度，外观平顺，避免出现强制性的扭曲。对于可伸缩的金属或非金属柔性风管，其长度需控制在 2 m 以内，以确保其稳定性和功能性。

同时，柔性风管的支架和吊架间距也是需要注意的细节。支架和吊架的间距不应超过 1500 mm，承托座或管箍的宽度至少为 25 mm。此外，两支架间风道的最大允许下垂应限制在 100 mm 以内，并确保没有死弯或塌凹现象，以保障风管的正常通风效果。

值得注意的是，柔性短管不应当用作找平找正的连接管或异径管，以免影响其原有的柔性和伸缩性。同时，柔性短管的外部也不适宜作为保温层，以免减弱其柔性和伸缩性能，进而影响整个通风系统的运行效果。

5.3 通风空调设备的安装

通风空调系统作为现代建筑中不可或缺的重要组成部分，其作用不再局限于为人们提供舒适的室内环境，更关乎空气质量的把控以及能效的优化。在这个复杂的系统中，常见的通风空调设备包括：通风机、空调机组、末端设备、各种空气（粉尘、烟气）处理设备、水箱、消声器、换热器和除尘器等。

通风空调设备的安装工作量大，要严格按《通风与空调工程施工规范》(GB 50738—2011)、施工图和设备安装说明书的要求安装，以保证设备的正常工作和满足对空气的处理要求。设备安装程序可按图5.23进行。

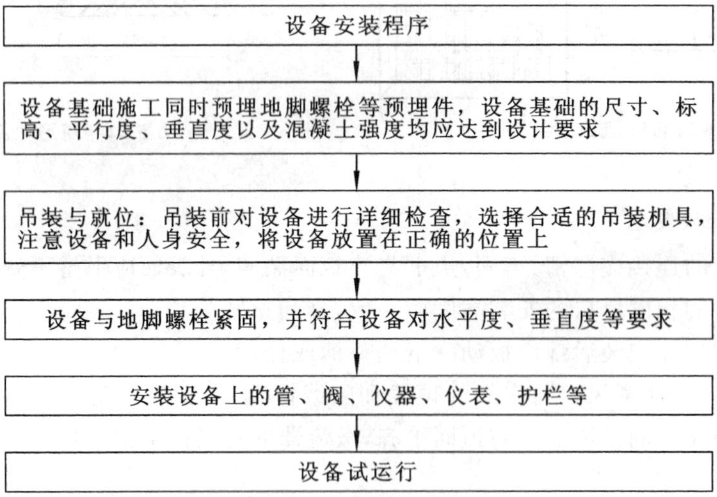

图 5.23　设备安装程序图

5.3.1　通风设备的安装

通风系统按照用途划分包括日常用途通风、汽车库通风、消防通风、事故通风、人防通风等。

日常用途的通风系统主要用于厨房、卫生间、无窗或地下的设备用房(配电间、水泵房、制冷机房、换热站等)的通风换气。汽车库通风系统包括排风系统和进风系统，排风系统将汽车排出的尾气(含有一氧化碳、氮氧化物以及挥发性有机化合物等有害气体)及时排至室外，进风系统将新鲜空气引入室内。消防通风系统主要用于火灾时的烟雾控制和烟气的疏散，包括防烟系统和排烟系统。

事故通风系统设置在可能突然散发大量有害气体或有爆炸危险气体的场所，如氟制冷机房、氨制冷机房、燃气溴化锂制冷机房、燃油溴化锂制冷机房、实验室、化工厂等地方，对有爆炸危险的场所还应考虑设备的防爆问题，也应配备报警装置，及时采取应急措施。

人防通风系统主要应用于人防工程，该系统需要保证防空地下室内部空气质量，同时在外界受到化学、生物或核攻击时能继续运作，防止有害物质进入掩蔽所内部，确保人员的呼吸安全。保障防空地下室战时功能的通风，包括清洁通风、滤毒通风、隔绝通风三种方式。清洁通风是指室外空气未受毒剂等物污染时的通风；滤毒通风是指室外空气受毒剂等物污染，需经特殊处理时的通风；隔绝通风是指室内外停止空气交换，由通风机使室内空气实现内循环的通风。

通风系统中主要的设备是通风机，通风机按照进出风机气流的形式不同分为离心式风机、轴流式风机、混流式风机和贯流式风机，通风工程中使用较多的是离心式风机和轴流式风机。人防通风中除通风机外还包括过滤吸收器、油网滤尘器等装置。

5.3.1.1 通风机的安装

1. 离心式通风机的安装

离心式通风机的气流是轴向流入，径向流出，常应用于大型工厂、车间等场合。离心式风机常见的安装形式包括落地安装和支架安装。

(1) 离心式通风机落地安装

离心式通风机一般在基础上落地安装，分为直接安装和间接安装两种形式，直接安装是用地脚螺栓紧固于基础上，基础由混凝土浇筑而成。间接安装是指通过减振器、减振垫进行安装。根据设计要求，直接安装风机的平台或楼板，宜采用现浇钢筋混凝土楼板，而且基础与楼板最好同时浇筑，如需分次浇筑，在浇筑楼板时要求基础面积范围内预埋露出板面的插铁或预埋钢筋网络，如图 5.24 所示。当通风和空调系统使用区域对噪声控制要求较高时，可采用间接安装的形式。

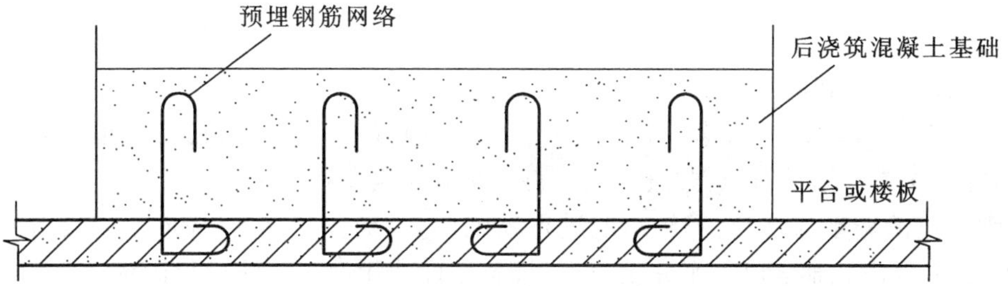

图 5.24 楼板基础的预埋铁件

离心式通风机中，2.8～5 号为小型离心通风机、6～12 号为中型离心通风机、16～20 号为大型离心通风机。

① 小型离心通风机的安装

小型离心通风机的安装通常采用直连方式。此配置如示意图 5.25(a)所示，将风机叶轮稳固地连至电动机轴上，同时，风机的外壳被固定于电机的法兰上。该型风机的安装可借助地面、平台或者以混凝土或钢质支架为基础的结构来实现。在进行安装作业时，需先行放置电动机于既定基础之上，确保电动机底座的螺栓孔与基础预留的孔位精准对齐。然后，地脚螺栓的一端插入基础螺栓孔内，带有螺纹的另一端须穿过电动机底座的螺栓孔，并安装相应螺母，确保螺纹端部较螺母突出 1～1.5 个螺距的高度。随后，利用撬杠工具校正风机位置，通过垫铁调整以确保风机水平安置。完成这些初步校准后，使用比例为 1∶2 的水泥砂浆进行地脚螺栓孔的浇筑作业。待水泥砂浆完全凝固以后，最后一步是紧固螺母，以确保风机的稳定与安全。

② 大、中型离心通风机的安装

中型离心通风机和大型离心通风机，采用弹性联轴器连接或三角皮带传动，其轴和电机轴是分开的。具体安装操作包括：

a. 机壳的放置：将机壳准确吊装于基础平台之上，并预置地脚螺栓，之后进行初步校正

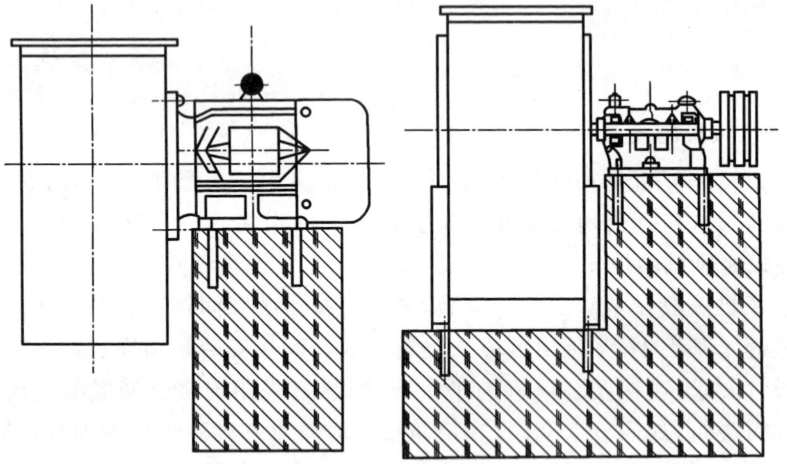

(a)　　(b)

图 5.25　离心通风机的两种基本形式

(a)直连式;(b)联轴器传动式

以确保其位置正确(暂时不固定)。

b. 组装叶轮、轴承和皮带轮:此组合体应同样被放置在基础上,把已经组装好的叶轮插入到机壳内,安置好轴承箱地脚螺栓,然后将电机安装至基础上。

c. 轴承座的调平与定位:对轴承座进行精细调整,确保其纵向、横向水平度分别控制在0.2‰和0.3‰以内。轴承座调平并定位后,推荐立即使用灌浆方法进行固定。

d. 对机壳进行微调和定位:以叶轮为基准,通过在机壳下方增加垫铁或微动机壳,确保机壳与叶轮后盘平面的平行度,以及机壳轴孔中心与叶轮中心的同轴度,同时保持支座法兰面的水准。

e. 电动机与通风机的精密定位和调平:对设备进行最后的定位与水平调整工作,保证设备的正确安装和运行稳定性。

f. 灌浆固定:利用标号高于基础混凝土一级的材料在预留孔洞内进行灌浆,并进行捣实作业,确保地脚螺栓无歪斜现象。初凝后再次检验各部件的水平度,最终紧固地脚螺栓。

(2) 离心风机在墙支架安装

在执行墙体支架安装作业时,首先需确保所采用的预制支架横梁满足既定标准。接着,将此横梁稳固地植入墙内结构中,并对其进行精细的水平调整。水平校正完成之后,使用角钢材料对横梁的两端进行焊接作业,以确保结构稳固。待支架部分的混凝土或其他埋植材料固化且达到必要的强度后,方可进行风机的吊装工作。在吊装过程中,必须谨慎操作以确保风机准确地定位并安置于已安装的支架上。完成上述步骤后,应确保电机处于一个稳固的状态,而风机自身则应悬挂在托架的上部,以保证运行过程中的稳定和安全。在整个安装流程中,精确度与结构性是至关重要的,直接关系到系统的整体性能和安全。

离心式通风机的安装步骤如下:

① 通风机混凝土基础浇筑或型钢支架的安装制作;

② 通风机的开箱检查;

③ 机组的吊装、校正、找平；

④ 地脚螺栓的二次浇灌或型钢支架的初紧固；

⑤ 复测机组安装的中心偏差、平行度和联轴器的轴向偏差、径向偏差等是否满足要求；

⑥ 机组试运行。

上述流程每一个步骤都需严格遵守相关规程，以确保设备能够安全、可靠且有效地运行。

2. 轴流式通风机的安装

轴流风机的安装包括落地安装、吊装、墙上或柱上支架安装、墙内安装和落地安装。

(1) 轴流式风机落地安装及吊装

轴流式风机落地安装与在基础上安装的方法一样。轴流式风机吊装应根据设计要求进行，风机吊装时机轴应保持水平。

(2) 轴流式风机在墙上、柱上安装

根据设计要求，在墙壁或立柱上安装首先应安装由角钢构成的支架结构，并用水平尺找平找正，支架上的螺孔需与风机底座的螺孔严格匹配，如图 5.26 所示。若支架是用埋设的方式敷设，必须待水泥砂浆硬化至规定强度后方可执行安装操作。安装时，将风机吊放在支架上，垫上 4～5 mm 厚的橡胶板，穿上螺栓找正找平，上紧螺栓即可。

(3) 轴流式风机在墙洞内安装

在执行安装程序之前，务必与土建工程团队密切协作，依照设计规范进行施工，确保预留孔洞位置符合规定，并预先安装好风机支座及挡板框架。必须确保风机支座上的螺栓间距与轴流式风机的基座相匹配，以保证结构的稳定性。同时，挡板上的螺栓孔径和孔距需与风机机体的连接点相适应，以确保连接牢固。在完成风机的固定之后，应按照设计要求，在风机出风口安装 45°角度的防雨雪弯头或金属百叶窗。此外，为防止杂物进入，必须在弯曲部分出口处覆盖铁丝网。该步骤对于保障设备运行安全至关重要，并且具体安装细节应参照图 5.27 进行。

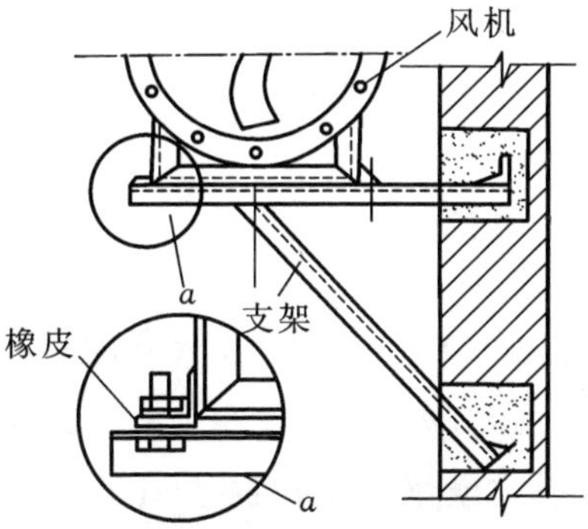

图 5.26　轴流式风机在墙(柱)上安装

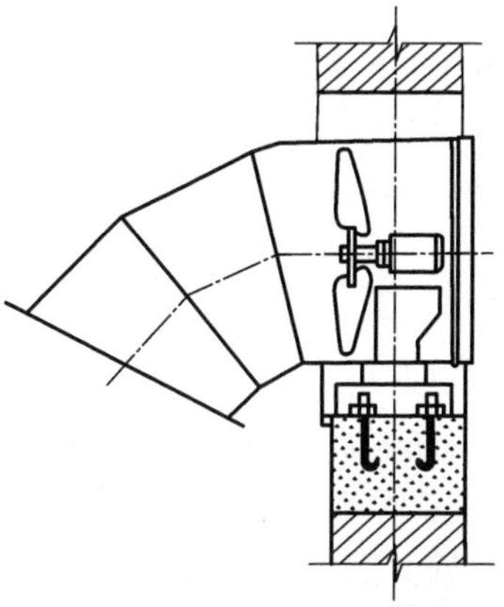

图 5.27　轴流式风机在墙洞内安装

3. 通风机安装的注意事项

通风机的安装还应注意以下几点：

① 通风系统的关键部件，包括进风管、出风管、控制阀及调节装置，须各自配备专用支、吊架，以确保机身结构不承担任何额外由风管和其他组件引起的负荷。

② 风机与电机之间的传动机构暴露部分，为避免操作风险，必须安装防护覆盖。

③ 若风机的吸入口或其管道直接向外界环境开放，必须配置保护性网格或其他安全设施，以预防外部异物的入侵。

④ 当风管与风机连接时，应采用柔性管道接头，以减少和缓冲系统的振动，同时有助于吸收和补偿系统的微小位移，减小机械应力。

⑤ 风机入口处的接入管道直段长度应大于风机入口直径值，以确保流动效率。如果存在弯头接近风机入口的情况，应当在弯头内部增设导流片，以优化气流方向。

⑥ 在设计风机出口接出管道时，弯管应沿叶轮旋转方向铺设，并确保从出口到弯管的直管段长度，在允许的情况下，至少为风机入口直径的三倍。若由于现场条件限制而无法满足此要求，应在弯管内安置导流叶片，以降低流动损失，并确保流动均匀。

5.3.2 空调机组的安装

空调机组作为空调系统的关键组成部分，承担着调节室内环境的重要作用。根据不同的功能需求和应用场景，空调机组主要分为新风、柜式以及组合式等几类。按其外形或安装形式，空调机组可分为吊顶式、立柜式、卧式、多联式、分体式、窗式等。各种类型具有特定的设计和性能特点，在安装前，需充分理解其技术规范，通过仔细分析图纸、研读产品手册以及相应的技术文件，以确保对设备的构造、尺寸和质量控制有准确的把握，并掌握安装过程中的关键点。

吊顶式空调机组通常被安置于建筑的吊顶之中，要求精确的计算和设计以匹配建筑的空间布局；立柜式与卧式空调机组适用条件不同，为各种商业和居住环境提供灵活的制冷或供热解决方案；组合式空调机组因其模块化设计，可按照实际需求进行定制配置。在进行上述各类空调机组的安装时，专业人员必须遵守严格的技术指南和操作规程，确保系统的性能稳定且能高效运行，同时符合相关的安全标准。

5.3.2.1 吊顶式空调机组的安装

吊顶式空调机组，因其紧凑的设计和小规模的外观尺寸，通常被安装于建筑内的设备层、吊顶空间或者机房内，其设计无须占用额外的机房空间。此种空调系统因其便捷的安装过程、简洁的操作方式以及低噪声水平等优势，在小型商业办公环境和工业领域中的应用极为广泛。在安装过程中，必须确保安装位置，如楼板或横梁中的混凝土具备必要的强度等级，以符合安全标准。此外，钢筋混凝土结构应具备足够的承载能力，以便稳定支承空调机组，确保安装的安全性和可靠性，避免任何因负荷过重而可能引发的结构性问题。

在选择吊顶机组的吊杆尺寸时，必须确保其具有充分的能力以支撑机组的质量，保障运行的安全。对于风量、质量和振动较小的机组，推荐采用膨胀螺栓将吊杆顶部与楼板固定，同时在吊杆底部通过螺纹连接并增加橡胶减振垫与吊装孔相联，以减少振动传递。在面对风量、质量及振动较大的机组时，建议在钢筋混凝土结构内为吊杆增设钢板加固。针对体积较大的机组吊装，应参照图5.28中展示的方法进行吊杆安装。为了进一步减少振动影响，可以在吊杆的中部位置安装减振弹簧。在机组的安装过程中，必须确保正确地识别和设置机组的进风和出风方向、进水和出水方向，以及过滤器的抽取方向。应保证机组在水平和垂直方向上的安装精度。连接至机组的冷凝水管应该设置有不小于0.05的倾斜度，确保水能顺利流至排放点。完成机组的安装后，在进行通水试压操作时，应打开冷热换热器的排气旋塞排除空气，以确保系统内部压力稳定，水流顺畅无阻。

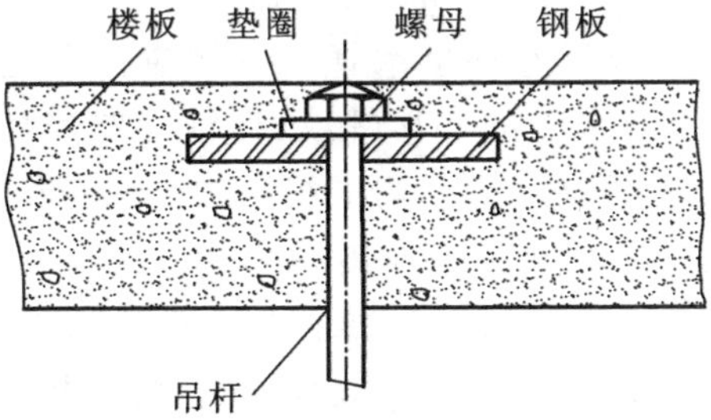

图5.28 大机组吊杆顶部连接

5.3.2.2 立柜式、卧式空调机组的安装

立柜式空调机组常安装在机房地面上，有水平出风和上部出风两种形式，分为安装在空调机房和直接设在空调房间(称为明装)两类机型。如图5.29所示为常见的立柜式机组系列简图。

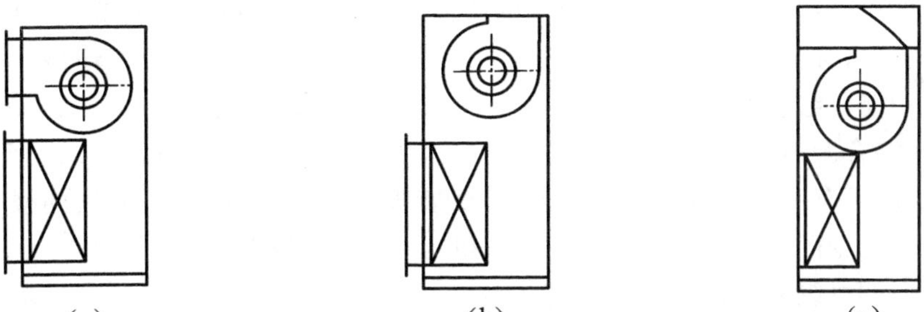

图5.29 立柜式机组系列简图

(a)水平出风；(b)上部出风；(c)直接设在空调房间内的水平出风

卧式空调机组落地安装在机房地面上，它有压出式和吸入式之分。

立柜式空调机组和卧式空调机组的安装需要注意以下问题：

① 空调机组的安装需确保在平整的地点进行，并应安置于高出地面100～150 mm的基座上，该基座可能由水泥或槽钢焊接而成。当设计中没有明确的防振要求时，空调机组可被置于标准木质底座或混凝土基础上；若存在防振要求，必须依照设计规范将其安装在防振基

础或者配备 10 mm 厚的橡皮垫，并使用减振器和减振垫。在安装这些减振设备时，如果出现悬空情况，则须使用钢板垫块进行填充，以确保稳定。完成安装后，必须检查机组是否水平，必要时调整减振器以纠正水平状态。

② 为了操作便利，空调机组内部通常配备了用于放气和泄水的接口，同时，也可在其外部的水管处设置相应的放气和泄水阀门。在通水过程中，需旋开放气阀排放气体，随后紧闭阀门。停机时，通过泄水阀排除换热器水管内的余水。

③ 两台以上柜式空调机组并列安装时，其沿墙中心线应在同一直线上。应注意保护机组凝结水盘的保温材料，保证凝结水盘没有裸露情况。凝结水盘应有坡度，其出水口应设在水盘最低处。与机组连接的冷凝水排放管应设有水封，水封高度不小于 100 mm。机房内应设地漏，以便冷凝水的排放或清洗机组时排放污水。

④ 机组的四周，尤其是检查门及外接水管的一侧应留有充分空间，供维护设备使用。注意保护机组进、出水管和冷凝水管的连接螺纹，保证管路连接的严密性，没有漏水现象。在将外接管路的水路清洗干净后方可与空调机组的进出水管相连，以免将换热器堵死。与机组管路相连时，不能用力过猛，以免损坏换热器。

⑤ 检查电源电压，符合要求后方可与电机相连。接通后先启动一下电机，检查风机转向是否正确，如转向相反，应停机将电源相序改变，然后将电机电源正式接好。电机应接在有保护装置的电源上，机壳应接地，大于 15 kW 时应降压启动。电加热器如果安装在风管上，与风管连接的衬垫材料、加热器及加热器前后各 800 mm 风管的保温材料都要使用石棉板和石棉泥等耐热材料。加热器要可靠接地。与机组连接的风管和水管等的质量不得由机组承受，空调机的进出风口与风道间用软接头连接。

5.3.2.3 组合式空调机组的安装

组合式空调机组，也称为装配式空调机组，属于预制的空气调节设备。此类设备由制造厂家预制成的单元构成，能够实现对空气的广泛处理功能，包括温度调节、湿度控制以及空气质量的改善等，且根据设计要求，设备可在使用现场进行组装。在组装过程中，组合式空调机组的各功能段组装形式多样。组装时，必须严格遵循设计规定的程序，以确保各功能段正确、高效地结合。通常，各个组件的连接主要采用螺栓配合海绵橡胶板以实现密封与结构完整性。此外，也有利用 U 形卡兰内垫海绵橡胶板的紧固形式，这些方法同样旨在确保气密性良好和结构稳固。国外生产的空气调节机也有用插条连接的。

组合式空调机组通过其高度的可定制性和灵活的组合方式，满足了不同场合对于空气处理的精确需求，体现了其在现代建筑环境控制系统中的重要性。

组合式空调机组安装要求如下：

① 在开始安装之前，必须对空调机组的各个功能部分进行详尽检查，确保所有部件齐全；确保管道接口的方向正确，确定冷却与加热段中的换热器排数和单位长度的串片数量与提供的设备资料一致；对于风机部分，需核实其技术参数，并确认风机类型与系统气流方向一致，以保证系统能高效运行且性能良好；对于整个组合空调机组的箱体，应仔细检查，确保无表面损坏；对于热交换器的翅片部分，不得有大面积的碰歪叠压现象。

表冷器或加热器必须具备合格证书，且设备表面未受损伤。做水压试验时，试验压力值应达到系统最高工作压力的 1.5 倍，且不低于 0.6 MPa，保持此压力水平进行 2～3 min 的测试，期间压力不得下降。

② 对空调机组的基础应进行检查。确保空调机组的基础构建于混凝土平台之上。该基础的尺寸应大于空调机组的外观尺寸，长度和宽度应各增加 50～100 mm。此外，基础高度需要考虑到排水系统的设计，尤其是凝结水排水管的水封和坡度。空调机组基础平面必须水平，对角线水平误差应不大于 5 mm。空调机组可直接平放在垫有 5～10 mm 橡胶板的基础上，也可平放在垫有橡胶板的 10＃工字钢或槽钢上，即在基础上敷设三条工字钢，其长度等于空调机组各段的总长度。

③ 安装时，应校核基础的坐标位置和基础的水平度，对各功能段的组装找平找正，连接处要严密、牢固可靠。表冷段的凝结水的引流管应该畅通，凝结水不得外溢。

对于有表冷段的空调机组，可由左向右或由右向左进行组装。

对于风机段的风机分解单独运输的情况下，应先安装风机段的空段体，然后再将风机和电动机装入段体内。如风机和电动机较大，风机的监视门无法进入，则应先安装空段体的底板，待风机和电动机与底板连接后，再组装侧、顶段板。

现场组装的机组组装完毕后应进行漏风测试。漏风量必须符合国家标准《组合式空调机组》(GB/T 14294—2008)的规定。

5.3.3 风机盘管的安装

风机盘管空调器主要由风机、换热器(盘管)组成，同时具有凝结水盘、过滤器、外壳、出风格栅、吸声材料、保温材料等。风机盘管的安装形式有明装与暗装、立式与卧式、卡式和立柜式等。风机盘管水管连接如图 5.30 所示，风机盘管安装示意图如图 5.31 所示。风机盘管安装工艺流程为：施工准备、电机检查试运行、表冷器水压试验、吊架制作安装、风机盘管安装、连接配管。

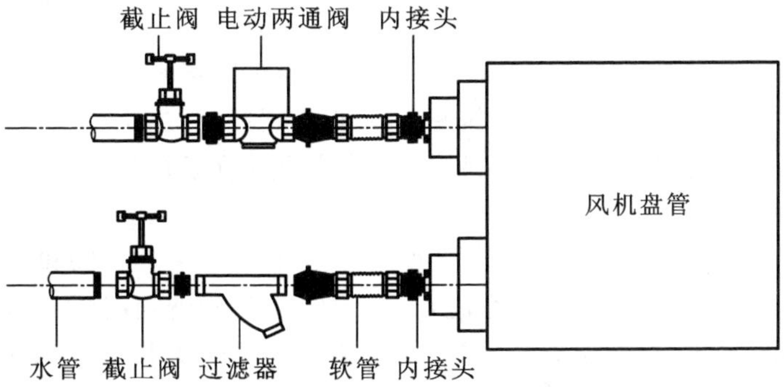

图 5.30 风机盘管水管连接图

风机盘管的安装形式多样，布置灵活。其中，卧式明装一般将风机盘管吊装于顶棚下或门窗上方；卧式暗装将风机盘管吊装于吊顶内，回风口方向可设在下部或后部。立式明装和立式暗装一般将风机盘管设置于室内地面上或设置于窗台下，其送风口方向可在机组的上方或前方。在立式机组的后背墙壁上可开设新风采气口，并用短管软接头与风机盘管相连

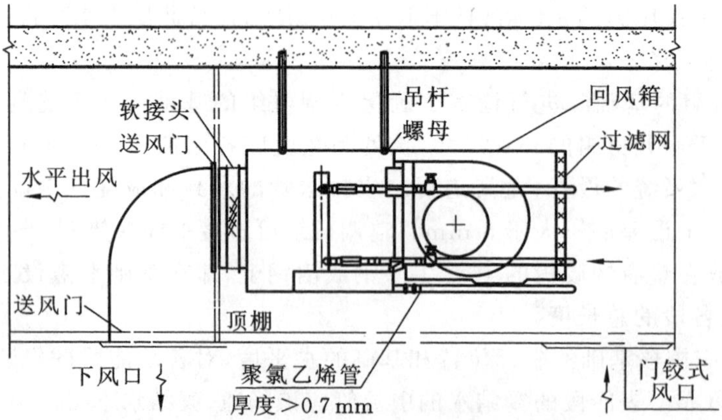

图 5.31　卧式风机盘管安装示意图

接，就地入室，为防止雨、虫、噪声的影响，墙上安装进风防雨百叶窗，短管部分安装粗效过滤器等。新风管可采用软接头与风机相连接，风口紧靠在机组的出口处，以便于两股气流能够很好地混合。对于高大空间，从节能角度考虑，应尽量采用吊顶下回风。

风机盘管的安装程序和方法主要为根据设计要求确定风机盘管的安装位置，根据安装位置选择支、吊架的类型，并对支、吊架进行制作与安装。风机盘管的安装操作需要注意以下几点：

① 按设计图纸确定安装的位置尺寸，并检查风机盘管的管标高是否符合要求。

② 风机盘管应逐步进行水压试验，试验压力为工作压力的 1.5 倍，定压后观察 2～3 min，不渗不漏即可。

③ 安装卧式机组时，应合理选择好吊杆和膨胀螺栓，并使机组的凝水管保持一定的坡度，以利于凝结水的排出。吊装的机组应平整牢固、位置正确。

④ 机组进出水管应加保温层，以免夏季使用时产生凝结水。机组进出水管与外接管路连接时必须对准，最好采用挠性接管(橡胶柔性接头)或纯铜波纹管连接，连接时切忌用力过猛。

⑤ 机组凝结水盘的排水软管不得压扁、折弯，以保证凝结水排出畅通。

⑥ 在安装时应保护换热器翅片和弯头等，不得倒塌或碰漏。

⑦ 安装时不得损坏机组的保温材料，如有脱落的应重新粘牢，同时与送回风管及风口的连接处应连接严密。

⑧ 暗装卧式风机盘管时应留有活动检查门，便于机组能整体拆卸和维修。

⑨ 风机盘管安装一定要水平，机组凝水管不能压扁、折弯，保证应有的坡度和坡向，凝水管连接严密，不得渗漏，风机盘管与风管、回风室及风口连接处应严密，风机盘管同冷热媒管道应在管道清洗排污后进行连接，以免堵塞换热器，卧式暗装的盘管应由支架、吊架固定，并便于拆卸和检修。

5.3.4　诱导器的安装

诱导器由外壳、热交换器、喷嘴、静压箱和一次风连接管组成。其工作原理为经过集中处理的一次风首先进入诱导器的静压箱，然后以很高的速度从喷嘴喷出，在喷射气流的作用下，诱导器内部将形成负压，因此可将二次风诱导进来，二次风再与一次风混合形成空调房间的送风。二次风经过盘管时可以被加热，也可以被冷却。诱导器的安装应注意以下要点：

① 按设计要求的型号就位安装，并检查喷嘴的型号是否正确。

② 卧式诱导器应由支、吊架固定，便于拆卸和维修。

③ 诱导器与一次风管的连接处应密闭，防止漏风。

④ 水管与诱导器的连接宜采用软管，接管应平直，严禁渗漏。

⑤ 诱导器与风管、回风室及风口的连接处应严密，诱导器的出风口或回风口的百叶栅格有效通风面积不能小于 80%。

⑥ 诱导器的进出水管接头和排水管接头不得漏水，连接支管上应装有阀门，便于调节和拆装。排水坡度应正确，凝结水应顺畅地流到指定位置。

5.3.5 多联式空调机组的安装

多联式空调(热泵)系统是由一台(组)空气(水)源制冷或热泵机组配置多台室内机，通过改变制冷剂流量适应各房间负荷变化的直接膨胀式空气调节系统。多联式空调(热泵)系统的制冷剂也称冷媒，即制冷工质，是空调系统中完成制冷制热循环的工作介质，空调系统借助于制冷剂的状态变化，达到制冷制热的目的。其制冷剂管道系统采用的分歧管是用来实现制冷剂分流或合流的专用三通连接管件。多联式空调(热泵)机组的安装遵照《多联式空调(热泵)机组》(GB/T 18837—2015)、《多联式空调(热泵)机组应用设计与安装要求》(GB/T 27941—2011)等标准执行。

5.3.5.1 室外机的安装

1. 设备的开箱检验

设备安装前，应进行开箱检查，开箱检查后设备应采取保护措施，不宜过早或随意拆除，以免设备受损。

设备的开箱检查包含以下内容：

① 根据随机装箱单和设备清单，逐一核对名称、规格、数量，清点全部随机文件、说明书、合格证等，随机附件应妥善保管；

② 检查机组包装是否完好，检查机组外观是否损坏和变形，应无明显的变形、划伤、锈斑等现象。

2. 选择室外机安装位置

室外机安装空间要求可参考图 5.32、图 5.33，模块化机组的安装空间要求除满足上出风机组的安装空间外，还需满足图 5.34 的要求。所有室外机组的安装空间要求应参照对应的产品说明书中的规定。

3. 室外机安装位置选择注意事项

为保证机组运行及安装顺利进行，机组安装基础与环境条件应满足以下要求：

① 机组不能安装在有腐蚀性、易燃易爆的环境中或含油雾成分较高等有特殊要求的场所，否则会造成机组不能正常运行或缩短机组使用寿命，甚至造成火灾或其他严重事故等。以上特殊场合，应选用防腐或防爆等特种产品。

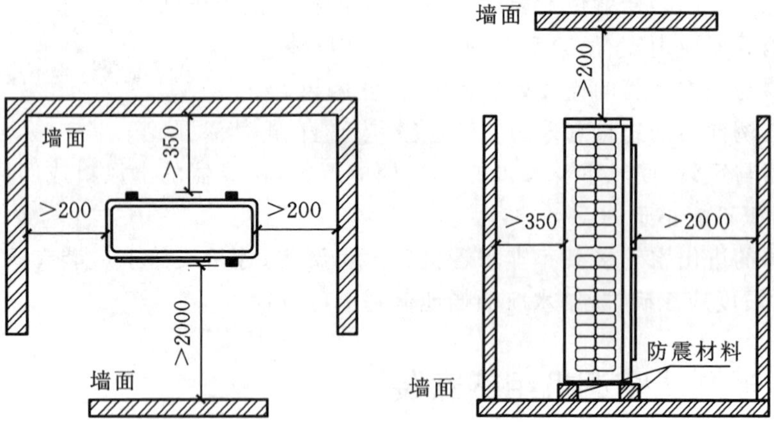

图 5.32　侧出风机组的安装空间要求

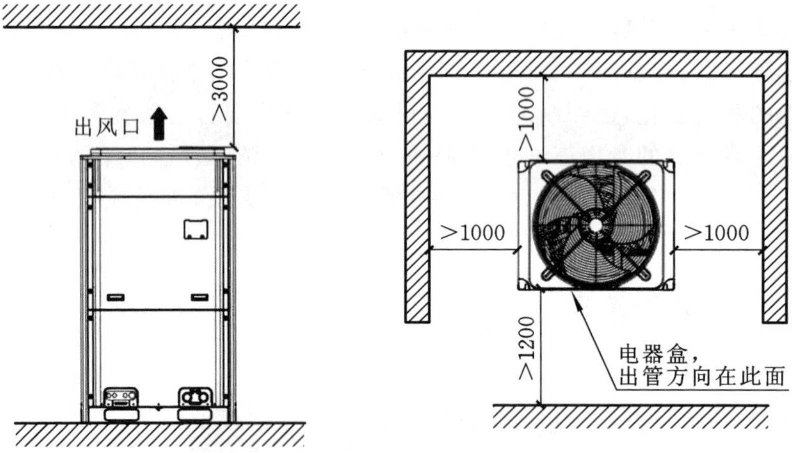

图 5.33　上出风机组的安装空间要求

② 安装室外机应该保持水平，安装位置必须满足最低的维修空间要求，便于今后的维修。

③安装处必须通风良好，以使室外机能吸入和排出足够的空气。确保室外机进风和出风没有障碍，若有障碍，应移开阻挡空气进出的障碍物。

④ 室外机出风百叶要求

a. 当室外机出风侧设置百叶窗时，要采用通风顺畅、阻力小的直百叶，方向水平或者向下、向外倾角为10°左右，百叶间距不小于80 mm，整个百叶风口沿水平方向的净面积不小于80%。如图5.35所示。

b. 室外机要靠近百叶窗侧安装，避免回风短路。

c. 禁止采用防雨百叶。

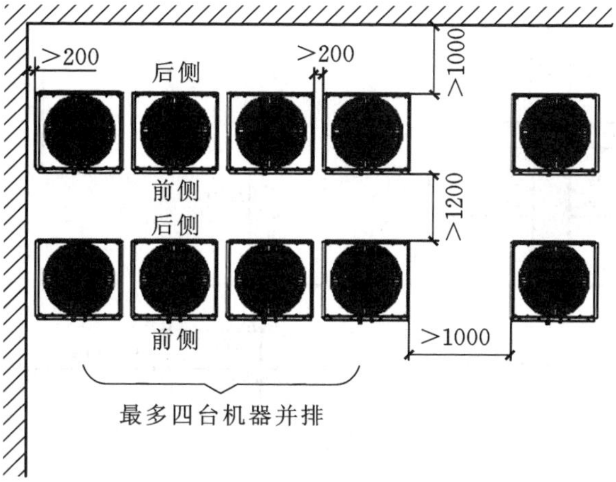

图 5.34 模块化机组的安装空间要求

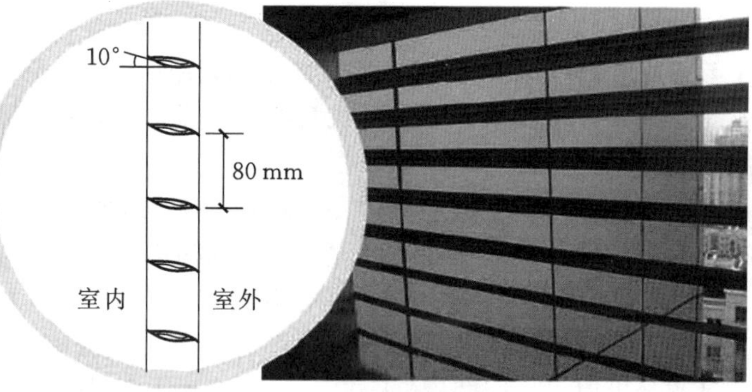

图 5.35 百叶结构要求

d. 决定通风效果的是与室外相通的空间或外墙百叶的大小，须提供足够的与室外相通的通风(百叶)面积。考虑热风密度小、容易上浮的因素，故通风百叶的宽度(水平方向)要尽量大一些，室外机尽量在高处位置摆放，散热效果好。

⑤ 安装处足以承受室外机的重量，并能隔音及防震动，并保证机组的出风和噪声不影响邻居。

⑥ 安装位置周围不应有强热源和其他设备排气口。

⑦ 室外机禁止装在对噪声较敏感的场所附近，如卧室、病房等地方。

⑧ 避免阳光直射，最好支一个遮阳棚作保护。

⑨ 安装处必须能排出雨水和化霜形成的水。

⑩ 安装处必须保证出风口不会正对强风。

⑪ 模块机组之间的连接管长度应尽量控制在 2 m 以内，若连接管长度超过 2 m，应在气管上增加倒“U”形的阻油弯，且模块之间不能有高度落差，$A+B\leqslant 10$ m，如图 5.36 所示。

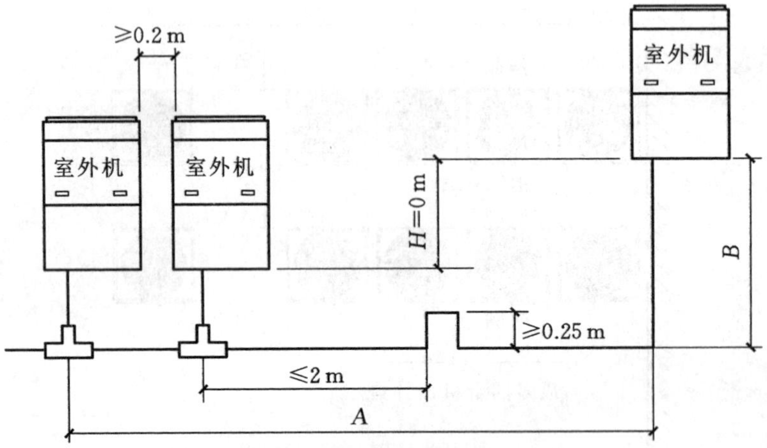

图 5.36 模块机连接管安装要求

4. 室外机的搬运和安装固定

室外机的搬运和安装固定要求如下：

① 室外机在运输及吊装时，须用两根足够长的吊绳，在四个方向吊；为防止机组中心偏移，起吊时绳子夹角必须小于 40°，应注意保持机身的垂直，最大倾斜角不应超过 15°，且应轻起轻放，保持外包装的严密完整。

② 当需要将室外机安装固定在墙上时，要通过悬吊架来吊装，选吊架的结构和强度必须经设计计算确定。同时，需校核墙体的强度，当强度不够时，不能将室外机安装在墙上。

③ 室外机安装在屋顶平台或阳台上，应用钢筋混凝土浇筑一个高出地面 200～300 mm 的机座平台，也可用型钢制成钢托架。在室外机周围或机座周围都必须设有排水槽，尤其安装在屋顶平台上时，必须注意防水施工，保证屋顶不漏。

④ 室外机与安装基座间须安装减震脚垫，减震脚垫大小与室外机底座大小吻合，厚度不小于 10 mm。

⑤ 用地脚螺栓把机组固定在机座上，地脚螺栓的凸出部分应为 20 mm。

⑥ 室外机就位后，要测量机组的水平度，确保水平度控制在±1 mm 之内。

⑦ 室外机安装后用随机的包装塑料袋进行保护。

⑧ 当室外机安装在屋顶或平台上时，要采取防雷措施，其自身要有可靠的接地措施。

5. 室外机排水管的安装

热泵室外机组必须考虑冷凝水排放的问题，室外机挂墙安装的必须设置专用的排水管道，避免冷凝水随意从高空落下。

室外机安装在平台基础上时应设置排水沟。

5.3.5.2 室内机的安装

1. 室内机安装材料的选择

膨胀螺栓、吊杆、槽钢、角钢根据机组质量按表 5.11 选择。

表 5.11　膨胀螺栓、吊杆、槽钢、角钢选型表

序号	机组质量/kg	膨胀螺栓	吊杆	槽钢	角钢
1	<100	$\phi8\times100$	$\phi8$	[10	∟80×50×5
2	100～150	$\phi10\times100$	$\phi10$	[10	∟80×50×5
3	150～250	$\phi12\times100$	$\phi12$	[10	∟80×50×5
4	250～400	$\phi14\times100$	$\phi14$	[12.6	∟80×50×5
5	400～600	$\phi16\times100$	$\phi16$	[12.6	∟80×50×5

2. 设备的检查

设备的检查内容如下：

① 室内机安装前必须检查型号、名称与施工图纸是否一致。

② 按照机组装箱清单仔细核对机组的随机配件，并妥善保管。

③ 检查室内机有无泄漏。如图 5.37 所示，用螺丝刀顶开机组的接管封帽处的塑料顶针，感觉是否有气体流出，若有则说明室内机没有泄漏；若没有则需对室内机进行打压试验，确认室内机是否有泄漏。有泄漏的机组不能安装。

④ 手动拨动电机风叶，确认风叶转动是否正常，操作如图 5.38 所示。

图 5.37　室内机检漏

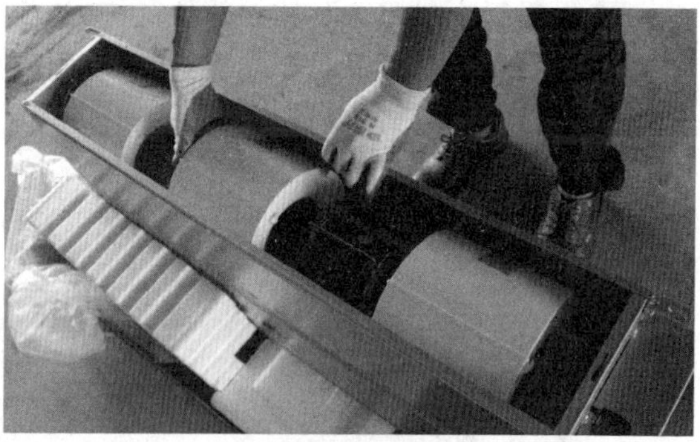

图 5.38　风叶转动确认

3. 室内机的安装

室内机安装位置需按设计图纸要求，由用户与其他工程安装单位一起沟通决定，应综合考虑室内机、检修口、送回风口的位置以及线控器的位置，电器盒侧的空间应重点保证，从检修口或回风口应能方便检查电器盒、电机。

室内机安装的注意事项参见本章 5.3.3 小节风机盘管的安装内容。

5.3.5.3　铜管连接管的制作与安装

1. 铜管材料的选择

① 铜管须选择磷酸脱氧无缝紫铜管。

② 铜管内壁应清洁、干燥，杂质含量≤30 mg/10 m。

③ 铜管的壁厚应符合表 5.12 的要求，并应具有出厂合格证、质量证明书。

表 5.12　铜管壁厚选型要求

序号	外径/mm	壁厚/mm	材料类型
1	6.35	0.8	O(软态)
2	9.52	0.8	O(软态)
3	12.7	0.8	O(软态)
4	15.9	1.0	O(软态)
5	19.05	1.0	1/2H(半硬态)
6	22.2	1.2	1/2H(半硬态)
7	28.6	1.2	1/2H(半硬态)
8	34.9	1.3	1/2H(半硬态)
9	41.3	1.5	1/2H(半硬态)

2. 铜管的存放

铜管的存放要求如下：

① 收到制冷剂配管及其他部件时，确认无变形、弯曲、压破、损伤后，再搬入保存。

② 保存中的铜管用端盖或胶带封口，用支架使其高于地面 300 mm 存放，防止水分和杂质进入。

③ 施工过程中的管端部也必须做好保护。根据加工部位、工期及周围环境，最有效的方法是夹扁焊接封口和缠胶带封口。如图 5.39 所示。

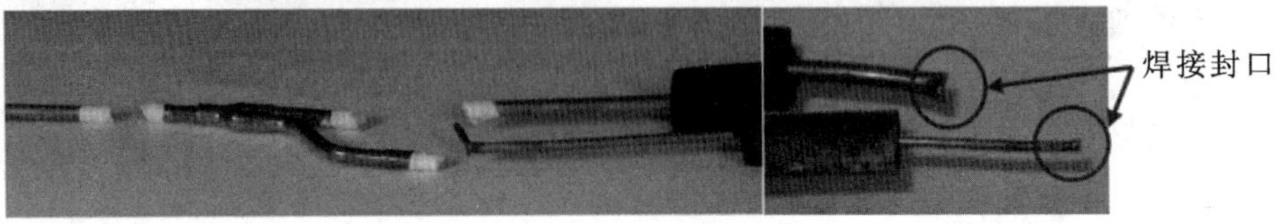

图 5.39　铜管管端保护

如管端部未封口，灰尘杂物易进入，后期很难清洗干净，残留在系统内的灰尘杂物会堵塞过滤器，影响系统运行，甚至出现回油不良导致压缩机烧毁的现象。

3. 铜管连接管的敷设

铜管连接管宜明装敷设，当由于条件限制而须采用预埋敷设时，必须符合以下要求：

① 必须有足够的空间预埋管道。

② 必须有保护套管，保证铜管及其保温棉不被压缩或压扁。

③ 预埋的铜管必须是整根管，不得有接头；预埋前必须对铜管进行打压试验，保证无泄漏。预埋过程中必须保证端口密封，防尘防水。

④ 预埋完成后必须将铜管两端夹扁焊接封口，并向管道内充注干燥的氮气。

⑤ 预埋铜管启用前再次进行试压检漏，保证无泄漏后再使用。

4. 铜管支吊架的安装

(1) 固定吊杆和支架的选择。

① 吊杆：直径≥ϕ8 mm。

② 角钢：等边角钢，边宽×边宽×边厚为 30 mm×30 mm×3 mm 或以上规格。

(2) 水平管道应用吊杆支架来支撑；立管应用管码来固定，固定应牢固。必须考虑铜管的热胀冷缩，不能将保温后的铜管夹紧。铜管支架支撑间距要求如表 5.13 所示，支架要做到间隔均匀，统一美观。

表 5.13 铜管支架支撑间距表

铜管外径/mm	$\phi\leqslant16$	$19.05\leqslant\phi<40$	$\phi\geqslant40$
横管间距/mm	≤1000	≤1500	≤2000
立管间距/mm	≤1500	≤2000	≤2500

(3)支架处须采用套管保护，避免震动造成保温棉破损。如图 5.40、图 5.41 所示。

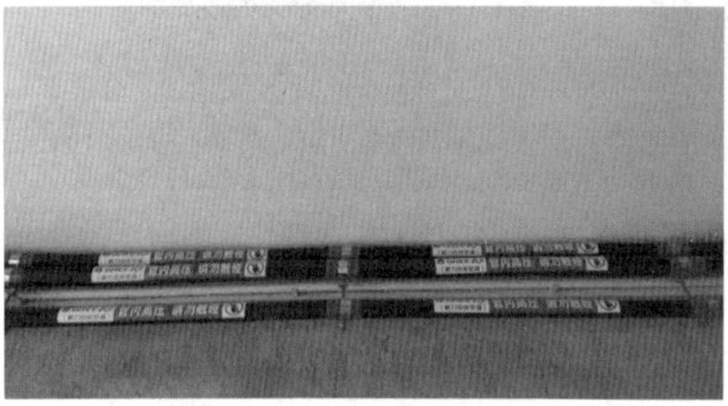

图 5.40 支架套管示意图

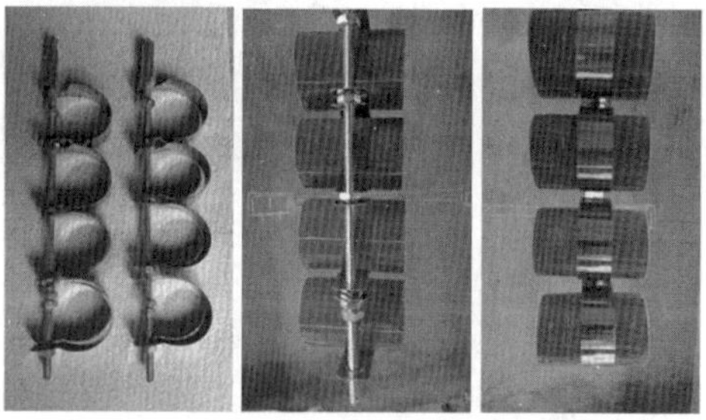

图 5.41 支架形式及防护的套管

(4) 支、吊架的形式应符合设计规范，可参考图 5.41 所示。

(5) 吊架的吊杆应平直，丝杆的螺纹应完整、光洁。支、吊架上的螺孔应采用机械加工，禁止用气割开孔。如图 5.42 所示。

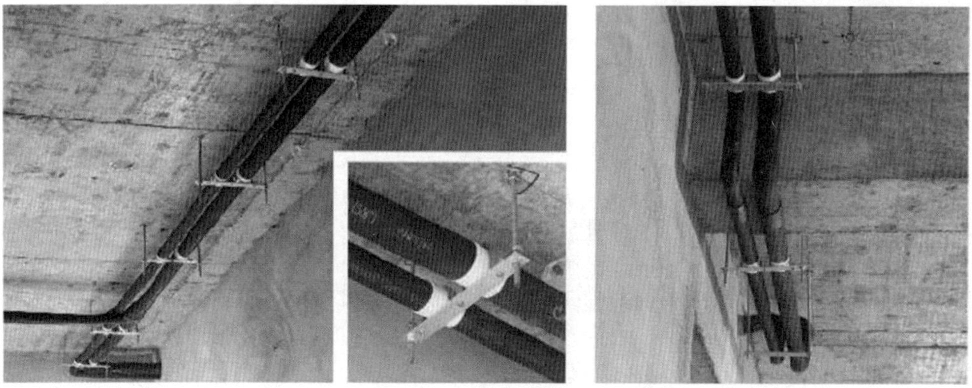

图 5.42 吊杆安装图

(6) 支、吊架必须刷防锈漆，做好防锈处理。

(7) 穿墙或梁的管道两端距离洞口 300 mm 必须用支吊架固定。

(8) 分歧管中心前后 500 mm 以内必须有支吊架。

(9) 当液管和气管共同吊装，应以液管的尺寸为准。

(10) 室内管道与室内机连接 300～500 mm 处以及转弯 300 mm 处应用支吊架固定。

5. 配管

对于盘管材料铜管，应尽量按照实际连接长度下料配管，这样就只需要在分歧管位置进行焊接，减少了焊点；对于直管材料铜管，也应尽量减少管道连接的焊点。

配管前必须对管道进行吹洗或清洗，对于盘管材料的小管径铜管使用高压氮气吹洗铜管内壁；对于直管材料的大管径铜管使用蘸酒精的纱布来回拖拉清洗铜管内壁。如图 5.43 所示。

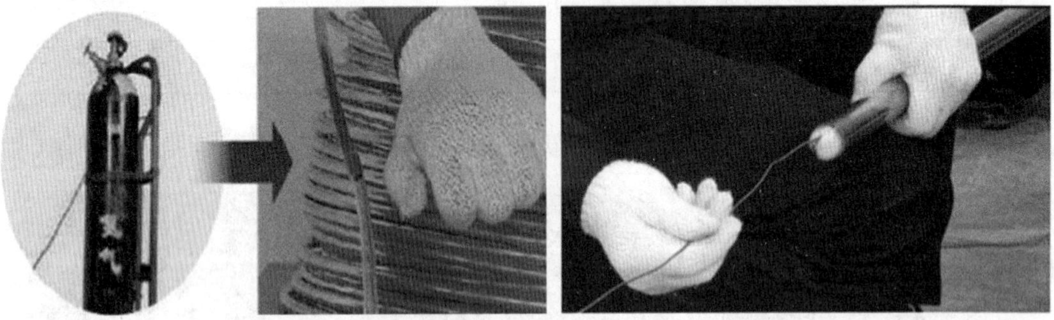

图 5.43　配管吹洗和清洗

配管前应穿好保温管，穿保温管时，铜管端口必须用胶布缠好封口，避免杂质进入。如图 5.44 所示。

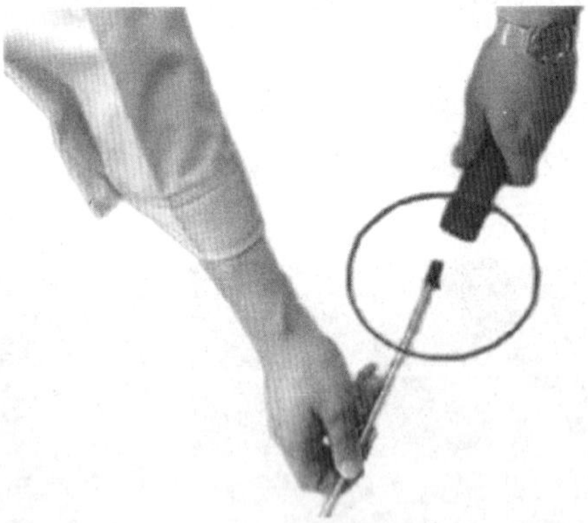

图 5.44　铜管端口密封

配管时应优先在操作台上焊接成管道组件后再配管吊装，配管时注意焊点位置应避开较难焊接的位置。

6. 铜管的加工

铜管的切割、扩口及弯曲操作工艺及要求详见本教材 2.2 节铜管的加工及连接部分。

7. 铜管穿墙

铜管穿墙要求如下：

① 管道穿墙前必须进一步检查铜管端口是否已密封良好，避免杂质进入。

② 管道穿过外墙孔时必须密封，并应向室外倾斜朝下，雨水不得往内渗入。

③ 管道穿越墙体或楼板处应设保护套管，穿墙套管与墙体等长，穿楼板套管与楼板底面平齐，顶面高出 20 mm，位于卫生间时应高出地面 50 mm，管道与套管的空隙应用隔热或其他阻燃材料填充。

④ 不得将套管作为管道的支承。不得将管道焊缝和扩口螺母置于穿墙套管内。

8. 铜管的焊接

(1) 焊接步骤

① 准备好氮气、氧气、乙炔、焊枪、焊条及相关工具材料。充氮焊接示意图如图 5.45 所示。

② 接好氮气管道，对系统进行充氮，首先充驱赶氮气，驱赶氮气压力约为 0.1 MPa，持续 30 s 左右，将管道内的大部分空气进行排除，然后将氮气压力调至 0.05±0.01 MPa，压力不宜过大。

③ 从离充氮最近的连接处开始焊接，直至最后一个焊点焊接完成。

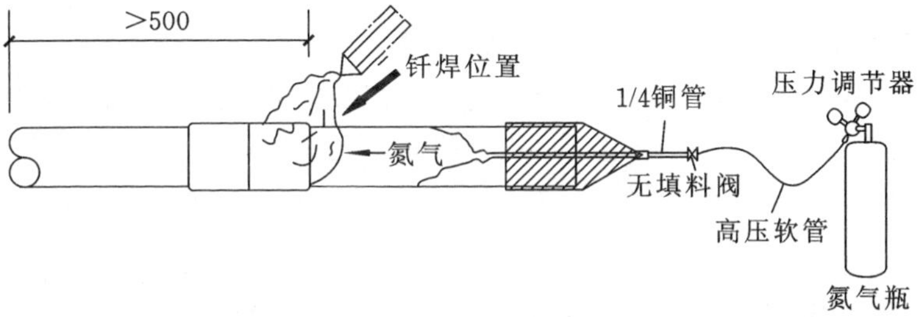

图 5.45 充氮焊接示意图

④ 焊接过程中充氮不能中断，焊接完成后应继续充氮，等待铜管自然冷却后停止充氮，避免铜管内壁产生氧化皮。

⑤ 焊接完成后应检查焊点是否饱满，确保焊缝部位没有气孔、砂眼，没有明显的焊瘤。

(2) 焊接注意事项

① 一定要遵照当地法规，必须由有资格人员进行焊接操作。

② 必须使用硬钎焊，采用氮气保护钎焊作业。

③ 铜管的对接焊禁止采用扩喇叭口焊接，禁止夹扁焊接，禁止插入深度过长。

9. 分歧管的安装

分歧管安装要求如下：

① 分歧管安装前一定要核对型号，不能错用。

② 分歧管安装要尽量靠近室内机，减少室内机支管路对冷媒分配的影响。

③ 分歧管安装要采用水平安装或垂直安装，水平安装要求三个端口在同一个水平面上，禁止改变分歧管的定型尺寸和装配角度；垂直安装时，要保证三个端口在同一个立面上，不允许倾斜，详见图 5.46，图中编号 1、3 是正确的安装形式，编号 2 是错误的安装形式。

④ 分歧管前后均为焊接点，必须有足够的焊接操作空间，因此不能离墙壁或其他管道太近。

⑤ 分歧管与分歧管之间的间距要保证 800 mm 以上，分歧管前后与折弯点间距及两折弯点间距也要保证 800 mm 以上。如图 5.47 所示。

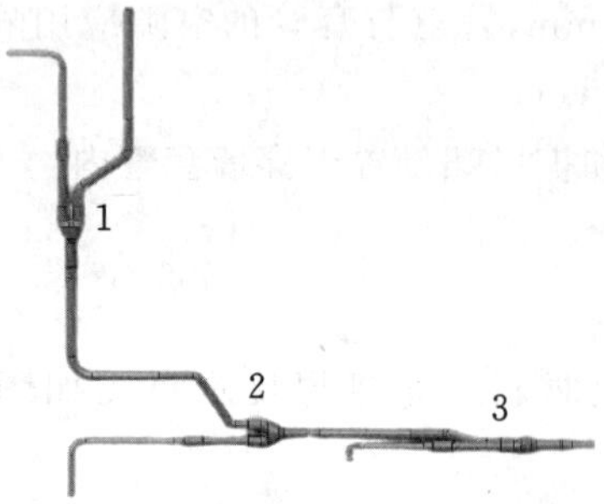

图 5.46 分歧管连接示意图

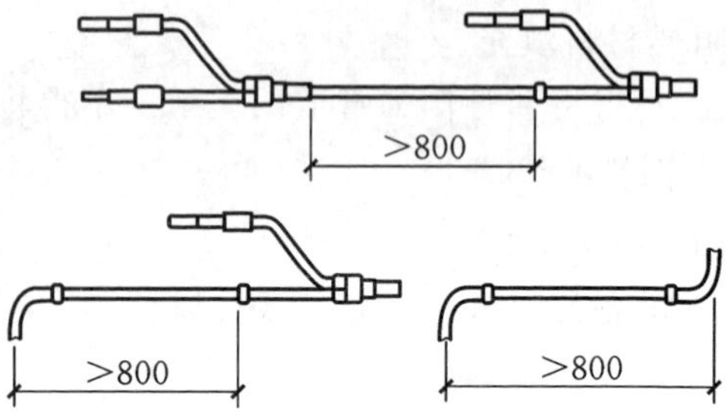

图 5.47 分歧管直管段长度要求

⑥ 分歧管水平放置时，要保证两分歧支管在同一水平面上，因此需要有足够的空间能水平放置好分歧管。如图 5.48 所示。

10. 铜管系统的吹洗

铜管焊接施工结束后，必须对铜管系统进行吹扫（室内机、电子膨胀阀部件、室外机除外），清除管内可能存在的水汽、灰尘、垃圾。使用氮气进行吹扫，氮气压力为 0.5 MPa，反复吹洗，用浅色布检查 5 min，无污物为合格。系统充氮吹洗示意图如图 5.49 所示。

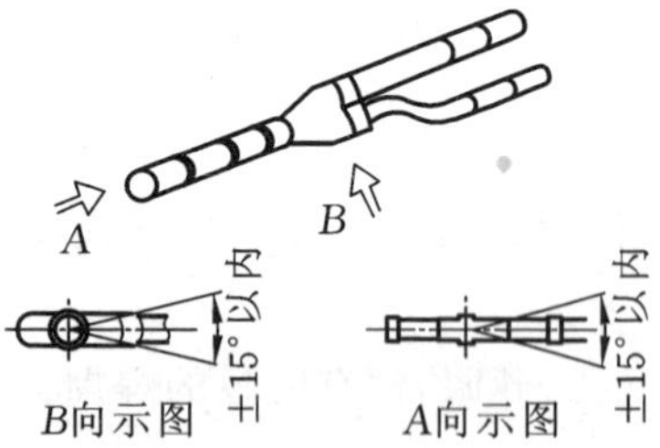

图 5.48 分歧管水平安装要求

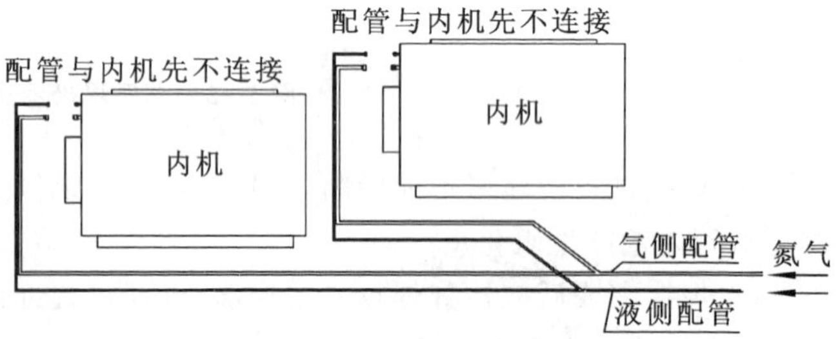

图 5.49 系统充氮吹洗示意图

铜管系统吹洗操作步骤如下：

① 将接室内机的连接管用盲塞堵住；

② 从接室外机的主管道处对系统充入 0.5 MPa 的氮气；

③ 从距离室外机最近的盲塞开始，快速打开盲塞，释放氮气，利用一定压力的氮气将系统内的杂质吹出，重复加压和释放，直至用浅色布检查吹出的气体无污物为止。

11. 铜管与室内机的喇叭口连接

首先须使用一把扳手定位卡紧室内机的管接头，尽可能使用匹配的固定开口扳手，避免因开口距离调节不当而出现管接头打滑的现象，进而导致室内机管接头受力出现裂纹、泄漏的问题。

然后使用另一把匹配的力矩扳手或活动扳手卡紧接管螺母，注意不要有间隙，避免打滑。

最后使用合适大小的力打紧螺母，注意卡紧管接头的扳手必须定位好，不能有旋转移动，只能通过旋转卡紧接管螺母的扳手来紧固螺母。为保证工程安装质量，推荐采用力矩扳手来替代活动扳手紧固接管螺母。螺母紧固力矩参考值见表 5.14。

表 5.14　螺母紧固力矩要求

铜管外径/mm	紧固力矩值/(N·m)
ϕ6.35	15～30
ϕ9.52	35～40
ϕ15.9	60～65

12. 铜管系统气密性试验

(1) 气密性试验操作步骤

① 用 U 形管将气管和液管连通并接上压力表和带注氟嘴的截止阀；

② 注氟嘴充入氮气，使用纯氮气，氮气纯度要求达到 99.96%以上，R410A 气密性试验加压分段控制表如表 5.15 所示。

表 5.15　R410A 气密性试验加压分段控制表

加压步骤	R410A 系统加压压力/MPa	备注
第一步加压(5 min)	0.5	检大漏
第二步加压(5 min)	1.5	检大漏
第三步加压(24 h)	4.0	检小漏

③ 压力稳定后，对系统压力值和环境温度做好记录，保持 24 h 以上，除去温度影响后(环境温度升高或降低 1 ℃，压力会升高或降低 0.01 MPa)，压力变化在 0.02 MPa 以内为合格。

(2) 气密性试验注意事项

① 进行气密性试验时禁止连接室外机组，防止因阀门密封不严而导致氮气渗入室外机，引起空调系统的运转不正常；

② 有室内机的气密性试验完成后，压力减到 0.5～1.0 MPa 为宜，防止时间过长损坏室内机的电子膨胀阀；

③ 气瓶的出口必须使用减压阀，控制压力，缓慢充入系统内；

④ 须使用U形管将气管和液管连通，禁止单管充入氮气，防止室内机的电子膨胀阀阀芯变形。

13. 铜管安装的要素总结

在进行铜管管道安装时，应力求保证管道内干燥、清洁、气密性。具体内容详见表5.16。

表5.16　铜管安装的要素总结

要素	干燥	清洁	气密性
	管内无水分	管内无杂质	管道无泄漏
图例	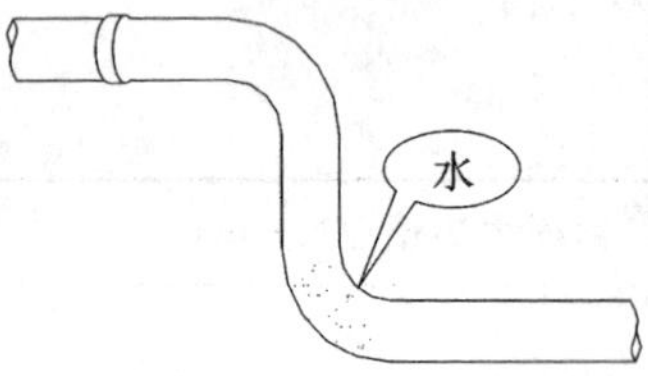	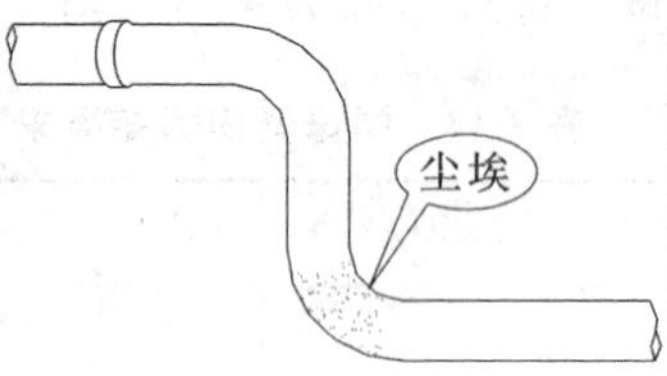	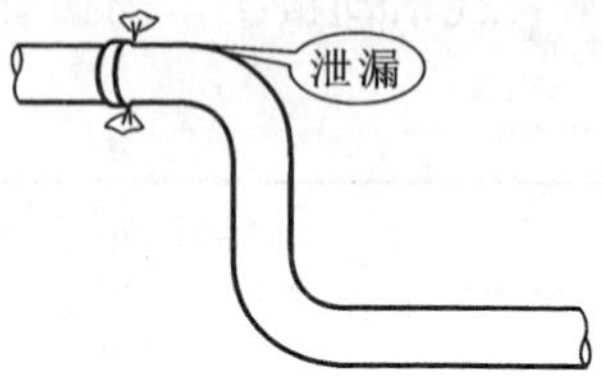
原因	外部水进入； 空气中的水蒸气	钎焊产生的氧化物； 外界杂质进入	钎焊未焊透； 喇叭口加工不当或拧紧力矩不对
后果	膨胀阀或毛细管等冰堵； 空调效果差； 润滑油老化； 压缩机故障	膨胀阀或毛细管等堵塞； 空调效果差； 润滑油老化； 压缩机故障	制冷剂不足； 空调效果差； 排气温度升高； 润滑油老化； 压缩机故障
预防措施	铜管存放、安装过程中进行封口保护； 系统吹洗； 真空干燥	铜管存放、安装过程中进行封口保护； 充氮焊接； 系统吹洗； 不使用已用过其他制冷剂的设备	遵守钎焊的基本操作规程； 遵守喇叭口制作的基本操作规程； 进行保压检漏

5.3.6　空气过滤器的安装

空气过滤器在空调及空气净化系统中起到至关重要的作用，其基本功能是去除室外空气中的微小颗粒物质，确保室内空气质量达到既定洁净标准。根据空气过滤效率，该设备可分为多个类别：粗效、中效、亚高效以及高效过滤器等。按洁净室的洁净度要求选用，以确保系统的最佳性能和效率。

5.3.6.1 粗效过滤器安装

金属网格浸油过滤器用于一般通风空调系统。安装前应用热碱水将过滤器表面黏附物清洗干净，晾干后再浸以12号或20号机油。安装时应将空调器内外清扫干净，并注意过滤器的方向，将大孔径金属网格朝迎风面，以提高过滤效率。

自动浸油过滤器用于一般通风空调系统。安装时应清除过滤器表面黏附物，并注意装配的转动方向，使传动机构灵活。过滤器与框架或并列安装的过滤器之间应进行封闭，防止污染的空气短路而降低过滤效果。

自动卷绕式过滤器是用化纤卷材为过滤介质，以过滤器前后压差为传感信号进行自动控制、更换滤材的空气过滤设备，常用于空调和空气洁净系统。安装前框架应平整，过滤器支架上所有接触滤材表面处不能有破角、毛边、破口等。滤材应松紧适当，上下箱应平行，保证滤料可靠地运行。滤料安装要规整，防止自动运行时偏离轨道。多台并列安装的过滤器，用同一套控制设备时，压差信号使用过滤器前后的平均压差值，要求过滤器的高度、卷材轴直径以及所用滤材规格等有关技术条件一致，以保证过滤器的同步运行。应特别注意的是，电路开关必须调整到相同的位置，避免由于其中一台过早报警而使其他过滤器的滤料也中途更换。

5.3.6.2 中效过滤器安装

中效过滤按滤料可分为玻璃纤维纸、棉短绒纤维纸及无纺布等。中效过滤器安装时，应考虑便于拆卸和更换滤料，并使过滤器与框架和框架与空调器之间保持严密和牢固。

袋式过滤器是一种常用的中效过滤器。它采用不同孔隙率的无纺布作滤料，把滤料加工成扁平袋形状，袋口固定在角钢框架上，然后用螺栓固定在空气处理室的型钢框上，中间加法兰垫片。由多个扁布袋平行排列，袋身用钢丝架撑起或是袋底用挂钩吊住。安装时要注意袋口方向应符合设计要求。

5.3.6.3 高效过滤器安装

高效过滤器是空气洁净系统的关键设备，其滤料采用超细玻璃纤维纸和超细石棉纤维纸。为保证高效过滤器的过滤效率和洁净系统的洁净效果，高效过滤器的安装必须遵守《洁净室施工及验收规范》(GB 50591—2010)或设计图纸的要求。

1. 安装前的准备

为防止高效过滤器受到污染，开箱检查和安装必须在空气洁净系统安装完毕，空调器、风管内及洁净房间经过清扫，空调系统各单体试运行后及风管内吹出的灰尘量稳定后才能进行。

安装前要检查过滤器框架或边口端面的平直性。端面平整度的允许偏差，每只不应大于1 mm。如端面平整度超过允许偏差，只允许修改或调整框架的端面，不允许修改过滤器的外框，否则将会损坏过滤器中的滤料或密封部分，降低过滤效果。

2. 安装方法

高效过滤器安装时，应保证气流方向与外框上箭头标志方向一致。用波纹板组合的过滤器在竖向安装时,波纹纸必须垂直于地面,不得反向。

高效过滤器与框架的密封,一般采用顶紧法和压紧法两种。顶紧法特点:能在洁净室内安装和更换高效过滤器。压紧法特点:只能在吊顶内或技术夹层内安装和更换高效过滤器。顶紧法和压紧法安装应注意如下事项:安装时要对过滤器轻拿轻放,不得污染,不能用工具敲打、撞击,严禁用手或工具触摸过滤纸,防止损伤滤料和密封胶。过滤器与框架的密封,一般采用闭孔海绵橡胶板或氯丁橡胶板密封垫,也有用硅橡胶涂抹密封。密封垫料厚度通常为 6～8 mm,定位粘贴在过滤器边框上,安装后的压缩率应大于 50%,密封垫料的拼接采用梯形拼接或榫形拼接,如采用硅橡胶作密封材料,为保证良好的密封性,在涂抹硅橡胶前,应先清扫过滤器和框架上的杂物和油污,再饱满均匀地涂抹硅橡胶。

5.3.7 消声器的安装

消声器是一种既能允许气流通过,又能有效阻止或减弱声能传播的装置,是消除空气噪声的主要技术措施。消声器的种类和结构形式很多,用于空调系统中的消声器按其消声特性来分,有阻性消声器、抗性消声器、复合式消声器和微孔板消声器。

消声器安装操作的注意事项如下:

① 消声器安装时,应该连接牢固、平直不漏风,消声器在吊装过程中,应避免振动,防止消声器变形,影响消声效果。

② 对于填充消声多孔材料的阻式消声器,若由于振动而损坏填充材料,不但会降低消声效果,而且也会污染空调环境。消声器安装的方向应正确,与风管或管件的法兰连接应严密和牢固。

③ 消声器应单独设吊、支架,其质量不能由风管承受。为防止噪声不经过消声器直接进入消声器后面的管道,消声器不宜配置在机房内。如必须设置在机房,应采取隔声措施。

④ 当系统为空调、洁净系统时,消声器外壳应与风管同样做保温处理。消声器的噪声衰减量与气流有关,流速越高,噪声衰减量随之下降,所以消声器的位置应尽可能远离风机出口,避开高速气流。

5.4 通风空调系统检测、调试及竣工验收

5.4.1 通风空调系统检测

在风管及管件安装完成之后,且在实施防腐及隔热措施之前,应根据系统的工作压力级别进行严密性检验,确保加工工艺质量的前提下,需要对低压风管系统进行严密性检验,主要对主干管部分运用漏光测试法进行检测。中压风管系统的严密性检验,除了进行漏光测试之外,还需对选定部分进行漏风量抽样检测;高压风管系统,必须对所有管道开展详尽的漏风量测定。在进行风管系统气密性检测时,若被抽查的部分均符合标准,则认

为该检验通过。

5.4.1.1　漏光法检测

风管严密性的漏光法检测，是利用光线对小孔的强穿透力，对系统风管严密程度进行检测的方法。光源应采用具有一定强度的安全光源，一般的手持移动光源可采用不低于100 W带防护罩的低压照明灯，或其他的低压光源。

在对系统风管进行漏风检测时，光源可置于风管的内侧，也可置于风管的外侧，但其相对侧应为黑暗环境。即将光源置于风管内侧时，其风管的外侧应为光线较暗的背景；如将光源置于风管的外侧，其风管的内侧应为光线较暗的背景。检测光源应沿着被检测接口部位与接缝做缓慢的移动，在另一侧进行观察。当发现有光线射出时，则说明查到了明显的漏风处，并做好记录。

对于系统风管的检测，宜采用分段检测、汇总分析的方法。在严格安装质量管理的基础上，系统风管的检测以总管和干管为主。当采用漏光法检测风管系统的严密性时，低压系统风管以每 10 m 接缝，漏光点不多于 2 处，且 100 m 接缝平均不大于 16 处为合格；中压系统风管以每 10 m 接缝，漏光点不多于 1 处，且 100 m 接缝平均不大于 8 处为合格。漏光检测中，对发现的条缝形漏光，应做密封处理。

5.4.1.2　漏风量测试

风管严密性检验，应在漏光法检测合格后，对系统漏风量测试进行抽检，抽检率为 20%，且不得少于 1 个系统。低压系统大多为一般的通风和舒适性空调系统，在加工工艺得到保证的前提下，采用漏光法检测，当漏光法检测结果符合规范要求时，可不进行漏风量测试。当漏光检测达不到要求时，应按规定的抽检率做漏风量测试抽检，抽检率为 5%，且不得少于 1 个系统。

矩形风管的允许漏风量的规定，如表 5.17 所示。

表 5.17　不同矩形风管允许漏风量规定

风管类型	漏风量规定
低压风管系统	$Q_L \leqslant 0.1056P^{0.65}$[m³/(h·m²)]
中压风管系统	$Q_m \leqslant 0.0352P^{0.65}$[m³/(h·m²)]
高压风管系统	$Q_H \leqslant 0.0117P^{0.65}$[m³/(h·m²)]

低压、中压圆形的金属风管和复合材料风管以及采用非法兰形式的非金属风管的允许漏风量，应为矩形风管规定值的 50%；砖、混凝土风道的允许漏风量不应大于矩形低压系统风管规定值的 1.5 倍；排烟、除尘、低温送风的系统风管漏风量按中压系统风管的规定执行；N1～N5 级净化空调系统按高压系统风管的规定执行，其余按中压系统风管的规定执行。

漏风量测试装置，一般分为风管式和风室式两种。在风管式漏风测试装置中，使用的计量元件为孔板；在风室式漏风测试装置中，使用的计量元件为喷嘴。测试装置中所使用风机的风压和风量应大于被测定系统或设备的规定试验压力及最大允许漏风量的 1.2 倍。装置试验压力的调节，一般采用调整风机转速的方法，也可以采用控制节流器开度的方法，漏风量值必须在稳压条件下测得。测试装置中用来测量压差的装置，一般采用微压计，其最小分度应不大于 1.6 Pa。

如图 5.50 所示为风管式漏风量的测试装置。它是由离心式风机、连接风管、测压仪器、整流栅、节流器和标准孔板等组成。漏风量测试装置应符合现行国家标准《通风与空调工程施工质量验收规范》(GB 50243—2016)的规定。

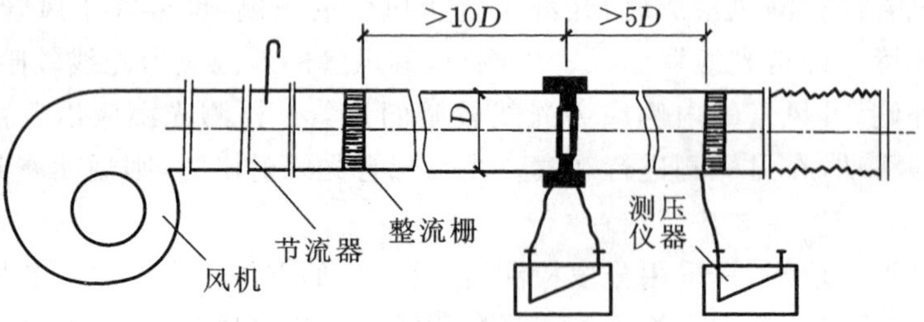

图 5.50　正压风管式漏风量测试装置

在空调系统中，施工质量，设备、风道漏风量超标等原因，会造成空调系统运行工况失调，不能满足工程使用的要求，不仅给维修和运行调节带来较大的困难，而且还造成维修和运行费用的增加，应引起足够重视。通风空调工程施工过程中，因风管漏风量大而导致系统调试无法顺利进行是常见的问题。施工人员应按照规范规定的方法检测，可以避免发生漏风量超标的问题。

5.4.2　系统的试运行与调试

通风空调系统安装完毕后，必须进行系统的测定和调整，简称调试。调试应由施工单位负责，监理单位监督，设计单位和建设单位参与和配合。系统调试前，施工单位应编制调试与试运转方案并报送监理工程师审批；调试结束后，施工单位必须提供完整的调试资料和报告。

施工单位调试前应先熟悉的内容包括通风空调工程的全部设计图纸、设计参数、系统全貌、设备性能和设备使用方法等，并对整个通风空调工程做全面的质量检查，如管道、设备、阀门的安装质量，空气洁净系统及除尘器的严密性，系统的防腐及保温质量等，然后编制调试计划。同时准备好需要的仪表和工具，接通水、电源及冷热源。各项准备工作就绪和检查无误后，即可按计划投入试运行。通风空调系统试运行的流程如图 5.51 所示。

5.4.2.1　设备单机试运行及调试

设备的单机试运行与调试主要包括通风机、空调机、制冷机、冷却塔风机、防火阀、表面换热器、净化设备等的单机试运行。应符合以下规定：

通风机、空气处理机组中的风机，叶轮旋转方向应正确，运转应平稳，应无异常振动与声响，电动机运行功率应符合设备技术文件要求。风机在预定转速下连续运行 2 h 后外壳最高温度不得大于 70 ℃，滚动轴承温度不得大于 75 ℃。风机盘管机组的调速、温控阀的动作

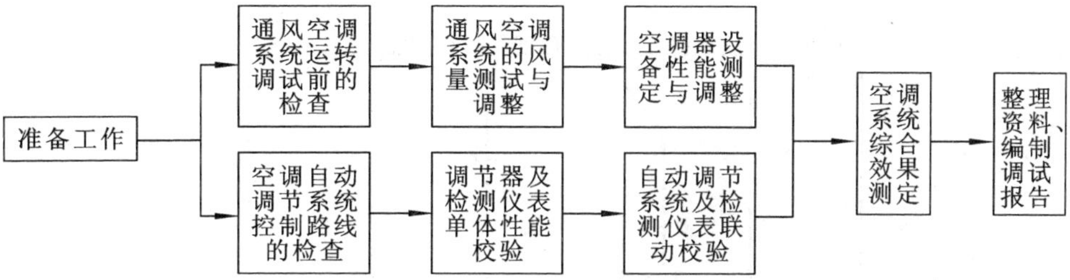

图 5.51 通风空调系统试运行的流程

应正确，并应与机组运行状态一一对应，中挡风量的实测值应符合设计要求。

风机、空气处理机组、风机盘管机组、多联式空调(热泵)机组等设备运行时，产生的噪声不应超过设计及设备技术文件的要求。

水泵、冷却塔风机和制冷机组的试运转及调试详见第 6 章内容。

多联式空调(热泵)机组系统应在充灌定量制冷剂后，进行系统的试运行。系统应能正常输出冷风或热风，在常温条件下可进行冷热的切换与调控；室外机的试运行正常；室内机的试运行不应有异常振动与声响；百叶板动作应正常，不应有渗漏水现象，运行噪声应符合设备技术文件要求；具有可同时供冷、供暖的系统，应在满足当季工况运行条件下，实现局部内机反向工况的运行。

电动调节阀、电动防火阀、防排烟风阀(口)的手动、电动操作应灵活可靠，信号输出应正确；变风量末端装置单机的控制单元单体供电测试过程中，信号及反馈应正确，不应有故障显示；启动送风系统后，按控制模式进行模拟测试，装置的一次风阀动作应灵敏可靠；带风机的变风量末端装置，风机应能根据信号要求运转，叶轮旋转方向应正确，运转应平稳，不应有异常振动与声响；带再热功能的末端装置应能根据室内温度实现自动开启与关闭。

5.4.2.2 通风空调系统试运转与调试

在建筑施工过程中，通风与空调系统的试运转是一个关键的阶段，它包含两个主要的环节：无负荷联合试运转和带负荷的综合效能试验与调整。无负荷试运转是由施工单位负责执行，而带负荷的效能测试与调整则是由建设单位主持，需要设计单位和施工单位的密切配合。

无负荷试运转与调试应在通过通风与空调设备单体试运转后展开，此阶段主要包括以下步骤：系统风量与风压的测定；冷热水的总流量以及冷却水总流量的测定；温度、相对湿度及其波动值的测定；静压的测定；室内洁净度的测定；水量的确定；噪声测定等。

系统风量和各支路风量、阻力平衡的调整可按以下方法进行。

(1) 流量等比分配法

系统风量的调整通常是从系统最不利环路开始，逐步向风机出口段进行。如图 5.52 所示，先对支管 1 和支管 2 进行风量测定，再通过调节各支管上的风阀保证其风量比例符合预设值。然后，运用同样的方法测定和调整支管 6 和 7、3 和 4、5 和 8 的风量；最后测定并调整风机的总风量，使其等于设计总风量。此方法称为“流量等比分配法”，该方法方便、准确。

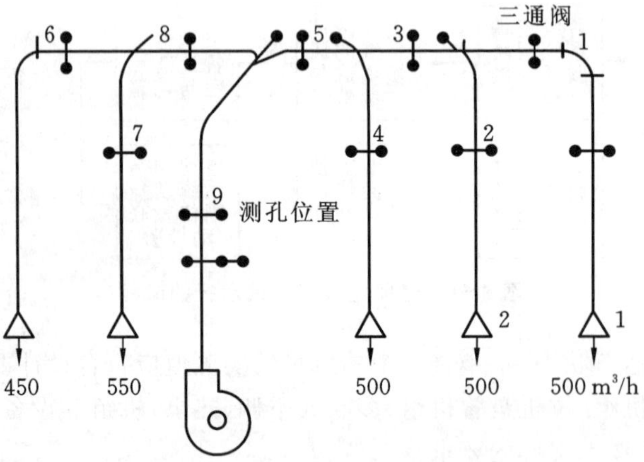

图 5.52　系统风量平衡调整示意图

(2) 逐段分支调整法

逐段分支调整法从风机开始，首先将风机送风量调整至超过设计总风量的 5%～10%。接下来，依次调整 6 和 7、1 和 2 分支管，使它们逐步接近设计风量。在不利环路达到近似平衡后，继续调整支管 5 和 8。最后，对支管 9 的总风量进行调整，以确保它接近于设计总风量。

通风空调系统的调试应确保其风量与设计风量的偏差不超过 10%，以保证系统的效率和性能。

5.4.2.3　通风空调系统的试运行

通风空调系统的试运行，首要条件是完成对系统风机、风管以及风口的风量和风压的测定工作，并确保系统风量平衡。在此基础上，冬期竣工时通入热源，夏期竣工时通入冷源，以确保空调系统的联合性能得到充分检验和调整。此类试运行应保证至少 8 h 的连续性，以评估其稳定性和可靠性。通风、除尘系统应在无负荷下进行风机、风管与附件等全系统的联合试运行，其连续运转时间不少于 2 h。

当空调系统的竣工季节与设计条件相差较大时，仅做不带冷(热)源的试运转。所有通风、除尘、空调系统的联合试运行情况，均应做好运行记录，作为工程验收的技术文件之一。如各系统在连续运转时间内运转正常，则可认为系统联合试运转合格。

5.4.3　竣工验收

通风空调工程的竣工验收应由建设单位负责组织，监理单位项目负责人和设计单位专业负责人，以及施工单位的技术、质量部门人员、监理工程师共同参加对本分部工程的竣工验收，合格后即可办理四方验收手续。

验收时，验收组需对工程进行全面的外观检查并审查竣工交付文件，在施工单位经自检提交的分项分部工程质量检验评定表的基础上，对工程的质量等级进行最终的评定，如评定结果质量等级达到合格及以上标准后，即可办理验收手续，进行通风与空调分部工程的竣工验收。通风与空调工程竣工验收时，各设备及系统应完成调试，并可正常运行。当竣工验收时因季节原因而无法进行带冷或热负荷的试运行与调试时，可仅进行不带冷(热)源的试运行，建设、监理、设计、施工等单位应按工程具备竣工验收的时间给予办理竣工验收手续。带冷(热)源的试运行应待条件成熟后再施行。

5.4.3.1 通风与空调工程各系统的观感质量检查

通风与空调工程各系统的观感质量应符合下列要求：

① 风管表面应平整、无破损，接管应合理。风管、部件和管道的支吊架形式、位置及间距应符合设计要求。风管、部件、管道及支架的油漆应均匀，不应有透底返锈现象，油漆颜色与标志应符合设计要求。风管的连接以及风管与设备或调节装置的连接处(含柔性接管)，不应有接管不到位、强扭连接等缺陷，接管应正确牢固。

② 风口表面应平整，颜色应一致，安装位置应正确，风口的可调节构件动作应正常。

③ 各类阀门安装位置应正确牢固，调节应灵活，操作应方便。

④ 制冷机、水泵、通风机、风机盘管机组等设备的安装应正确牢固；组合式空调机组组装顺序应正确，接缝应严密；其外表面不应有渗漏。

⑤ 制冷及空调水管道系统的管道、阀门及仪表安装位置应正确，系统不应有渗漏。

⑥ 除尘器、积尘室安装应牢固，接口应严密。消声器安装方向应正确，外表面应平整、无损坏。

⑦ 绝热层材质、厚度应符合设计要求，表面应平整，不应有破损和脱落现象；室外防潮层或保护壳应平整、无损坏，且应顺水流方向搭接，不应有渗漏。

⑧ 测试孔开孔位置应正确，不应有遗漏。

⑨ 多联式空调机组系统的室内、室外机组安装位置应正确，送、回风不应存在短路回流的现象。

⑩ 净化空调系统的空调机组、风机、净化空调机组、风机过滤器单元和空气吹淋室等的安装位置应正确，固定要牢，连接应严密，允许偏差应符合规定；高效过滤器与风管、风管与设备的连接处应有可靠密封；送回风口、各类末端装置以及各类管道等与洁净室内表面的连接处密封处理应可靠严密；净化空调机组、静压箱、风管及送回风口不应有积尘；装配式洁净室的内墙面、吊顶和地面应光滑平整，色泽应均匀，不应起灰尘。

5.4.3.2 通风与空调工程应交验的技术文件资料

通风与空调工程竣工验收应交验的技术文件资料包括：

① 图纸会审记录、设计变更通知书和竣工图。

② 主要材料、设备、成品、半成品和仪表的出厂合格证明及进场检(试)验报告。

③ 隐蔽工程验收记录。

④ 工程设备、风管系统、管道系统安装及检验记录。

⑤ 管道系统压力试验记录。

⑥ 设备单机试运行记录。

⑦ 系统非设计满负荷联合试运行与调试记录。

⑧ 分部(子分部)工程质量验收记录。

⑨ 观感质量综合检查记录。

⑩ 安全和功能检验资料的核查记录。

⑪ 净化空调的洁净度测试记录。

⑫ 新技术应用论证资料等。

本章小结

通风空调系统安装是建筑设备安装工程的必备基础环节,学习好本章内容可为后续工程实践做好铺垫。

本章主要介绍通风空调系统安装的相关知识,包括风管系统的类型,风管常用材料,风管及部件的制作、安装,通风空调系统各设备的安装,系统的试运转、调试及验收。学习本章内容要了解通风空调系统风管常用材料,掌握风管及部件的制作方法,掌握风管安装的工序、要求、施工方法,理解通风空调系统试运转、调试及竣工验收的要求。

思考题和习题

1. 风管系统按其系统的工作压力、按风管的连接形式以及按风管系统的性能这三个方面来分类,具体是如何划分的?

2. 风管的连接分为哪两种形式?分别详述这两种形式的具体分类。

3. 共板法兰连接风管时,有哪些组成部分?

4. 在风管及配件的制作加工基本工序中,展开画线的方法有哪几种?分别适用于哪些制作场合?

5. 风管系统减小阻力的措施有哪些?

6. 通风机通常分为哪几种类型?其气流形式分别是怎样的?

7. 轴流风机安装的形式有哪些?

8. 通风机安装的技术要求有哪些?

9. 风机盘管安装的技术要求有哪些?

10. 多联式空调(热泵)机组分歧管的作用是什么?分歧管的安装有何要求?

11. 消声器分为几种类型?如何避免消声器短路现象的产生?

12. 什么是调试?通风空调系统调试包括哪几项内容?

6 冷热源系统安装

【本章提要】

本章主要介绍冷热源系统设备的固定方法和验收要求；离心式、螺杆式、溴化锂吸收式冷水机组的安装流程和要求；冷却塔和水泵安装的技术要点；锅炉、热泵机组、太阳能供热采暖系统、换热机组的安装要求；机组运行调试和维护保养的注意事项。

【本章重点与难点】

重点：设备的固定方法；离心式冷水机组和螺杆式冷水机组安装的技术要点；冷却塔和水泵安装的技术要点；锅炉系统的分类、锅炉安全附件安装的技术要求；地源热泵系统地埋管换热器安装工程施工工艺流程；太阳能供热采暖系统的安装要求。

难点：锅炉系统三大安全附件的安装技术要求；地源热泵系统地埋管换热器安装工程施工工艺流程。

【学习目标与要求】

知识目标：能说明设备的固定方法；能解释地脚螺栓的分类及作用、垫铁的作用及布置方式；能解释主要冷源设备安装的技术要点；能区分水泵的进出口水管的阀件配置；能解释水泵减振消声处理的措施；能描述主要热源和换热设备安装的技术要求；能解释锅炉的三大安全附件的作用和安装要求。

能力目标：通过对冷热源设备固定方法、主要设备安装技术的学习，能够完成对冷源、热源系统安装知识的梳理，能够运用相关知识进行合理分析，解决工程实际问题。

素质目标：冷源、热源系统在建筑设备工程中占有重要的地位，要能够认知技术和环保的重要性，践行严格遵守国家规范标准的要求，提升节能、环保意识，加强社会责任感。

【本章知识图谱】

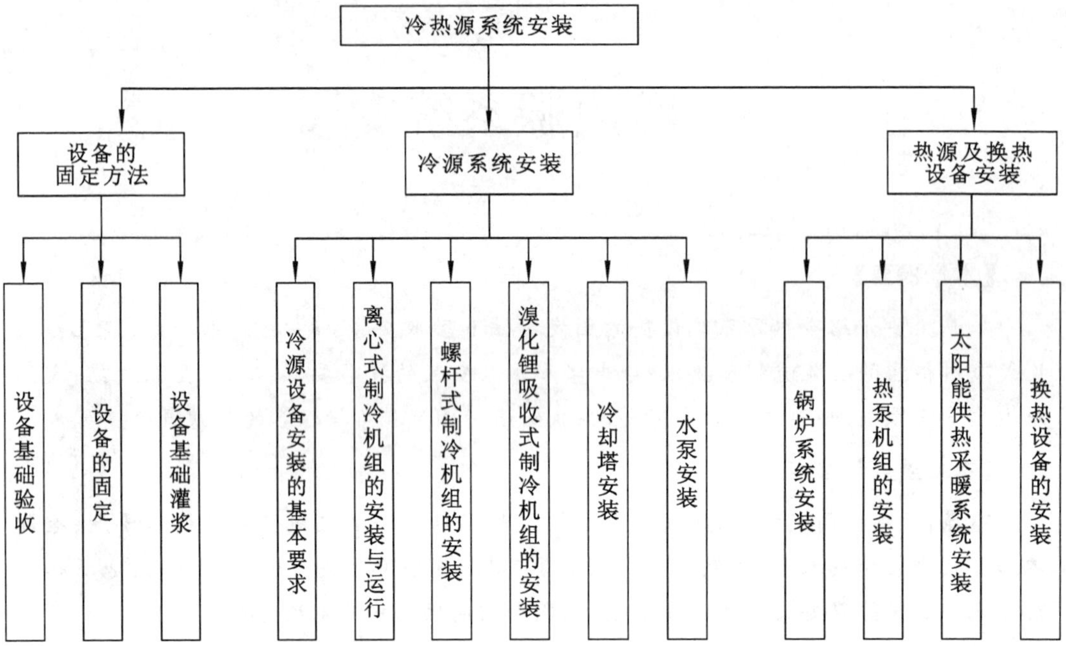

6.1 设备的固定方法

6.1.1 设备基础验收

设备基础是指用来承受设备质量,并吸收设备运行时振动力的构筑物。设备基础一般由安装单位委托土建施工单位负责施工,但在安装设备之前,安装单位必须严格进行质量检查和验收以保证设备安装的质量,并缩短安装工期。验收工作应遵循设计图纸和当前国家标准《混凝土结构工程施工质量验收规范》(GB 50204—2015)的具体要求。

设备基础的验收主要是为了检查基础的施工质量,校核基础的位置尺寸、标高,检查外观质量及强度等。设备基础验收时要填写验收记录。

6.1.1.1 设备基础位置尺寸、标高的要求

在对设备基础进行测量检查时,关键项目包括:基础坐标的定位;各平面标高的测定;平面的外形尺寸;凸台平面外形尺寸、凹槽尺寸;平面的水平度;基础的垂直度。此外,预埋活动地脚螺栓锚板的标高、中心位置,以及带槽锚板和带螺纹锚板的水平度等亦需细致检查。

设备安装前应按照规范允许偏差对设备基础位置和几何尺寸进行复检验收。设备基础尺寸和位置的允许偏差应符合表 6.1 的要求。

表 6.1 设备基础尺寸和位置允许偏差

项目		允许偏差/mm
坐标位置(纵、横轴线)		±20
不同平面的标高		−20
平面外形尺寸		±20
凸台上平面外形尺寸		−20
凹穴尺寸		+20
平面的水平度（包括地坪上需安装设备的部分）	每米	5
	全长	10
垂直度	每米	5
	全长	10
预埋地脚螺栓	标高(顶端)	+20
	中心距(在根部和顶部测量)	±2
	中心位置	±10
	深度	+20
	孔壁铅垂度每米	10
预埋活动地脚螺栓锚板	标高	+20
	中心位置	+5
	水平度(带槽的锚板)每米	5
	水平度(带螺纹孔的锚板)每米	2

6.1.1.2 设备基础外表面质量要求

设备基础外表面应无裂纹、空洞、掉角、露筋，在用锤子敲打时，应无破碎等现象发生。同时设备基础表面和地脚螺栓预留孔中的油污、碎石、泥土、积水等均应清除干净。

对于一次性预埋的地脚螺栓，地脚螺栓的位置应正确，露出基础的长度应符合要求，螺纹情况良好，螺母和垫圈配套。

如果是预留地脚螺栓孔，则应按设计图检查预留孔的位置及深度，且孔内应无露筋、凹凸等缺陷，地脚螺栓孔应垂直。

放置垫铁的基础表面应平整，中心标板和标高基准点埋设、纵横中心线和标高的标记以及基准点的编号等均应正确。

设备基础浇筑时承重面上要留出 40～60 mm 的垫铁高度(即比设计标高低 40～60 mm)，待二次灌浆后使之达到设计标高。

此外，设备基础验收时，还应对混凝土强度进行检测，施工单位应提供设备基础质量合格证明书，如果对混凝土强度有怀疑，可请有检测资质的工程检测单位采用回弹法或取芯法等对混凝土强度进行复测。

6.1.2 设备的固定

设备与其基础之间的连接旨在确保设备的稳定性，防止设备在使用过程中发生任何形式的移位或倾翻，从而保障设备的长期稳定运行。通常，设备与基础的固定连接是依靠地脚螺栓实现的，通过垫铁来确保设备的水平和垂直。之后，使用灌浆技术将设备牢固地固定在基础之上。

6.1.2.1 地脚螺栓

地脚螺栓的作用是将设备与基础牢固地连接起来。地脚螺栓一般可分为固定地脚螺栓、活动地脚螺栓、胀锚地脚螺栓和粘接地脚螺栓。目前常用的是固定地脚螺栓和活动地脚螺栓。

1. 设备基础

设备基础施工前，必须进行充分的设计与计算，以确保基础具有足够的承载力和稳定性，设计时需要考虑到设备的质量、运行中可能产生的最大荷载以及设备的振动等因素。此外，还需根据地质条件选择合适的基础类型，如条形基础、筏板基础或箱形基础等。设计单位需要依据相关规范和标准，绘制详尽的基础设计图纸，并计算出所需的材料量。

2. 固定地脚螺栓

固定地脚螺栓与基础浇灌在一起，常用来固定没有强烈振动和冲击的设备。其长度一般为 100～1000 mm，头部做成开叉形、环形、钩形等形状，以防止地脚螺栓旋转和拔出，见图 6.1。固定地脚螺栓在安装时有一次灌浆和二次灌浆之分。一次灌浆即预埋地脚螺栓，预埋地脚螺栓时定位一定要准确。二次灌浆是指在基础上预先留出地脚螺栓孔，安装设备时穿上地脚螺栓，然后把地脚螺栓浇灌在预留孔内。

3. 活动地脚螺栓

活动地脚螺栓是一种可拆卸的地脚螺栓，用于固定工作时有强烈振动和冲击的重型机械设备。这种地脚螺栓比较长，分为双头螺纹的双头式和一头螺纹、另一头 T 字形的 T 形式，见图 6.2。

活动地脚螺栓有时要和锚板一起使用，锚板可用钢板焊制或铸造成型，中间有穿螺栓或固定螺栓的孔。地脚螺栓安装过程中要防止地脚螺栓中心位置标高超过允许偏差。

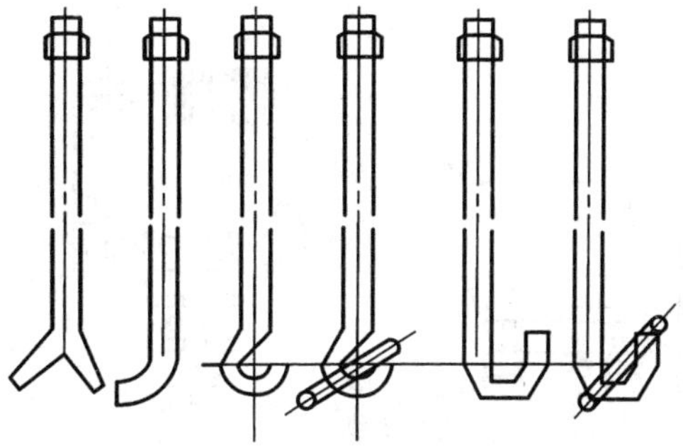

图 6.1 固定地脚螺栓

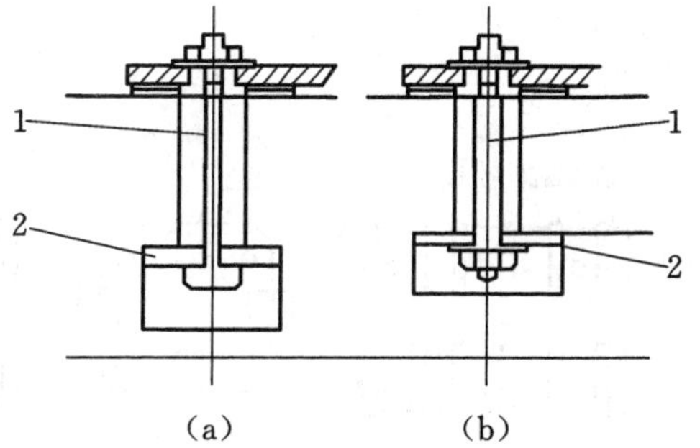

图 6.2 活动地脚螺栓

(a)T 形式;(b)双头式

1—螺栓;2—锚板

6.1.2.2 垫铁

垫铁的作用是把设备的质量传递给基础,还可以通过调整垫铁的厚度将设备找平。按垫铁的材料可分为铸铁垫铁和钢垫铁,铸铁垫铁的厚度一般在 20 mm 以上,钢垫铁的厚度一般为 0.3～20 mm。垫铁按形状可分为平垫铁、斜垫铁、开孔垫铁、开口垫铁、钩头成对斜垫铁、调整垫铁等 6 种,图 6.3(a)所示是平垫铁,图 6.3(b)所示是斜垫铁。

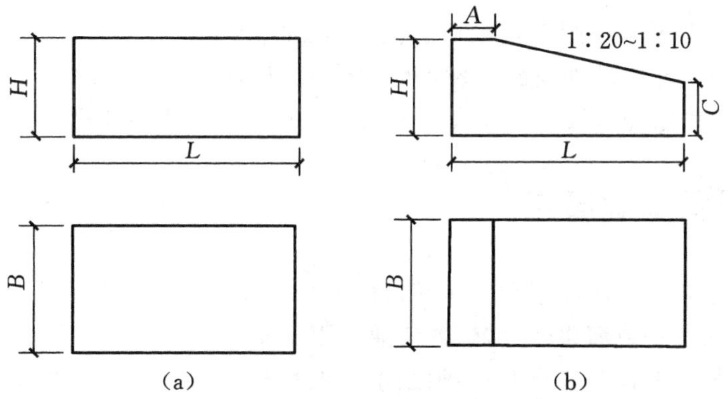

图 6.3 垫铁

(a)平垫铁;(b)斜垫铁

许多机械设备安装过程中的找平找正都使用平垫铁和斜垫铁,此类垫铁的规格已标准化。斜垫铁分 A 型和 B 型两种,A 型斜垫铁的代号是斜 1A～斜 6A,B 型斜垫铁的代号是斜 1B～斜 6B。平垫铁(C 型)的代号是平 1～平 6。平垫铁和斜垫铁的表面一般不进行精加工,对于有特殊要求的机械设备(如离心式压缩机),应进行精加工,加工后的结合面还应进行刮研。

垫铁的放置方法有标准垫法、十字垫法、辅助垫法、筋底垫法、混合垫法等,参见图 6.4。

敷设垫铁应注意下列事项:

① 基础上放置垫铁的位置应铲平,保证垫铁与基础之间接触良好。

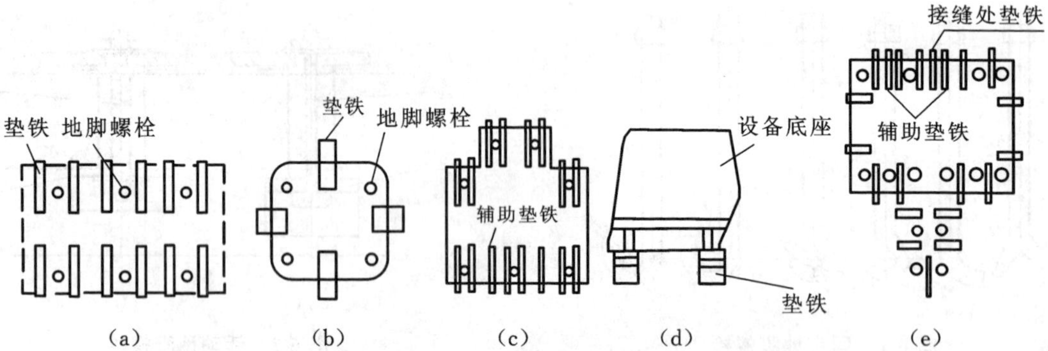

图 6.4 垫铁的放置方法

(a)标准垫法;(b)十字垫法;(c)辅助垫法;(d)筋底垫法;(e)混合垫法

② 每组垫铁块数尽量少,不宜超过 5 块,并应少用薄垫铁;放置平垫铁时,最厚的应放在下面,较薄的放在上面,最薄的放在中间,设备调整完毕后,对于钢制垫铁,应将各块垫铁用定位焊焊牢。

③ 承受负荷的垫铁组,应使用成对斜垫铁,设备调整完毕后灌浆前用定位焊焊牢。承受重负荷或有连续强振动的设备宜使用平垫铁。

④ 每一组垫铁应放置整齐平稳,接触良好,设备调平后,每组垫铁均应压紧;对高速运转的设备,用 0.05 mm 的塞尺检查垫铁之间和垫铁与设备底座之间的间隙时,在垫铁同一断面处两侧塞入的长度总和不得超过垫铁总长(宽)度的 1/3。

⑤ 设备调平后,垫铁端面应露出设备底面外缘,平垫铁宜露出 10～30 mm,斜垫铁宜露出 10～50 mm;垫铁组伸入设备底座底面的长度应超过设备地脚螺栓的中心。

6.1.3 设备基础灌浆

设备基础灌浆分为一次灌浆和二次灌浆两种。一次灌浆是指设备地脚螺栓孔和设备底座与基础之间一次性完成灌浆作业,该方法通常用于安装精度要求不严格的设备;二次灌浆是指设备地脚螺栓孔和设备底座与基础之间的灌浆分两次完成,这种技术用于安装精度要求较高的设备。在材料的选择上,灌浆料的种类主要包括细碎石混凝土、无收缩混凝土、微膨胀混凝土和环氧砂浆。当要求与设备底座接触面精确对准时,建议使用无收缩混凝土或环氧砂浆进行灌浆,以保证接触面的严密性和设备的稳定安装。

预留孔灌浆前,灌浆处应清洗洁净,灌浆宜采用细碎石混凝土或其他灌浆料,其强度应比基础混凝土强度高一级,灌浆时应捣实,且不应使地脚螺栓倾斜,不应影响设备的安装精度。灌浆层厚度不应小于 25 mm。灌浆层仅用于固定垫铁或防止油、水进入,且灌浆无困难时,其厚度可小于 25 mm。

灌浆前应支设外模板,外模板至设备底座底面外缘的距离不宜小于 60 mm。模板拆除后,表面应进行抹面处理。当设备底座下不需要全部灌浆,且灌浆层承受设备负荷时,应支设内模板。

6.2 冷源系统安装

在国民经济的各个领域以及民众日常生活之中，制冷技术的运用极为普遍。制冷机是将具有较低温度的被冷却物体的热量转移给环境介质从而获得冷量的机器，是实现制冷过程不可或缺的设备。目前空调制冷机主要有消耗机械能的蒸汽压缩式制冷机、消耗热能为主的吸收式制冷机和蒸汽喷射式制冷机等类型，其中蒸汽压缩式制冷机(活塞式、离心式、螺杆式)使用较为普遍。单级蒸汽压缩式制冷机的核心设备包括压缩机、蒸发器、冷凝器和节流阀等。吸收式制冷机以热能驱动，不需要消耗高品位的电能，因此在电力资源紧张的地方，吸收式制冷机是空调冷源很好的选择。安装制冷系统时，应注意施工的各个环节，严格按照《制冷设备、空气分离设备安装工程施工及验收规范》(GB 50274—2010)及产品说明书中的技术要求施工，确保工程质量。

6.2.1 冷源设备安装的基本要求

制冷设备、附属设备、管道、管件及阀门等产品的性能及技术参数应符合设计要求，设备机组的外表不应有损伤，密封应良好，随机文件和配件应齐全，并具有产品合格证书及性能检验报告。与之配套的蒸汽、燃油、燃气供应系统，也应符合设计文件和产品技术文件及国家现行标准的规定。

6.2.2 离心式制冷机组的安装与运行

离心式制冷机组由离心式制冷压缩机、冷凝器、节流装置、蒸发器及控制器等辅助设备组成。这种机组一般可以分成两大类：一类为冷水机组，其蒸发温度在－5 ℃以上，多用于制取5 ℃以上冷水的大型空调系统或制取略低于0 ℃盐水的工业制冷系统；另一类是低温机组，其蒸发温度为－5～40 ℃，多用于化工生产。本节重点介绍离心式冷水机组。

离心式冷水机组的主机是离心式制冷压缩机，属于速度型制冷压缩机，其流量远大于容积式。由于其转速很高，因此对安装有较高的要求。

6.2.2.1 安装前准备

一般离心式冷水机组已在工厂完成装配、接线，并经泄漏测试，机组运至现场后，在安装前，需进行一系列的检查工作，包括：检查机组位置图、起吊要求、接管图等技术资料是否齐全，检查运输时机组是否有损坏，检查装箱单中设备及附件是否完整，检查机组铭牌上的型号、出厂日期和编号及换热器的型号、规格是否与合同和有关技术文件中的一致，检查机组保护装置及配件是否妥善处理等。

在开始安装前，不要拆开零件的原始包装，在安装过程中，也不要拆开所有开口设置的保护盖板或塞子，以防止装运过程中脏物进入。为避免在低温环境下机组水系统冻结，应及时排出冷凝器和蒸发器内的存水，并保持排水口一直处于开启状态，直到整个系统安装完毕。

6.2.2.2　机组的减振措施

由于离心式冷水机组体积较大，机组的安装基础必须进行隔振处理。隔振处理有以下几种形式：

① 简易隔振。简易隔振的基本原理如图 6.5 所示。

② 标准隔振。地面不平或出于别的考虑，就可使用图 6.6 所示的标准隔振。对长期使用的地基，必须正确选用水泥，一般推荐使用高强度非收缩型水泥。

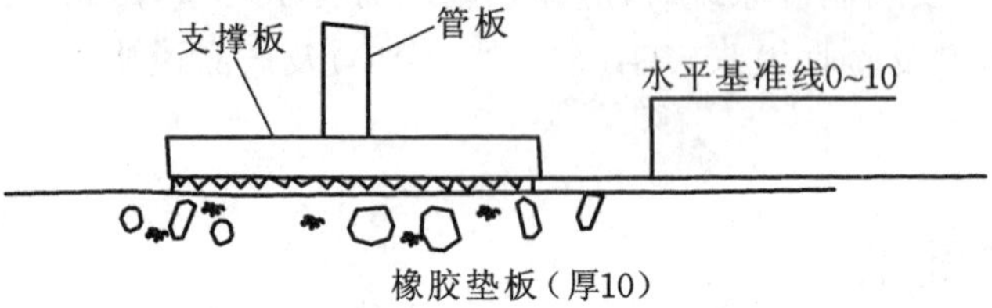

图 6.5　简易隔振

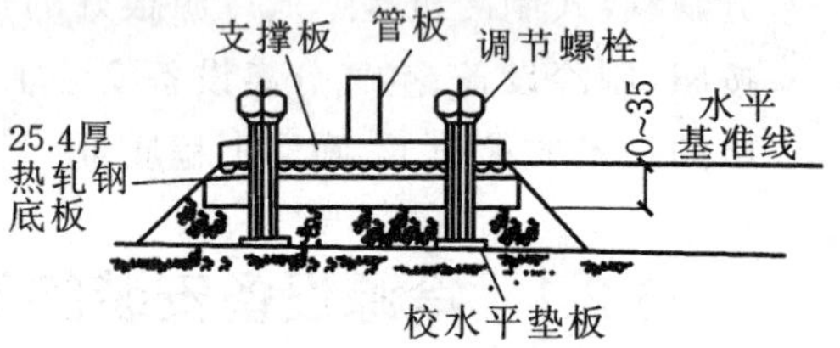

图 6.6　标准隔振

③ 弹簧隔振。图 6.7 所示为弹簧隔振示意图。弹簧隔振器可以直接装在机组支撑板下或基础底板上。

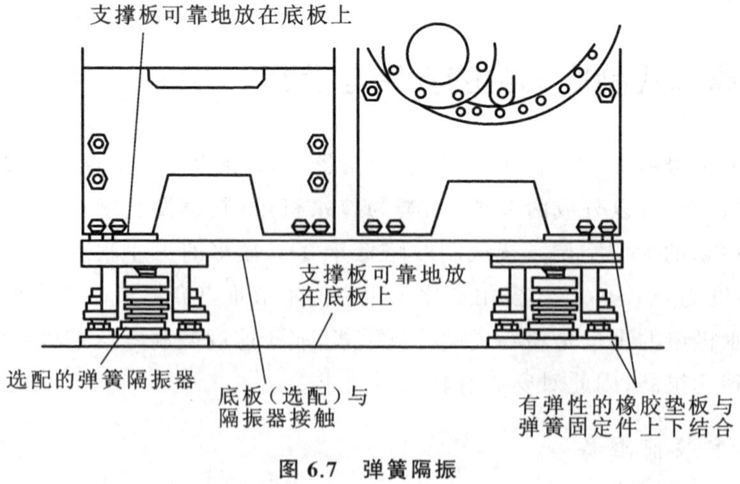

图 6.7　弹簧隔振

6.2.2.3　机组就位

在机组安装时，必须考虑留有维修空间，如图 6.8 所示为某机组的维修空间。

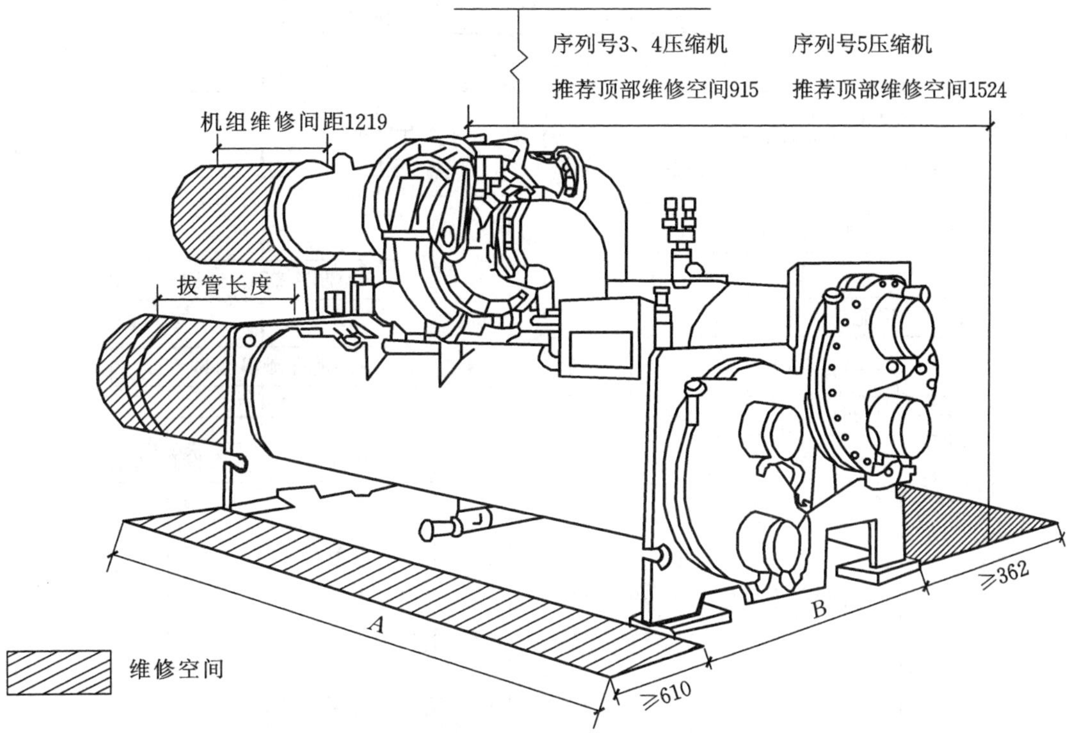

图 6.8 机组的维修空间

6.2.2.4 开机前准备

1. 工作资料准备

开机前应准备资料如下：产品样本资料（提供设计温度及压力表）；机组合格证、质量保证书、压力容器证明等；起动装置线路图；特殊控制或配制的图表及说明；产品安装说明书、使用说明书等。

2. 工具准备

开机前应准备工具如下：真空泵、数字型电压/电阻表（DVM）、钳形电流表、电子检漏仪、500V 绝缘测试仪。

3. 机组密封性检测

图 6.9 所示是机组泄漏试验过程。机组抽真空后充注制冷剂，加压后，使用电子检漏仪检查所有的法兰连接及焊接处，如果发现泄漏，继续执行泄漏测试步骤。

如果压缩机组采用弹簧减振，需要将所有弹簧两头固定，以防可能的管压及在检漏试验过程中转移制冷剂引起的损坏。只有当制冷剂处于工作状态且水回路已充满时，才能再调整弹簧。

推荐使用符合环保要求的制冷剂检漏仪（即电子检漏仪或卤素灯）。如果机组处于压力下，也可用超声波检漏仪。考虑到制冷剂渗漏难以控制及从制冷剂中分离杂质的难度较大，推荐按图 6.9 所示的泄漏测试步骤进行检漏。

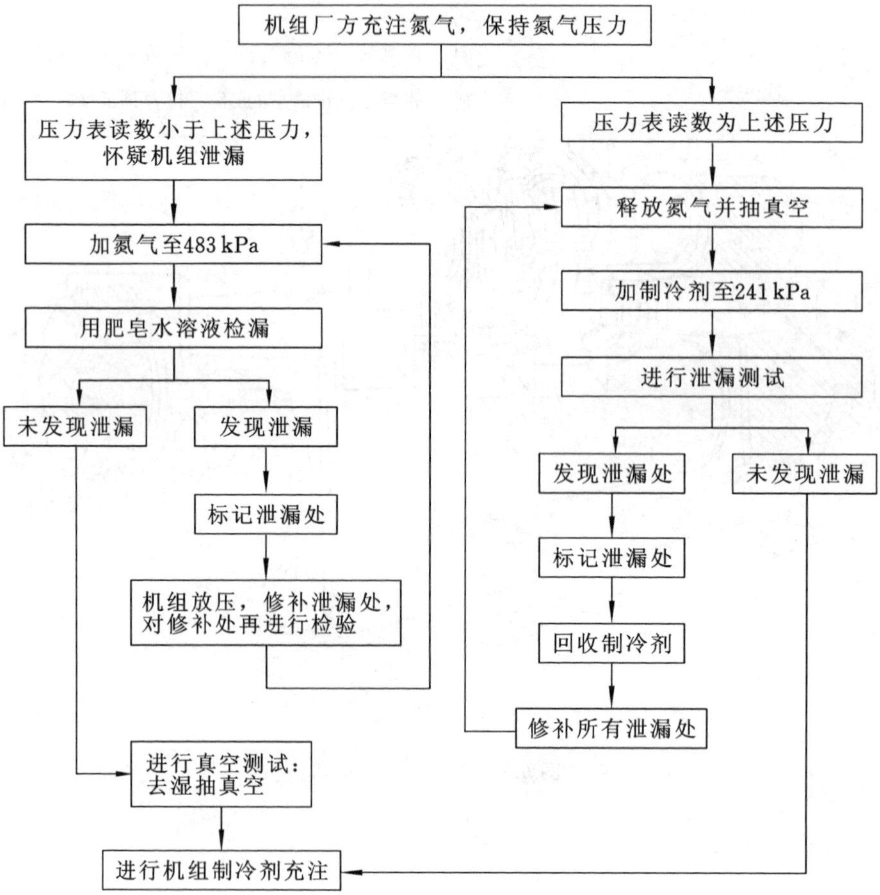

图 6.9　泄漏测试过程

4. 标准真空试验

标准真空试验步骤如下：用一个绝对压力表或真空计与机组相连；用真空泵或抽气装置将容器压力降至 41 kPa；关闭阀门保持真空，记下压力表或真空计读数；如果 24 h 内泄漏压降小于 0.17 kPa，表明机组密封性满足要求；如果 24 h 内泄漏压降超过 0.17 kPa，机组需重新进行试验。

5. 机组去湿

如果机组敞开时间过长，机组内已含有水分，则需进行去湿抽真空。去湿可在室温下进行，环境温度越高，除湿也越快。在环境温度较低时，要求用较高的真空度来去湿。

6. 检查安全阀及接线

应将安全阀管接至户外，检查接线是否符合接线图和有关电气规范的要求。

7. 检查起动柜

对机械类起动柜，应检查现场接线头是否接紧，活动零件的间隙和连接是否正确，接触器是否能够移动自如，机械连锁装置是否工作正常，所有的机电装置是否能正常工作。对固态起动柜，应确保所有接线均已正确接至起动柜，接地线已安装正确，并且线径足够；确保所有的继电器均已可靠安装于插座中，所有的交流电均已按说明书接到起动柜。

8. 油充注

油箱充满位置在上视镜的中部，最低油位为下视镜的底部。加油必须按照离心压缩机油的技术规范进行，通过充油阀进行加油，当制冷剂压力比较高时，必须使用加油泵。加油或放油必须在机组停机时进行。在给控制系统通电以前，应确保油加热器能看到油位。为减少跑油，应在机组启动前几小时通过起动柜内的断路器控制油加热器，或者通过控制润滑动力箱内的接触器对油加热器进行控制。

6.2.2.5 离心式制冷压缩机的使用注意事项

为了延长离心式制冷压缩机的使用寿命，使用者除必须注意做好日常维护保养工作外，还应注意以下问题：

1. 保持系统密封

真空系统泄漏将导入不凝性气体和水汽，影响机组的寿命。高压系统泄漏会导致润滑油和制冷剂的损失。真空系统可以通过检查压力和温度是否对应，或放气装置的频繁运行来判断制冷剂是否泄漏。高压系统则可通过吸气压力下降等现象来判断制冷剂是否泄漏。泄漏现象必须及时处理，以防止零部件的损坏。

2. 压缩机油的检查更换

按要求对油过滤器进行定期检查和更换，油过滤器经常阻塞表明系统污染。应定期对油取样分析含酸量、含水量和杂质等，掌握压缩机润滑系统的工作状态。

3. 控制器的检查

运行和安全控制器应定期检查和校准，以确保可靠性。

4. 接地电阻测量

遵照制造厂规定程序，定期检测封闭电动机对地电阻值，有助于监测内部电气绝缘是否有损坏，是否有漏电现象。

5. 清洗

根据水质情况，对水冷式油冷却器的自动水控制器进行定期清洗并检查。

6. 机组润滑

需要定期对机组、联轴器及其附属设备等进行人工润滑，定期更换机械密封。对于具有内装式润滑系统的装置，在长时间停止使用时，必须将油加热器长期通电，或在启用前更换润滑油。

7. 定期进行振动测量

很多故障都会引起机组的振动异常，例如：机组不平衡、不同心、轴弯曲、轴承损伤、齿轮损坏、机械部位移动等。定期进行振动测量可以在不进行拆卸的情况下，及时发现这些故障隐患，从而避免发生更大的故障，降低了进行紧急维修的风险，节省维修费用。

6.2.3 螺杆式制冷机组的安装

螺杆式压缩机属于容积式压缩机，主要由机壳、螺杆转子、轴承、能量调节装置等组成。螺杆式压缩机具有结构简单、工作可靠、效率高和调节方便等优点，在制冷空调领域得到了越来越广泛的运用。按照螺杆转子数量的不同，螺杆式压缩机又分为双螺杆式与单螺杆式。按压缩机台数，可分为单机头和多机头。

1. 机组安装前的准备工作

机组在运输过程中，应防止其发生损伤。机组运达现场后应存放在库房中。如无库房必须露天存放，应将机组底部适当垫高，防止浸水。箱体上必须加以遮盖，以防止雨水淋坏机组。

安装前进行开箱检查，查看机组型号是否与合同订货机组型号相符，根据随机出厂的装箱清单清点机组、出厂附件以及所附的技术资料，做好记录。检查机组及出厂附件是否有损坏和锈蚀。如机组经检查后不立即安装，必须在机组上加遮盖物，防止灰尘侵入和产生锈蚀。

设备在开箱后必须妥善保管。法兰及各种接口必须封盖、包扎，防止雨水、灰、砂侵入。

机组在吊装时，必须严格按照厂方提供的机组吊装图进行施工。在安装前，必须考虑好机组搬运和吊装的路线。在机房预留适当的搬运口，如果机组的体积较小，可以直接通过门框进入机房，如果机组的体积较大，可待设备搬入后，再进行补砌。如果机房已建好又不想损坏，而整机进入机房又有一定困难，有些机组可以分体搬运。一般是将冷凝器和蒸发器分体搬入机房，然后再进行组装。

2. 机房选择与机组定位

机房位置选择应避免高温，保证通风良好、干燥、清洁、排水通畅。机组安装时应按照平面布置图所注各设备与墙或柱中心的关系尺寸，划定设备安装地点的纵、横基准线，根据随机所附的技术资料，在机组与机组之间、机组与墙体之间留有相应的空间，以便于机组现场操作和维修保养。

螺杆式冷水机组一般要求安装在基础上。在修筑基础前，应计算基础是否满足机组运行的承重要求，机组的运行质量可以查阅技术资料或直接向厂方询问。基础一般用混凝土浇筑而成，在基础浇筑时必须注意要预留相应的地脚螺栓孔，具体位置可以参照厂方提供的基础图。地脚螺栓一般都由厂方提供，随机组一同出厂。

一般螺杆式冷水机组在安装时，需要在基础上安装防振垫片。但随着螺杆式冷水机组的发展，机组的振动大大减少，有的机组已不需要防振垫片，可以直接将机组安装在基础上，紧固地脚螺栓即可。

3. 机组就位

机组在就位后，需要连接水管路，与整个空调系统相连接。水管路的连接形式有法兰连接、螺纹连接及焊接等形式。一般螺杆式冷水机组都采用法兰连接，但也有采用焊接的。有的小制冷量的机组，由于水管接口较小，也可以采用螺纹连接。与机组连接的水管建议采用软管，防止由于机组振动或移动而对水管路造成损伤。

4. 电气安装

目前的螺杆式冷水机组都已将机组的配电柜、起动柜和控制柜集成在机组上，只需要将电缆线连接至配电柜中。具体的连接方法和连接形式各个制造厂家会有所不同，须参考各自的技术资料。

5. 机组调试

制冷系统的正确调试是保证制冷装置正常运行、减少能耗、延长使用寿命的重要环节。螺杆式冷水机组属于中、大型制冷机，在调试时需要设计方、安装方、使用方三方面密切配合。

(1) 调试前的准备

调试前，负责调试的人员首先应按设计图要求，熟悉整个系统的布置和连接，了解各个设备的外形结构和部件性能，以及电控系统和供水系统等。应全面熟悉机组设备的构造和性能，熟悉制冷机安全技术，明确调试的方法、步骤和应达到的技术要求，制订详细具体的调试计划。检查机组的安装是否符合技术要求，机组的地基是否符合要求，连接管路的尺寸、规格、材质是否符合设计要求。单独对冷水和冷却水系统进行通水试验，冲洗水路系统的污物，水泵应正常工作，循环水量符合工况的要求。清理调试的环境场地，达到清洁、明亮、畅通。准备好调试所需的各种通用工具和专用工具。准备好调试所需的各种压力、温度、流量、质量、时间等测量仪器仪表。准备好调试运转时必需的安全保护设备。机组的供电系统应全部安装完毕并通过调试。

(2) 制冷剂的充注

目前，制冷机组在出厂前一般均按规定充注了制冷剂，现场安装后，经外观检查如果未发现意外损伤，可直接打开有关阀门开机调试。如果发现制冷剂已经漏完或者不足，应首先找出泄漏点并排除泄漏现象，然后按产品使用说明书要求，加入规定牌号的制冷剂，注意制冷剂充注量应符合技术要求。制冷剂充注量不足，会导致冷量不足；制冷剂充注量过多，不但会增加费用，而且对运行能耗、设备安全等可能带来不利影响。如果一旦发生意外泄漏事故，还可能会给环境带来严重的污染。充注时，可直接从专用充液阀门充入。由于系统处于真空状态，钢瓶中制冷剂与系统压差较大，当打开阀门时(应先用制冷剂吹出连接管中的空气，以免空气进入机组，影响机组性能)，制冷剂迅速由钢瓶流入系统，充注完毕后，应先将充液阀门关闭，再撤去连接管。

(3) 制冷系统调试

近年来，由于螺杆式冷水机组在机组性能和电气控制方面的技术都有了长足的进步，许多机组在正式开机前，可以对主要电控系统进行微模拟动作检测，即机组主机不通电，控制系统通电，通过机组内部设定，对机组的电控系统进行检测，检查组件是否运行正常。如发现问题可以及时解决，最后再通上主机电源，进行调试。

在制冷系统调试前，要做好空调系统内部的清洁和干燥工作，避免给制冷装置后续运行带来隐患。

在调试过程中，应特别注意以下几点：

① 检查制冷系统中的各处阀门是否处于正常的开启状态，尤其注意保持排气截止阀开启。

② 开启冷凝器冷却水阀门、蒸发器冷水阀门，冷水和冷却水的流量应符合厂方提出的要求。

③ 启动前应注意观察机组的供电电压是否正常。

④ 按照厂方提供的开机手册，启动机组。当机组启动后，查看机组的各项参数是否正常。可根据厂方提供的机组运行数据记录表，对机组的各项数据进行记录，特别是一些主要参数一定要记录清楚。

⑤ 在机组运行过程中，应注意压缩机的上下机构是否正常工作。应正确使用制冷系统中安装的安全保护装置，如高低压保护装置、冷水和冷却水断水流量开关、安全阀等设备，如有损坏应及时更换。机组如出现异常情况，应立即停机检查。

6. 故障分析和对策

制冷机组的故障主要来自电控系统和制冷系统。故障会导致机组无法正常启动和运行、制冷量明显下降乃至损坏机组。正确判断各种故障产生的原因并采取合理的排除方法，不仅需要电气和制冷技术方面的理论知识，更需要具备工程实践经验。随着螺杆式冷水机组技术的发展，机组的故障率已大幅下降。同时，机组控制系统也日趋完善。许多厂家的机组控制系统都带有自动检测故障的功能。机组如果出现异常故障，通过传感器或其他一些设备控制系统会产生报警，并把报警代码或内容显示到机组的操作界面上，便于维修人员查阅。

7. 机组维护保养

螺杆式冷水机组维护保养的主要内容，包括日常保养和定期检修。定期检修能保证机组长期正常运行、延长机组的使用寿命，同时也能降低制冷能耗。螺杆式冷水机组应有运行记录，记录机组的运行情况，同时还要建立维修技术档案。完整的技术资料有助于检修人员发现故障隐患，及早采取措施。日常保养的内容包括：压缩机的保养、冷凝器和蒸发器的清洗、润滑油更换、干燥过滤器更换、安全阀的校验、制冷剂的充注等。

8. 运行管理和停机注意事项

(1) 运行管理注意事项

机组的正常开机、停机，必须严格按照操作说明书的步骤进行；机组在运行过程中，应及时、正确地做好参数的记录工作；机组运行中如出现报警停机，应及时通知相关人员对机组进行检查，如无法排除故障，可以直接与厂方联系；机组在运行过程中严禁将水流开关短接，以免冻坏水管；机房应有专门的工作人员负责，严禁闲杂人员进入机房操作机组；机房应配备相应的安全防护设备和维修检测工具，如压力表、温度计等，工具应存放在固定的位置。

(2) 停机注意事项

机组在停机后应切断主电源开关；如机组处于长期停机状态，应将冷水、冷却水系统的内部积水全部放尽，防止产生锈蚀，水室端应密封；机组在长期停机时，应做好维修保养工作；在停机期间，应该将机组全部遮盖，防止积灰，与机组无关的人员不得接触机器。

6.2.4 溴化锂吸收式制冷机组的安装

溴化锂吸收式机组的安装过程很重要，特别是机组的水平度，也是保证机组性能及正常运行的重要因素之一。虽然溴化锂吸收式机组运动部件少、振动声较小、运行较平稳、机组的基础及安装要求并不高，但是，对机组的水平度有较高的要求。机组调试一般由制造厂家的专业技术人员进行。

6.2.4.1 机组整体就位与安装

溴化锂吸收式机组是大型制冷设备，为了便于制造及运输方便，根据机组制冷量的大小，通常将机组分为整体出厂和分体出厂。分体机组通常为两件运输，但也可根据用户的要求做成三件或四件。

安装前，应首先进行机组的检查，检查机组压力情况，一旦发现机组在运输过程中由于损坏而发生泄漏，要立即与制造厂家联系，防止机组发生锈蚀，影响机组的正常使用。同时，还应检查电气仪表是否损坏。

安装一般采用钢丝绳起吊机组，根据制造厂家要求，选用合适的机组起吊方法。注意在机组起吊及就位时，要保持机组的水平。当放下时，机组所有的底座应同时轻轻地接触地面或基础表面。

溴化锂吸收式机组振动小，运行平稳，其基础是按静荷载来设计的。在机组就位前，应清理基础表面的污物，并检查基础标高和尺寸是否符合设计要求，检查基础平面的水平度，同时，在基础支撑平面上各放一块面积稍大于机组底脚的硬橡胶板，厚度约 10 mm，然后将机组放在其上。

机组就位后，必须对机组进行水平校正才能安装。机组不平可能导致冷剂水污染、高温换热器的汽击以及制冷剂水贮存量减少等，影响机组的正常运行。

6.2.4.2 机组分体就位与安装

小型机组在制造厂内已经组装，主要的安装工作就是将机组搬到基础上并校正水平度。但大型溴化锂吸收式机组是分体出厂并运输至用户，因此分体机组的就位与安装要比整体机组复杂。安装步骤如下：

① 分体出厂的机组与整体出厂的机组所需的基础是一致的，都是根据机组运行质量而设计。机组安装前，同样需在基础上放置略大于机组底脚、厚度约 10 mm 的硬橡胶板。

② 在机组就位前，应检查每个分体内部的压力并与出厂值进行比较，一旦发现机组由于损坏而发生泄漏，应及时与制造厂家联系。

③ 对于分两件或三件机组的吊装，与单件机组吊装基本相同，应先将下筒体用钢丝绳吊在基础上并校正机组的纵向和横向水平度，如果机组水平度不合格，可用垫钢板来调节机组的水平，先要调节好下筒体的水平，然后才能吊装上筒体，通过在上筒体底脚下垫钢板来调整，符合要求后再将上筒体吊装在下筒体上。

6.2.4.3 部件的安装

上、下筒体就位完毕后，进行上、下筒体间管道及部件连接，并现场焊接安装。

① 打开蒸发器-吸收器组件上的辅助阀门(一般为真空隔膜阀)，将蒸发器-吸收器壳体内充入的氮气放出，使壳体内的氮气压力和外面大气压一致。打开发生器或冷凝器上的辅助阀，将发生器-冷凝器壳体内的加压氮气放出。

② 用火焰切割方法割去所有管道上的盖板，除去毛刺和垃圾，以防进入机组。

③ 所有接管应经清洁处理，除去管内的铁锈、油污等杂物并保持清洁。为了防止焊接时的焊渣、铁锈等杂物进入机组内，可采用如图 6.10 所示的内衬管焊接方法。

④ 机组在安装接管时，严禁将管道及阀门作为攀登点，不可将真空隔膜阀作为扶手来攀登机组。机组在就位及焊上、下筒体有关连接管道时，不要损坏电气仪表及电气线路。

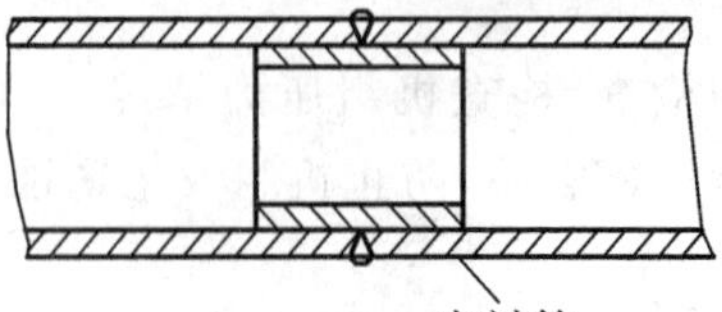

图 6.10 内衬管焊接方法

6.2.5 冷却塔安装

冷却塔是在塔内使空气和水进行热质交换而降低冷却水温度的设备。在制冷系统中常用的冷却塔有逆流式和横流式两种。

6.2.5.1 冷却塔安装的一般要求

① 基础标高应符合设计的规定，允许误差为±20 mm。冷却塔地脚螺栓与预埋件的连接或固定应牢固，各连接部件应采用热镀锌或不锈钢螺栓，其紧固力应一致、均匀。

② 冷却塔安装应水平，单台冷却塔安装水平度和垂直度允许偏差均为 2/1000。同一冷却水系统的多台冷却塔安装时，各台冷却塔的水平面高度应一致，高差不应大于 30 mm。

③ 冷却塔的出水口及喷嘴的方向和位置应正确，积水盘应严密无渗漏；分水器布水均匀。带转动布水器的冷却塔，其转动部分应灵活，喷水出口按设计或产品要求布置，方向应一致。

④ 冷却塔风机叶片端部与塔体四周的径向间隙应均匀。对于可调整角度的叶片，角度应一致。

6.2.5.2 本体安装

冷却塔必须安装在通风良好的场所，以提高其冷却能力。安装时，应根据施工图纸的坐标位置就位，并应找平、找正，设备要稳定牢固，冷却塔的出水管口及喷嘴方向、位置应正确。

6.2.5.3 部件安装

1. 薄膜式淋水装置的安装

石棉水泥板膜板式淋水装置应安装在支架梁上，每4片连成一组，板间用塑料管及橡胶垫圈隔成一定间隙，中间用镀锌螺栓固定。

纸蜂窝淋水装置，可直接架于角钢或扁钢支架上，亦可直接架于混凝土小支架梁上。

点波淋水装置的单元高度为150～600 mm，小点波一般为250 mm。点波的框架单元或黏结单元直接架设于支撑架或支撑梁上。

斜波纹淋水装置的单元高度为300～400 mm，其安装总高度为800～1200 mm。

2. 布水装置的安装

固定管式布水器的喷嘴按梅花形或方格形向下布置，具体的布置形式应符合设备技术条件或设计要求。一般喷嘴间的距离按喷水角度和安装的高度来确定，要使每个喷嘴的水滴相互交叉，做到向淋水装置均匀布水。

旋转管式布水器喷水口可装配开有条缝的配水管，条缝宽一般为2～3 mm，条缝水平布置；或装配开圆孔的配水管，其孔径为3～6 mm，孔距8～16 mm。单排安装时孔与水平方向的夹角为60°；双排安装时上排孔与水平方向夹角为60°，下排与水平方向夹角为45°；开孔面积为配水管总截面面积的50%～60%。

3. 通风设备的安装要求

对抽风式冷却塔，电动机盖及转子应有良好的防水措施。通常采用封闭式鼠笼型电机，并确保接线端用松香或其他密封绝缘材料严格密封。

对鼓风式冷却塔，为防止风机溅上水滴，风机与冷却塔体距离一般不小于2 m。

4. 收水器的安装

收水器一般装在配水管上、配水槽中或槽的上方，阻留水滴，起到水滴与空气分离的作用。在抽风式冷却塔中，收水器与风机应保持一定的距离，以防止产生涡流而增大阻力，降低冷却效果。

6.2.6 水泵安装

水泵的种类很多，工程上使用的水泵多为整体式水泵（带底座），即水泵本体与电机共用一个底座，下面以IS型整体式水泵为例，介绍其安装过程。IS型水泵（不减振）安装如图6.11所示。

6.2.6.1 水泵安装

水泵安装前应按已到货水泵底座尺寸、螺栓孔中心距等尺寸来核对混凝土基础。水泵基础要求顶面应高于地面100～150 mm，基础平面尺寸比设备底座长度和宽度各大100～150 mm。

整体出厂的水泵在安装前一般应进行外观检查，合格后方可进行安装。

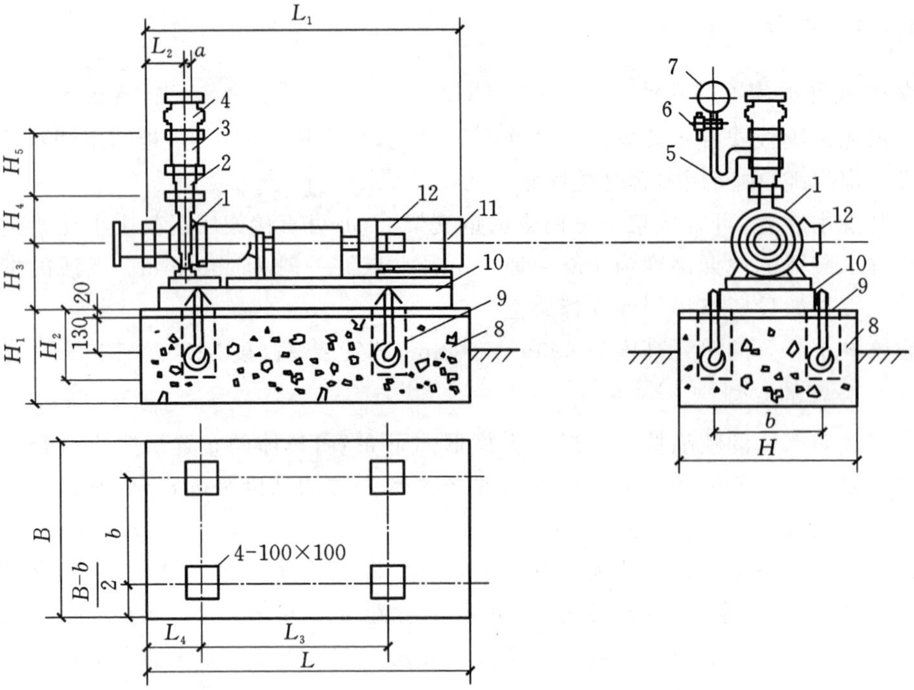

图 6.11　IS 型水泵(不减振)安装

1—水泵;2—吐出锥管;3—短管;4—可曲挠接头;5—表弯管;6—表塞;
7—压力表;8—混凝土基础;9—地脚螺栓;10—底座;11—电动机;12—接线盒

在对水泵进行检查的同时,在设备底座四边画出中心点,并在基础上也弹画出水泵安装纵横中心线。灌浆处的基础表面应凿毛,被油玷污的混凝土应凿除,最后把预留孔中的杂物除去。

1. 吊装就位

将泵连同底座一同起吊,穿入地脚螺栓并把螺母拧满扣,对准预留孔将泵放在基础上,在底座与基础之间放上垫铁。吊装时绳索要系在泵及电动机的吊环上,且绳索应垂直于吊环。

2. 水泵找正

安装就位后应进行找正,水泵找正包括中心线找正、水平找正和标高找正。

(1) 中心线找正

水泵中心线找正的目的是使水泵摆放的位置正确、不歪斜。找正时,用墨线在基础表面弹出水泵的纵横中心线,然后在水泵的进水口中心和轴的中心分别用线坠吊垂线找正,移动水泵,使线锤尖和基础表面的纵横中心线相交。

(2) 水平找正

水平找正可用水准仪或 0.1～0.3 mm/m 精度的水准尺测量。操作时,把水平尺放在水泵轴上测其轴向水平,调整水泵的轴向位置,使水平尺气泡居中,误差不应超过 0.1 mm/m,然后把水平尺平行靠在水泵进出水口法兰的垂直面上,测其径向水平。

(3) 标高找正

标高找正的目的是检查水泵轴中心线的高程是否与设计要求的安装高程相符,以保证水泵能在允许的吸水高度内工作。标高找正可用水准仪测量,小型水泵也可用钢板尺直接测量。

水泵安装后应达到下列要求:整体安装的泵,纵向安装水平偏差不应大于 0.10/1000,横向安装水平偏差不应大于 0.20/1000;解体安装的泵纵向和横向安装水平偏差均不应大于 0.05/1000。水泵与电机采用联轴器连接时,联轴器两轴芯的轴向倾斜不应大于 0.20/1000,径向位移不应大于 0.05 mm。

3. 同心度调整

同心度调整的方法是在电动机吊装环中心和泵壳中心两点间拉线、测量,使测线完全落于泵轴的中心位置。调整的步骤是移动水泵或电动机与底座的紧固螺栓,微动调整。水泵和电动机同心度检测,可用钢角尺检测其径向间隙,也可用塞尺检测其轴向间隙。

4. 二次浇灌

水泵就位且各项参数调整合格后,将地脚螺栓上的螺母拧好,然后把细石混凝土捣入基础螺栓孔内,浇灌地脚螺栓孔的混凝土应比基础混凝土高一级。

6.2.6.2 配管及阀门安装

1. 配管安装

水泵管路由吸入管和压出管两部分组成,水泵配管的安装要求如下:

① 自灌式水泵吸水管路的底阀在安装前应认真检查其是否灵活,且应有足够的淹没深度。

② 吸水管的弯曲部位尽可能做得平缓,并尽量减少弯头个数,弯头应避免靠近泵的进口部位。

③ 水泵的吸水管与压出管管径一般与吸水口口径相同,而水泵本身的压水口要比其进水口口径小 1 号,因此,压水管一般以锥形变径管和水泵连接。

④ 水泵与进、出水管的连接多为挠性连接,即通过可挠曲接头与管路连接,以防止泵的振动和噪声沿着管路传播。

⑤ 与水泵连接的水平吸水管段,应有 0.01～0.02 的坡度,使泵体处于吸水管的最高部位,以保证吸水管内不积存空气。

⑥ 水泵的吸水口与大直径管道连接时,应采用偏心异径管件,且偏心异径管件的斜部在下,以防止存气。

⑦ 吸入管道和输出管道应有各自的支架,水泵不得直接承受管道的重力。

⑧ 管道与泵连接后,不应在其上进行焊接和气割;当需焊接和气割时,应拆下管道或采取必要的措施,并应防止焊渣进入泵内。

2. 阀门的安装

吸入管上应装闸阀(非自灌式在管端装吸水底阀),压出管上应装止回阀和闸阀,以控制关断水流，调节泵的出水流量和阻止压出管路中的水倒流，这就是俗称的“一泵三阀”。阀门安装要求如下：

① 泵进口管线上的隔断阀直径应与进口管线直径相同。

② 泵出口管线上隔断阀的直径：当泵出口直径与出口管线直径相同时，阀门直径与管线直径相同；当泵出口直径比出口管线直径小一级时，阀门直径应与泵出口直径相同；当泵出口直径比出口管线直径小两级或更多时，则阀门直径按表 6.2 选用。

表 6.2　泵出口直径小于出口管径时阀门直径

出口直径/mm	50	80	100	150	200	250
阀门直径/mm	40	50	80	100	150	200

③ 离心泵出口管线上的旋启式止回阀，一般应装在出口隔断阀后面的垂直管段上，止回阀的直径与隔断阀的直径相同。两台互为备用的离心泵共用一个止回阀时，应装在两泵出口汇合管的水平管段上，其位置应尽量靠近支管。止回阀直径应与管线直径相同。

④ 泵的进出口阀门中心标高以 1.2～1.5 m 为宜，一般不应高于 1.5 m。水泵安装完成后应进行试运行，通过试运行及时进行故障的排除。

6.3　热源及换热设备安装

热源是供暖系统的重要组成部分，通常包括锅炉房和热泵机房。由于热源中的设备多属于压力容器，一旦出现问题就会造成巨大的损失，因此安装要求严格。工作压力不大于 1.25 MPa、热水温度不超过 130 ℃的整装锅炉，执行《建筑给水排水及采暖工程施工质量验收规范》(GB 50242—2002)；工作压力不大于 3.82 MPa、现场组装的固定式蒸汽锅炉和额定出水压力大于 0.1 MPa 的固定式热水锅炉以及有机热载体炉，执行《锅炉安装工程施工及验收标准》(GB 50273—2022)；空调与供暖冷热源节能改造验收执行《建筑节能工程施工质量验收标准》(GB 50411—2019)。其支、吊架还应该满足建筑抗震设计要求。

6.3.1　锅炉系统安装

6.3.1.1　概述

(1) 锅炉系统组成

锅炉，顾名思义，是由汽锅和炉子两大部分组成。燃料在炉子里燃烧，将它的化学能转化为热能，高温的燃烧产物——烟气，则通过汽锅受热面把热量传递给汽锅中温度较低的水，水被加热或沸腾汽化，产生蒸汽。汽锅的基本构造包括锅筒(又称汽包)、管束、水冷壁、集箱和下降管等，它是一个封闭的汽水系统。炉子包括煤斗、炉排、炉膛、除渣板、送风装置等，是燃烧设备。锅炉房设备是为保证锅炉源源不断地生产蒸汽或热水而设置的，包括输煤除渣机械、储油和加压加热设备、燃气调压装置、送引风机、水泵和量测控制仪表等。此外，为了保证锅炉的正常工作和安全运行，蒸汽锅炉还必须装设安全阀、水位表、高低水位报警器、压力表、主汽阀、排污阀、止回阀等；还有为消除受热面上积灰而设置的吹灰器，可以提高锅炉运行的经济性。

(2) 锅炉系统分类

锅炉分类的方法很多，通常可按锅炉用途、容量、燃烧方式和水循环方式等进行分类。

① 按锅炉用途分类：可分为电站锅炉和供热锅炉（也称工业锅炉）两大类。前者用于生产电能；后者用于工业生产供热和生活用热供应。

② 按锅炉容量分类：有小型、中型和大型之分。锅炉容量用蒸发量 D 来表示，对于电站锅炉，一般认为 $D<400$ t/h 的为小型锅炉，D 在 400～670 t/h 之间的为中型锅炉，$D>670$ t/h 的为大型锅炉。相比于电站锅炉，供热锅炉容量就很小，蒸发量 D 一般为 0.1～65 t/h。

③ 按燃烧方式分类：分为层燃炉、室燃炉和流化床炉（也称沸腾炉）。

④ 按水循环方式分类：按汽锅中水流经受热面循环流动的动力不同，锅炉分为自然循环锅炉、强制循环锅炉和直流锅炉三类。

⑤ 按其他方式分类

a. 按燃料类别分类，可分为燃煤锅炉、燃油锅炉、燃气锅炉、生物质锅炉、垃圾锅炉、电锅炉、蓄热式电锅炉和核能锅炉等。

b. 按结构形式分类，则有锅壳锅炉、烟管锅炉、水管锅炉和烟水管组合锅炉。

c. 按装配方式分类，有快装锅炉、组装锅炉和散装锅炉。小型锅炉都可采用快装形式，电站锅炉一般为组装或散装。

6.3.1.2 施工前准备

锅炉是广泛使用的热源设备，内部储存着大量高温高压的水或蒸汽，且内、外部受到各种不同介质的侵蚀，运行条件一般较差，因此锅炉的安全运行是非常重要的。一旦因为安装质量不良而引起事故，后果十分严重，所以施工中必须遵守相关标准和规范，确保锅炉安装质量，锅炉安装施工单位应有专业安装技术人员和安装“压力容器”的资格证书，严格按照有关规范施工。

1. 材料要求

工程所使用的主要材料、成品、半成品、配件、器具和设备必须具有中文质量合格证明文件，规格、型号及性能检测报告应符合国家技术标准或设计要求，包装应完好、表面无划痕及外力冲击破损。包装上应标有批号、数量、生产日期和检验代码，并经监理工程师核查确认。

主要器具和设备必须有完整的安装使用说明书。在运输保管和施工过程中，应采取有效措施防止磨坏或腐蚀。

2. 主要机具

① 机械：包括吊车、卷扬机、千斤顶、链式起重机、砂轮机、套丝机、砂轮锯、小型手提式坡口机、电焊机、电烘箱、红外线退火仪、胀管器、管端头打磨机、试压泵等。主要机械机具如

图 6.12 所示。

(a)

(b)

(c)

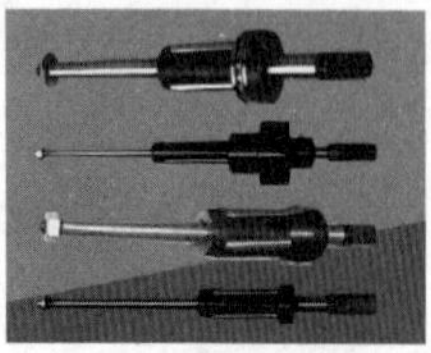

(d)

图 6.12　主要机械机具

(a)卷扬机;(b)电焊机;(c)试压泵;(d)胀管器

② 工具:包括手电钻、冲击钻、各种扳手、夹钳、手锯、手锤、布剪刀、滑轮、道木、滚杠、钢丝绳、大绳、索具、气焊工具等。

③ 量具:包括钢板尺、法兰角尺、钢卷尺、卡钳、塞尺、振幅测量仪、百分表、水平仪、水平尺、游标卡尺、焊缝检测尺、X 射线探伤机、温度计、压力表、线坠等。

3. 施工作业条件

① 安装单位应具备条件。承担安装锅炉的施工单位,必须经过省级质量技术监督部门安全监察机构审查批准,并申领施工许可证。

② 锅炉安装前,需将锅炉平面布置图及标明与有关建筑距离的图纸,送当地锅炉压力容器安全监察机构审查同意,否则不准施工。

③ 土建工程除保留的设备拖运孔道外,已基本完工,尤其是锅炉基础已验收合格。

④ 施工方案已经编制。

⑤ 从事焊接受压元件工作的焊工,必须有当地安全监察机构颁发的焊工合格证件。根据施工人员提出的设备材料计划,核对实物准确无误且具备合格证及有关技术资料。

⑥ 根据设计图纸要求,各附件的规格、型号要符合规定,并具有合格证及有关技术资料。

⑦ 附件前面的设备管道已安装竣工。

6.3.1.3　锅炉的起吊、装卸与搬运

1. 锅炉安装用起吊机具的选取

在锅炉安装中,起重搬运的工作量一般占整个安装工作的 1/4 左右。做好起重搬运工作是高速、优质安装的关键。参加锅炉安装的技术人员与工人应因地制宜地选用起吊工具及起吊方法。

(1) 常用起重及吊运机具

① 绳及索具:主要作用于吊运较轻部件、传递简单工具、变换起重用力方向、拉拽部件就位、找平找正辅助用力点、减轻施工人员劳动强度等。安装用的绳及索具主要有:各种规格的麻绳、浸油麻绳、多股软钢丝绳、滑车及滑车组、吊钩等。

② 起重设备与机具:主要用于起重与吊运锅筒、钢架、联箱、炉排梁、炉排轴、墙板、减速

器、省煤器、空气预热器、蒸汽过热器、鼓引风机、二次风机、钢板排烟风道等。起重设备与机具主要有：桅杆(抱杆)、吊链、手动齿轮卷扬机、搅磨、电动葫芦、各种结构的千斤顶、动臂杆、汽车吊、悬臂吊及其相应配合使用的人字支架、道木、滚杠、撬杠等。选用起重设备与吊运机具型号、规格与起重能力，应根据锅炉部件的最大质量、形状、体积与施工起重条件而定。

2. 设备的装卸与搬运

施工现场常用的搬运和装卸基本方法有滚杠搬运法、卷移法和滑移法三种。

(1) 滚杠搬运法

滚杠搬运法是短距离搬运较重设备常用的施工方法，是将设备放在旱船(排子)上，旱船下垫入滚杠，滚杠下搭设走道，通过牵引设备使设备滚动前移。在快装锅炉的搬运和就位中，常使用此法。比如快装锅炉的水平运输可以在路面上垫上厚度大约为 25 mm 的道木及滚杠，用绞磨拖运或用撬棍靠人力向前撬动，使锅炉随着滚杠在道木上滚动，木板和滚杠交替使用，直至拖入锅炉房(图 6.13)。

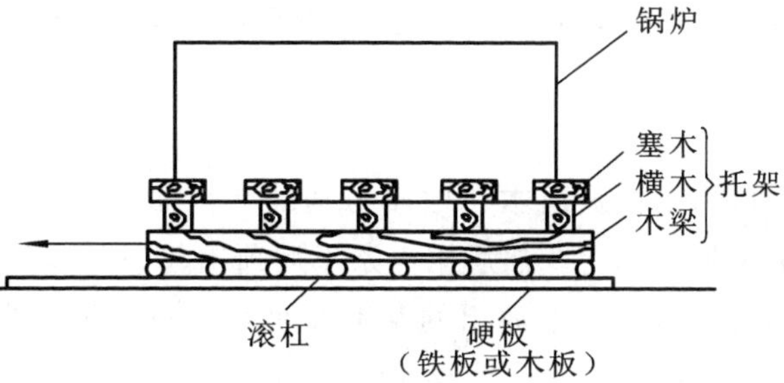

图 6.13　滚杠搬运法

(2) 卷移法

卷移法属于滚移法的一种，是利用绳索拉(溜放)卷，使圆筒状重物做升、降移动。

(3) 滑移法

滑移法和滚杠搬运法相比，只是在上下走道之间不垫滚杠，而靠牵引力克服滑动摩擦阻力来搬运设备。施工现场的设备卸车常用此法。为使设备易于滑动，最好使用钢排子或钢木排子托放重物，用钢轨做下走道。

6.3.1.4　整体式锅炉的安装

整装锅炉主要包括立式整体锅炉和卧式快装锅炉，具有占地面积小，投资少，结构紧凑，安装、使用、维修方便等优点，既适用于供暖、供应生活热水，又适用于负荷较小的企业生产供汽，因而得到了较为广泛的使用。做好整体式锅炉安装，保证其安装质量是关系到锅炉的安全经济运行和人民生命财产安全的大事。下面介绍立式整体锅炉的安装。

一般立式锅炉的质量在 3 t 以下，较大些的立式锅炉质量为 6～8 t。立式锅炉一般采用自然通风。

1. 基础施工、验收及放线

立式锅炉一般由制造厂装配成整体出厂。安装前应进行锅炉的检查与验收，基础的施工、验收及放线。

立式锅炉一般装在混凝土浇筑的圆环形开口的混凝土基础上。基础应高出锅炉房地坪10～20 mm，基础中心设置灰坑，清灰口应朝向操作一侧。采用机械鼓风的立式锅炉在基础侧面留有鼓风口。由于立式锅炉一般采用钢烟囱，并且烟囱坐落在锅炉上，烟囱受到风的侧压力较大，所以锅炉应用地脚螺栓固定于基础上，以防止锅炉倾翻。基础的施工及验收要求可参见 6.1 节内容。

2. 立式锅炉的安装

立式锅炉的安装要达到设备技术文件的要求，并应遵守和符合《锅炉安全技术监察规程》(TSG G0001—2012)的规定。

(1) 锅炉搬运

立式锅炉的锅炉房一般不大，施工现场通常道路狭窄，不便于机械化运输，常采用滚杠滚运的方法进行搬运。由于立式锅炉质量较小，一般采用木排滚运，滚杠常用厚无缝钢或硬质圆木。搬运时可将立式锅炉直立在本排上，并用钢丝绳固定，防止运输过程中锅炉倾倒造成事故。

(2) 安装就位

直立搬运的锅炉可用木板及道木在地面与基础上平面间搭设倾坡，将锅炉管口方位调整好后直接将锅炉滚运到基础上。然后用齿条千斤顶抬起锅炉，将滚杠和木排抽出，用撬拔方法使锅炉的纵横中心线与基础上放出的基准线重合。对于横置搬运的立式锅炉，可设独立木桅杆或人字桅杆进行吊装就位。吊装时吊点应尽量高一些，以便使锅炉翻向直立状态而顺利就位。锅炉上下端要拴上牵引绳调整方位。

(3) 锅炉找正

锅炉就位后应按图样的要求找正。锅炉坐标位置用撬棍和千斤顶进行校正，标高和垂直度则用平垫铁来调整。

(4) 锅炉附件安装

立式锅炉采用手烧式固定炉排，分为蜂窝形和条形两种。通常分为 2～3 片铸造，现场拼装于炉条支撑圈上。组装时注意分清上、下面，不要装反，各片间隙要均匀，装设要牢靠。人孔及手孔盖紧固前，需对锅炉内部进行彻底检查与清扫，当炉内确定无其他杂物时方能将孔盖封闭。然后检查人孔及手孔密封面的实际状态，对于凹陷、纵向刻痕，应用刮刀及砂纸处理合格。接着按照密封环的尺寸制备石棉橡胶板或石棉盘根垫，使用石棉橡胶板为垫片时应涂抹机油、黑铅粉。最后将人孔、手孔螺栓紧固。

(5) 烟囱的安装

立式锅炉的烟囱均为铁烟囱，装于冲天管或前烟箱上部，用角钢法兰连接，不单独另设烟囱基础。烟囱的高度一般为 10～15 m，结构一般以 3～5 m 为一节。安装方法包括整体吊装和分节吊装两种。立式锅炉的铁烟囱总重为 500～800 kg，均采用整体吊装一次就位的安装方法。为了保证铁烟囱在锅炉运行中不致产生歪斜，同时尽量减小连接冲天管法兰螺栓的应力，应在距铁烟囱顶部、烟囱全高的 1/4～1/3 处，连接三条拉线与地桩相连。拉线之间夹角应互为 120°,拉线与烟囱纵向中心夹角应保持 45°(图 6.14)。

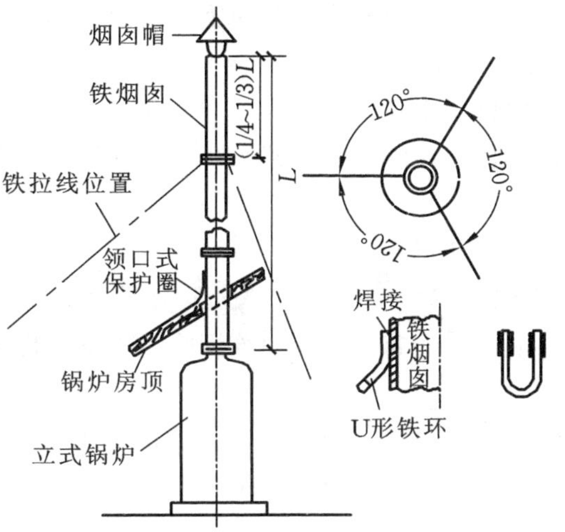

图 6.14 铁烟囱拉线配置图

L——烟囱的总高度;(1/4～1/3)L——铁烟囱拉线位置

6.3.1.5 锅炉安全附件的安装

锅炉与各系统设备上的仪表和阀件,是确保锅炉安全使用的重要部件。操作人员借助这些仪表与阀件及时掌握和了解系统的运行状况,以便做出调整锅炉和各系统运行参数的正确判断,保证锅炉的安全正常运行。下面主要介绍压力表、水位计和安全阀三个锅炉安全附件的安装。

1. 压力表

锅炉上的压力表是用来测量和指示锅炉汽水系统工作压力的,一定要保持灵敏、准确、可靠,以确保锅炉安全运行。锅炉常用弹簧式压力表。安装弹簧式压力表时应注意下列几点:

① 新装的压力表必须经过计量部门校验合格。铅封不允许损坏,不允许超过校验使用周期。

② 压力表要装在与锅筒蒸汽空间直接相通的地方,同时要考虑便于观察、冲洗,要有足够的照明,并要避免由于压力表受到振动和高温而造成损坏。

③ 当锅炉工作压力<2.5 MPa 时,压力表精确度不应低于 1.5 级,压力表盘直径不得小于 100 mm,表盘刻度极限值应大于或等于工作压力的 1.5 倍,刻度盘上应画红线指出工作压力。

④ 压力表要独立装置,不应与其他管道相连。

⑤ 压力表下要装有存水弯管,以积存冷凝水,避免蒸汽直接接触弹簧弯管而使其过热。

⑥ 压力表和存水弯管之间要装旋塞或三通旋塞,以便吹洗、校验压力表。

2. 水位计

锅炉水位的高低是直接影响锅炉安全运行的重要指标，因此，锅炉必须安装两个彼此独立的水位计，用以正确地指示锅炉水位。

水位计有多种形式。中低压工业锅炉常用平板玻璃水位计和低位水位计，小型锅炉常用玻璃管式水位计。水位计上装有三个管路旋塞阀，即蒸汽通路阀、水通路阀和放水冲洗阀。

安装水位计时应注意下列几点：

① 水位计要装在便于观察、吹洗的地方，并且要有足够的照明。装设低位水位计应满足的要求：表体应垂直；连通管路的布置应能使该管路中的空气排尽；整个管路应密封良好，汽连通管不应保温。

② 水连通管和汽连通管尽量要水平布置，防止形成假水位，水连通管和汽连通管的内径不得小于 18 mm。连接管的长度要小于 500 mm，以保证水位计灵敏、准确。

③ 水位计上、下接头的中心线应对准在一条直线上。

④ 两端有裂纹的玻璃管不能用。

⑤ 在放水旋塞下应装有接地面的放水管，并要引到安全地点。

⑥ 旋塞的内径以及玻璃管的内径都不得小于 8 mm。

⑦ 水位计的汽、水连接管上应避免装设阀门，更不得装设球阀。如装有阀门，在运行时应将阀门全开，并予以铅封。

3. 安全阀

锅炉内部的压力达到安全阀开启压力时，安全阀自动打开，放出锅炉中一部分蒸汽，使压力下降，避免因超压而造成事故。中、低压锅炉常用的安全阀有弹簧式和杠杆式两种。蒸发量大于 0.5 t/h 的锅炉，至少装设两个安全阀，因开启压力不同，分为低限开启压力阀和高限开启压力阀，其值见表 6.3。锅炉上必须有一个安全阀按表中较低始启压力进行整定。

表 6.3　安全阀的开启压力调整表

工作设备	安全阀的始启压力/MPa
蒸汽锅炉（额定蒸汽压力＜1.27 MPa）	工作压力＋0.02
	工作压力＋0.04
热水锅炉	1.12 倍工作压力，但不少于工作压力＋0.07
	1.14 倍工作压力，但不少于工作压力＋0.10
省煤器	1.1 倍工作压力

安装安全阀时要注意下列几点：

① 安全阀应垂直安装，并尽可能独立地装在锅炉最高处，阀座要与地面平行。安全阀与锅炉连接之间的短管上不得装有任何蒸汽管或阀门，以免影响排汽压力。

② 弹簧式安全阀要有提升手柄和防止随便拧动调整螺丝的顶盖。

③ 杠杆式安全阀要有防止重锤自行移动的定位螺丝和限制杠杆越出的导架。

④ 安全阀的阀座内径应大于 25 mm。

⑤ 几个安全阀共同装设在一根与锅筒相连的短管上时，短管通路面积应大于所有安全阀门面积总和的 1.25 倍。

⑥ 安全阀应装设排气管，为防止烫伤人，排气管应尽量直通室外，若在室内，要高出操作人员 2 m 以上。同时排气管和底部应装有接到安全地点的泄水管，在排气管和泄水管上都不允许装设阀门。

此外，各类阀门在安装前，应检查是否清洗干净，检查阀及密封面严密情况。阀杆及其啮合的齿座要无损坏，动作灵活。阀门在安装前应逐个用清水进行严密性试验，严密性试验的压力为工作压力的 1.25 倍。

6.3.1.6 锅炉水压试验与系统试运行

1. 锅炉的水压试验

组装锅炉和快装锅炉的受压元件焊接接口和胀接接口，均在锅炉制造厂制作、组装，进行了外观检查、探伤检查和水压试验，达到验收标准后方可运送到现场，在锅炉房内进行大件或整体安装。在锅炉、省煤器、仪表、管道和阀件全部安装完，经过检查和清理锅炉与各设备的内外、人孔、手孔、阀件后，应对组装锅炉和快装锅炉的锅炉整体进行水压试验。

(1) 材料和机具设备要求

在水压试验过程中需要准备的材料包括钢管、截止阀、接头零部件、麻丝、铅油、清油、石笔、粉笔等。主要的机具设备及工具包括电焊机、气焊装置、钢锯、管钳、活动扳手、固定扳手、螺丝刀、克丝钳子、手锤、铁锹等。

(2) 试验条件

① 锅炉、省煤器、仪表、管道和阀件全部安装完，经检查和清理，具备水压试验条件。

② 水源充足，电源接通，有污水排放点，且安全可靠。

③ 制定了水压试验的安全、技术、组织措施。

④ 装设的压力表不应少于 2 只，其精度等级不应低于 2.5 级；额定工作压力为 2.5 MPa 的锅炉，压力表精度等级不应低于 1.5 级。压力表经过校验应合格，其表盘量程应为试验压力的 1.5～3 倍，宜选用 2 倍。

⑤ 应装设排水管道和放空阀。

(3) 水压试验步骤

对操作人员进行技术、质量和安全交底，明确责任。对操作人员进行分配定岗、包干负责。水压试验的环境温度不应低于 5 ℃，当环境温度低于 5 ℃时，应有防冻措施。水压试验用水温度应保持高于环境温度，防止锅炉表面结露，但温度也不宜过高，防止引起汽化和过大的温差压力，一般为 20～70 ℃。锅炉的水压试验压力应符合表 6.4 的规定。

表 6.4　水压试验压力

名称	锅炉工作压力 P/MPa	试验压力/MPa
锅炉本体及过热器	$P<0.59$	$1.5P$ 但不小于 0.2
	$0.59\leqslant P\leqslant 1.18$	$P+0.3$
	$P>1.18$	$1.25P$
可分式省煤器	P	$1.25P+0.5$
非承压锅炉	大气压力	0.2

锅炉进行水压试验的步骤如下：

① 锅炉及其系统注满水，使空气排尽后关闭排气阀。

② 水压缓慢地升高。当水压上升到工作压力时立即停止升压。保持工作压力值，检查有无异常现象和渗漏情况，一切正常后再升压至试验压力。

③ 当初步检查无漏水现象时，缓慢升压。当升到 0.3～0.4 MPa 时应进行一次检查，必要时可拧紧人孔、手孔和法兰等的螺栓。当水压上升到额定工作压力时，暂停升压，检查各部分，应无漏水或变形等异常现象。然后关闭就地水位计，继续升到试验压力，并保持 5 min，其间压力下降不应超过 0.05 MPa。最后回降到额定工作压力进行检查，检查期间压力应保持不变。水压试验时，受压元件金属壁和焊缝上应无水珠和水雾，胀口不应滴水珠。

④ 当水压试验不合格时，应返修。返修后应重新进行水压试验。

⑤ 水压试验后，应及时将锅炉内的水全部放尽。

⑥ 每次水压试验应有记录，水压试验合格后应办理签证手续。

⑦ 水压试验后利用炉内水的压力（不得低于 50%工作压力）冲洗取样管、排污管、疏水管和仪表管路等附件。

(4) 安全措施

① 水压试验过程中，检查时，严禁在压力超过 0.4 MPa 时紧固法兰螺栓。

② 水压试验时应设立特别标志，以免人员在复杂的情况下发生危险。

③ 有压力时，人不得站在接口处或法兰和阀门的正前面。

④ 用手锤检查焊口时，只准在焊口附近轻轻敲，严禁用手锤直接敲击焊缝，防止出现意外，危害操作人员的安全。

2. 锅炉系统的试运行

锅炉在正式投入使用前，必须进行试运行。试运行前应对安全阀进行定压，对安全阀进行最终调整，调整后的安全阀应立即加锁或铅封。

在安全阀调整定位后，组装锅炉和快装锅炉必须带负荷连续试运行 48 h。试运行中主要检查各部位运转情况，检查油温、轴承升温、电流、振动和冷却水等是否正常，做好试运行记录并存入锅炉档案中。

6.3.2 热泵机组的安装

热泵机组不但可以制冷、制热，更重要的是可以把低品位能量转变为高品位能量，具有环保、节能特点，目前应用得十分广泛。常用的有空气源热泵冷热水机组、水源热泵冷热水机组、地源热泵冷热水机组以及家用分体热泵式空调器等。

6.3.2.1 空气源热泵冷热水机组

空气源热泵冷热水机组使用的压缩机组有活塞式、螺杆式、整体式、模块式等形式，单台机组制冷量为300～400RT，按户式机组容量大小分为小型机组、中型机组、大型机组；按机组组合形式分为整体式机组和模块化机组等。对于大型机组，空气源热泵制冷机的安装，同前所述，只是冷却装置有所不同；对于小型一体机，安装方式则有所不同。

1. 空气源热泵的使用特点

空气源热泵系统，又称为风冷热泵机组，是一种将冷、热源合一，无需锅炉、不产尘、不排放有害物质、无冷却水系统、对环境无污染、可采用模块化组合设计、可靠程度高的空调冷热源形式。空气源热泵系统可以不占用建筑的有效使用面积，机组可放置在屋顶或地面。空气源热泵系统适用于我国绝大多数地区，对于长江流域及南方地区，提倡采用复合式冷却的热机组；在我国北方严寒地区进行冬季供暖时，常需在系统末端设置辅助加热装置，或在室外机出风口处设加热器，机组也可以采用单级双循环或多级压缩等技术来保证供暖。在某些地区应用时，冬季室外机有结霜问题，应引起注意。在选择热泵机组时，除了将铭牌上标准工况（干球温度 70 ℃，湿球温度 6 ℃）下制热量，变为使用工况下制热量外，还要考虑使用工况下结霜除霜的热量损失。一般按最佳平衡点温度（热泵供热量等于建筑物耗热量时的室外计算温度）来选择热泵机组和辅助热源，对于需同时供冷、供热的场合，可选用回收式机组。

2. 空气源热泵机组的安装

空气源热泵机组分为冷热水机组和冷媒机组，其冷水机组和管道安装与普通水冷机组基本相同，只是机组和附件安装在屋面和室外，基础做法有些差异。空气源热泵机组的安装包括室内机组和室外机组的安装。对于冷热水机组，室内空调末端设备的安装与普通空调系统安装基本相同。对于冷媒系统，例如 VRV 变流量冷媒机组的安装，可按照《多联机空调系统工程技术规程》(JGJ 174—2010)执行。安装应与建筑、结构、电气、给水排水、装饰等专业相互协调，合理布置。设备表观检查应无损伤、密封应良好，随机文件和配件齐全。设备的搬运和吊装，应符合产品技术文件的有关规定，并应做好设备的保护工作，不得因搬运或吊装而对设备造成损伤。

室外机安装时，应确保室外机的四周按照要求留有足够的进排风及维护空间。进排风应通畅，必要时应安装风帽及气流导向格栅。室外机应安装在水平且能够承受室外机组的运行重量和振动荷载的基础和减振部件上，且必须与基础进行固定，机组与基础之间要做好减振处理。基础周围应做排水沟。当室外机安装在屋顶上时，应检查屋顶的强度并应采取防水措施。制冷剂管道施工时，铜管弯曲应使用弯管器，开口应使用专用工具胀管，切割必须使用专用割刀。切割后的铜管切口应去除多余的毛边,磨平切口并把黏附在铜管内壁的切屑全部清除干净。焊接应采用充氮焊接,焊接的部位应清洁、脱脂。其铜管喇叭口的制作应符合要求。如图 6.15 所示是空气源热泵在屋顶安装的图片。

图 6.15　空气源热泵屋顶安装

6.3.2.2　地源热泵系统

地源热泵系统是一种有效利用岩土体、地下水或地表水等低温热源,由水源热泵机组、地热能交换系统、建筑物内系统组成的供暖空调系统。大型热泵机组主机安装同制冷设备安装一样,小型热泵系统或热泵空调设备的安装同空调系统末端设备安装一样,这里不再详述。地源热泵系统方案设计前,应进行工程场地状况调查,并应对浅层地热能资源进行勘察。根据地热能交换系统形式的不同,地源热泵系统分为地埋管地源热泵系统、地下水地源热泵系统和地表水地源热泵系统。

1. 换热器的分类

换热器分为普通换热器和土壤换热器。当需要抽取地下水然后经换热器换热后回灌时,可采用普通的高效换热器。土壤换热器是由埋于地下的密闭环管构成的换热器,根据管路埋置方式不同,分为水平地埋管换热器和竖直地埋管换热器,如图 6.16 所示。换热器还可细分为水平式土壤换热器、垂直式 U 形土壤换热器、垂直套管式土壤换热器、热井式土壤换热器、直接膨胀式土壤换热器等。

图 6.16　土壤换热器形式示意图

(1) 水平式土壤换热器

当地面宽广且可利用地表面岩土、湿地、水体等资源较丰富时,可采用水平式系统。该系统多使用在单相运行状态的空调系统中,在土壤中设计埋管深度多为 2～4 m,只用于供暖时,沟的深度和管间距通常要求较大。

水平埋管主要有单沟单管、单沟双管、单沟二层双管、单沟二层四管、单沟二层六管等形式，由于多层埋管的下层管处于较稳定的温度场，换热效率好于单层，而且占地面积较少，因此应用多层管的较多。近年又新开发了两种水平埋管形式，一种是扁平曲线状管，另一种是螺旋状管。它们的优点是管子长度较长，可充分利用地表浅层能量资源，也使地沟的长度缩短。水平式换热器的埋管方式如图 6.17 所示。

图 6.17　水平式换热器的埋管方式

（2）垂直式 U 形土壤换热器

将 U 形管垂直深埋于地下的土壤换热器称为垂直式 U 形土壤换热器，与水平式土壤换热器相比，垂直式 U 形土壤换热器具有占地面积小、运行稳定、效率高等优点。垂直式土壤换热器根据埋管形式的不同，一般有单 U 形管、双 U 形管、小直径螺旋盘管、大直径螺旋盘管、立柱状管、蜘蛛状管、套管式管等形式（图 6.18）；按埋设深度不同分为浅埋（≤30 m）、中埋（31～80 m）和深埋（>80 m）。目前使用最多的是单 U 形管、双 U 形管。

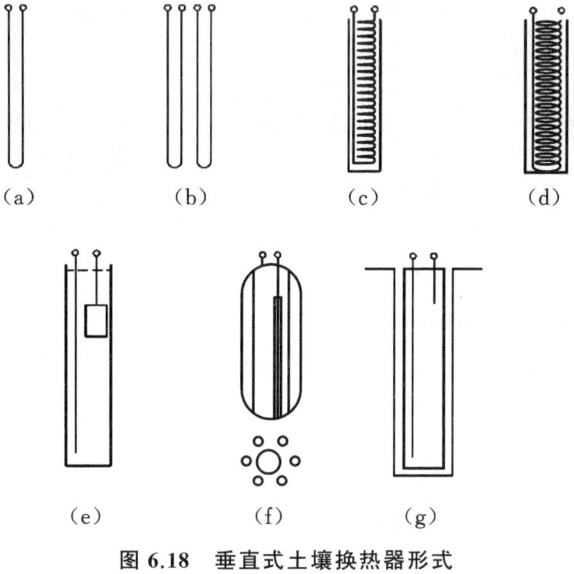

图 6.18　垂直式土壤换热器形式

(a)单 U 形管；(b)双 U 形管；(c)小直径螺旋盘管；
(d)大直径螺旋盘管；(e)立柱状；(f)蜘蛛状；(g)套管式

（3）垂直套管式土壤换热器

垂直套管式土壤换热器有内套管和外套管的闭路循环系统，水从外套管的上部流入管内，循环时，水沿外套管自上至下流动，从外套管的底部经内套管流到顶部流出套管。套管式土壤换热器适合在地下岩石深度较浅，钻深孔困难的地表层使用。通过竖埋单管试验，套管式换热器较U形管效率高20%～25%。竖埋套管式孔距3～5 m，孔径150～200 mm，外套管直径63～120 mm，内套管直径25～32 mm。

（4）与建筑结构合为一体的地埋换热器

地埋换热器利用结构基础灌注桩埋管的方式，采用将换热管与桩基柱体结合成一体进行包封的做法，换热管可采用钢管或PE管等。

2. 换热器的连接

地埋换热器的连接通常分为集管式和非集管式。集管式连接管即采用两根大口径的管材将U形管进水支管和出水支管分别连接起来，起到分水和集水的作用，但各支路没有控制阀门，如图6.19所示。非集管式连接管即将每个钻孔的进、出水管分别独立引入分水器和集水器，各分支管设有阀门，便于控制和调节，如图6.20所示。分水器和集水器分为室外和室内设置两种形式。埋地管道应采用热熔或电熔连接。聚乙烯管道连接应符合国家现行标准《埋地塑料给水管道工程技术规程》(CJJ 101—2016)的有关规定。

图6.19　集管式连接

图6.20　非集管式连接

3. 地埋管换热器安装工程施工工艺

地下换热器施工工艺：施工前准备→放线、钻孔→U形管的选择、试压与清洗→下管、二次试压与封井→测量、开挖横沟、布置水平管→水平管熔接、试压→检查井、分-集水器井的安装→系统试压。

（1）施工前准备

地埋管换热系统施工前应具备埋管区域的工程勘察资料、设计文件和施工图，并完成施工组织设计。施工前应了解埋管场地内已有地下管线、其他地下构筑物的功能及其准确位置，并应进行地面清理，铲除地面杂草、杂物，平整地面。确保施工时不损坏既有地下管线及构筑物。

(2) 放线、钻孔

将地埋管换热器设计图上的钻孔的排列、位置逐一落实到施工现场,孔径约 150 mm。孔径的大小以能够较容易地插入所设计的 U 形管为准。安装应尽可能遵循设计要求,但也允许结合场地具体情况有所调整。平面图上应标明开挖地沟或钻凿竖井的位置和通往建筑物或机房的入口位置,还应标明在规划建设工地范围内所有地下公用事业设备的位置,以保证满足钻洞、筑洞、灌浆、冲洗的要求。灌浆用管采用相同材料和规格,为确保 U 形管顺利安全地插入孔底,孔径要适当,必要时应固化。在钻孔过程中,根据地下地质情况、地下管线敷设情况及现场土层热物性的测试结果适当调整钻孔的深度、个数及位置,以满足设计要求,降低钻孔、下管及封井的难度,减少已有地下工程的影响。当第一个孔钻成后,应及时对钻孔深度方向上土层的热物性进行测定,以便对地热换热器的设计做适当修正。

(3) U 形管的选择、试压与清洗

直地埋管换热器插入钻孔前、水平地埋管换热器放入沟槽前,应做第一次水压试验。在试验压力下,稳压至少 15 min,稳压后压力降不应大于 3%,且无泄漏现象。将其密封后,在有压状态下插入钻孔,完成灌浆之后保压 1 h。安装前还应对管道进行清洗。竖直地埋管换热器的 U 形弯管接头,宜选用定型的 U 形弯头成品件,不宜采用直管道煨制弯头。竖直地埋管换热器 U 形管的组对长度应能满足插入钻孔后与环路集管连接的要求,组对好的 U 形管的两开口端部应及时密封,以防杂物进入。

(4) 下管、二次试压与封井

工程上通常采用人工下管的方法。水平地埋管换热器在土壤铺设前,沟槽底部应先铺设相当于管径厚度的细砂。安装时,应防止石块等重物撞击管身。管道不应有折断、扭结等问题,转弯处应光滑,且应采取固定措施。回填料应细小、松散、均匀,且不应含石块及土块。回填压实过程应均匀,回填料应与管道接触紧密,且不得损伤管道。竖直地埋管换热器 U 形管安装应在钻孔钻好且孔壁固化后立即进行。当钻孔孔壁不牢固或者存在孔洞、洞穴等导致成孔困难时,应设护壁套管。U 形管头部应设防护装置,以防止在下管过程中造成损伤。U 形管内宜充满水,增加自重,减少下管过程中的浮力。每钻完一个孔,应接着下管。人工下管如图 6.21 所示。下管过程中,U 形管内宜充满水,并宜采取措施使 U 形管两支管处于分开状态。将聚乙烯管插入孔中,直至孔底,U 形管的长度应比孔深略长,以使其能够露出地面。

竖直或水平地埋管换热器与环路集管装配完成后,回填前应进行第二次水压试验。在试验压力下,稳压至少 30 min,压力降不应大于 3%,且无渗漏现象。确认无渗漏后,方可灌浆回填封孔。当埋管深度超过 40 m 时,灌浆回填应在周围临近钻孔均钻凿完毕后进行。灌浆回填料宜采用膨润土和细砂(或水泥)的混合浆或专用灌浆材料。当地埋管换热器设在密实或坚硬的岩土体中时,宜采用水泥基料灌浆回填。

(5) 测量、开挖横沟、布置水平管

根据系统设计,分配每个回路上所连接的 U 形管的位置,确定水平管位置走向,开挖水平横沟,进行水平横管配管,如图 6.22、图 6.23 所示。

图 6.21　人工下管

图 6.22　水平横沟

图 6.23　水平横管配管

(6) 水平管熔接、试压

按各回路连接 U 形管,待该回路所有接口都熔接好后,进行第三次试压。在试验压力下,稳压至少 30 min,且无泄漏。确定系统可靠性后回填该回路。管道试压如图 6.24 所示。

图 6.24　管道试压

(7) 检查井、分集水器井的安装

按照施工详图,在确定的检查井、分集水器井位置上完成管路及阀件安装,安装完成后由土建施工单位砌筑检查井,做好防水处理,并在底部设置排污管至集水井,如图 6.25 所示。

图 6.25　检查井、分-集水器井的安装

（8）系统的整体试压

地埋管换热系统全部安装完毕，且冲洗、排气及回填完成后，应进行第四次水压试验。在试验压力下，稳压至少 12 h，稳压后压力降不应大于 3%。水压试验宜采用手动泵缓慢升压，升压过程中应随时观察与检查，不得有渗漏；不得以气压试验代替水压试验。回填过程的检验应与地埋管换热器安装同步进行。

地源热泵系统的水压试验压力要求如下：当工作压力≤1.0 MPa 时，试验压力应为工作压力的 1.5 倍，且不应小于 0.6 MPa；当工作压力＞1.0 MPa 时，试验压力应为工作压力加 0.5 MPa。

4. 地源热泵系统的施工检验与验收

地源热泵系统安装应符合现行国家标准《制冷设备、空气分离设备安装工程施工及验收规范》(GB 50274—2010)、《通风与空调工程施工质量验收规范》(GB 50243—2016)、《建筑给水排水及采暖工程施工质量验收规范》(GB 50242—2002)的有关规定。

地源热泵系统交付使用前，应进行整体运转、调试与验收。

6.3.3 太阳能供热采暖系统安装

6.3.3.1 基本概念

1. 太阳能供热采暖

将太阳能转换成热能，满足建筑物冬季一定的采暖需求，或供给建筑物全年其他用热，称为太阳能供热采暖，太阳能供热采暖又分为被动式太阳能采暖和太阳能供热采暖系统两种形式。

2. 被动式太阳能采暖

被动式太阳能采暖通过对建筑朝向和周围环境布置、建筑内外空间布局，对建筑材料、围护结构的合理选择和处理，使建筑物本身具有在冬季集取、贮存和分配太阳热能，在夏季遮蔽太阳辐射、散发室内热量的功能。

3. 太阳能供热采暖系统

设置太阳能集热器等专用设备，通过循环管路提供建筑物冬季采暖和全年其他用热。本小节主要介绍太阳能供热采暖系统。

6.3.3.2 太阳能供热采暖系统分类

太阳能供热采暖系统应由太阳能集热系统、蓄热系统，末端供热采暖系统、自动控制系统和其他能源辅助加热或换热设备集合构成。

太阳能供热采暖系统分类应符合表 6.5 的规定。

表 6.5 太阳能供热采暖系统分类

分类依据	太阳能供热采暖系统名称
工作温度	高温、热电/冷热电联产太阳能供热采暖系统
	中温太阳能供热采暖系统
	低温太阳能供热采暖系统
太阳能集热器	聚光型太阳能供热采暖系统
	非聚光型太阳能供热采暖系统
系统工质	液体工质太阳能供热采暖系统
	空气太阳能供热采暖系统
集热系统换热方式	直接式太阳能供热采暖系统
	间接式太阳能供热采暖系统
集热器安装位置	地面安装太阳能供热采暖系统
	与建筑结合太阳能供热采暖系统
系统蓄热能力	短期蓄热太阳能供热采暖系统
	季节蓄热太阳能供热采暖系统
采暖用户规模	户式太阳能供热采暖系统
	区域太阳能供热采暖系统

6.3.3.3 太阳能集热系统安装

太阳能集热系统安装应遵循以下原则：

① 太阳能集热系统的施工安装应单独编制施工组织设计，并应包括与主体结构施工、设备安装、装饰装修等相关工种的协调配合方案和安全措施等内容。

② 太阳能集热系统施工安装前应符合下列规定：设计文件应齐备，且均已通过施工图审查；应具备施工组织设计及施工方案；施工场地应符合施工组织设计要求；现场水、电、场地、道路等条件应满足正常施工需要；基础、预留孔洞、设施应符合设计图纸要求；既有建筑应经有资质单位进行结构复核，或具备法定检测机构同意安装太阳能供热采暖系统的鉴定文件。

③ 太阳能集热器的安装方位和安装倾角应符合设计要求。

④ 太阳能集热器的连接方式及真空管与联箱的密封方式应符合产品设计要求。

⑤ 安装在平屋面专用基座上的太阳能集热器，基座的强度应符合设计要求，基座与建筑主体结构连接应牢固，并应进行防水处理，其防水制作应符合现行国家标准《屋面工程质量验收规范》(GB 50207—2012)的规定要求。

⑥ 埋设在坡屋面结构层的预埋件应在结构层施工时埋入，位置应准确。预埋件应做防腐处理，在太阳能集热系统安装前应采取保护措施。

⑦ 带支架安装的太阳能集热器，其支架强度、抗风能力、防腐处理和热补偿措施等应符合设计要求。

⑧ 太阳能集热系统管线穿过屋面、露台时，应预埋防水套管。

⑨ 太阳能集热系统连接管线、部件、阀门等配件选用的材料应能耐受系统的最高工作温度和工作压力。

⑩ 进场安装的太阳能集热系统的产品、配件、材料应有产品合格证，其性能应符合设计要求；太阳能集热器应有性能检测报告。

⑪ 太阳能集热系统的管道施工安装应符合现行国家标准《建筑给水排水及采暖工程施工质量验收规范》(GB 50242—2002)和《通风与空调工程施工质量验收规范》(GB 50243—2016)的相关规定。

⑫ 液体工质太阳能集热系统安装完毕后，设备和管路保温前应进行水压试验，试验压力应符合设计要求，设计未注明时应符合现行国家标准《建筑给水排水及采暖工程施工质量验收规范》(GB 50242—2002)的规定。

⑬ 系统的电缆线路施工和电气设施的安装应符合现行国家标准《电气装置安装工程电缆线路施工及验收标准》(GB 50168—2018)和《建筑电气工程施工质量验收规范》(GB 50303—2015)的相关规定。

⑭ 系统中电气设备和与电气设备相连接的金属部件应做等电位连接处理。电气接地装置的施工应符合现行国家标准《电气装置安装工程 接地装置施工及验收规范》(GB 50169—2016)的规定。

⑮ 系统中传感器的接线应牢固可靠，接触应良好。传感器控制线应做防水处理。传感器应与被测部位良好接触并进行标识，温度传感器四周应保温。

此外还需注意，太阳能集热系统的施工安装不得破坏建筑物的结构、屋面、地面防水层和附属设施，不得削弱建筑物承受荷载的能力；太阳能集热系统管道及保温材料应选用耐腐蚀、与传热工质相容、可耐受系统最高工作温度且安装连接方便可靠的管材和材料。

6.3.3.4 太阳能蓄热系统安装

贮热水箱的材质、规格应符合设计要求；钢板焊接的贮热水箱，水箱内、外壁应按设计要求做防腐处理，内壁防腐涂料应卫生、无毒，能长期耐受所贮存热水的最高温度。

贮热水箱制作应符合国家现行相关标准的规定；贮热水箱保温应在水箱检漏试验合格后进行，保温制作应符合现行国家标准《工业设备及管道绝热工程质量验收规范》(GB 50185—2019)的规定；贮热水箱内箱应做接地处理，接地应符合现行国家标准《电气装置安装工程 接地装置施工及验收规范》(GB 50169—2016)的规定。

贮热水箱和支架间应有隔热垫，宜采用柔性连接。

蓄热水池应符合下列规定：应满足系统承压要求，并应能承受土壤等荷载；应严密、无渗漏；蓄热水池及内部部件应做防腐蚀处理，内壁防腐涂料应卫生、无毒，能长期耐受所贮存热水的最高温度；选用的保温材料和保温构造应能长期耐受所贮存热水的最高温度。

土壤埋管换热系统的地埋管及管件应符合设计要求，并应提交质量检验报告和产品合格证明。

土壤埋管季节蓄热系统的施工应符合现行国家标准《地源热泵系统工程技术规范》(GB 50366—2005)的规定。

太阳能蓄热系统的管道施工安装应符合现行国家标准《建筑给水排水及采暖工程施工质量验收规范》(GB 50242—2002)和《通风与空调工程施工质量验收规范》(GB 50243—2016)的规定。

6.3.3.5 太阳能供热采暖系统调试

太阳能供热采暖工程系统联合调试应在设备单机、部件调试和试运转合格后进行。

设备单机、部件调试应符合下列规定：水泵安装方向应正确；电磁阀安装方向应正确；温度、温差、水位、流量等仪表显示应正常；电气控制系统应符合设计要求，动作应准确；剩余电流保护装置动作应准确、可靠；防冻、过热保护装置应工作正常；各种阀门开启应灵活，密封应严密；辅助能源加热设备工作应正常，加热能力应符合设计要求。

系统联合调试应符合下列规定：应调整系统各个分支回路的调节阀门，使各回路流量平衡，达到设计流量；应调试辅助热源加热设备与太阳能集热系统的工作切换，达到设计要求；应调整电磁阀，使阀前、阀后压力处于设计要求的压力范围内。

系统联合调试宜在设计工况下进行，调试后的运行参数应符合下列规定：

① 供热采暖系统的流量和供热水温度、热风采暖系统的风量和热风温度的调试结果与设计值的偏差不应大于现行国家标准《通风与空调工程施工质量验收规范》(GB 50243—2016)的相关规定；

② 太阳能集热系统的流量或风量与设计值的偏差不应大于10%；

③ 太阳能集热系统进出口工质的温差应符合设计要求。

6.3.3.6 太阳能供热采暖系统工程验收

太阳能供热采暖工程的分部、分项工程划分可按表6.6执行。

表6.6 太阳能供热采暖工程的分部、分项工程划分

序号	分部工程	分项工程
1	太阳能集热系统	预埋件及后置锚栓安装和封堵，基座、支架安装，太阳能集热器安装，其他能源辅助加热或换热设备安装，水泵等设备及部件安装，管道及配件安装，系统水压试验及调试，防腐、绝热
2	蓄热系统	贮热水箱及配件安装，蓄热水池施工，地埋管系统施工，相变材料蓄热系统施工，管道及配件安装，辅助设备安装，防腐、绝热
3	室外供热管网	水泵、风机等设备及部件安装，管道及配件安装，辅助设备安装，系统水压试验及调试，防腐、绝热

续表6.6

序号	分部工程	分项工程
4	室内采暖系统	管道及配件安装，低温热水地板辐射采暖系统安装，水-空气处理设备安装，辅助设备及散热器安装，系统水压试验及调试，防腐、绝热
5	室内热水供应系统	管道及配件安装，辅助设备安装，防腐、绝热
6	控制系统	传感器及安全附件安装，计量仪表安装，电缆线路施工安装，接地装置安装

太阳能供热采暖系统的隐蔽工程应在隐蔽前经监理人员验收、认可签字。

太阳能供热采暖系统应在土建工程验收前完成下列隐蔽项目的现场验收：基础螺栓和预埋件的安装；基座、支架、集热器四周与主体结构的连接节点；基座、支架、集热器四周与主体结构之间的封堵及防水；太阳能供热采暖系统与建筑物避雷系统的防雷连接节点或系统自身的接地装置安装。

太阳能集热器的安装方位角和倾角应满足设计要求，安装误差不应超过±3°。

太阳能供热采暖系统的热工性能检验应符合下列规定：检测项目应包括太阳能集热系统的热量、太阳能集热系统效率、太阳能供热采暖系统的总能耗、太阳能供热采暖系统的太阳能保证率；测试、评价和分级应符合现行国家标准《可再生能源建筑应用工程评价标准》(GB/T 50801—2013)的有关规定。

6.3.4 换热设备的安装

6.3.4.1 换热器

换热器又称热交换器，工程中应选择高效、结构紧凑、便于维修、使用寿命长的换热器产品。换热器按照不同形式，可分为以下几类：容积式换热器、半容积式换热器、管式换热器(套管式、壳管式、肋管式)、快速换热器、板式换热器(板式、螺旋板式)、半即热式换热器等。每种换热器都有自己的特点和安装要求，常规换热器的安装可参见相关施工安装标准图集，新型换热器的安装可参见厂家样本。现在多数换热器生产企业，都可根据用户使用要求，提供各种形式的选型服务。图 6.26 所示是几种换热器实物。

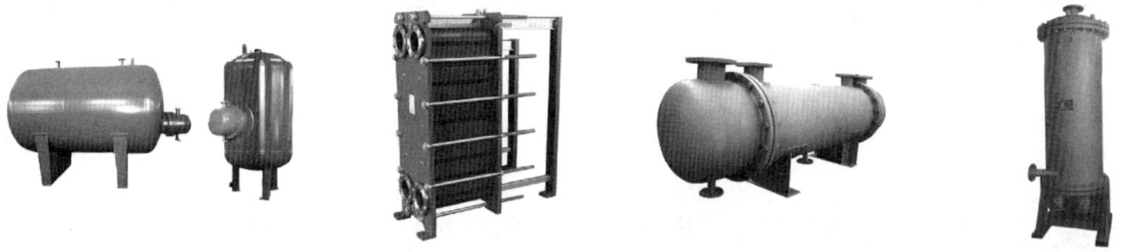

(a)　　(b)　　(c)　　(d)

图 6.26　几种换热器实物

(a)容积式换热器；(b)板式换热器；(c)壳管式换热器；(d)半即热式换热器

6.3.4.2 换热机组

换热机组是将循环水泵、定压装置、过滤装置等结合在一起的一种新型换热装置，具有紧凑、灵活、维修方便等特点，在许多中小型换热站中得到广泛应用。该设备的最大优点是安装简便，用户将使用要求和参数等报给生产厂家，厂家根据用户需要配好不同形式、规格的换热器水泵、过滤装置、定压装备以及控制设备，在工厂或现场将全部设备安装在固定支座上，并将机组支座固定在建筑结构面上，再将管道与机组进行连接即可。机组中如果水泵与机组支架采用减振措施，可直接固定在机组基础上，否则将采用减振橡胶垫等整体减振措施。图 6.27 所示为配备板式及浮动盘管换热器的智能换热机组外形图。

(a)

(b)

图 6.27 配备板式及浮动盘管换热器的智能换热机组外形图

(a)板式换热器智能换热机组；(b)浮动盘管换热机组

热力站施工前应先对换热器按压力容器的技术规定进行检查，对设备基础检查验收，然后安装好支架并开始固定换热器。其中壳管式换热器的安装，如设计无要求，其封头与墙壁或屋顶的距离不得小于换热器的长度。换热器应以最大工作压力的 1.5 倍做水压试验，蒸汽部分应不低于蒸汽供汽压力加 0.3 MPa；热水部分应不低于 0.4 MPa。在试验压力下，保持 10 min 压力不变化且无泄漏为合格。在高温水系统中，循环水泵和换热器的相对安装位置应按设计文件进行施工。最后连接管道和安装仪表，各种控制阀门应布置在便于操作和维修的部位。仪表安装位置应便于观察和更换。换热器蒸汽入口处应按要求设减压装置。换热器上应装压力表和安全阀。回水入口应设置温度计，热水出口设温度计和放气阀。

热力站施工完成后，与外部管线连接前，管沟或套管应采取临时封闭措施。站内设备基础施工前应根据设备图进行核实。

本章小结

建筑工程冷热源系统在建筑中是能耗大户，我国目前的建筑用能仍然是以石化能源(主要是煤炭)为主导的能源体系，但随着我国能源结构的调整，未来清洁能源在建筑冷热源系统中的应用将会越来越广泛。本节在介绍传统冷热源设备安装的基础上，还增加了太阳能供热采暖系统的安装。本节主要介绍冷热源设备的固定方法、各类冷水机组的安装、热源(锅炉、热泵机组、太阳能供热采暖系统)及换热设备的安装。

思考题和习题

1. 垫铁的作用是什么？垫铁组的数量有何要求？垫铁的布置方法包括哪几种？

2. 地脚螺栓的作用是什么？地脚螺栓分为哪几种类型？常用的两种类型的地脚螺栓适用于什么场合？

3. 离心式冷水机组安装的主要步骤包括哪些？

4. 冷却塔本体安装的注意事项有哪些？

5. 水泵出水管道减振消声处理的方法都有哪些？

6. 对于水泵的进出口水管阀门的安装而言，通常有“一泵三阀”的说法，请问需要安装哪三个阀门？分别安装在什么位置？阀门起的作用是什么？

7. 锅炉如何分类？请列举出 4 种分类方式及具体的内容。

8. 锅炉的三大安全附件指的是什么？对锅炉系统起到了什么作用？应具备哪些要求？

9. 请简要回答地源热泵系统中地埋管换热器安装工程的施工工艺是怎样的。

10. 什么是太阳能供热采暖系统？太阳能供热采暖系统的联合调试应符合哪些规定？

7 建筑给水排水系统安装

【本章提要】

建筑室内给水、排水系统的分类与组成、安装要求和安装技术要点；卫生器具的类别、特点、安装流程及安装注意事项；室外给水、排水设备及管网安装施工方法；室内外给水、排水管道的试压与验收。

【本章重点与难点】

重点：建筑室内给水系统的分类、组成；消防给水排水系统的分类、组成、安装要求和安装技术要点；室外给水、排水设备及管网安装施工方法。

难点：室内给水、室外给水系统的安装程序和技术措施。

【学习目标与要求】

知识目标：能解析建筑安装工程中室内给水、室外给水、室内外排水管道及设备安装施工方法；能描述室内外给水、排水管道系统安装的具体内容。

能力目标：通过对室内外给水、排水管网系统安装知识内容的学习，能够完成对给水、排水管网系统的分类、组成、各组成部分的安装要求、各卫生器具的安装流程的梳理，能够运用所学知识解决工程实际问题。

素质目标：给水排水系统安装工程的质量对社会、环境保护和可持续发展具有十分重要的意义，能够认知到从业者所应承担的社会责任，增强环保意识和社会责任感。

【本章知识图谱】

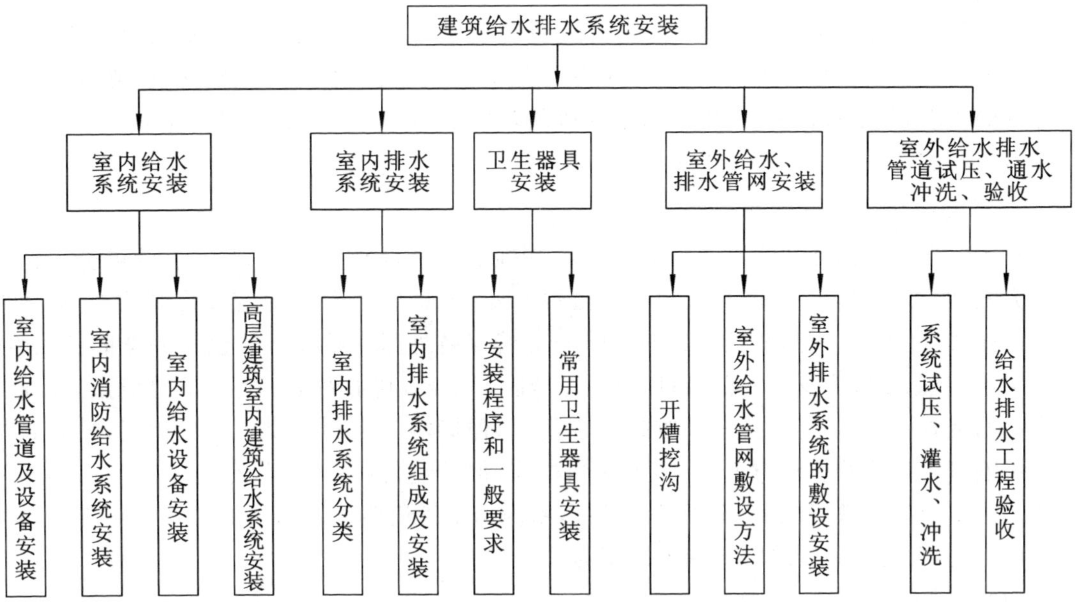

7.1　室内给水系统安装

7.1.1　室内给水管道及设备安装

在工业与民用建筑设备工程中，建筑室内给水系统是不可或缺的基础设施。建筑室内给水系统按用途可划分为生产给水系统、生活给水系统和消防给水系统。

建筑室内给水系统的结构组成主要包括：引入管，作为水源进入建筑物的基础管道；水表节点，包括水表及其前后配置的阀门，用于测量和控制水量；管道系统，由室内的水平干管、立管和支管构成的网络，确保水流的合理分布和输送；给水设备及附件，用于升压和储水的水泵、水箱、水池等设备设施以及各类阀门、水龙头等附件，共同保证了供水的稳定性。

7.1.1.1　给水管道安装

1. 引入管的安装

引入管是城市给水管道与用户给水管道间的连接管。当用户为一幢单独建筑物时，引入管也称进户管；当用户为工厂、学校等建筑群体时，引入管被称为总进水管。

引入管常用的管道包括铸铁管、镀锌钢管、铜管、塑料管等。鉴于建筑物可能因沉降作用而对引入管产生损害，故在管道穿越建筑基础时应预留孔洞或者预置钢制套管。所预留的孔洞尺寸或预置的钢套直径，应比管道本身直径大 100 mm。对于预留孔隙，需采用黏土进行填充以确保密封，两端则应用比例为 1∶2 的水泥砂浆进行封闭处理。

在布置管道过程中，应遵循的原则如下：确保管道与建筑物的外墙面轴线呈垂直关系，管道的坡度设定应满足不小于 0.002 的标准，坡向室外。关于管道的埋设深度，必须达到设计标准的要求，若未特别指定，则应保证管道顶端位于当地冻土层之下 150 mm。引入管与排水排出管的水平净距不得小于 1 m。

2. 室内给水管道的安装

在考虑建筑结构和功能以及管道配置的基础上，室内给水系统的管道铺设可分为两种主要方式：明装和暗装。明装方式包括全露式安装，即水平主干管、立管及支管均外露；以及部分外露式，其水平主干管被隐藏，而立管与支管保持外露。暗装方式包括完全隐蔽安装，即水平主干管、立管及支管均隐蔽；以及不完全隐蔽安装，其水平主干管和立管隐蔽，而支管外露。明装管道成本较低，且安装维护过程简便，但影响卫生和美观。与之相反，暗装管道虽不影响室内环境的整洁与美观，减少灰尘积聚，但其造价相对较高，且施工与日后的维修工作较为复杂。通常情况下，出于经济考量，室内给水管道多采用明装形式。对于卫生条件和美观性有较高要求的场所，暗装方式则为首选。

(1) 主干管的安装

在施工过程中，明装水平干管的布置通常位于建筑物顶层的顶棚下方或者地下室的顶板下方。为了确保结构安全和便于维护，管道沿墙布设时，其外表应与墙面保持 30～50 mm 的距离，利用角钢或管卡将其牢牢地固定至墙体。暗装水平干管则多设置于建筑内部的顶棚(无通风设施的顶棚)、沟渠或设备层中，某些情况下，也可直接进行地下埋设。在顶棚内敷设管道必须考虑冬季防冻问题；若在地下沟渠内敷设，应保证沟底及沟壁与管壁之间至少有 150 mm 的空间，以方便施工和日后维修；直接地下埋设的管道需要采取适当的防腐措施。

(2) 立管的安装

立管一般选择在室内墙角安装或沿着墙壁、梁、柱等结构进行布置。根据管道直径的不同，立管外表面到墙面的净距离有所区别：当管径≤DN32 时，该净距离应为 25～35 mm；若管径＞DN32，净距离应在 30～50 mm 范围内调整。

在安装立管时，应遵循以下技术要求：

① 确保在距离地面 150 mm 的位置安装阀门，并配备便于拆卸的连接配件。

② 当立管穿越楼板时，应在楼板内设置套管，其顶部应高出地面 20 mm，底部应与楼板底面平齐。在卫生间和厨房内应高出地面 30 mm。套管内径比管子外径要大 10 mm 左右，其间隙内应均匀填塞石棉绳或油麻。需要注意的是，立管的接口不应位于套管内部，以避免日后维护和安装上的困难。在布置带有支管的立管时，设置预留口的位置应确保支管的坡度符合设计要求。

③ 立管的稳定性需通过适当数量的管卡保证。当建筑层层高≤5 m 时，每层应至少设置一个管卡。当层高＞5 m 时，则每层至少需要两个管卡，且管卡的安装高度应统一为距地面 1.8 m。若有多于两个管卡的情况，这些管卡应均匀分布于各层。

④ 如果立管采取暗装方式，通常将其安置在管槽或管道井内。施工过程中，必须与土建部门密切配合，按照设计尺寸预留管槽空间。同时，各种阀门和活动接件不得被埋入墙体内部，以便日后的维修与检查。

（3）支管的安装

支管的安装可采用明装和暗装的方式。

在进行明装支管的安装作业时，其铺设轨迹需沿墙面进行，并须确保具备 0.002～0.005 的坡度，以便于水流顺利朝向立管或配水点方向流动。在支管与墙体连接过程中，应使用钩钉或管卡进行固定，固定点的位置需位于靠近配水点的区域内。当处理冷、热水管的并行布置问题时，若为水平走向，则要求将热水支管设置于冷水支管之上；而在垂直走向的情况下，热水管则需被设置在面对方向的左侧位置。在卫生设施上进行冷、热水龙头的安装作业时，亦应遵循此项规定，即热水龙头安装在左侧。

对于暗装支管而言，其安装应在墙槽内进行，并且需要根据卫生设备的具体位置预留相应的管口，同时，为确保系统在尚未完全装配时的封闭性，应当加装临时管道堵塞器。在工业车间内，针对机器和设备供水的支管通常被配置在地面之下，避免对生产流程造成不必要的干扰。

7.1.1.2 水表安装

为确保用户用水量准确计量，在供水系统关键节点，即用水用户的供水主管道或建筑引入管，应装配水表。居住区域内部也需设置分户水表于室内环境，以监控每户用水量。水表的安装位置需符合以下标准：易于进行维护和检查，避免日光暴晒，减少污染风险并确保冬季不发生冻结。

水表的设置有两种情况：无旁通管的水表安装和设旁通管的水表安装，选择何种设置取决于特定建筑的供水特点与需求。在供水间歇且需求量小的建筑中，可采取无旁通管设计，如图 7.1 所示。在配有消火栓设施或者断水会影响工业生产的建筑中，若仅有单一引入管，则应配置旁通管，如图 7.2 所示。水表与供水管道的连接方式包括螺纹连接与法兰连接两种，选择何种方式取决于水表本身的接口类型。

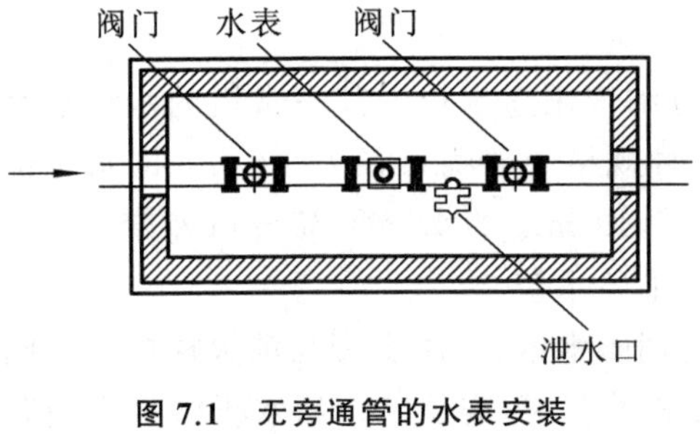

图 7.1 无旁通管的水表安装

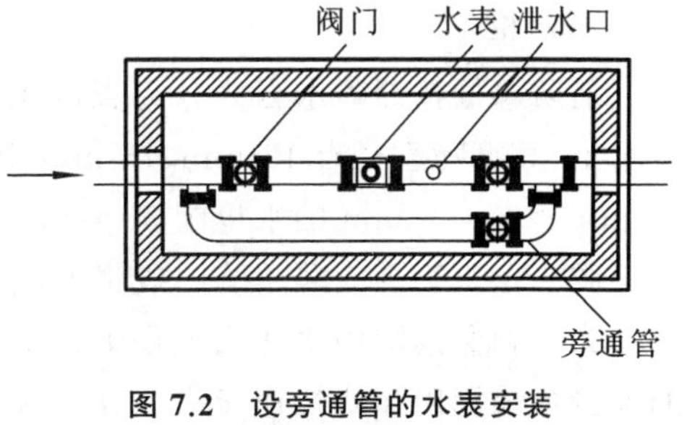

图 7.2 设旁通管的水表安装

当前，室内给水系统普遍采用流速式水表进行水量计量。基于翼轮结构的差异，流速式水表可划分为两类：旋翼式和螺翼式。旋翼式水表的翼轮转轴与水流方向垂直，由于对水流产生较大阻力，通常应用于小流量场合；螺翼式水表的翼轮转轴则与水流方向平行，因水流阻力低，适用于大流量的测量环境。

为确保水表计量的精准性，在安装时需考虑周边管路配置。若管路紧邻水表处存在转角，将导致涡流的产生，从而干扰水表精度。针对螺翼式水表，水表与阀门之间的直管管段长度至少为水表直径的 8 倍；对于其他类型的水表，则需满足在水表前后至少有 300 mm 的直管管段的要求。此外，水表应使用红砖或混凝土预制块支撑，避免直接置于井底垫层之上。对于明装于室内分户的水表，其外壳距离墙面不应超过 30 mm。安装时还需注意水表的方向性，防止安装错误损坏水表。在环状水系统或建筑双回路水的情况下，各水表出口端需安装止回阀，防止水逆流，确保水表不受损害。

7.1.2 室内消防给水系统安装

根据有关消防的规定，在对居住区、工厂、仓库等建筑进行设计和施工时，必须考虑消防给水系统，以保障人民的生命和财产安全。

室内消防给水系统主要包括消火栓给水系统和自动喷水灭火系统。

7.1.2.1 室内消火栓给水系统

室内消防给水系统一般包括消火栓、水带、水枪、消防卷盘、消防水箱、消防管道、消防水泵等。

1. 消火栓

消火栓按其出口形式分为单出口和双出口两大类。双出口消火栓直径为 65 mm，单出口消火栓直径有 50 mm 和 65 mm 两种。当消防水枪最小射流量小于 5 L/s 时，应采用 50 mm消火栓；当消防水枪最小射流量大于或等于 5 L/s 时，应采用 65 mm 消火栓。

2. 水带

室内消防水带口径有 50 mm 和 65 mm 两种，水带长度一般为 15 m、20 m、25 m、30 m 四种；水带材质有麻织和化纤两种，有衬胶与不衬胶之分，其中衬胶水流阻力小。水带长度应根据水力计算确定。

3. 水枪

消防水枪按照喷水方式分为直流水枪、喷雾水枪和多用途水枪。其中常用的水枪是直流水枪，其喷嘴直径有 13 mm、16 mm 和 19 mm 三种规格。喷嘴口径为 13 mm 的水枪配 50 mm 水带，16 mm 的水枪配 50 mm 或 65 mm 水带，19 mm 的水枪配 65 mm 水带。

同一建筑物内应采用统一规格的消火栓、水枪和消防水带。

为了确保消防用水使用过程中的安全性，水枪与消防水带、消防水带与消火栓栓口之间的连接均采用内扣式快速接头。在消火栓系统的安装过程中，需从室内给水干管引出消防立管，若建筑物独立设置消防供水系统，则将消防立管直连至消防供水管道，再通过支管连接消火栓栓口。消火栓栓口应面向外侧，栓口的中心距地面 1.1 m。阀门与箱体的距离，侧面为 140 mm，后部表面则为 100 mm，容许偏差为 5 mm。

在进行消火栓系统的安装和布局时，必须严格遵循规范。消火栓配备的水龙带和水枪应与快速接头牢固绑扎连接，根据消火栓箱的内部构造，将消防水带挂在内部固定的挂钉上或妥善盘绕在水龙带卷轴上，以确保在紧急情况下可以立即使用。

7.1.2.2 自动喷水灭火系统

我国现行的《自动喷水灭火系统设计规范》(GB 50084—2017)规定：自动喷水灭火系统应在人员密集、不宜疏散、外部增援灭火与救生较困难、性质重要或火灾危险性较大的场所中设置。

自动喷水灭火系统是由洒水喷头、报警阀组、水流报警装置(水流指示器或压力开关)等组件，以及管道、供水设施等组成，能在发生火灾时喷水的自动灭火系统。

自动喷水灭火系统按喷头的开闭形式可分为闭式系统和开式系统。闭式系统包括湿式系统、干式系统、预作用系统、重复启闭预作用系统等。开式系统包括雨淋系统、水幕系统和水喷雾系统等。

自动喷水灭火系统选型应根据设置场所的建筑特征、环境条件和火灾特点等选择相应的开式或闭式系统。露天场所不宜采用闭式系统。环境温度不低于 4 ℃且不高于 70 ℃的场所，应采用湿式系统。环境温度低于 4 ℃或高于 70 ℃的场所，应采用干式系统。

在自动喷洒灭火系统的安装过程中，喷头的分布设计遵照正方形、长方形或菱形布局方案，且其布置距离应确保不超出喷头设定的作用半径的两倍，以保证系统的高效性能和覆盖范围。

在铺设水平管道时，需要设定适当的坡度以便于排水和维持系统效率。在安装过程中，充水系统的管道坡度不得低于 0.002；充气系统及相关分支管的坡度，则需要至少为 0.004，以保证系统的流畅运行及快速反应性能。

控制自动喷洒消防系统的水流报警装置前必须安装阀门，而在其之后则不得装配其他用水设备。对于消防系统管路的连接，如无特别设计指定，充水系统可使用螺纹连接或者焊接方式；充气或气、水交替系统则必须采用焊接方式来保证连接的稳固性和密封性。

在支架安装过程中，应遵循以下规定：

① 悬挂支架与喷头的间隔至少应保持 300 mm，以确保喷水范围和效果。

② 末端喷头与支架的最大距离不应超过 750 mm。

③ 悬挂支架应设置于邻近喷头之间的管道部分，若临近的喷头间距不超过 3.6 m，则允许设置单一支架。临近喷头的间距小于 1.8 m 时，可以采取隔段设置支架的做法。

7.1.3 室内给水设备安装

室内给水设备主要包括水泵、气压给水设备、水箱等。

7.1.3.1 水泵安装

在供水量较大的情况下，通常将两台以上的水泵并联工作。每台水泵宜设计单独吸水管，若设计成共用吸水管，则一般至少需要两条，并设连通管与每台泵吸水管连接。吸水管内的流速宜采用 1.0～1.2 m/s，吸水喇叭口应低于最低水位不小于 2 倍的吸水管管径，且不小于 0.5 m。

由于振动与噪声对环境造成的潜在影响，在有特殊防振要求或噪声控制需求的区域应避免邻近或上下楼层设置水泵机组。在进行水泵机组并排安装时，须考虑留足空间以容纳拆卸的电机和泵体。

水泵机组基础与相邻墙面以及邻近基础应保持至少 0.7 m 的间隙，以确保检修操作的便捷性。对于小型泵（口径不超过 50 mm），这一最小间隔距离可以相应缩小。在设计轴端到墙壁或邻接的机组间的距离时，需确保该距离超过轴长 0.5 m，从而提供充足的工作空间。此外，为维护安全和通行方便，机组与配电箱之间的通道宽度应不小于 1.5 m。水泵机组的基础应独立于建筑结构的基础设置，以防止振动和噪声通过基础传播。标准做法是，将水泵基础架设至高出地面 0.1 m 以上。为节约泵房空间，对于体积较小的水泵，可允许两台泵共用一个基础，但周围必须保留至少 0.7 m 宽的通道。

为了减少水泵运转对周围环境的影响，应对水泵进行隔振处理。隔振技术以设备隔振为主，管道和支架隔振为辅。卧式水泵隔振宜加设隔振垫或隔振器，加设隔振基座；立式水泵隔振优先推荐阻尼弹簧隔振器，其上端与隔振基座和钢垫板用螺栓固定，下端与混凝土基础用螺栓固定。

对供水能力超过 200 m^3/h 的水泵机组需配置水泵机房，泵房内需设置一个 10～15 m^2 的维修空间和一个 5 m^2 的辅助存储室。机房应当干燥、通风良好、光线充足，并应有排水措施。在建筑物内布置水泵，泵房应远离要求安静和防振的房间（如病房、卧室、教室等）。当泵房内未配备吊车起重设备时，室内地面至梁底的高度不应小于 3.2 m。若存在吊车起重设施，则需依据实际情况来确定泵房高度。泵房门的尺寸应便于设备搬运，门的宽度和高度须根据设备运输的便捷程度来设定。

7.1.3.2　给水箱安装

在设计供水系统时，常需在以下情况考虑设置高位水箱：室外供水管网的压力波动无法稳定满足室内给水的压力需求；特定建筑内，需要储备紧急事故下的消防用水；同时，在室内供水系统中，需要维持一个持续稳定的水压，如供应浴室用水。

高位水箱的构造材料及形状，一般采用经济实用的钢板、玻璃钢或钢筋混凝土材质，并依据实际需求与场地状况设计圆形或矩形。圆形水箱在结构上更省材，而矩形水箱则在布置方面较为便捷。为确保供水系统的高效性，水箱的安放高度应确保即使在最不利的条件下，配水点也能获取足够的水头。

对于高位水箱的安装位置，应选择便于维护管理、光照和通风条件良好，且不易发生冻结的地点。通常建议安装于建筑物的顶层或屋顶内部空间。在我国南方地区，由于气候原因，平屋面建筑物上布置水箱较为普遍。此外，为避免水源受到污染，水箱应加装盖板，并且盖板须配置通气孔，大型水箱的通气孔还可作为人员进出的通道。

非钢筋混凝土水箱应放置在混凝土、砖或槽钢（工字钢）上，其间宜垫以石棉橡胶板、塑料板等绝缘材料。支墩高度不宜小于 600 mm，以便安装管道和进行检修。

水箱一般应设进水管、出水管、溢流管、泄水管、信号管等。

1. 进水管

进水管的接入点通常位于侧壁，但也可以选择从底部或者顶部接入。其管径需要根据给水方式的差异、水泵的供水能力以及给水管网的设计流量综合确定。为了确保给水系统的安全性和可靠性，应在进水管上安装浮球阀。当管径≥50 mm 时，建议设置不少于两个浮球阀，并且每个浮球阀前需配备检修阀门，以便于维护和检修。

2. 出水管

出水管应与进水管分开独立设置，这样不仅保障了系统的稳定运行，也方便了日后的维保工作。

3. 溢流管

溢流管段位于水箱底以上部分，其管径应大于进水管管径，一般选择为进水管管径的 2 倍。而对于水箱底 1 m 以下的管段，可以采用与进水管相同的管径。溢出的水须经过隔离水管后才能与排水管道相连，以防水箱内的水受到外界污染。对于安装在平屋顶上的水箱，溢流管的出口可以直接安放到屋面上，或者与污水管道相连，但溢流管上不允许安装阀门。

4. 泄水管

泄水管应该从水箱的最低点引出，这样可以有效地排出沉积在箱底的泥沙，并方便清洗水箱时排放污水。泄水管需要与溢流管连接，通过溢流管将废水排入下水道。

5. 信号管

信号管的作用是连接水位信号装置或使用透明管道直接显示水位，以便实时监控水箱内的水位情况。信号管管底一般比溢流水位低 10 mm，管径一般为 15～20 mm，信号管应接至经常有人值班房间的洗脸盆、洗涤盆等处。

7.1.3.3 气压给水设备及变频调速给水设备安装

1. 气压给水设备的安装

气压给水设备是一种利用压缩空气技术实现的升压系统。其核心部件为一密封的压力罐，通过罐内压缩的空气将水输送至管网中的各个点。其功能与高位置水箱类似，即调节储存水量并维持所需的压力。由于其供水压力依赖于罐内空气的压缩状态，对安装地点不构成限制，因此该设备在特定场合(例如国防隐蔽工程、地震多发区、对建筑艺术和消防有特殊要求的地区)得以应用。

气压给水系统主要包括气压水罐、水泵、补气装置、电控装置、阀门、仪表等。

安装程序为：混凝土基础浇筑→气压水罐吊装就位→气压水罐罐腿与基础用地脚螺栓紧固→质量检查。

在安装气压水罐时，必须确保其顶部与建筑结构梁底之间的最小距离为 1 m。同时，水罐之间以及水罐与墙面之间应保持至少 0.7 m 的净距。水罐应安装在混凝土基础上，单个水罐基础或多个水罐共用的通体基础，都必须按照安装详图规定的尺寸进行施工。此外，水罐底座的设计高度应比地面高出至少 0.1 m。

在气压水罐的安装过程中，需要特别注意避免连接在罐体上的管道口端的螺纹和法兰因碰撞而损坏或变形。在水平度方面，纵向和横向的允许偏差不得超过罐体直径的1/1000，且≤3 mm；垂直度的偏差也应控制在罐体高度的1/1000以内，而标高的允许偏差应在±15 mm以内，中心线的位移不能超过5 mm。为了确保这些精确度，通常需要使用水准仪和水平尺等专业工具进行检查。

2. 变频调速给水设备的安装

变频调速给水设备由水泵和变频装置组成。

变频装置进行水泵的电动机供电电源变频，从而使电动机、水泵的转速发生变化，达到水泵扬程和流量的变化。水泵常用离心水泵，水泵变频调速装置常由生产厂家安装，有挂式、落地式等，安装在专用的电气设备房间内，房间内要求光线明亮、通风良好、不易受潮。挂式安装即把变频调速控制箱挂在墙体上，落地式安装即把变频调速控制箱立于地面上或立于地面的支架上，变频调速控制箱体与墙体应有一定距离，一般为50～150 mm。

在安装过程中，变频调速给水系统的布置与普通水泵加压给水系统相似，需确保各组件正确连接、调试，以保障系统的高效运转。

7.1.4 高层建筑室内给水系统的安装

由于高层建筑层数多、高度大及卫生器具多等特点，高层建筑生活给水系统应分区配水，这样可减少系统水压过大而带来的许多不利因素，如配件易损、噪声和振动等。

7.1.4.1 高层建筑竖向分区给水系统

为减少管道系统的静水压力和冲击压力，延长零配件的使用年限，高层建筑给水应竖向分区，竖向分区要根据使用要求、设备材料性能、维护管理条件、建筑层数和室外给水管网水压等确定，一般对于层高在3.5 m以下的建筑，以每10～12层作为一个供水分区为宜。竖向分区供水方式有分区并联、分区串联和分区减压等多种形式。

1. 分区并联给水方式

在高层建筑的给水系统设计中为每个分区均配置了独立的水箱和水泵设备的方式称作分区并联给水(图7.3)。这种给水方式的特点是水泵装置通常集中在建筑底层或地下室的专用机房内，维护与管理集中，能够有效降低能源消耗。局限性在于由于需要使用更多的管材，以及因应不同分区需求而采用多样化的水泵型号，水箱的配置也会占据一部分建筑面积。目前这种方式在允许设置分区水箱的高层建筑中得到了广泛应用。

2. 分区串联给水方式

如图7.4所示，各区设置水箱和水泵，各区水泵均设置在技术层内，从下区水箱抽水供上区用水。此种方式的优点是各分区水泵扬程按本区需要设计，水泵效率高，管道较简单，能源消耗较少。缺点是水泵设于技术层，对防振、防噪声和防漏水等施工技术要求较高；水泵分散设置，管理维护不便，下区水箱的容积大，占用面积较大；任何一区发生故障则以上几区供水皆受影响。

3. 分区减压给水方式

如图 7.5 所示,分区减压给水为整个建筑的用水由水泵送至屋顶水箱,然后由屋顶水箱供给上区,并通过各分区减压水箱减压后再供下区用水。减压水箱只起释放静水压力的作用,因此,其容积较小。此种方式的优点是水泵型号少,设备布置集中,维护管理方便。缺点是屋顶水箱容积大,不利于结构抗震;一次提升耗能大,且安全可靠性低。

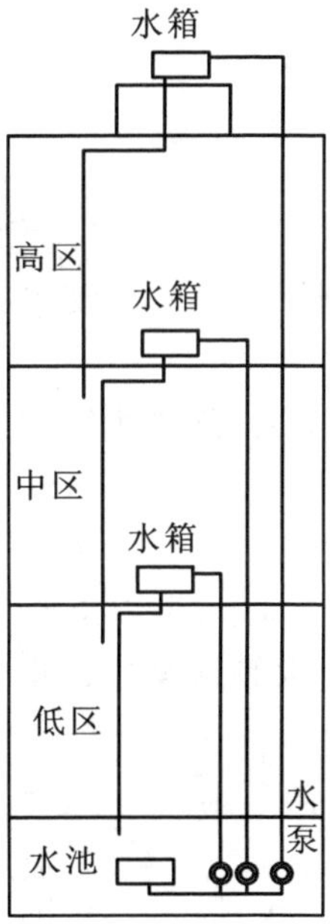

图 7.3　分区并联给水方式

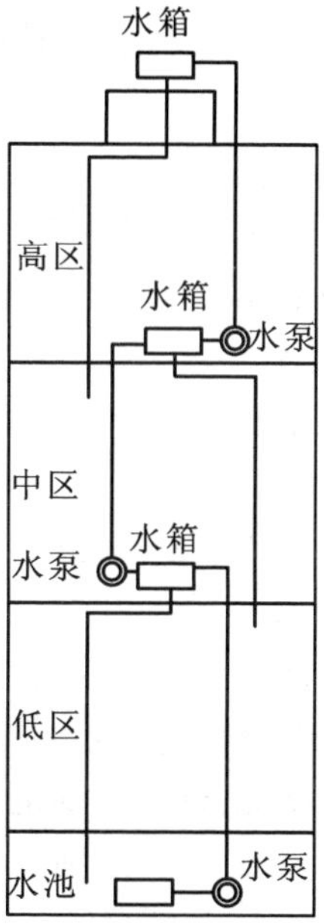

图 7.4　分区串联给水方式

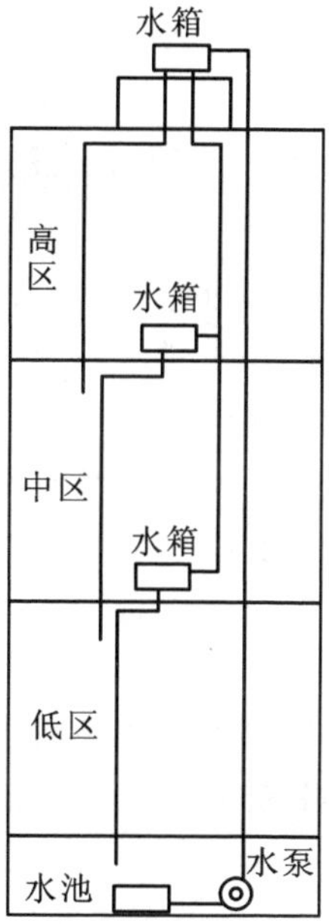

图 7.5　分区减压给水方式

7.1.4.2　高层建筑给水管道的安装特点

① 高层建筑层数较多,因此给水系统压力大,管道立管长、横管直管道多、分支多、接口多,若管道发生渗漏不易找到漏水点,维修困难。

② 施工中管道由于受热不均而引起管道伸缩,使得管道弯曲变形或损坏,是造成管道和接口处漏水的主要因素,也是高层建筑管道发生漏水后不易寻找的原因。

③ 高层建筑管道中水流速度过大时,若启闭阀门或快速改变水流方向,将会使管道内产生锤击现象,并伴有强烈的振动和巨响声,即为水击现象。水击现象易损坏管道支架、吊架、法兰等连接件,还会产生"水锤",危害极大。

高层建筑对于室内供水系统以及卫生设施的要求较为严格,其给水管道和设备的安装需充分考虑高层建筑给水系统的特定需求,需选用高压管材及配水器材,安装时应确保管路布局紧凑合理,支架稳固可靠,连接点严密无漏。

7.2 室内排水系统安装

建筑室内排水系统的主要任务是将生活与工业生产过程中产生的污(废)水,以及降落在屋面的雨(雪)水收集起来,通过管道将其输送到室外的排水管道。对于未达到国家污水排放标准的污水,必须在排入室外排水管道之前进行预处理以符合标准。

7.2.1 室内排水系统的分类

按照所排除的污(废)水的性质不同,通常可分为:生活污水排水系统、工业废水排水系统和雨(雪)水排水系统。

(1) 生活污(废)水排水系统:该系统主要负责接纳和排除居住建筑、公共建筑和工业企业的生活污水和生活废水。

(2) 工业废水排水系统:该系统主要用于排除工厂生产过程中产生的各种废水。因为工业生产过程多种多样,因此产生的废水性质也各异,有的近似于纯净水,可以进行再次利用;而有的包含强酸、强碱和大量油脂,甚至含有有害元素等,这类废水必须经过特定处理才能排入室外的排水体系。

(3) 雨(雪)水排水系统:其任务是收集、排除屋面的雨水及融化的雪水。

在室内排水系统中,当采用独立的管道系统分别输送生活污水、生活废水、工业废水及雨(雪)水时,该系统被称为室内排水分流制。相对地,若将生活污水、生活废水、工业废水与雨(雪)水中的两类或三类合并,通过同一管网排出,则构成室内排水合流制。

7.2.2 室内排水系统组成及其安装

1. 室内排水系统组成

室内排水系统一般包括卫生器具排水管、排水支(横)管、立管、排出管、通气管和清通设备,如图 7.6 所示。

(1) 卫生器具排水管

卫生器具排水管是指连接卫生器具和排水支管之间的短管,通常都设有存水弯。

(2) 排水支管

排水支管的作用是将各卫生器具排水管或生产设备排出的污水排送到排水立管中去。

(3) 排水立管

排水立管的作用是把各层排水支管的污水收集并排送至排出管。

(4) 排出管

排出管是排水立管与室外第一座检查井之间的连接管道,其作用是接受一根或几根排水立管的污水并排至室外管网的检查井中。

(5) 通气管和辅助通气管

通气管是指最高层卫生器具以上并延伸到屋顶以上的一段立管。如建筑物层数较多或者在同一排水支管上的卫生器具的数目较多,则同时放水的机会就多。在这种情况下,应设置辅助通气管和辅助通气立管。通气管或辅助通气立管的作用是使室内、外排水管道与大气相通,使排水管道中的臭气和有害气体排到大气中去,同时,还能防止存水弯的水封被破坏,保证排水管道中的水流畅通。通气管有以下几种类型:

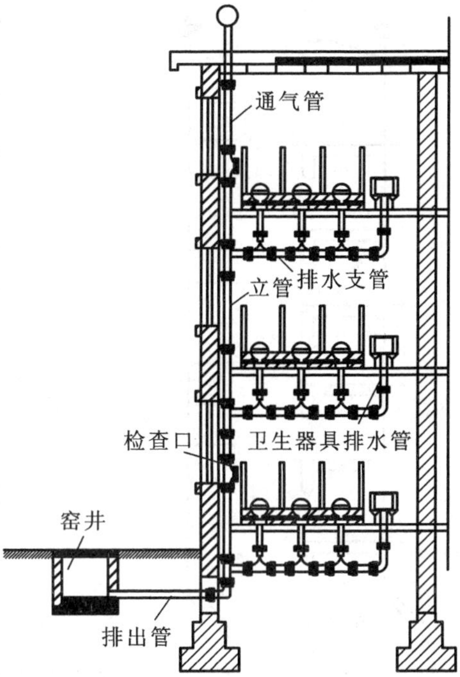

图 7.6 室内排水系统基本组成

① 伸顶通气管。污水立管顶端延伸出屋面的管段称为伸顶通气管,作为通气及排除臭气用,是排水管系最基本的通气方式。生活排水管道或散发有害气体的生产污水管道均应设置伸顶通气管。伸顶通气管应高出屋面 0.3 m 以上,如果是有人停留的平屋面,伸顶通气管高出屋面长度应大于 2 m,且应大于最大积雪厚度。伸顶通气管不允许或不能单独伸出屋面时,可设置汇合通气管。

② 专用通气管。指仅与排水立管连接,为污水立管内空气流通而设置的垂直管道。当生活排水立管所承担的卫生器具排水设计流量超过排水立管最大排水能力时,应设专用通气管。建筑标准要求较高的多层住宅、公共建筑、10 层及以上高层建筑宜设专用通气管。

③ 环形通气管。指在多个卫生器具的排水横支管上,从最始端两个卫生器具之间接至通气立管的管段。在连接 4 个及 4 个以上卫生器具且长度大于 12 m 的排水横支管、连接 6 个及 6 个以上大便器的污水横支管上均应设置环形通气管。

④ 主通气立管。指与环形通气管和排水立管相连接,为使排水横支管和排水立管内空气流通而设置的垂直管道。

⑤ 副通气立管。指仅与环形通气管连接,为使排水横支管内空气流通而设的垂直管道。

⑥器具通气管。指卫生器具存水弯出口端一定高度处接至主通气立管的管段,可防止卫生器具产生自虹吸现象和噪声。对安静要求高的建筑物,生活污水管宜设器具通气管。

⑦ 结合通气管。指排水立管与通气立管的连接管段。其作用是,当上部横支管排水,水流沿立管向下流动,水流前方空气被压缩,通过它释放被压缩的空气至通气立管。设有专用通气立管或主通气立管时,应设置结合通气管。

室内排水系统通气方式示意如图 7.7 所示。

2. 室内排水系统的安装

室内排水管道一般均为铸铁管,并采用承插连接。管道安装程序应与土建施工程序相协调,要先安装排出管,然后安装排水立管和排水支管,最后安装卫生器具。

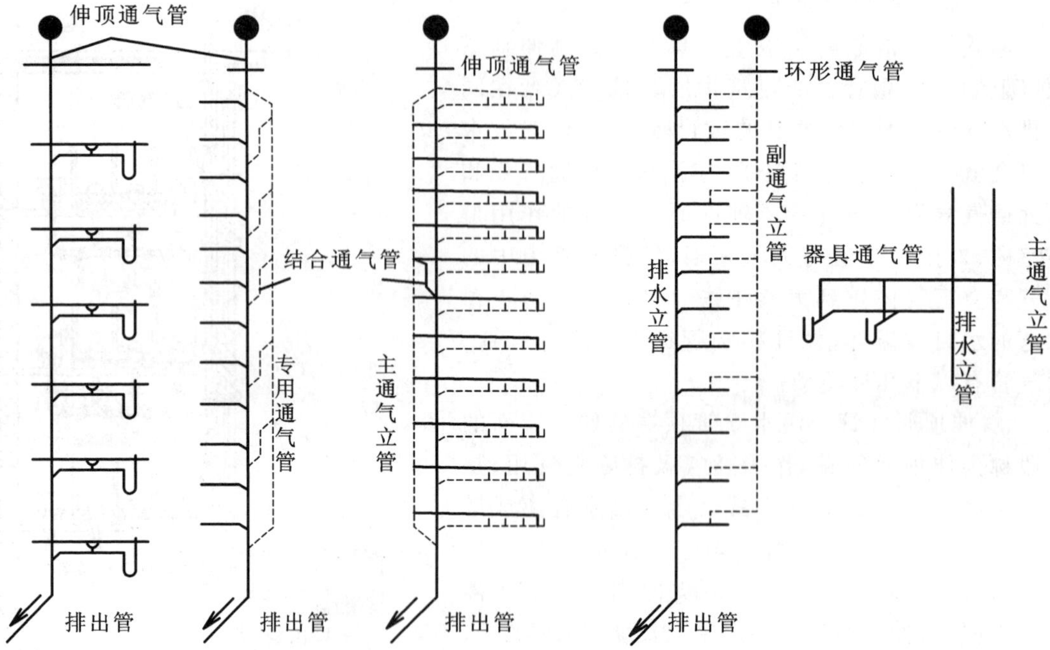

图 7.7　室内排水系统通气方式示意图

(1) 排出管安装

铺设排出管时,沟槽不能超挖而破坏原土层,以防止因局部深陷而造成管道断裂。管道穿过房屋基础或地下室墙壁时应预留孔洞,预留孔洞的尺寸见表 7.1。管道穿过预留孔洞后要做好防水处理。

表 7.1　排出管预留孔洞尺寸

管径/mm	50～100	125～150	200～250
预留孔洞尺寸(砖墙)/mm	300×300(240×240)	400×400(360×360)	500×500(490×490)

由于室内排水是重力排水,在施工安装时,应把管道承口作为进水方向,管道铺设坡度要均匀,不能产生突变现象,以防排水不畅。地下埋设的生活污水管和雨水排水管的最小坡度应符合表 7.2、表 7.3 的规定。

表 7.2　地下埋设的生活污水管的坡度

管径/mm	标准坡度	最小坡度
50	0.035	0.025
75	0.025	0.015
100	0.020	0.012
125	0.015	0.010

续表7.2

管径/mm	标准坡度	最小坡度
150	0.010	0.007
200	0.008	0.005

表 7.3 地下埋设雨水排水管的坡度

管径/mm	最小坡度
50	0.020
75	0.015
100	0.003
125	0.006
150	0.005
200～400	0.004

为减小排水管道的局部阻力和防止污染物堵塞管道，排出管与排水立管之间应采用两个45°弯头连接。排水管道的横管与横管、横管与立管之间的连接应采用45°三通或45°四通和90°斜三通或90°斜四通。

(2) 排水立管安装

排水立管一般沿卫生间墙角垂直敷设。在施工时，立管中心线可标注在墙上，按最粗的立管尺寸及所需的配件进行配管。各支管与排水立管连接的三通或四通，应采用斜三通或斜四通。

排水立管在安装时，需保证垂直，三通口要对正，铸铁管承口要向上。现场施工可以按实地量出的立管尺寸将零件部位预制加工好后，再分层组装。为保证安装和检修的方便，在检查口处要设检修门。

安装排水立管时，立管穿现浇楼板应预留孔洞。立管与墙面之间应保证一定的操作距离，立管轴线与墙面距离及穿楼板预留孔洞尺寸，参照表7.4采用。

表 7.4 立管与墙面距离及楼板预留孔洞尺寸

管径/mm	50	75	100	150
管轴线与墙面距离/mm	100	110	130	150
楼板预留孔洞尺寸/mm	100×100	200×200	200×200	300×300

(3) 排水支管安装

排水立管安装好后，应按卫生器具的位置和规定的管道坡度敷设排水支管。排水支管不得穿过沉降缝、烟道和风道等，如悬吊在楼板下，其吊架间距一般为1.5 m。

(4) 通气管及辅助通气管安装

通气管应高出屋面 0.3 m 以上，且大于最大积雪厚度，以防止积雪掩盖通气管口。对平顶屋面，若经常有人活动，则通气管应高出屋面 2 m，并应根据防雷要求设置防雷设备。通气管或辅助通气管穿出屋面时，应与屋面工程配合好，先把通气管安装好，然后再处理屋面和管道接触处的防水。

辅助通气管应高出卫生器具上边缘 0.15 m，辅助通气横管应以不小于 0.01 的上升坡度逐层与辅助通气立管连接；辅助通气立管可在最高层卫生器具上边缘或检查口以上与通气管相连接。通气口上应有网罩，以防止杂物落入。

(5) 清通设备安装

① 检查口

在排水立管上，一般每两层要设置一个立管检查口，但最底层和有卫生器具的最高层必须设置检查口，如为两层建筑，可仅在底层设置。检查口的形式如图 7.8 所示。检查口中心距地面的距离为 1 m，允许偏差为±20 mm，并且至少高出本层卫生器具上边缘 150 mm。安装检查口时，为了清通时操作方便，应使盲板向外，开口方向与墙面成 45°夹角。暗装立管的检查口处，应设检修门。

② 清扫口

清扫口一般设在排水横管上，用于单向清通排水管道，尤其是各层横支管连接卫生器具较多时，横支管起点均应设置清扫口。连接 2 个及 2 个以上的大便器或 3 个及 3 个以上的卫生器具的污水横管、水流转角小于 135°的污水横管，均应设置清扫口。清扫口安装不应高出地面，必须与地面平齐，如图 7.9 所示。

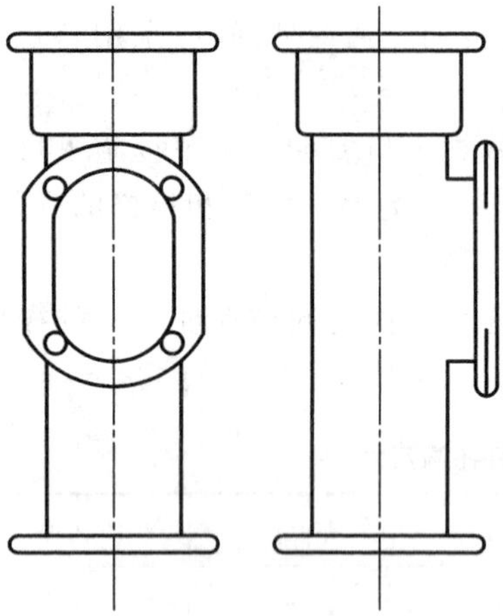

图 7.8　检查口

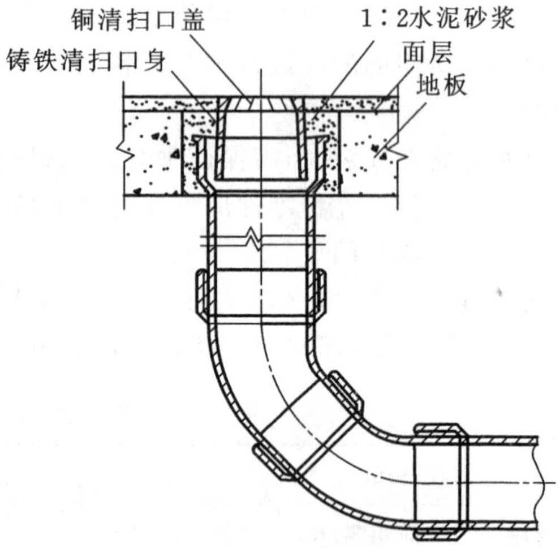

图 7.9　清扫口

为了清通方便，排水横管起点处的清扫口与墙面的距离不得小于 200 mm。当排水横管起点设置堵头代替清扫口时，堵头与墙面的距离不得小于 400 mm。

在转角小于 135°的排水横管上，应设置检查口或清扫口。当排水横管的直线管段较长时，应按表 7.5 规定的距离设置检查口或清扫口。

表 7.5 污水横管的直线管段上检查口或清扫口之间的最大距离

管径/mm	污水性质			清通装置的种类
	假定净水	生活粪便水和成分近似生活粪便水的污水	含大量悬浮物的污水	
	间距/m			
50～75	15	12	10	检查口
50～75	10	8	6	清扫口
100～150	20	15	12	检查口
100～150	15	10	8	清扫口
200	25	20	15	检查口

③ 室内检查井

对于不散发有害气体或大量蒸汽的工业废水排水管道，在管道转弯、变径、坡度改变、连接支管处，可设室内检查井。对于生活污水管道，因建筑物通常设有地下室，故在室内不宜设置检查井。

(6) 污水提升设备

民用建筑的地下室、人防建筑、工业建筑等建筑物内的污废水不能自流排至室外时，需设置污水提升设备，污水提升设备设置在污水泵房(泵组间)内。建筑内部污废水提升包括污水泵的选择、污水集水池(进水间)容积的确定和污水泵房设计，常用的污水泵有潜水泵、液下泵和卧式离心泵。

3. 污水局部处理构筑物

当室内污水未经处理不允许直接排入城市排水系统或水体时需设置局部水处理构筑物。常用的局部水处理构筑物有化粪池、隔油井和降温池等。

(1) 化粪池

化粪池是一种利用沉淀和厌氧发酵原理去除生活污水中悬浮性有机物的最初级处理构筑物。目前我国许多小城镇还没有生活污水处理厂，所以建筑物卫生间内所排出的生活污水必须经过化粪池处理后才能排入合流制排水管道。

(2) 隔油井

隔油井可使含油污水流速降低，并使水流方向改变，使油类浮在水面上，然后将其收集排除，适用于食品加工车间排水、餐饮业的厨房排水、由汽车库排出的汽车冲洗污水和其他一些生产污水的除油处理。

(3) 降温池

一般城市排水管道允许排入的污水的温度规定不大于 40 ℃，所以当室内排水温度高于 40 ℃(如锅炉排污水)时，首先应尽可能将其热量回收利用。如不可能回收，在排入城市管道前应采取降温措施，一般可在室外设降温池加以冷却。

7.3 卫生器具的安装

卫生器具，不仅具备方便如厕、洗漱和洗涤的功能，还具有收集室内污水和废水的作用。鉴于其多样化的种类和独特的外观设计，我们在安装时，需基于具体的订购产品，来确定最佳的安装方案。

7.3.1 卫生器具的安装程序和一般要求

7.3.1.1 安装前的质量检验

在安装卫生器具之前，必须进行质量检验，这是整个安装过程中不可或缺的一部分。检验的内容涵盖了检验卫生器具的外观是否端正、瓷质是否细腻、色泽是否一致、是否有损伤，以及各部分几何尺寸的偏差值是否超过了表 7.6 中规定的允许偏差等。

表 7.6 卫生器具几何尺寸允许偏差

<table>
<tr><th>序号</th><th colspan="2">项目</th><th>单位</th><th>偏差值</th></tr>
<tr><td>1</td><td colspan="2">外形尺寸</td><td>%</td><td>±3</td></tr>
<tr><td>2</td><td colspan="2">肥皂、手纸盒外观尺寸</td><td>mm</td><td>−3</td></tr>
<tr><td rowspan="4">3</td><td rowspan="4">安装尺寸</td><td>孔径≤15 mm</td><td rowspan="4">mm</td><td>2</td></tr>
<tr><td>孔径 16～29 mm</td><td>±2</td></tr>
<tr><td>孔径 30～80 mm</td><td>±3</td></tr>
<tr><td>孔径>80 mm</td><td>±5</td></tr>
<tr><td>4</td><td colspan="2">洗面器水嘴孔距</td><td>mm</td><td>±2</td></tr>
<tr><td>5</td><td colspan="2">洗面器、水箱、洗涤槽下水口圆度变形直径</td><td>mm</td><td>3</td></tr>
<tr><td>6</td><td colspan="2">小便器排出口圆度变形直径</td><td>mm</td><td>5</td></tr>
<tr><td>7</td><td colspan="2">大便器及存水弯排出口、连接口圆度变形直径</td><td>mm</td><td>8</td></tr>
<tr><td rowspan="2">8</td><td colspan="2">排出口中心距边缘尺寸公差≤300 mm</td><td>mm</td><td>±10</td></tr>
<tr><td colspan="2">排出口中心距边缘尺寸公差>300 mm</td><td>%</td><td>±3</td></tr>
</table>

质量检验的方法如下：

① 外观检测：检查卫生器具表面有无瑕疵。

② 轻敲测试：通过轻轻敲击卫生器具，听其声音是否坚实清脆来判断是否受损或存在破裂。

③ 尺寸测量:使用尺子精确测量卫生器具的主要尺寸参数。

④ 通球检查:对于圆形孔洞,进行通球试验,试验用球的直径应为孔洞直径的80%,以检验孔洞的通畅性。

7.3.1.2 安装的基本技术要求

卫生器具安装高度见表7.7。

表7.7 卫生器具安装高度

<table>
<tr><th rowspan="2">序号</th><th rowspan="2" colspan="3">卫生器具名称</th><th colspan="2">安装高度/mm</th><th rowspan="2">备注</th></tr>
<tr><th>居住和公共建筑</th><th>幼儿园</th></tr>
<tr><td rowspan="2">1</td><td colspan="3">污水盆架空式</td><td>800</td><td>800</td><td rowspan="6">自地面至器具上边缘</td></tr>
<tr><td colspan="3">落地式</td><td>500</td><td>500</td></tr>
<tr><td>2</td><td colspan="3">洗涤盆(池)</td><td>800</td><td>800</td></tr>
<tr><td>3</td><td colspan="3">洗面器和洗手盆(有塞、无塞)</td><td>800</td><td>500</td></tr>
<tr><td>4</td><td colspan="3">漱洗槽</td><td>800</td><td>500</td></tr>
<tr><td>5</td><td colspan="3">浴盆</td><td>520</td><td>—</td></tr>
<tr><td rowspan="2">6</td><td rowspan="2">蹲式大便器</td><td colspan="2">高水箱</td><td>1800</td><td>1800</td><td>自台阶至高水箱底</td></tr>
<tr><td colspan="2">低水箱</td><td>900</td><td>900</td><td>自台阶至低水箱底</td></tr>
<tr><td rowspan="3">7</td><td rowspan="3">坐式大便器</td><td colspan="2">高水箱</td><td>1800</td><td>1800</td><td>自台阶至高水箱底</td></tr>
<tr><td rowspan="2">低水箱</td><td>外露排出管式</td><td>510</td><td>—</td><td rowspan="2">自台阶至低水箱底</td></tr>
<tr><td>虹吸喷射式</td><td>470</td><td>370</td></tr>
<tr><td rowspan="2">8</td><td rowspan="2">小便器</td><td colspan="2">立式</td><td>1000</td><td>—</td><td>自地面至上边缘</td></tr>
<tr><td colspan="2">挂式</td><td>600</td><td>450</td><td>自地面至下边缘</td></tr>
<tr><td>9</td><td colspan="3">小便槽</td><td>200</td><td>150</td><td>自台阶至台阶面</td></tr>
<tr><td>10</td><td colspan="3">大便槽冲洗水箱</td><td>不低于2000</td><td>—</td><td>自台阶至水箱底</td></tr>
<tr><td>11</td><td colspan="3">妇女卫生盆</td><td>360</td><td>—</td><td>自地面至器具上边缘</td></tr>
<tr><td>12</td><td colspan="3">化验盆</td><td>800</td><td>—</td><td>自地面至器具上边缘</td></tr>
</table>

卫生器具的布局设计决定了卫生器具的安装位置,这包括平面位置(与建筑轴线、墙、柱等实体的距离和器具间的间距)和立面位置(即安装高度)。在选择这些位置时,主要考虑的是使用的方便性、舒适性、易于检修,同时也要确保与建筑整体风格和布局的协调美观。

为了实现这一目标,我们需要在器具安装的后墙上标出安装中心线,作为排水管道和卫生器具安装时的基准。对于不同类型的卫生器具,有不同的平面定位依据,如蹲便器中心距900 mm,洗面器、小便器中心距700 mm,淋浴器中心距900~1100 mm,盥洗槽水嘴中心距

700 mm。

在选择安装位置时，还需要考虑到排水口的位置，以便于管道布置。此外，门的开启方向也需要考虑，以避免门开启后碰撞到器具。

安装过程中，卫生器具的底座、支架、支腿等部分的质量至关重要，必须安装稳固。作为室内的固定陈设物，卫生器具的安装不仅要实用，还要美观。因此，安装过程中，需要使用水平尺、线坠等工具进行持续的检测和校正，确保安装符合规定，具体参见表7.8、表7.9。

表7.8　卫生器具安装的允许偏差

序号	项目		允许偏差/mm
1	坐标	单独器具	10
		成排器具	5
2	标高	单独器具	±15
		成排器具	±10
3	器具水平度		2
4	器具垂直度		3

表7.9　卫生器具给水配件安装标高的允许偏差

序号	项目	允许偏差/mm
1	大便器高、低水箱角阀及截止阀	±10
2	水龙头	±10
3	淋浴器喷头下沿	±15
4	浴盆软管淋浴器挂钩	±20

施工过程中要确保卫生器具与给水排水管道连接的严密性，对管道穿越建筑物墙体间的缝隙要做密封处理。为确保不漏水，需要在卫生器具与给水配件（如水嘴、浮球阀等）的连接处加设橡胶软垫，并紧密压实；与排水管、排水栓的连接处应使用油灰、橡胶垫圈等材料进行严密封闭。在与墙面接触的部分，应涂抹油灰或使用白水泥填缝，以保证紧密连接且不污染墙面。

考虑到卫生器具在使用和维修过程中可能需要更换，安装时应注重其可拆卸性。因此，在卫生器具与给水支管之间必须安装可拆卸的接头。同时，坐便器与地面的固定、排出口与排水短管的连接、蹲便器排出口与存水弯的连接等，均应采用易于拆除的油灰填塞连接，并在存水弯或排水栓处设置螺母连接。

硬金属与瓷器之间的连接处应使用橡胶垫、铅垫等软性材料作为缓冲。在紧固螺纹连接时，应先用手适当拧紧，然后使用紧固工具逐渐加强力度，以防止因过度用力而损坏瓷器。当使用管钳紧固铜质或镀光质的给水配件时，应垫上布料，以防止管钳留下牙痕。

卫生器具的安装应安排在建筑施工的最后阶段。安装完成后，应采取有效的成品保护措施,如切断水源或用草袋覆盖等。最重要的是加强不同工种之间的协调配合,避免人为破坏。此外,为确保卫生器具的正常使用,安装后应对所有敞开的排水口进行封闭处理,以防止堵塞。地漏作为容易堵塞的部位,尤其需要加强维护,避免安装过程中用于排除水磨石浆或清洗地面水等。

7.3.2 常用卫生器具安装

7.3.2.1 蹲式大便器的安装

蹲式大便器主要包括便盆、存水弯道、冲洗水箱、水箱进水管和冲洗管等部分,广泛应用于公共洗手间。蹲式大便器分为内置存水弯道和非内置存水弯道两种类型。对于非内置存水弯道的蹲式大便器,需要在管道上额外安装存水弯道,其中首层使用S形存水弯道,其他楼层则使用P形存水弯道。蹲式大便器的控制冲洗方式多样,包括手动冲洗阀冲洗、脚踏冲洗阀冲洗和感应式冲洗阀冲洗等。在公共场所,推荐使用感应式冲洗阀,节水效果显著。

高度较高的自带存水弯的蹲式大便器,需要构建两级台阶以适配其高度。安装过程中,首先需确保存水弯与大便器、冲洗水箱的安装准确无误。再依次安装冲洗管、冲洗阀、水箱进水管等组件。在开始安装前,应对大便器和存水弯进行详细的检查与校验,包括存水弯的上下口与大便器及下水道接口的吻合度,以及大便器和存水弯的外观是否完整,无破损、裂缝或渗漏等问题。

根据卫生间的设计图纸,需预先安装好排水管,并确保楼板孔已妥善封堵。排水管的承口内部应先用油麻填塞,随后用特定比例(纸筋:水泥=2:8)的纸筋水泥填满并刮平,再插入存水弯,用水泥固定牢固。存水弯安装稳固后,应将大便器的排水孔与存水弯的承口对齐,调整大便器的位置至水平并固定。同时,用油灰填充存水弯的承口内部以及大便器出水口周围,并使用砖块作为支撑。确认蹲式大便器的平整度无误后,用水泥砂浆砌筑蹲式大便器的托座,并用砂子或炉渣填满存水弯周围的空隙,最后用水泥砂浆进行压实和表面抹平。

安装水箱时,必须遵循设计施工图的指示,先在墙上标记出水箱的横、竖中心线,这样可以精确地确定水箱的位置,同时确定挂孔的位置,以便预埋木砖或膨胀螺栓。在挂装水箱之前,可以先在地面上完成水箱内部冲洗附件的连接,确保其灵活可靠。随后,将水箱挂装并固定。

当蹲式大便器稳固后,根据土建要求完成地面铺设。橡胶碗处应用砂土覆盖,然后在砂土上方涂抹水泥砂浆。需要注意,不可用水泥砂浆完全填满橡胶碗处,以免日后维修困难。

7.3.2.2 坐式大便器的安装

坐式大便器分为分体式和联体式、普通式和静音式、下排水和后排水等形式。

1. 分体式低水箱坐式大便器的安装

其安装流程为:确保坐式大便器安装在卫生间的地面上,事先进行检查,确保合格。将坐式大便器排水口插入预先埋在地面中的排水管,选择适当的排水孔位置。在地面上标出坐式大便器底座和螺栓孔眼的位置,移开坐式大便器后,在标记位置处预埋木砖或膨胀螺栓。安装时,清理排水管口,确保坐式大便器内无杂物。涂抹适量的油灰或纸筋水泥在坐式大便器底部和排水口周围。按标出的外廓线将坐式大便器插入排水管承口内,用水平尺校正并嵌紧,确保稳定。根据地面预埋的固定方式,使用木螺钉或螺栓将大便器固定好,避免过度用力。清除多余水泥和污物,并用适量水灌入坐式大便器,以防堵塞。在工程结束前安装木盖或塑料盖。

2. 低水箱的安装

其安装流程为:检查水箱,然后在地面组装冲水附件。在墙上按照水箱上边缘高度弹出横线,以大便器中心线为基准,标出螺栓孔位置。打孔并预埋膨胀螺栓或木砖,用螺母、铝垫圈或木螺钉将水箱固定在墙上。确保水箱稳固美观,冲水口与大便器进水口对正。连接水箱与大便器的冲洗管,并使用锁紧螺母固定。连接水箱进水管与角阀,使用铜管、塑料管或柔性短管连接。

3. 联体式坐式大便器的安装

其安装流程为:使用比量定位法确定固定螺栓位置。在坐式大便器底盘上涂抹油灰,下水口上缠绕油麻并涂抹油灰。将坐式大便器插入下水管口,稳固放置在地面上;抹去底盘挤出的油灰,在固定螺栓上加设垫圈并拧紧螺母。确保安装平整、整洁、稳固和美观。

4. 后排水坐式大便器的安装

这种大便器适用于同层排水系统,特别适用于民用建筑和住宅类建筑。

7.3.2.3 小便器的安装

小便器分为斗式小便器、立式小便器、小便槽和免冲水小便器,排水形式分为下排水和后排水。

1. 斗式小便器

斗式小便器也被称为挂式小便器或小便斗,是由陶瓷材料制成,可挂装于墙面上。上部与冲水细管相接,将水引导至斗内上部,通过斗内的小孔,水能够均匀分布在斗的内壁上,起到淋洗作用。这种小便器可以采用下排水或后排水的设计。为了确保地面积水能够顺利排出,应在安装小便斗的地面附近设置地漏。当多个小便斗成组安装时,小便斗之间的中心距离应为0.6～0.7 m。由于小便斗具有一定的高度,因此在公共卫生间中,还应特别为儿童安装专用的斗式小便器。

斗式小便器的安装程序为:按照设计图的要求,确定小便斗、存水弯和冲洗管的安装顺序;根据设计图上指定的位置和高度,在墙上标出横竖中心线。通过这一标记,精确找出小便斗两耳孔中心在墙上的具体位置。在该位置上,进行打孔并预先埋入木砖。木砖的安装高度建议为离地面110 mm,同时确保平行的两块木砖之间的中心距离为340 mm。木砖的规格推荐为50 mm×100 mm×100 mm。为了达到最佳效果,木砖的预埋最好在土建配合砌墙时进行。为了固定小便斗,建议使用4个65 mm长的木螺钉配合铝垫片,将小便斗通过耳孔紧固在木砖上。此外,也可以使用M6×T0的膨胀螺栓进行紧固。确保小便斗的上沿距离安装地面的高度为600 mm。完成这些步骤后,可以继续安装存水弯和冲洗管,从而完成整个安装过程。

小便斗的存水弯部分，主要由不锈钢或塑料制成，其规格通常为 DN25～DN32。安装时，需将存水弯的下端插入预先设置好的排水管口中，而上端则套在已涂抹铅油并缠绕麻丝的小便斗排水嘴上。确保存水弯位置正确后，用锁紧螺母和垫片将其上端固定并拧紧。对于存水弯下端与排水管之间的间隙，使用铅油麻丝进行填充和密封即可。

在预先安装的给水管上装配角阀，确保护口盘与墙面紧密贴合。接着，将已切割好的小铜管穿过铜碗和锁紧螺母，使其背靠背对齐。在小铜管的上端缠绕麻绳，并均匀涂抹铅油，然后将其插入角形阀内。同时，将小铜管的下端插入小便斗的进水口。随后，利用锁紧螺母将角阀固定，并使用铜碗将油灰压入，以确保小便斗的进水口与小铜管下端之间形成良好的密封。

2. 立式小便器

立式小便器又称落地式小便器，用陶瓷制成，上有冲洗进水口，进水口下设扁形布水口（也称喷水鸭嘴），下有排水口，靠墙立于地面上。立式小便器应先安装好排水管，存水弯设在楼板（地面）以下，将排水栓用 3 mm 厚的橡胶圈及锁紧螺母固定在小便器的排水口上，再在其底部凹槽中嵌入纸筋水泥或石膏，排水栓突出部分涂抹油灰，即可将小便器垂直就位，使排水栓口与排水管口接合，并用水平尺校正。如果小便器与墙面或地面不贴合，可用白水泥补齐和抹光。

小便器安装完成后再安装冲洗管。上端镀铬冲洗管镶接时，将角阀出水口对准铜质镀铬喷水鸭嘴锁口，测出实际尺寸，将铜管画线下料，套上锁紧螺母及扣碗，锁紧螺母与角阀连接，扣碗插入喷水鸭嘴内，缠绕好油浸盘根绳，拧紧锁紧螺母至松紧适度，在扣碗下加上油灰并抹平。如采用自动冲洗阀，则应将感应器安装在适合位置，水阀串联在冲洗水管上即可。

公共场所的冲水按钮，不宜采用手动冲水阀，多采用电子感应式自动冲洗。

3. 小便槽

小便槽多用在使用密度较高的公共卫生间，其形式分为砌筑式和不锈钢式。砌筑式可按照小便槽施工图集进行砌筑，不锈钢式可选用成型产品，由土建配合完成安装。小便槽冲洗管通常采用镀锌钢管或硬质塑料管，冲洗孔斜向下方，冲洗角度与墙面呈 45°，其冲洗供水控制方式分为手阀控制、脚踏阀控制、水箱定时控制以及感应阀自动控制等方式。

4. 免冲水小便器

免冲水小便器就是使用后不用冲水的小便器，是当今推崇的节能减排、低碳环保的绿色产品，在机场、车站等公共场所广受欢迎。该小便器运用先进的油封、薄膜气相吸合封堵、板式下水封堵、单向阀等技术，于小便器出口处巧妙配置尿液阻集器。当尿液均匀流入阻集器时，会穿越阻集液漂浮层进入中心管。此液体漂浮层形成一道屏障，有效阻隔污水管中气体的散发，确保尿味不会飘散至空气中。阻集液为 50 mL 蓝色液体，具备阻燃特性，在 −200 ℃时仍不凝固，使用寿命长达 6 个月，并易于补充。此外，阻集器可长期储存使用过程中产生的残余尿碱，并在需要时通过简单清理轻松去除。免冲水小便器不仅外观独特，其内部和表面也经过特殊处理，具有优异的憎水和杀菌功能，有效减少尿液异味。

7.3.2.4 洗面(手)盆的安装

洗面盆的安装流程为：

① 确定洗面(手)盆器的安装位置和类型，随后在墙上标出横、竖中心线，以及盆架的安装位置。根据盆架上的孔位，在墙上安装膨胀螺栓(或打洞预埋木砖或预埋件)以固定盆架。

② 将洗面器平稳地放置在盆架上，并使用水平尺确保其平稳，如有需要，使用铅垫片进行调整。

③ 将排水栓配上胶垫，从洗面器排水口穿出，并用根母锁紧，注意确保排水栓的保险口与洗面器的溢水口对齐。

④ 根据需求，排水管可以暗装(使用 P 形弯)或明装(使用 S 形弯)。连接存水弯的管口应套好螺纹，涂抹厚白漆后缠上麻丝，并用锁紧螺母固定。

⑤ 洗面器通常配备冷热水管，两管应平行敷设，水平敷设时，热水管在上，冷水管在下；垂直敷设时，热水管在左，冷水管在右。将水嘴配上胶垫，穿入洗面器的进水孔，并用锁紧螺母固定。

⑥ 冷热水嘴与角阀的连接可以使用铜短管或柔性短管。

⑦ 洗面器水嘴的手柄中心通常标有冷热水的标志，如蓝色或绿色表示冷水嘴，红色表示热水嘴。应确保水嘴安装端正、牢靠且美观。

1. 台式洗面(手)盆器

具体安装步骤：确保洗面器能够水平地放置在已经预先打好孔的台面上，台面可以选用大理石、花岗石等材料，保证平整且稳固。洗面器的安装孔应根据其规格尺寸在台面上精确加工。洗面器应被稳固地安装在平台上，确保洗面器与平台之间的连接无缝隙。洗面器的给水方式有多种选择，包括冷热水双水嘴式、带混合器的单水嘴式以及红外线自动出水式等。当洗面器安装稳定后，就可以开始安装配管和水嘴了。

2. 立柱式洗面(手)盆器

在开始安装前，需要先标记洗面器的垂直中心线和安装高度水平线。利用比量法，将立柱的柱脚和背部紧固螺栓定位。

具体安装步骤：将洗面器放置在立柱上，调整其位置，确保与垂直中心线对齐，并与后墙紧密贴合。在地面上描绘出支柱的外轮廓线和背部螺栓的安装位置。在指定位置钻孔，然后安装膨胀螺栓。在地面上铺设一层厚 10 mm 的方形油灰，确保宽度超出立柱下部的外轮廓。将立柱按照中心位置放置好，并用力压紧、压实，刮去多余的油灰。拧紧背部螺栓，确保立柱固定稳固。与墙架式洗面器类似，连接给排水管道时，需要使用 P 形或瓶形存水弯，并将其放置在空心的柱腿内。通过侧孔和排水短管进行暗接。目前，公共场所的水嘴大多采用感应式。

7.3.2.5 浴盆及淋浴器的安装

首先根据设计图和卫生间情况安装浴盆，然后再安装给排水管道及淋浴装置，设计无要求时，软管淋浴器的挂钩距地面一般为 1.8 m。

1. 普通浴盆

普通浴盆通常由陶瓷、铸铁搪瓷、玻璃钢以及水磨石等材质制作而成，其形状以长方形为主。在浴盆的一端，靠近盆沿的位置设有一个直径为 25 mm(DN25)的溢水孔，而在同一侧的浴盆底部则设有一个直径为 40 mm(DN40)的排水孔。浴盆的类型多种多样，包括普通浴盆和按摩浴盆等。

具体安装步骤：

① 确保浴盆的溢水和排水孔一侧靠近墙壁放置。在浴盆底部，应铺设两条小砖墩，使其距离地面保持在 120～140 mm 之间。浴盆底部应稍微倾斜，坡度约为 0.02，并确保坡向排水孔，以便水能顺畅排出。使用水平尺校正浴盆四周，确保其不歪斜。对于不靠墙的一侧，使用砖块沿着边缘砌平，并贴上瓷砖，以增强美观和耐用性。在浴盆的溢水和排水管一侧的池壁上，开设一个检查门，其尺寸至少为 300 mm×300 mm，以方便日后的维修和保养工作。

② 在浴盆的方头端安装冷热水嘴(或冷热水混合水嘴)，确保水嘴的中心高出盆面 150 mm。进行浴盆排水管的安装时，先根据设计尺寸预先量好溢水管铜管弯头、三通等各段的长度，然后进行下料和装配。在浴盆底部的排水栓上涂上油灰，垫上胶垫，并从盆底穿出。使用锁紧螺母将其锁紧，多余的油灰用手指刮平。

③ 用管连接排水弯头和溢水管上的三通。溢水管上的铜弯头应使用一端带短螺纹、另一端带长螺纹的短管进行连接。短螺纹一端连接铜弯头，另一端的长螺纹则插入浴盆的溢水口内。

④ 在溢水口的内外壁加上橡胶支垫，并用锁紧螺母锁紧。三通与存水弯的连接处应装配一段短管，插入排水管内，并进行水泥砂浆抹口处理。

2. 淋浴器

浴盆的类型较多，配套的淋浴器也多样化，其中按摩浴盆的安装较为复杂，需要根据实际情况结合产品样本实施安装。

(1) 普通淋浴器

普通淋浴器包含莲蓬头、冷热水管、阀门、冷热水混合立管或其他调节设备，这些部件一般被固定在浴室的墙壁上。在公共场所，为了更有效地节约水资源，淋浴设备可能会配备刷卡系统、脚踏阀、感应器等节水技术。

(2) 多功能按摩淋浴器

多功能按摩淋浴器目前比较流行，多与淋浴房配套，也有单独的多功能淋浴器需要进行安装，具体的安装还需参见产品说明书。

淋浴器安装时，在墙上先画出管子垂直中心线和阀门的中心线，一般连接淋浴器的冷水横管中心距地面 900 mm，热水管距地面为 1000 mm。冷热水管应平行敷设，由于冷水管在下，热水管在上，所以连接莲蓬头的冷水支管用元宝弯的形状绕过横支管。明装淋浴器的进水管中心离墙面的距离为 40 mm。元宝弯的弯曲半径为 50 mm，与冷水横管夹角为 60°。

淋浴器的冷热水管可采用镀锌钢管、铜管、塑料管、铝塑管等，管径一般为 DN15，在离地面 1800 mm 处设管卡 1 个，将立管加以固定。冷热水管上的阀门过去多采用截止阀或球阀，阀门中心距地面高度为 1150 mm，现多采用混合阀。两组以上的淋浴器成组安装时，阀门、莲蓬头及管卡应保持在同一高度，两淋浴器间距为 900～1000 mm。安装时将两路冷热水横管组装调直后，先按规定的高度尺寸在墙上固定就位，再集中安装淋浴器的成排支管、立管及莲蓬头。

7.3.2.6　洗涤盆的安装

洗涤盆的材质包括陶瓷和不锈钢等，形态上又可分为单槽和双槽，常见于厨房安装。其安装高度从上沿至地面为 800 mm。制作托架时，建议使用∟40×40×5 的角钢，并确保墙内埋设的角钢开角，且埋深不少于 150 mm。安装时，盆的外边缘需紧密贴合墙面。此外，厨房的洗涤盆也可以与橱柜一体设计，直接安放在预留位置。洗涤盆的排水管径一般为 DN50，排水管应配备 P 形存水弯或 S 形存水弯。安装排水栓时，应加装胶垫并涂抹油灰，将排水栓与盆的排水孔对齐，缓慢用力将其嵌紧。随后，用排水栓上的锁紧螺母将其与洗涤盆排水处固定，最后将存水弯安装到排水栓上并拧紧。

7.3.2.7　卫生盆的安装

卫生盆通常应用于高端住宅和豪华宾馆等场所。为了确定其安装位置，需参考设计图并综合考虑卫生间的具体条件。具体安装步骤：依据排水短管中心来确定卫生盆的安装中心线，再结合盆下水口与后墙的距离来确定其安装位置。描绘出盆底与地面的轮廓线，进行试装后移除卫生盆。在地面所描绘的安装轮廓线区域，涂抹一层约 10 mm 厚的油灰层。将卫生盆稳固地放置在油灰层上，并用力压实，刮去多余的油灰。调整并固定卫生盆的位置。

在连接冷、热水管时，首先要在铜管上套好压盖，接着将铜管的外螺纹旋入墙内隐藏的管箍中，然后在铜管上包裹布并用管钳紧固，同时涂抹油灰以固定压盖。值得注意的是，卫生盆的排水栓及拉杆机构应在固定卫生盆之前安装完毕，确保排水铜管一端缠有石棉绳并涂抹油灰后能够顺利插入排水短管管口。

7.3.2.8　其他卫生器具及设备

其他卫生器具及设备包括盥洗槽、拖布池、隔油器、厨房切碎机、污水提升设备、桑拿房等。

7.4　室外给水、排水管网的安装

民用建筑群(小区)和厂区的室外给水、排水管网工程的施工与质量验收应遵循《建筑给水排水及采暖工程施工质量验收规范》(GB 50242—2002)的规定。对于新建、扩建和改建的城镇公共设施以及工业企业的室外给排水管道工程，其施工与验收的质量标准则按照《给水排水管道工程施工及验收规范》(GB 50268—2008)执行。

室外给排水工程的建设涵盖了多个方面，从土方挖掘到给水管道的铺设，再到阀门井、消火栓及排水管道的安装，同时还涉及化粪池、隔油池和检查井的建设。除此之外，还需进行质量验收以确保工程的质量。

在进行给水排水管道工程施工时，所有用到的原材料、半成品以及成品等，都必须满足国家相关的标准规定和工程设计要求，特别是那些与饮用水直接接触的产品，更是需要严格符合卫生标准。对于国家已经明确淘汰或禁用的产品，绝对不能在工程中使用。地下室或构筑物外墙有管道穿过的，应采取防水措施。有严格防水要求时，必须采用柔性防水套管。

7.4.1 开槽挖沟

室外给排水工程的一个共同之处在于它们都需要进行土方工程。大型项目往往会借助机械力量来完成挖掘工作，而小型项目则更可能依赖小型机械或人工挖掘。考虑到地下水和各种气象条件可能对基础施工产生的不利影响，尤其是可能破坏沟槽地基的土壤稳定性并导致塌方，因此在处理较长管线时，通常建议分段开挖沟槽，并确保与后续施工步骤保持紧密的协调与配合。

沟槽开挖以前，应充分地了解开槽地段的土质及地下水位情况，进行必要的地基勘察。根据不同情况及管道直径、埋设深度、施工季节和地面上的建筑物等情况来确定沟槽的形式。由于室外(庭院)给水排水管道埋设较浅，一般不超过 2.0 m，可以开直槽。

管道的构成基础主要包括地基、基础本身和管座三个部分，其类型多样，涵盖砂石基础、混凝土枕基以及混凝土条形基础。对于室外的给水排水管道，由于其管径相对较小，因此在铺设如铸铁管、钢管、预应力管以及高密度聚乙烯管(HDPE)、双壁波纹管等材料时，可以直接将它们安放在以天然土基作为基础的沟槽之中。在准备沟槽时，需要将天然地基整平或者挖出一个与管道外形相吻合的弧形槽。在使用机械设备进行沟槽的开挖时，当机械挖掘接近设计标高后，应改用人工挖掘精确挖到设计标高，以避免过度挖掘。如果过度挖掘或者其他原因破坏了天然土基，或者土基被地面水所浸泡，应当采取换土措施，即将这部分受损的土壤移除，然后填充级配砂石来加固土基，确保土基的稳固。沟槽的断面形式如图 7.10 所示。

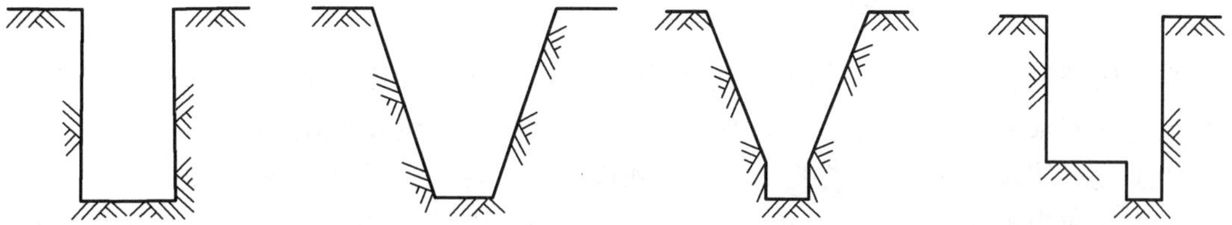

图 7.10 沟槽的断面形式

较深的沟槽开挖时，应分层开挖，每层不宜超过 2 m，留台宽度不应小于 0.8 m，并注意放坡或及时进行支撑，以免槽壁坍塌。

在开挖位于地下水位以下的沟槽时，必须先采取有效的排水措施。通常采用的方法是进行沟槽排水，也就是在沟槽底部的一侧或两侧挖掘排水沟，用以汇聚地下水。为了有效地收集这些水，需要每隔一定距离(通常是 50～150 m，具体距离取决于土壤类型和地下水量的大小)设置一个集水井。集水井的底部应该比排水沟低约 1 m，以便水能顺利流入。一旦水被收集到集水井中，就可以使用水泵将其排出。集水井的设计有多种形式，包括使用木板支撑、木框或钢筋混凝土管等结构。排水深度一般为 300 mm。通过这些措施，可以有效地管理地下水，确保沟槽开挖工作的顺利进行。沟槽表面排水平面图如图 7.11 所示。

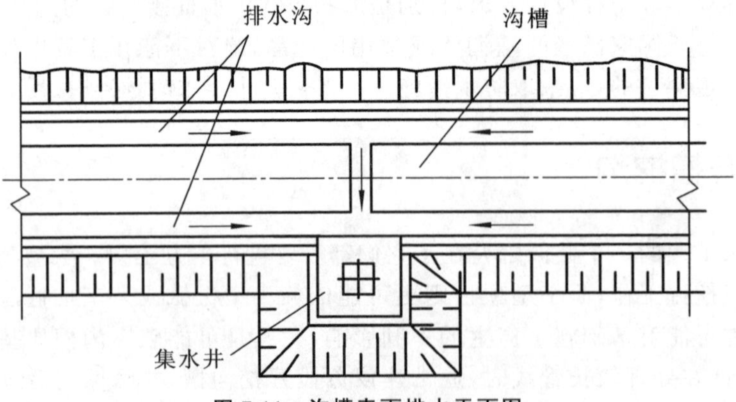

图 7.11　沟槽表面排水平面图

管道的埋深受地面荷载和气候的影响。北方地区的管道埋深应在冰冻线以下，对于无法达到埋深要求又有冻坏可能的管道，应采取有效的保温防冻措施。

7.4.2　室外给水管网的敷设安装

室外给水管网工程涵盖了土方挖掘、管道铺设及工程收尾等多个环节。在室外生活给水管网的建设中，常用的管材包括铸铁管、塑料管、复合管以及镀锌钢管。这些管材及其配件必须来自同一家制造商，以确保其兼容性和产品质量。本节仅以给水铸铁管为例，重点阐述室外给水管道施工方法。

室外给水管网工程施工，包括开挖沟槽、下管、稳管、接口、试压、冲洗和覆土等主要施工工序。

7.4.2.1　检查与清洗管子、管件

在沟槽开挖前应将管材运到施工现场，并沿管线走向按管径大小一字排开，注意铸铁管的承口应迎着水流方向，三通和阀门等管道配件也应按设计位置放好。

为了确保铸铁管的质量，首要步骤是仔细审查管道，寻找可能存在的砂眼、破裂等缺陷。常用方法是使用小锤轻轻敲击管道，通过辨识声音来判断是否存在裂纹。一旦确认管道质量过关，接下来的步骤是清洁管道内部，确保清除所有泥土，并剔除承口内部和插口外部的飞刺、铸砂等杂质。随后，使用氧气乙炔焰或喷灯去除承口内和插口外的沥青保护层。此外，阀门和其他管件的检查同样重要，需要验证其开关是否灵活且密封性是否良好。若有必要进行阀门的强度和密封性试验，务必详细记录并填写试验报告。

7.4.2.2　下管

经过检验的管道被运送至沟槽旁，然后按照设计要求进行排列。完成这些步骤后，即可开始下管操作。对于如何将管子放入沟槽内，这主要取决于管子的直径大小、沟槽的具体状况以及施工设备的配置。当管子直径较大且施工设备齐全时，通常会使用汽车吊车或履带

吊车来辅助下管。然而，对于庭院管线这类直径较小的管道，通常更倾向于使用人力配合小型机具来完成下管工作。

1. 压绳下管法

下管方法很多，压绳下管法被广泛采用。将下管人员分为两组，两组人员分别站在预下管的两端。将管子套上绳子，确保靠近地面的一端稳固地固定在某个位置（如地桩）。另一端则在地桩上缠绕1～2周后，由工作人员握住。利用管子的自身重量，以及绳子与地桩间的摩擦力，再配合一些工具来控制放松绳子，这样就可以使管子沿着沟壁缓慢地滑入沟底。这种方法特别适用于管径为400～600 mm的铸铁管，以及分段预制且相对较长的钢管。

2. 木槽溜管法

木槽溜管法是一种将管子沿着由两块长条木板构成的三角木槽滑入沟槽内的安装方法。为确保安全下滑，木槽的坡度应至少为1∶2。在操作过程中，为有效调控管子的下滑速度，防止其受损，常使用带有铁钩的大绳。具体操作是，让铁钩从管子内部穿出并紧紧钩住管皮，然后工作人员通过握住大绳来灵活控制管子的下滑速度。值得注意的是，木槽溜管法主要适用于直径小于300 mm的陶土管以及较短的混凝土下水管。

3. 塔架下管法

塔架下管法是使用安装在塔架上的复式滑车或导链等设备来完成管子的下放工作。塔架有多种类型，包括三角塔架、四角塔架和高凳等。操作流程为：先将管子滚至塔架下方横跨沟槽的跳板上，随后利用设备将管子吊起。在撤去跳板后，将管子缓慢下降至沟槽内。

7.4.2.3 稳管

稳管指的是将管子按照预定的高程和平面位置，稳妥地固定在管道基础之上。管道的接口方式会影响稳管的具体操作。对于放置在沟底的铸铁管，需要清除管端附着的泥土。若使用橡胶圈石棉水泥作为管道接口，应将橡胶圈妥善地套在插口端，确保对齐后，将插口端顶入（或拉入）承口内。承插口对齐后，应确保插口端至承口底部保留一定的间隙，通常这个间隙不小于3 mm，且最大间隙不应超过表7.10中规定的数值。

表7.10 铸铁管承插口最大间距

管径/mm	沿直线铺设/mm	沿曲线铺设/mm
75	4	5
100～200	5	7～13
300～500	6	14～22

在开始接口工作之前，必须先按照规定的尺寸在管道接口处挖掘出适当的工作坑。铸铁管接口工作坑尺寸如表7.11所示。接下来，确保承插口对齐，并在它们之间打入至少3个铁錾子以确保紧密连接。如果管道上装有阀门，需要先安装好阀门两侧的短管，然后再安装阀门，以便能够轻松地调整阀门位置并紧固螺栓。

表 7.11 铸铁管接口工作坑尺寸

管径/mm	工作坑尺寸/m			
	宽度	长度		深度
		承口前	承口后	
75～200	管径＋0.6	0.8	0.2	0.3
200～700	管径＋1.2	1.0	0.3	0.4

7.4.2.4 管道接口

室外庭院给水管道的接口方式,会受到管材和供水卫生标准的影响。常见的方式有螺纹连接、法兰连接、承插连接、压兰连接、沟槽连接以及热熔连接等,而在某些情况下,也会采用焊接。对于常用的给水铸铁管,承插式接口是常用的选择,如果条件允许,也可以选择沟槽连接。对于镀锌钢管,一般采用螺纹连接或沟槽连接,但需要注意的是,这些连接部位需要做好防腐处理。铸铁管或钢管在管件、阀门等位置,或者需要经常拆卸的地方,可以选择使用法兰盘接口,但需要注意对接口螺栓进行防腐处理。

给水铸铁管承插式接口有油麻石棉水泥接口、橡胶圈石棉水泥接口、油麻青铅接口和自应力水泥砂浆接口等。

7.4.2.5 管道接口的冬季施工

在冬季进行管道承插接口施工时,通常使用盐水来清洁管口,同时,对于石棉水泥的混合,建议使用温水,且该温水的温度应控制在 50 ℃以内。在气温较低的环境下施工,需要按照一定比例将食盐掺入水泥中。具体来说,当气温在－5 ℃以上时,掺入的水泥中应含有1%的食盐;当气温在－10～－5 ℃时,掺入比例应提升至 2%;当气温在－15～－10 ℃之间时,掺入比例应进一步增加至 3%。然而,当气温低于－15 ℃时,建议暂停石棉水泥接口的施工工作。

在冬季进行膨胀水泥砂浆管道接口施工时,建议使用不超过 35 ℃的温水进行砂浆的搅拌和混合。如果环境温度低于－5 ℃,那么不建议进行膨胀水泥砂浆管道接口施工。如果必须进行施工,必须采取适当的防寒保温措施,或者通过使用掺盐法来进行施工。对于已经完成的石棉水泥管道接口和膨胀水泥砂浆管道接口,建议使用盐水拌和的粘泥进行封口和养护,并在其上覆盖草帘以保温。石棉水泥接口也可以立即使用暖土进行回填。对于膨胀水泥砂浆管道接口,虽然可以使用暖土进行临时填埋,但是不得进行加夯操作。在冬季进行铅管道接口施工时,需要预先使用喷灯将承插口处烤热,然后进行灌铅,灌铅后需要覆盖 1～2 h,使温度慢慢下降。在进行打口时,需要设置防风设备,以防止因骤冷而导致的脆裂。

7.4.2.6 管道支墩

铸铁管和塑料管在输送流体时,特别是在转弯、三通、变径、盲板和阀门等位置,会产生向外推力,这可能导致承插口脱节。为了应对这一风险,在这些位置需要设置固定支墩。支墩的类型包括水平转弯支墩、三通支墩、纵向向下支墩等,可以根据实际需求选择。支墩的建设需要在坚实的地基上进行,可以使用砖砌或混凝土浇筑。对于砖砌支墩,砖的强度应不低于 MU7.5 级;对于混凝土支墩,其强度应不低于 C10,砂浆强度不低于 M5。支墩的砌筑应在管道接口完成、位置确定后进行。在安装管道时使用的临时支架,需要在支墩的砂浆和混凝土达到规定强度后拆除。通常,直径大于或等于 DN80 的管道都需要设置支墩。图 7.12 中展示了管道支墩的位置和几种支墩的做法。

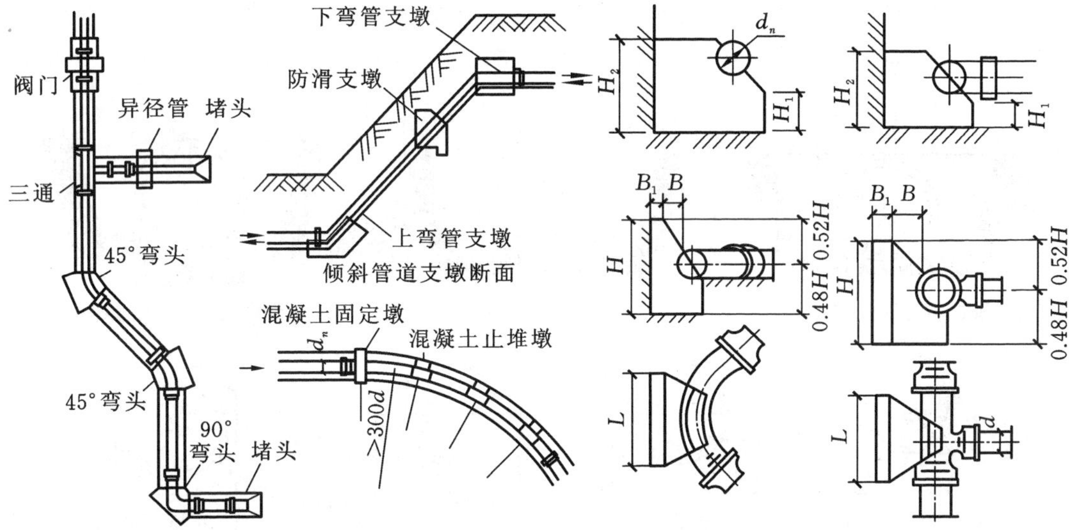

图 7.12 管道支墩的位置及做法

7.4.3 室外排水(雨水)系统的敷设安装

室外排水(雨水)系统的安装分为管道安装和设备、设施安装。

7.4.3.1 排水(雨水)管道的安装

室外排水管道的管材主要使用排水铸铁管、塑料管、混凝土管、钢筋混凝土管、陶土管和石棉水泥管等。施工时,所采用的管材必须符合质量标准,不得有裂纹,管口不得有残缺。

1. 基本要求

对于排水管道的安装,平面位置及标高要准确,坡度应符合设计要求;接口要严密,污水管道必须经闭水试验合格;混凝土基础与管壁结合应严密、坚固。

管道的坡度必须符合设计要求,不能出现无坡或倒坡,且应做好灌水试验和通水试验,试验可按照检查井分段试验,试验水头为上游管顶加 1 m,时间不少于 30 min,逐段观察。

一般小管径采用“四合一”施工法,管径小于 300 mm 的陶土管或较短的混凝土管,可以采用木槽溜管法下管。管径大且长的混凝土管或钢筋混凝土管,可以采用机具或前节中讲述的压绳法下管。大管径的污水管应在垫块上稳管,雨水管也应尽量在垫块上稳管。因为平基和管座宜整体浇灌混凝土,施工时,应根据工人操作熟练程度、地基情况及管径大小等条件，合理地选择铺设方法。如果地基不良，可先打平基。砂石基础一般也是先做平基，夯实后再在地基上铺管，然后再做管道部分。

2. 管道基础与基座

管道基础由管座和基础两部分组成，基础分为砂土基础（弧形素土基础、砂垫层基础）、混凝土枕基和混凝土条形基础等，可根据管径、施工现场地质情况、工人操作熟练程度等进行选择。由于庭院排水管道目前绝大多数使用非金属管，最小管径 DN150，且需要有 0.004～0.007 的坡度，因此，铺筑管基工序是非常重要的。其中，金属管、复合管一般采用弧形素土或砂垫层基础，塑料管一般采用砂基础。管道的基础做法如图 7.13 所示。

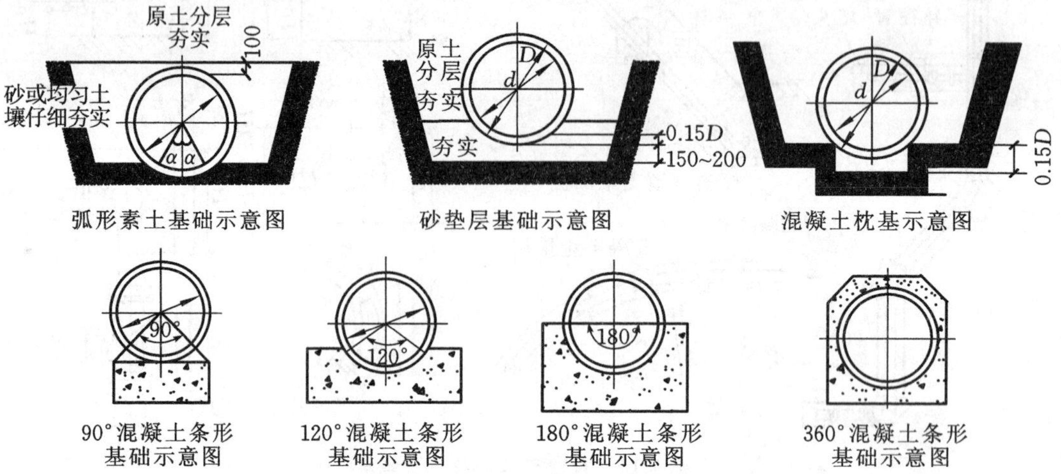

图 7.13 管道的基础做法

3. 排水管道的接口

不同管材的接口方式有所不同。混凝土管及钢筋混凝土管的接口主要有承插式接口、抹带式接口和套环接口三种；陶土管接口一般多为承插式接口，采用水泥砂浆连接；石棉水泥管接口分刚性接口和柔性接口两种；硬质塑料管的连接有焊接、螺纹连接、法兰连接、承插口连接和热熔连接等。

7.4.3.2 排水（雨水）设备设施安装

1. 排水井的安装

排水井包括检查井、汇流井、跌水井、提升井等。排水（雨水）检查井、汇流井井体分为圆形和矩形，多采用 M10 水泥砂浆砌筑，内壁采用水泥砂浆勾缝，外壁抹 1∶3 水泥砂浆掺加 5%防水粉，高度应高于水位线 250 mm，厚度在 20 mm 左右。圆形检查井分为直口和偏心收口，深度较大及需要安装爬梯的检查井多采用偏心收口。

在管道转弯处、分支汇合处、变径处均应设置检查井。直管段的检查井的最大间距为 30 m（管径为 200 mm）和 40 m（管径为 300～400 mm）。检查井、汇流井内应做流槽，采用顺流方式，进出井内的排水管道无变径的可为管内底平或顶平，有变径的一律顶平。图 7.14 所示为检查井、汇流井做法。

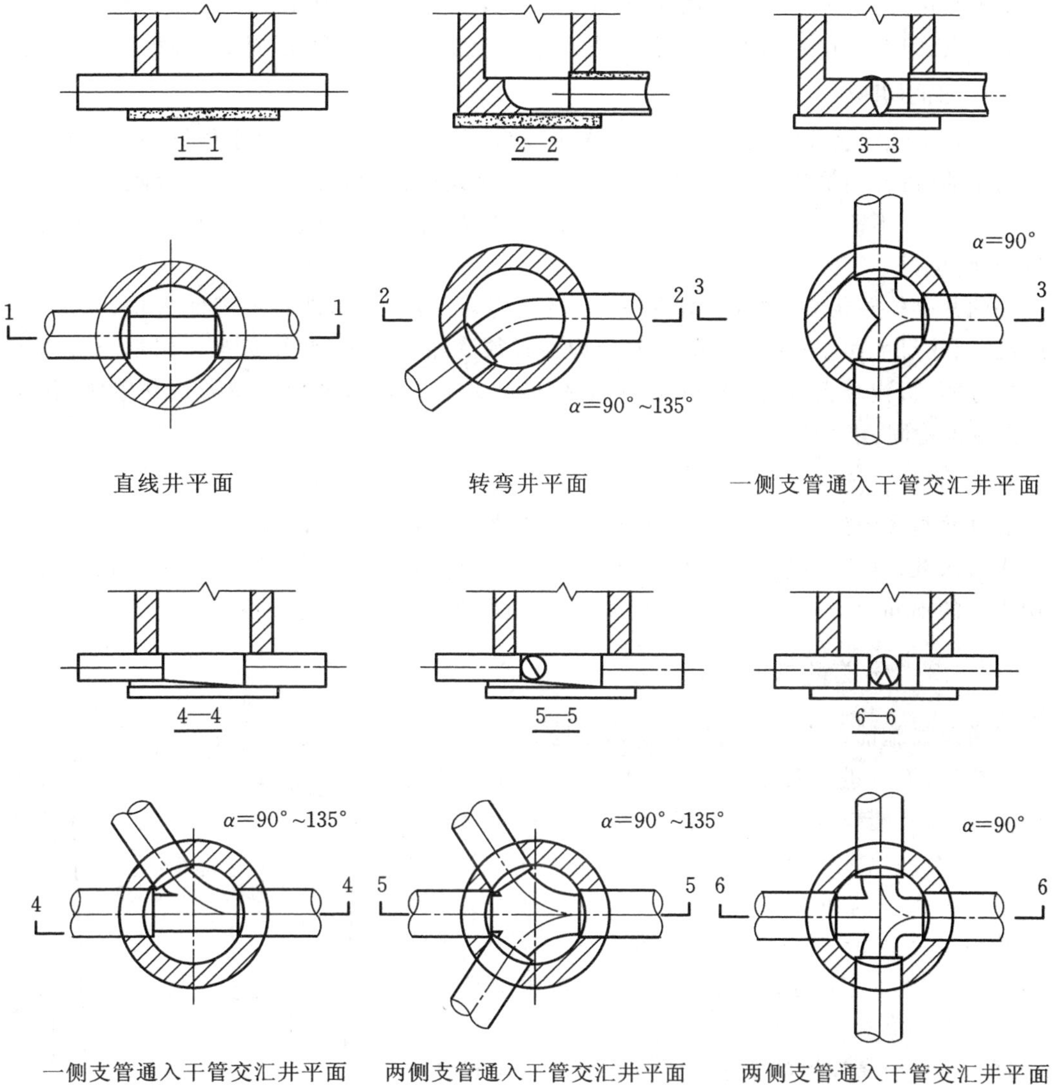

图 7.14 检查井、汇流井做法

当排水落差较大(通常大于 1 m)时,应设置跌水井。跌水井有几种形式,分别适用于不同管径、不同跌落高度,井内土建做法同汇流井,但井内立管应安装支架,且每隔 1.5 m 必须安装一个支架。

2. 化粪池

化粪池是污水处理的简单形式。化粪池分为 0～13 号,有效容积为 2.0～100 m^3,结构形式主要分为砖砌(砌块)、钢筋混凝土和组合式形式。

化粪池施工时应注意:砖砌体必须砂浆饱满,表面平整,灰缝均匀;预制、现浇混凝土构件必须表面平整、光滑、无蜂窝麻面,制作尺寸误差≤5.0 mm;壁面处理前必须清除表面污物、浮灰等。回填土应四周均匀分层夯实,机械夯实每层 200 mm,人工夯实每层 150 mm;砖砌化粪池及砖砌沉井化粪池,采用砖砌井圈、重型铸铁井盖座。钢筋混凝土化粪池及钢筋混凝土沉井化粪池，采用钢筋混凝土井圈、重型铸铁井盖座，井座用C15混凝土稳固。

近年来，组合式化粪池由于产品集成度高、组合灵活、安装简便，被越来越广泛地使用。

3. 隔油池（井）

公共食堂和饮食业排放的污水含有大量油脂，在排入水体和城市水管网前，必须去除污水中的浮油（占含油量的65%～70%），目前一般采用隔油池（井）。室内设置隔油池常采用成品形式，其为不锈钢材料，放置在洗菜池下方。室外隔油池也有玻璃钢、混凝土等成品埋地隔油池，也可砌筑隔油井。

隔油井砌体砂浆必须饱满，表面平整，砖缝均匀；混凝土构件必须表面平整、光滑、无蜂窝麻面，制作尺寸误差≤5.0 mm；壁面处理前必须清除表面污物、浮灰等。回填土应四周均匀分层夯实，机械夯实每层200 mm，人工夯实每层150 mm；采用重型铸铁井盖座，井座用C15混凝土稳固。

4. 提升井

提升井是室内外排（雨）水工程重要的设施之一，多数在室外，外形分为圆形和矩形，采用污水潜水泵，可单泵或双泵工作。液位控制水泵自动运行，排污量、提升扬程和电功率因选用水泵的不同而不同。井体施工时，应敷设预埋件，并提出电源和控制位置的要求。

7.4.3.3 管道的回填

管道及设施铺设完毕，经试压、试水及隐蔽工程验收质量合格后，方可进行覆土。有时也可以在局部地段先行覆土，将要检查的部位留出，待验收合格后，再回填。对于沟槽，在回填土之前应将沟内积水排除，回填土的质量也应满足要求，禁止使用烂泥、腐殖土等进行回填。沟底到管顶以上300～500 mm处的回填土，不得掺有碎砖、石块及较大的坚硬土块。如冬期施工，应采用非冻土回填。

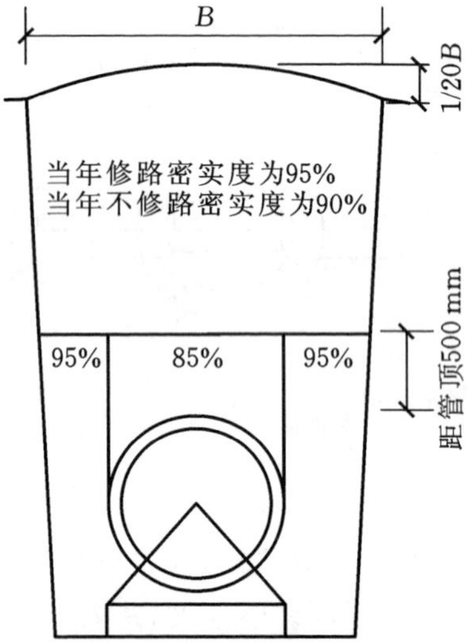

图7.15　管槽回填密实程度要求

回填土应有密实度的要求，管子两侧部分，应同时分层回填并夯实，以防管道产生位移，泥土应均匀推开，用轻夯夯实。自管子水平直径到管顶以上300～500 mm处，用木夯轻夯或填较干松土后用脚踏实即可。此层以上部分回填土的密实程度，应根据具体情况而定，如短期内不修路，可以一般夯实。管槽回填密实程度要求见图7.15。

采用机械回填土时，机械夯实的回填土虚铺厚度不大于300 mm，人工夯实的虚铺厚度为200 mm；管道接口工作坑处，必须仔细回填并夯实。沟底至管顶以上300～500 mm范围内，应按上述要求用人工回填，管顶500 mm以上可用机械回填，但机械不得在管沟上行走。

7.5 室内外给水排水管道的试压、通水冲洗与验收

当完成给水排水管道的安装后，必须对其质量进行全面检查。对于有压管道，需进行强度试验和严密性试验，以确保其承压能力和密封性能。而对于无压管道，则需进行外观检查和满水试验，以验证其结构完整性和功能性。这些过程都是必不可少的，可以确保管道系统的运行正常和使用安全。

给水排水管道竣工后，必须对管道进行冲洗，饮用水管道还应进行消毒，保证满足卫生要求。

7.5.1 系统试压、灌水、冲洗

为确保给水排水系统的正常运行和安全性，所有承压管道系统和设备必须进行水压试验，包括强度试验和严密性试验。而对于非承压管道系统和设备，则需要进行灌水、通水或通球试验。

7.5.1.1 给水系统试压

给水系统属压力系统，安装完成后，应进行强度试验和严密性试验。

1. 室内给水系统试压

在系统安装完毕后，为确保系统的稳定性和可靠性，需根据不同的系统类型，遵循相应的施工及验收规范或标准，进行相应的系统强度试验、严密性试验和冲洗。对于各种室内给水系统，其试验压力和合格标准参考表7.12。

表7.12 室内给水系统的试验压力及合格标准

序号	项目	管材	试压要求（P 为工作压力）	过程说明	合格标准
1	室内生活给水系统及适用的给水系统（适用于工作压力 $P\leqslant 1$ MPa）	金属管 复合管	当设计未注明试验压力时，试验压力为 $1.5P$，且 0.6 MPa $\leqslant P\leqslant$ 1 MPa	达到规定压力停止加压	观察10 min，压力降≤0.02 MPa，降至工作压力检查，不漏为合格
2		塑料管		试验压力下稳压1 h，工作压力1.15倍下稳压2 h	试验压力下稳压1 h，压降≤0.02 MPa，然后在1.15倍工作压力下稳压2 h，压降≤0.03 MPa，不漏为合格

续表7.12

序号	项目	管材	试压要求 （P 为工作压力）	过程说明	合格标准
3	热水管道（适用于工作压力 $P \leqslant$ 1 MPa，温度≤75 ℃）	金属管 复合管	当设计未注明试验压力时，试验压力为 $P+0.1$ MPa，同时定点的压力≤0.3 MPa	达到规定压力停止加压	系统试验压力下 10 min 内压力降不大于 0.02 MPa，降至工作压力检查压力应不降且不渗不漏为合格
4		非金属管		试验压力下稳压 1 h，工作压力 1.15 倍下稳压 2 h	试验压力下稳压 1 h，压降≤0.02 MPa，然后在 1.15 倍工作压力下稳压 2 h，压降≤0.03 MPa，外观检查接口不漏为合格
5	消防栓给水系统	钢管	系统工作压力 $P \leqslant 1.0$ MPa，试验压力为 $1.5P$，且≥1.4 MPa	水压试验：强度试验的测试点应设在管网最低点。气压严密性试验的介质宜采用空气或氮气，试验压力应为 0.28 MPa	水压试验：稳压 30 min，目测管网无变形且压降≤0.05 MPa 为合格； 气压试验：缓慢排气、充水加压至试验压力且稳压 24 h，压力降≤0.01 MPa
			系统工作压力 $P>1.0$ MPa，试验压力为 $P+0.4$ MPa		
		球墨铸铁管	系统工作压力≤0.5 MPa，试验压力为 $2P$		
			系统工作压力>0.5 MPa，试验压力为 $P+0.5$ MPa		
		钢丝网骨架塑料管	系统工作压力 P，试验压力为 $1.5P$，且≥0.8 MPa		
6	自动喷水灭火系统	金属管	系统工作压力≤1.0 MPa 时，试验压力为 $1.5P$，且≥1.4 MPa；工作压力>1.0 MPa 时，试验压力为 $P+0.4$ MPa		压力试验同消火栓给水 严密性试验：工作压力下稳压 24 h，应无泄漏

2. 室外给水系统试压

在完成管件支墩并确保其达到所需的强度后，方可进行室外给水系统的试压。进行试压时，需要为管道堵头设置临时后背。特别是当对大口径管道进行试压时，堵头设置和后背支撑设置需要特别小心。关于后背墙的支撑面积，应根据土壤性质和试验压力进行计算确定，通常情况下，可假定土壤能够承受 0.15 MPa 的压力。管道试压时的支撑和布局，请参考图 7.16。

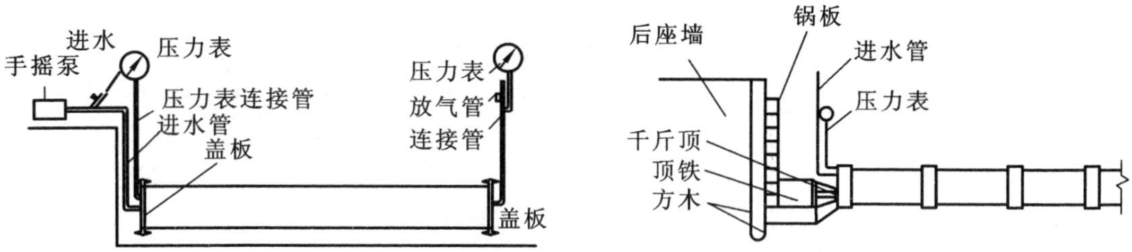

图 7.16 室外给水管道试压后背支撑及试压装置布局

在管基检查合格且填土高度至少为 500 mm 后，方可进行管道试压。试压管段的长度一般应控制在 1000 m 以内。进行水压试验时，应确保在管道的每个最高点安装排气阀，每个最低点安装放水阀。同时，用于水压试验的压力表必须经过精确校准。手摇试压泵或电动试压泵应稳固地与试压管道连接。在管道试压之前，其接口处不得涂抹油漆，以便进行外观检查。所有法兰连接处的垫片必须符合规定要求，且所有螺栓应完全拧紧。室外管道的试验压力及合格标准见表 7.13。

表 7.13 室外压力管道水压试验压力及合格标准

管材	工作压力 P/MPa	试验压力 P_s/MPa	允许压降 /MPa	合格标准	标注来源
给水铸铁管	≤1.0	1.5P 且 ≥0.6	0.05	试验压力下，观察 10 min，压力降不大于 0.05 MPa，降至工作压力后不渗不漏	《建筑给水排水及采暖工程施工质量验收规范》（GB 50242—2002）适用于小区、园区室外给水管道验收
塑料管			0.05	试验压力下，稳压 1 h，压力降不大于 0.05 MPa，降至工作压力后，不渗不漏	

续表7.13

<table>
<tr><th>管材</th><th>工作压力
P/MPa</th><th>试验压力
P_s/MPa</th><th>允许压降
/MPa</th><th>合格标准</th><th>标注来源</th></tr>
<tr><td>碳素钢管</td><td></td><td>P+0.5且
≥0.9</td><td>0</td><td rowspan="7">预试验阶段：将管道内水压缓缓地升至试验压力并稳压30 min。如有压力下降可注水补压，但不得高于试验压力；检查管道接口、配件等处有无漏水、损坏现象，有则及时停止试压，查明原因并采取相应措施后重新试压；
主试验阶段：停止注水补压，稳定15 min，压力下降不超过本表所列允许压力降数值时，将试验压力降至工作压力并保持恒压30 min，进行外观检查，若无漏水现象为合格</td><td rowspan="7">《给排水管道施工及验收规范》（GB 50268—2008）适用于城镇和工业区室外给水排水管道工程</td></tr>
<tr><td rowspan="2">铸铁管</td><td>≤0.5</td><td>2P</td><td rowspan="5">0.03</td></tr>
<tr><td>>0.5</td><td>P+0.5</td></tr>
<tr><td rowspan="2">预（自）应力钢筋混凝土管</td><td>≤0.6</td><td>1.5P</td></tr>
<tr><td>>0.6</td><td>P+0.3</td></tr>
<tr><td>现浇钢筋混凝土管</td><td>≥0.1</td><td>1.5P</td></tr>
<tr><td>化学建材管</td><td>≥0.1</td><td>1.5P且
≥0.8</td><td>0.02</td></tr>
<tr><td>室外消防给水管道</td><td colspan="3">同室内消防管道系统</td><td colspan="2">除上述标准外，还应执行《消防给水及消火栓系统技术规范》（GB 50974—2014）、《自动喷水灭火系统施工及验收规范》（GB 50261—2017）</td></tr>
</table>

3. 水压试验的步骤及注意事项

水压测试需要使用洁净的水作为介质。在向管道内注入水时，需开启管道高处的排气阀，确保水充满后，关闭排气阀和进水阀。使用试压泵逐步增加压力，每次加压至一定数值时，应暂停以检查管道状况，若无异常，再继续加压。通常，这一过程需要分2～3次，直至达到预设的试验压力。一旦达到预设压力，停止加压，保持此压力10 min，观察管道接口和管身完好无损，无漏水现象，即可判定强度测试合格。对于管径不超过400 mm且试验长度不超过1 km的管道，无须测量渗水量。在保持试验压力的情况下，观察10 min，若压力下降不超过0.05 MPa，且管道、附件和接口均未出现漏水或裂缝，即可视为合格。在测试过程中，需密切注意法兰、螺纹接头、焊缝和阀件等部分是否有渗漏或损坏。测试结束后，需放空系统内的水，拆除测试设备，并对不合格的部分进行补焊和修复。

对于直径小于300 mm的细小管道，在气温滑落至冰点以下时，可在采取特定的防冻措施后，利用大约50 ℃的水进行测试。测试结束后，必须立即排空管道内的水。而对于直径较大的管道，在气温达到零下5 ℃时，推荐使用含有20%～30%盐分的冷盐水进行压力测试。

在冬季进行管道试压时，需要注意防止小口径管道冻结，例如压力表管、排气阀和放水阀短管等，都需要提前用草绳缠绕或进行其他临时保温措施。同时，为了保证试压效果，建议将试压管段长度控制在 50 m 左右。在进行试压前，务必做好充分的准备工作，并在操作过程中迅速行动，以确保试验能在 2～3 h 内完成。

对于硬聚氯乙烯管道的试压，应先进行严密性试验，合格后再进行强度试验，并以漏水量来判断强度试验结果。管道允许漏水量见表 7.14。

表 7.14 硬聚氯乙烯给水管道允许漏水量

管外径/mm	允许漏水量/[L/(min·km)]		管外径/mm	允许漏水量/[L/(min·km)]	
	粘接连接	橡胶圈连接		粘接连接	橡胶圈连接
63～75	0.20～0.24	0.30～0.50	200	0.56	1.40
90～110	0.26～0.28	0.60～0.70	225～280	0.70	1.55
125～140	0.35～0.38	0.90～0.95	280	0.80	1.60
160～180	0.42～0.50	1.05～1.20	315	0.85	1.70

在确保所有管道接口和节点处的密封设置均符合标准后，开始逐步向试压管道内注入水。在此过程中，务必确保管道内的空气被完全排出。当管道被水完全灌满后，在无压力状态下保持 12 h。缓慢增加管道内的水压至 0.35 MPa，并保持此压力 2 h。期间需细致检查管道的各部位，以确保没有发生渗漏或其他异常情况。若未发现任何渗漏或其他异常，则判定严密性合格。

严密性检验合格后，需进行强度试验。在试验过程中，施加的压力应不高于工作压力的 1.5 倍，同时最低压力不应低于 0.6 MPa。试验需持续 2 h，期间若压力下降 0.02 MPa，需及时向管内补水。只要总补水量不超过表 7.15 中规定的允许渗水量，即可判定强度合格。

表 7.15 硬聚氯乙烯给水管道允许渗水量

公称外径/mm	双壁波纹管		直壁管	
	内径/mm	允许渗水量/[m^3/(24 h·km)]	内径/mm	允许渗水量/[m^3/(24 h·km)]
110	97	0.45	103.6	0.48
125	107	0.49	117.6	0.54
160	135	0.62	150.6	0.69
200	172	0.79	188.2	0.87
250	216	0.99	235.4	1.08
315	270	1.24	296.6	1.36
400	340	1.56	376.6	1.73
450	383	1.76		

续表7.15

公称外径/mm	双壁波纹管		直壁管	
	内径/mm	允许渗水量/[m^3/(24 h·km)]	内径/mm	允许渗水量/[m^3/(24 h·km)]
500	432	1.99	470.8	2.17
630	540	2.48	593.2	2.73

对于粘接连接的硬聚氯乙烯管道,应在安装完毕后48 h后进行试压,强度试压应在沟槽回填至管顶以上0.6 m并至少48 h以后进行;试压管段上的管堵、管件应有足够的支撑。

7.5.1.2 排水(雨水)系统灌水(闭水)试验

室内安装的污水和雨水管道,在它们被隐蔽或埋入地下之前,都应进行灌水试验,包括满水试验和闭水试验。对于室外的污水管道(包括雨污合流管道),在它们被埋设之前,不仅要进行灌水试验,还需进行通水试验。然而,对于雨水管道以及那些与雨水性质相似的管道,在除去湿陷土、膨胀土地区和水源地区的情况下,可以不进行闭水试验。

室内排水管道在暗装或埋地安装后,需在覆盖或填土前进行闭水测试。测试时,灌水的高度至少要达到地面或底层卫生设备边缘的高度。首先,让水充满管道并保持15 min,然后观察水面是否下降。如果水面下降,需要重新灌满水并持续观察5 min。如果在这段时间内,液面没有下降,且管道和接口处无渗漏现象,那么测试即为合格。对于室内雨水管道,安装完成后同样需要进行灌水试验。此时,灌水的高度应达到每根立管最上部的雨水漏斗,并保持1 h。如果在这段时间内没有发生渗漏,那么测试即为合格。

室外埋地排水管道灌水及通水试验应在管道埋设前进行。灌水试验时,按排水检查井分段试验,试验水头应以试验段上游管顶加1 m,时间应不小于30 min,逐段观察,管道及接口不渗漏,为合格。通水试验应观察是否畅通无堵塞。

7.5.2 给水排水工程的验收

在给水排水工程施工质量的验收过程中,除了遵循相关专业的施工质量验收标准,还必须遵循《建筑工程质量验收统一标准》(GB 50300—2013)。针对给水排水工程的不同部分,可以分别进行验收,如分项、分部工程或单位工程。同时,根据实际工程情况,验收可以分为隐蔽工程验收、分项工程验收和竣工验收。这些验收工作都应在施工单位自检合格的基础上进行。对于分项、分部工程的验收,施工单位和建设单位应共同参与;而单位工程的验收,则需要主管单位组织施工、设计、建设和相关单位联合进行。此外,验收过程中应详细记录、签署相关文件,并进行归档。

7.5.2.1 隐蔽工程验收

隐蔽工程指的是在施工过程中,前一道工序完成后,由于后续工序的覆盖,无法再对前一道工序进行复查或者检查的部分工程。举例来说,暗装或埋地给水排水管道就属于隐蔽工程。对于这样的工程项目,在它们被隐蔽之前,施工单位需要组织相关人员对其进行详细的检查,并且要做好隐蔽工程的检查记录,以便纳入工程档案中进行管理和追踪。

7.5.2.2 分项工程验收

在管道施工安装流程中,当各子项目完成并准备投入使用时,必须执行中间验收流程,并详尽记录检查结果,以明确使用及保管的责任归属。在进行子项目验收时,必须严格依据工程验收规范选取检查点,然后计算各检验及实测项目的合格或优良比例,从而评估工程质量等级,并据此确定是否通过验收。

7.5.2.3 竣工验收

工程竣工后,须竣工验收合格,办理验收证书后,方可交付使用,对办理过验收手续的单项工程不再重新进行验收。竣工验收应重点检查和校验下列各项:

① 管道的坐标、标高和坡度是否合乎设计或规范要求。

② 管道的连接点或接口应清洁整齐、严密不漏;卫生器具和各类支架、挡墩位置正确,安装稳定、牢固。

③ 给水排水及消防系统的通水能力符合下列要求:室内给水系统,按设计要求同时开放的最大数量的配水点是否全部达到额定流量;消火栓能否满足组数的最大消防能力;室内排水系统,按给水系统的 1/3 配水点同时开放,检查排水点是否畅通,接口处有无渗漏;高层建筑可根据管道布置采取分层、分区段做通水试验。

不符合设计图和施工规范要求的地方,不得交付使用,可列出未完成或保修项目清单,整改、修好后再交付使用。单位工程的竣工验收,应在分项、分部工程验收的基础上进行,各分项、分部工程的工程质量,均应符合设计要求和规范的有关规定。

验收时,应有下列资料:

① 开工报告;

② 施工图、设计变更及洽商文件;

③ 设备、制品或构件和其他主要材料的质量合格证明书和试验记录等;

④ 隐蔽工程验收记录和分项工程中间验收记录;

⑤ 设备试验记录;

⑥ 水压试验记录;

⑦ 管道冲洗记录;

⑧ 工程质量事故处理记录;

⑨ 分项、分部工程及单位工程质量检验评定记录。

上述资料可以保证各项工程合理使用,并在维修、扩建时是不可缺少的。资料必须经各级有关技术人员审定,应如实反映情况,不得擅自伪造、修改和事后补办。

室外工程质量验收文件和记录应包括:管道开挖记录;管道安装记录;阀门试压记录;回填土记录;管道吹扫、冲洗和消毒记录;强度试验和严密性试验记录;管道防腐防水记录;隐蔽工程验收记录;管沟回填记录;工程质量检验评定记录;工程事故处理记录;竣工验收证书;工程竣工报告等。

工程竣工时，施工单位一般还应保存下述技术资料：施工组织设计和施工经验总结；新技术、新工艺和新材料的施工方法及施工操作的总结；重大质量事故情况、原因及处理记录；有关重要的技术决定；施工日记及施工管理的经验总结等。

本章小结

建筑给水排水系统在建筑设备安装工程中应用非常广泛。本章主要介绍了建筑给水排水系统及其安装等相关内容，主要包括建筑给水系统的组成、各组成部分的安装，室内消防给水管道系统的安装，高层建筑给水系统的安装；建筑室内排水系统的分类、组成及各组成部分的安装；各种卫生器具的安装；室外给水、排水管网的安装；室内外给水排水管道的试压、通水冲洗与验收。

通过学习建筑室内给水、室外给水、室内排水、室外排水管道及设备安装的施工方法，读者对给排水系统的施工技术会有更加准确的认识。

思考题和习题

1. 室内给水系统按其用途如何分类？
2. 室内给水系统由哪几部分组成？
3. 室内给水管道安装的技术要点有哪些？
4. 消火栓给水系统的组成及安全要求有哪些？
5. 室内排水系统按其性质不同如何分类？
6. 室内排水系统由哪几部分组成？
7. 通气管有何作用？其类型有哪些？
8. 卫生器具质量检验的方法有哪些？具体有何要求？
9. 室外给水管道工程施工包括哪些主要施工工序？
10. 室内排水管道在暗装或埋地安装后，需在覆盖或填土前进行闭水测试，闭水测试的步骤是怎样的？有何要求？

8 管道及设备的防腐与绝热

【本章提要】

管道及设备除锈、除油污的方法；地上、地下管道及设备的防腐施工方法、各方法的特点和适用情况；管道及设备绝热的措施；常见的绝热施工方法的原理、绝热层构造、特点。

【本章重点与难点】

重点：管道及设备除锈、防腐、绝热的概念、施工方法、技术措施和适用场合。

难点：绝热材料的选用，金属材料的腐蚀原理，管道及设备绝热结构的施工方法和适用场合。

【学习目标与要求】

知识目标：能列举常用的除锈方法的特点和适用场合，能描述金属材料腐蚀产生的机理，推断防腐的原理、技术措施，能解释防腐、绝热的意义，能理清地上、地下管道及设备适用的防腐方法，能列举常见绝热结构的施工方法、特点及适用场合。

能力目标：通过对管道及设备除锈、防腐与绝热的学习，能够掌握各除锈方法、防腐措施、绝热结构施工方法，进而能够针对不同情况选用适合的施工方法和技术措施。

素质目标：除锈与防腐是影响管道及设备使用寿命的重要因素，绝热则是减少能量损失的重要手段。要能够认识到各施工方法和技术措施的实施需要具备强烈的责任感和节能环保的意识，践行严格遵守国家规范标准的要求，为可持续发展做出贡献。

【本章知识图谱】

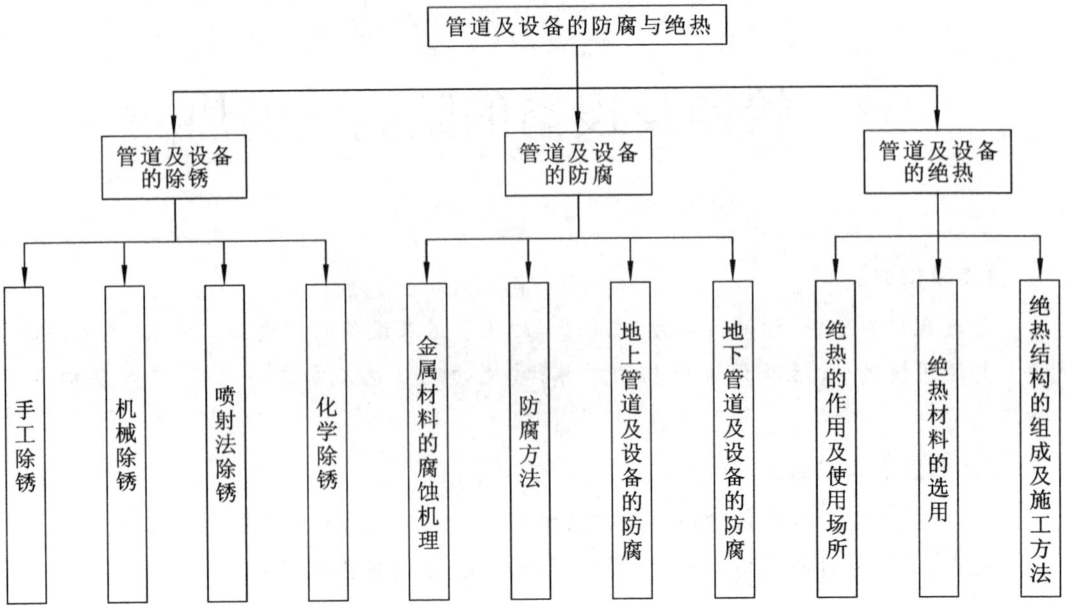

8.1 管道及设备的除锈

为了保证管道及设备的防腐效果，首先必须对管道及设备进行除污，即除去管道和设备表面的灰尘、污垢、油脂、锈斑。除污的目的是增强防腐涂料对管道和设备表面的附着力。除锈是除污的核心工作，是整个清理过程的关键，它的重要性不容忽视。未经充分处理的锈迹会妨碍涂层的附着，导致下方金属持续暴露于氧化环境中，使得腐蚀情况恶化。因此，必须对除锈工作给予高度重视。

目前，行业内普遍采用的除锈方法包括手工除锈、机械除锈、喷砂除锈以及化学除锈等。各种方法均需按照严格的专业标准进行选择和执行，以确保最终达到预期的防腐蚀效果。

8.1.1 手工除锈

手工除锈是一种通过使用如刮刀、钢丝刷、砂布以及砂纸等工具，来物理磨刷金属表面，去除管道或设备上的铁锈和污渍的方法。当面对轻微到中度的锈蚀，并且金属表面没有形成氧化层时，通常推荐采用较为细腻的除锈方式，如应用钢丝刷、砂布或砂纸对金属表面进行摩擦清洁。针对钢管内部，可以选用圆形钢丝刷反复拉动以清除内壁的锈迹。当表面油污较重时，先用溶剂清理油污，待干燥后用锤子轻敲以松动锈层或直接用刮刀将其剥离，随后再次利用钢丝刷、砂布或砂纸等工具继续进行除锈作业。该过程需持续至底层金属恢复光泽，最后用棉纱将表面的残留物清理干净，以确保金属表面的光洁度。

手工除锈的特点是劳动强度大，效率低，但是工具简单、操作方便，经常在安装工程中，劳动力充足的情况下采用。

8.1.2 机械除锈

机械除锈指运用特定的机械设备，以摩擦方式清除管道或设备表面的铁锈。在此过程中，经常采用的技术包括利用钢管外壁除锈机和电动钢丝刷除锈机等设备进行除锈操作。

8.1.2.1 钢管外壁除锈机除锈

钢管外壁除锈机是专门设计用于移除管道外侧锈迹的设备，分为手动与电动两种类型。图 8.1 所示为一款基础型号的钢管外壁除锈机，其运作原理是通过开启驱动电机，促使钢丝圆盘旋转，并以此产生与管道外表面的摩擦，通过这种摩擦作用以及同步地缓慢推动管子并且让管子自身旋转，实现高效且协调地清除管壁外表面的锈层。在处理较小直径的管子时，人力足以推动管子前进，而对于直径较大的管道，推荐使用链轨式推进或其他类型的机械设施来辅助管道的前进动作。

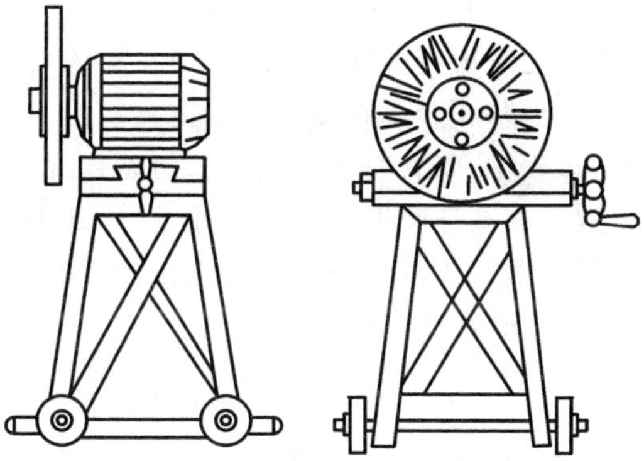

图 8.1 钢管外壁除锈机

8.1.2.2 电动钢丝刷除锈机除锈

钢管内表面的锈层、氧化皮可用电动钢丝刷除锈机来清除。电动钢丝刷除锈机如图 8.2 所示，

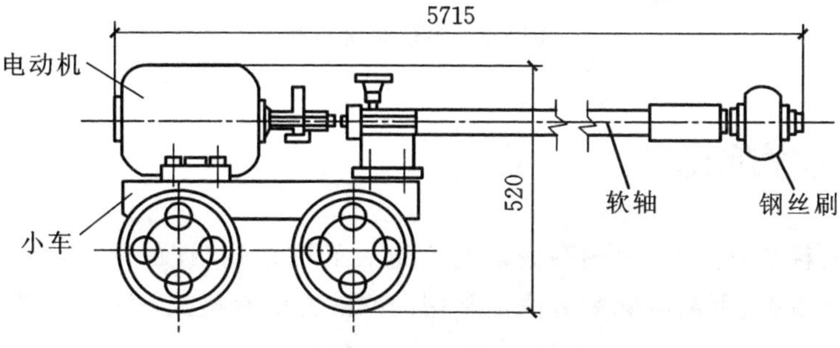

图 8.2 电动钢丝刷除锈机

由电动机驱动软轴旋转，软轴带动圆盘状钢丝刷来清除锈蚀。不同管径的管道应采用不同规格的钢丝刷。

8.1.3 喷射法除锈

喷射法除锈技术涉及运用压缩空气作为动力，将研磨颗粒物质（如砂粒或铁丸）以高速投射至金属管道或设备的表面。该过程通过硬磨料的冲击力达到去除金属表面锈层的目的。这种方法除锈均匀，能将金属表面凹处的锈蚀除尽，并能使金属表面粗糙，利于油漆与金属表面的结合。喷射法除锈采用的压缩空气压力为 0.4～0.6 MPa。喷射法除锈时，压缩空气和砂子应洁净干燥，金属表面也不得受潮，当金属表面温度低于露点温度或 3 ℃以下时，应停止喷砂作业。喷射法除锈操作简单、效果好、效率高，是加工厂常用的一种除锈方法。

在进行干式喷砂去锈的过程中，尽管效率较高，但不可避免地会产生大量粉尘，这不仅污染了工作环境，而且可能对操作人员的健康造成危害。为了解决这一问题并保护员工健康，采用湿式喷砂除锈技术是一种可行的解决方案。

金属表面在湿润环境中更易生锈，因此在湿式喷砂中，需要使用缓蚀剂。在水中添加碳酸钠以及一定量的肥皂粉制成的缓蚀剂能促使金属表面在除锈后形成一层致密而坚固的钝化膜。这种化学膜层可以有效地防止金属在短时间内重新氧化。

在湿式喷砂去锈的操作过程中，将含有缓释剂的水与砂粒混合于储砂罐中，并通过压缩空气进行抽吸，利用高压将混合物高速喷射至金属表面，以达到去除锈迹的目的。这种方法既能够有效去除锈迹，又能够显著减少环境污染和对人体健康的危害，达到了安全与环保的双重目的。图 8.3 所示是喷砂除锈装置示意图。

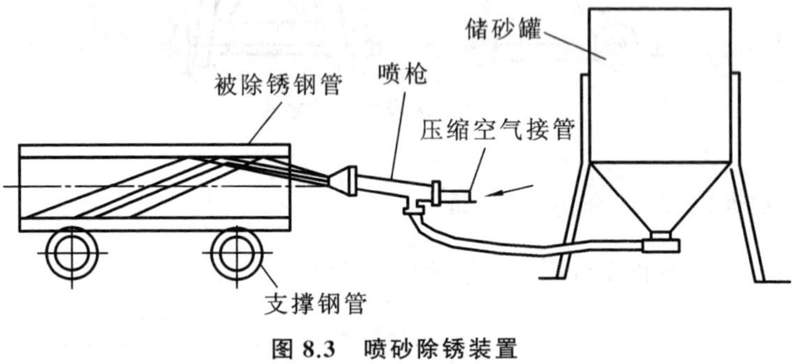

图 8.3　喷砂除锈装置

8.1.4 化学除锈

化学除锈又称酸洗除锈，是用酸溶液与管道表面的铁锈（铁的氧化物）发生化学反应而将管子表面锈层溶解、剥离的除锈方法。常用的酸洗方法有槽式浸泡法和管洗法。

8.1.4.1 槽式浸泡法

槽式浸泡法的操作程序为：将管子放入酸洗槽中浸泡，以目视方式进行检验。当观察到管道的内外侧壁恢复金属本色时，迅速将之移至氨水或碳酸钠溶液中进一步处理，此举确保管壁上残留的酸液得到彻底中和，然后将管子放入热水槽中冲洗，最后使管子干燥。

8.1.4.2 管洗法

在进行管道的酸洗过程中，首先应将酸性溶液注入管道内部，并确保管子两端严格密封。随后，旋转管子以促进内部反应，并须精准控制反应时间以保证酸洗效果。酸洗完成之后，立刻用中和剂填充管腔，以中止反应。此后，对管进行彻底的冲洗和干燥处理。

鉴于在酸洗阶段采用的酸性溶液（如盐酸）和中和阶段采用的中和剂（如氨水）对人体危害大，故必须采取安全可靠的防护措施。操作人员须穿着专业的工作服，并佩戴适当的防护装备，包括护目镜、面罩、耐酸手套等，以确保个体的安全。此外，制定紧急应对预案亦十分关键，包括备有医疗棉纱布以及清洁水源等，以便发生意外时能迅速采取救护行动。

除以上除锈方法外，还有高压水射流除锈和激光除锈方法。高压水射流除锈即利用高速水流冲击金属表面，将锈蚀层及其附着的污垢一并清除，该方法环保无污染，除锈速度快，适合大面积作业。激光除锈是一种先进的除锈方式，使用激光束照射金属表面，使锈蚀层蒸发或剥离。虽然技术先进，效率高，但设备投入成本巨大，目前多用于特殊领域或高价值设备的维护。

在选择除锈方法时，需要综合考虑除锈对象的特点、作业环境、安全要求和经济效益等因素。通常情况下，结合实际情况，可以采取两种或多种方法的组合应用，以达到最佳的除锈效果。除锈工作完成后，为了防止再次发生腐蚀，应及时进行防腐处理，如涂抹防锈油、喷漆或电镀等，这不仅能延长设备的使用寿命，还能保持其良好的外观和功能状态。

8.2 管道及设备的防腐

建筑设备工程中，管道及设备是保障建筑物正常运行的重要部分。它们负责输送各种气体、液体或固体材料，确保生产流程的顺畅和生活设施的正常运作。这些设施大多采用金属材料，因其强度高、延展性好、机械加工性能优良等特点被广泛应用。但金属材料在长时间的使用过程中会遭遇一个不可避免的问题——腐蚀。这种看似缓慢而持续的过程，却可能导致灾难性的后果。腐蚀不仅影响设备的外观，更重要的是会削弱其结构强度，缩短其使用寿命，造成管道内流体泄漏，引发环境污染，甚至导致火灾和爆炸事故，给人民的生命财产安全带来极大威胁。因此，了解金属的腐蚀机理，实施有效的防腐措施，并有针对性地采取防腐蚀方法，对于延长设备寿命、降低维修成本、保障人民安全至关重要。

8.2.1 金属材料的腐蚀机理

金属材料的腐蚀机理是指金属材料在外部环境介质的影响下，所产生的化学作用和电化学作用，所以金属腐蚀可分为化学腐蚀和电化学腐蚀两种。化学腐蚀涉及金属与周遭环境中的溶液、蒸汽或干性气体等反应，从而引发材质损害。而在电化学腐蚀中，当金属接触电解质溶液时，会形成原电池，导致金属释放电子而遭受侵蚀。电化学腐蚀本质上是氧化还原反应的过程，其中金属失去电子被氧化，同时介质中的组分获取电子被还原。

电化学腐蚀进一步划分为吸氧腐蚀和析氢腐蚀。吸氧腐蚀发生于酸性较强或者中性的溶液环境内，涉及溶解在金属表面水膜中的氧气与金属的电化学交互作用。相对地，析氢腐蚀是在酸性较强的溶液中进行，该过程中金属失去电子，而溶液内的氢离子获得电子，进而释放出氢气。

8.2.2 防腐方法

管道和设备的防腐蚀方法很多，常采用以下措施：选用耐腐蚀材料（比如选用不锈钢等）、涂覆保护层（油漆或沥青等）、镀金属保护层（如在金属表面镀锌）、电化学保护（牺牲阳极的阴极保护）、改善周围环境等。其中，涂层保护是一种物理隔离手段，通过涂覆油漆、塑料或其他材料来阻隔金属表面与腐蚀性环境的直接接触。阴极保护则是利用电化学原理，通过牺牲阳极或外加电流的方式抑制金属表面的腐蚀过程。在腐蚀环境中加入能抑制或减缓腐蚀反应的物质以改善周围环境。

选择合适的金属材料是预防腐蚀的关键。不同的金属材料具有不同的耐腐蚀性能，如不锈钢、镀锌钢等具有良好的耐腐蚀性。在建筑环境与设备工程领域，碳钢因其机械性能和成本效益的优异表现，被广泛地应用于管道和各类设施。针对碳钢管道及其相关设备的防腐蚀保护措施中，涂覆防护层技术是一种主流方法。

管道及设备的防腐分为地上管道及设备的防腐和地下管道及设备的防腐。其中，地上管道和设备一般采用油漆涂料来防腐，地下管道和设备一般采用沥青涂料来防腐。

8.2.3 地上管道及设备的防腐

对于地面之上的管道及设备，由于这些部分更容易受到环境因素的影响，因此通常会选用具有更强耐候性和抗环境侵蚀能力的油漆涂料来实施保护。这种类型的涂层不仅能够提供防腐蚀的功能，同时也有助于维护设施的外观，使其更加耐用且美观。

8.2.3.1 防腐涂料

涂料是一种能够涂覆于物体表面并能形成具有保护、装饰以及防腐、绝缘等特殊性能的固态涂膜的液体。涂料多采用有机合成的各种树脂来制成，以前人们一般采用以天然植物油为主要原料制成的油漆来防腐，虽然现在的防腐涂料已经很少用油，但习惯上仍将它们称之为油漆。

防腐涂料由成膜物质、溶剂、颜料、填料和辅助材料组成，各组成部分的具体介绍如表8.1所示。

表 8.1 防腐涂料各组成部分及其作用、常见形式

组成部分	作用	常用形式
成膜物质	将颜料和填料粘接融合在一起以形成牢固附着在物体表面的漆膜,是油漆的基础材料	天然树脂、酚醛树脂、环氧树脂、沥青等
溶剂	溶解和稀释成膜物质	汽油、松节油、乙醇、甲苯、丙酮等
颜料	具有一定的遮盖力和着色力,增加漆膜的厚度和提高漆膜的耐磨、耐热和耐化学腐蚀性能	耐腐蚀(红丹等)、耐高温(如铝粉)等
填料	增加漆膜的厚度和体积,增强漆膜的耐磨性、耐水性、耐热性、耐腐蚀性和耐久性	橡胶粉、高岭土、石棉粉、滑石粉等
辅助材料	提高涂料的性能	固化剂、增韧剂、催干剂、稳定剂、防潮剂等

8.2.3.2 防腐涂料的选用

防腐涂料品种繁多,性能特点各不相同。这些涂料大致分为两类:底漆和面漆。底漆负责提供坚固基础,增强与基材的黏结性,而面漆则充当保护层,抵御外界因素对底层的损害。

选择适当的底漆是确保防腐效果的关键,它应具备优越的附着能力和防腐特性。尽管防锈漆也可用于底层构造,但其设计更注重耐水和耐酸碱性能,而非黏附力度。相较之下,专用底漆则具有更高的颜料含量,提供可打磨表面,以强化与物品表面的结合。

面漆覆盖于底漆之上,其作用是为底层提供一道坚固、柔韧且高光泽的保护膜。这种涂层通常要求具有较高的膜强度和良好的弹性,以适应环境变化而不至于破裂或脱落。

正确地选择和使用防腐涂料是保证防腐效果、延长防腐层寿命的基础。一般情况下,应考虑下列因素:

1. 被涂物的使用环境

在选择防腐涂料的过程中,必须仔细分析并考量待涂覆物体所处环境中腐蚀性介质的具体类型、浓度以及温度条件,确保涂料的防腐蚀性能与环境要求相吻合,从而提供针对性的保护。除此之外,还需考虑物体在使用过程中是否可能遭遇机械性磨损、撞击或震动等物理作用,这些因素均直接影响到涂料的选择与应用效果。

2. 被涂物表面材料的性质

在选择涂料时,关键在于考虑所涂覆物体表面的材料特性。例如,钢管表面适合使用红丹底漆以提高防锈效果,而铅表面则不能使用红丹底漆,因为它会与铅发生不良反应。在这种情况下,推荐使用锌黄底漆作为替代品,以确保铅表面的防腐保护。

对于钢材等易受酸性物质影响的表面,当需要使用酸性固化剂型油漆时,为了确保涂层的耐久性和防腐性,建议先施加一层耐酸底漆以形成有效的隔离层,从而抵御酸性环境对基材的潜在腐蚀。

3. 施工条件

在涂料应用过程中，某些产品必须经过高温烘烤环节才能激活其防腐功能，例如热固化型的环氧树脂漆，这种涂料在经历高温处理之后，能够形成一层坚固的保护层，进而发挥其优异的防腐蚀性能。

在实际应用中，若施工环境缺乏高温热处理的设施，就应当选择冷固型涂料。这类涂料无须经过高温程序，其在常温下即可通过化学反应或物理过程形成保护层，提供有效的腐蚀防护，并且操作简便，适应性强。

4. 经济效益

在确定管道及设备的防腐涂料时，需综合考量其品质及经济效益，以选择最适合的涂料。从长远来看，选择一款耐用性好、不易老化脱落的涂料，虽然初期投入可能较大，但从整个使用周期来计算，却能节省更多的维护与运营费用。

8.2.3.3　管道及设备防腐施工

对管道及设备表面进行严格处理之后，才可以进行防腐涂料的施工。防腐涂料的施工方法有刷、喷、浸、浇等，施工中常用涂刷法和空气喷涂法。施工时根据需要确定涂刷层数和每层涂膜的厚度。

防腐涂料使用前应先搅拌均匀，然后根据涂刷或喷涂方法的需要，选择相应的溶剂稀释至适宜的稠度，调好后及时使用。

1. 涂刷法

涂刷法主要采用手工涂刷，即用刷子将涂料往返地涂刷在管道或设备表面上，手工涂刷一般应自上而下，从左至右，先里后外，先难后易，纵横交错地进行。这种方法操作简单，适应性强，可用于各种涂料的施工。但人工涂刷方法效率低，并且涂刷的质量受操作者技术水平和工作态度的影响较大。

涂刷施工宜在 5～40 ℃的环境温度下进行，现场涂刷后一般让涂料自然干燥，待上一层涂层充分干燥后，再进行下一层的涂刷。标准手工涂刷工艺要求底漆双层涂抹，面漆同样施以两层，每层漆的厚度保持一致，确保涂层均匀、美观、耐用。

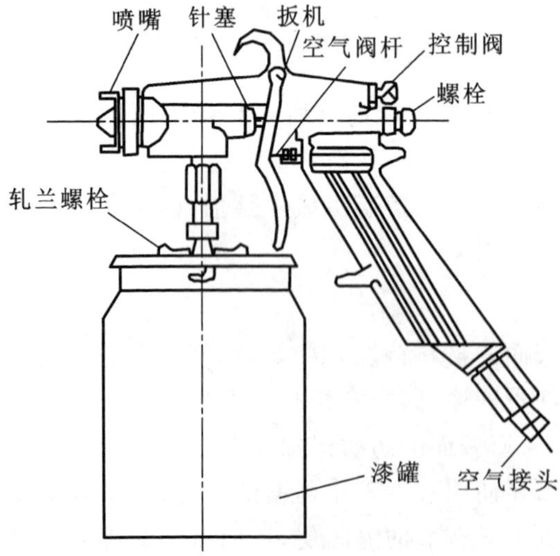

图 8.4　油漆喷枪

2. 空气喷涂

空气喷涂是利用压缩空气通过喷嘴时产生的高速气流抽引贮漆罐内漆液，并将其雾化，喷涂于物体的表面。空气喷涂一般采用油漆喷枪喷涂，如图 8.4 所示。这种方法的特点是漆膜厚薄均匀，表面平整光亮，耗料少，效率高。

喷涂宜在环境温度为 15～30 ℃下进行，同时工作区域须保持清洁，避免风沙和尘埃的干扰。喷涂时不得有流挂和漏喷现象。

无论采用哪种方法施工，均要求被涂物表面清洁干燥，避免在低温和潮湿环境下工作。并且涂膜应附着牢固均匀，颜色一致，无剥落、皱纹、气泡等缺陷，不得有漏涂现象。

8.2.4 地下管道及设备的防腐

地下管道及设备在运行过程中，常受到周围土壤环境所含盐分、酸碱性溶液以及杂散电流等多重腐蚀因素的影响。鉴于不同土壤类型对管道及设备的腐蚀作用呈现显著差异，因此，为了确保管道的耐久性和安全性，通常需要依据土壤的腐蚀性等级来确定管道防腐措施的严格程度。具体而言，根据土壤的腐蚀性等级，管道的防腐要求被划分为三个层次：①普通级防腐等级：适用于对管道腐蚀较弱的土壤环境，采取基础的防护策略。②加强级防腐等级：针对具有中度腐蚀性的土壤，需实施比普通的防护措施更为强化的方案。③特加强级防腐等级：对应于那些高腐蚀性的土壤环境，要求实施最为严格和全面的防腐蚀措施，以抵御剧烈的土壤化学及电化学作用。

在制定管道的防腐蚀措施时，考虑因素包括其布置的位置以及环境。具体而言，那些设置于工厂区域，或者穿越如铁路、公路和沟渠等基础设施的地下管道，通常需要配备增强型防腐涂层。此外，对于埋设于电气化铁路下方的管道，以及那些处于腐蚀性土壤环境中的地下管道，则需应用更高强度的特制防腐层来确保安全和长期耐用。

对于埋设于地下的管道及设备，通常采用沥青作为涂料，利用其良好的防水特性和阻隔性，为地下设施提供了一种有效的腐蚀防护措施。这种材料能够有效地抵御土壤中存在的腐蚀性介质，从而延长地下管道及设备的使用寿命。

8.2.4.1 沥青

在地下管道及设备的防腐材料中，通常采用沥青。这种物质因其对稀薄酸性和碱性溶液、盐类、水分和土壤侵蚀的良好抵抗力而受到推崇。此外，沥青的黏附力强，具备防水性和电绝缘性，而且成本相对低廉，这使其成为经济实用的选择。然而，需要指出的是，当面对氧化剂和有机溶剂时，沥青的耐蚀性显著降低。

就其种类而言，通常将沥青划分为石油源和煤炭源两大类型，分别称为石油沥青和煤质沥青。在实施防腐措施的工程项目中，常用的是建筑级石油沥青、特定用途的石油沥青、普通石油沥青，以及添加了环氧树脂的煤质沥青等品种。

评价沥青性能时，通常会依据其针入度、延伸率和软化点这三个核心参数来进行。针入度反映了沥青的硬度及黏度，延伸率则衡量其韧性，而软化点则是表示其耐热性的指标。

8.2.4.2 石油沥青防腐层施工

1. 沥青防腐层结构

在传输介质的温度维持在不超过 80 ℃的条件下，推荐选择使用具有防腐蚀特性的石油沥青作为防腐层材料。关于石油沥青防腐层的具体构造细节，请参考表 8.2。

表 8.2　石油沥青防腐层结构

防腐等级		普通级	加强级	特加强级
防腐层总厚度/mm		≥4	≥5.5	≥7
防腐层结构		三油三布	四油四布	五油五布
防腐层数	1	底漆一层	底漆一层	底漆一层
	2	石油沥青厚≥1.5 mm	石油沥青厚≥1.5 mm	石油沥青厚≥1.5 mm
	3	玻璃布一层	玻璃布一层	玻璃布一层
	4	石油沥青厚 1.0～1.5 mm	石油沥青厚 1.0～1.5 mm	石油沥青厚 1.0～1.5 mm
	5	玻璃布一层	玻璃布一层	玻璃布一层
	6	石油沥青厚 1.0～1.5 mm	石油沥青厚 1.0～1.5 mm	石油沥青厚 1.0～1.5 mm
	7	外包保护层	玻璃布一层	玻璃布一层
	8	—	石油沥青厚 1.0～1.5 mm	石油沥青厚 1.0～1.5 mm
	9	—	外包保护层	玻璃布一层
	10	—	—	石油沥青厚 1.0～1.5 mm
	11	—	—	外包保护层

注：本表摘自《埋地钢质管道石油沥青防腐层技术标准 第 3 部分：防腐层结构》(SY/T 0420—1997)。

2. 防腐层材料

(1) 沥青

石油沥青防腐层常用建筑石油沥青、专用石油沥青和普通石油沥青。

(2) 冷底子油

在专业施工过程中，采用的冷底子油，亦称作沥青底漆，是一种由沥青及无铅汽油按质量比 1∶(2.25～2.5)或体积比 1∶(2.5～3)混合而成的黏合剂。其设计宗旨在于增强沥青涂层与钢管表面的黏附性，以提升结构的稳固度和耐久性。

在制备冷底子油时，首先需将沥青置于专用锅内加热至 160～180 ℃，目的是实现水分脱除，以确保最终混合物的质量。随后，待沥青降温至 70～80 ℃时，方可缓缓将其注入已装有特定比例无铅汽油的调和容器中。在此过程中，必须持续搅拌，确保两种材料均匀融合，严禁直接将汽油等溶剂加入至熔融状态的沥青中，以防止反应过度激烈及潜在危险。

通过精确配比和控制温度，以及严格遵循调配程序，冷底子油的生产旨在确保其作为底漆时的性能达到工程所需求的专业标准，为后续沥青涂层的应用提供稳定而有效的黏结基础。

(3) 包扎材料

在沥青防腐蚀工程应用中，存在两种主要的包扎材料类型。第一类是在每两道沥青涂层间施加的玻璃布，这种材料充当加强层，有助于提高整体防腐系统的强度，并确保防腐层不易脱落。第二类是覆盖于最外部防腐层上的防护层，通常采用塑料布或在某些情况下使用玻璃布。这层保护层的作用是强化防腐层对温度变化的抵抗力及提升其结构完整性，从而减少由机械冲击或者温度引起的变形风险。

（4）填料

在沥青的技术性能不达标，无法满足特定应用要求的情况下，为优化其性质，通常需要采取改性措施。具体来说，可通过向沥青添加特定填料以提升其软化点，增强其机械强度，并加厚管道表面的涂层。适宜的填料包括高岭土、7级石棉和滑石粉等。

在选择混合比例时，一般建议沥青与所添加材料的比例维持在(5～7)∶1之间。然而，对于已经实施阴极保护的管道部分，应禁止使用含有高岭土的沥青混合物。此外，也须避免使用任何包含可溶性盐类的材料作为填料，以确保最终的沥青混合物的质量符合工程及环境的要求。

3. 防腐层施工

沥青防腐层施工时，首先对管道进行维护，首要任务是确保其表面清洁。这要求从管道上除去灰尘、油污、水痕和铁锈等各种污垢，以确保后续处理的质量和效率。之后，需准备并应用一种称为冷底子油的特殊涂层。该涂层必须按照特定比例精确配比，并且在管道表面均匀涂抹，以确保涂层无漏涂、结块或滴落等。此外，涂层的厚度应控制在0.1～0.2 mm的范围内，且管道两端的100 mm长度应保留未涂状态，待管道焊接及水压检测完成后，再进行补涂以保护管端。

最终阶段涉及制备沥青材料的过程，此过程需要将固体沥青分割成100～200 mm的小块，并去除任何纸片或其他异物。在加热过程中，需逐渐升温至160～180 ℃，使水分完全蒸发，同时避免温度过高（不可超过220 ℃），防止焦化。加热过程需要不断搅拌，以保证脱水彻底。若需添加填料，应在持续搅拌的过程中逐渐加入，直至填料与沥青充分融合，确保混合物的质量均匀一致。

实施沥青涂覆及玻璃布加强层施工时，首先确保基层油膜已干燥并保持干净。在冷底子油表面均匀涂抹热态沥青，其温度控制在150～160 ℃范围内。随后，迅速覆盖玻璃布，确保布料被充分浸透于沥青中，然后将其紧贴固定于管道表面。此过程中，应将玻璃布以螺旋方式缠绕，每圈的重叠宽度维持在30～50 mm，保证无折痕且紧密贴合。

底漆的涂刷和石油沥青的浇涂作业之间的时间间隔不得超过24 h，以免影响材料间的黏结效果。

8.2.4.3 环氧煤沥青防腐层施工

20世纪80年代以来，环氧煤焦油防腐层因其卓越的强度特性而得到广泛应用。该材料的普及程度在很多方面已经超越了传统的石油焦油基防腐层，后者虽然具有更悠久的使用历史，但逐渐被新型材料所替代。

在专业工程应用中，环氧煤焦油防腐技术主要针对输油、输水以及输气管道的防腐蚀工作进行优化。其设计标准确保了该防腐层能够在不超过110 ℃的介质温度条件下，提供稳定而持久的防护效果。这种材料的应用，显著提升了输送管道的耐久性，并有效延长了其使用寿命。

1. 防腐层结构

环氧煤沥青防腐层结构见表 8.3。

表 8.3　防腐层等级与结构

等级	结构	干膜厚度/mm
普通级	底漆＋多层面漆	≥0.40
加强级	底漆＋多层面漆	≥0.60
	底漆＋多层面漆＋纤维增强材料＋多层面漆	≥0.70

注：本表摘自《埋地钢质管道环氧煤沥青防腐层技术标准 第 2 部分：防腐层等级与结构》(SY/T 0447—2014)。

2. 防腐层材料

(1) 环氧煤沥青涂料

环氧煤沥青涂料分底漆和面漆。底漆由底漆的甲组分和底漆的乙组分(固化剂)组成，面漆由面漆的甲组分和面漆的乙组分(固化剂)组成，这些涂料在应用时，应与专用稀释剂结合使用，以确保最佳效果。在涂料的选择上，强调底层漆、表层漆、固化剂以及稀释剂这四种材料需统一选用同一生产商的制品，以保障整个涂装系统的兼容性和性能一致性。

(2) 玻璃布

加强基布材质的挑选至关重要，通常选择含碱量不超出 12％的中碱玻璃布。这种布料具有无捻特性，以平纹织法织成，这些属性确保了其作为加强基材的适用性和耐久性。此外，玻璃布卷的质量控制要求两端需进行封边处理，以确保使用时的稳定性。同时，为了提高应用效率和方便存储，玻璃布卷应当配备芯轴。不同管径适宜的玻璃布宽度见表 8.4。

表 8.4　不同管径适宜的玻璃布宽度

管道公称直径/mm	＜250	250～500	＞500
玻璃布宽度/mm	100～250	400	500

3. 防腐层施工

(1) 管道表面清理

将钢管表面的污垢、锈蚀除去，焊缝处理到无焊瘤、无棱角、无毛刺。

(2) 底漆和面漆的配制

底漆和面漆配制方法相同，将漆搅拌均匀后倒入配制容器内，然后按规定的比例加入固化剂，边加边搅拌，搅拌均匀并静置 15～30 min，熟化后，可开始涂刷。若施工环境温度低或漆料黏度过大，可加入适量(不超过 5％)的稀释剂。

熟化后的底漆或面漆应在 4～6 h 内用完，并且稀释剂不得加入刚开桶的漆料中。

(3) 涂刷底漆

钢管表面处理合格后，应尽快涂底漆。要求底漆涂刷均匀、无气泡、无凝块、无漏刷，钢管两端各留 100～150 mm。底漆的干膜厚度不小于 25 μm。

（4）抹腻子

在钢铁结构的涂装过程中，抹腻子的步骤至关重要。其宗旨在于确保焊缝与钢管的接壤区域能够形成一个无缝且流畅的接口，从而提升整体涂层的均匀性与美观度。当底漆层达到初步固化，即表面干燥状态时，便需对那些突出于钢管表面的焊缝，特别是高度超过2 mm的部分，进行仔细的腻子涂抹作业。

为了制备出适宜的腻子，必须将一种特制的滑石粉与已经调入合适比例固化剂的面漆混合，通过充分搅拌以形成均匀一致的混合物。此过程要求精确配比，保证最终的腻子既能与底漆层完美地结合在一起，又能有效地填补焊缝，以实现理想的过渡效果。

（5）涂面漆并缠玻璃布

在底漆与腻子达到表干但固化之前，应施涂第一层面漆，并确保其均匀涂覆。标准防腐处理不包含玻璃纤维布的包裹，每完成一层涂漆，在其实际干燥后，方可继续涂覆下一层，重复此过程直至达到预设的涂层数。

对于加强级或特加强级防腐层，于首层面漆实际干燥而未固化阶段，涂覆第二层面漆，之后立即进行玻璃纤维布的缠绕操作，并迅速涂覆第三层面漆。在第三层面漆实际干燥后，再施涂第四层面漆。涂漆、包布及再次涂漆构成一系列连续的操作，需待该系列操作中涂漆实际干燥后，方可继续后续工作。在实际操作过程中，可利用充分浸透面漆的玻璃纤维布作为替代方案，简化涂漆、包布和再次涂漆的操作流程。

在缠绕玻璃纤维布时，需保持张力，以确保布料边缘压紧宽度处于20～25 mm之间，而布头的重叠长度应控制为100～150 mm。缠绕完成后，表面应检查以确认无皱折、鼓包，并保证平整光滑。

8.3　管道及设备的绝热

绝热是保温和保冷的统称。保温是指为减少管道及设备等向周围环境散热而采取的措施；保冷是为减少管道及设备等从周围环境吸收热量以及防止管道及设备表面结露而采取的措施。习惯上所说的保温往往既指保温又指保冷。在能源有效利用方面，保温意味着减少能源的消耗和浪费。以供热系统为例，若没有良好的保温措施，大量的热能在输送过程中就会散失，导致能源利用率低下。相反，优良的保温技术可以显著提升系统的热效率，实现节能减排，这在当前全球能源紧张、环境污染日益严重的背景下显得尤为重要。

8.3.1　绝热的作用及使用场所

① 绝热的核心目的在于减缓管道和设备中的热量或冷量散失。

② 为防止低温下管道及设备内液体的固化，冬季室外温度低于零度时，必须实施绝热措施，确保液体在特定时间内保持流动状态而不冻结。

③ 防止管道及设备表面结露。当管道或设备表面温度低于周围空气的露点温度时，空气中的水蒸气会在管道或设备表面结露，加快管道及设备的腐蚀。所以要在管道及设备表

面采取保冷措施。同时为防止大气中的水蒸气渗入绝热材料内使绝热材料的导热系数增大或使绝热材料因受潮而发霉腐烂,必须在保冷结构的绝热层外设置防潮层。

④ 预防流体介质的结晶或凝固。如输送高黏度、高凝固点的油品时,为防止散热后油品凝固,需采取保温措施。

⑤ 为了改善作业环境以及防火安全,对高温管道和设备进行适当的隔热处理,可以有效降低周边操作区域的温度,从而减轻工作人员的不适。高温管道穿过存放易燃易爆材料的房间时必须采取保温措施,将管道表面温度降低到安全范围内。

8.3.2 绝热材料的选用

绝热材料种类繁多,管道系统的工作环境多种多样,有高温、低温,有空中、地下,有干燥、潮湿等,所选用的绝热材料要能适应这些条件。在选用绝热材料时,首先考虑热工性能,然后考虑其他因素,还要考虑施工作业条件,如高温系统应考虑材料的热稳定性、振动的管道应考虑材料的强度、潮湿的环境应考虑材料的吸湿性、间歇运行系统应考虑材料的热容量等。

8.3.2.1 绝热材料的性能及要求

① 材料导热系数要小。保温材料的导热系数不得大于 0.12 W/(m·℃);保冷材料的导热系数不应大于 0.064 W/(m·℃)。

② 密度要小。用于保温的硬质绝热材料的密度不得大于 300 kg/m^3,软质及半硬质绝热材料的密度不得大于 200 kg/m^3,保冷材料的密度不得大于 200 kg/m^3。

③ 具有较好的耐热性能,用于制冷系统的保冷材料应具有良好的抗冻性能。

④ 绝热材料的物理、化学性能要稳定,不得对金属有腐蚀作用。

⑤ 吸湿率低,抗蒸汽渗透能力强。

⑥ 绝热材料应具有一定的机械强度。

⑦ 绝热材料的耐燃性能、防潮性能、膨胀性能符合使用要求。

⑧ 易于施工,价格低,材料广,使用寿命长。

⑨ 耐候性好,抗微生物侵蚀,不怕虫害和鼠灾。

8.3.2.2 常用的绝热材料

绝热材料的多样性为各类保温与保冷工程提供了广泛的选材基础。绝热材料有许多,例如岩棉、矿渣棉、泡沫塑料、玻璃纤维、软木、珍珠岩、蛭石、硅藻土、泡沫混凝土以及石棉等。在管道设施的保温中,通常优先选用膨胀珍珠岩、超细玻璃棉、岩棉、矿棉和硬质聚氨酯泡沫塑料等材料。

当用于低温保冷时,则倾向于应用硬质聚氨酯泡沫塑料、自熄型聚苯乙烯泡沫塑料、橡塑海绵和软木等材料。由于橡塑海绵的低热导率,卓越的抗水蒸气渗透性,出色的阻火能力以及施工便利性,橡塑海绵产品近年来在保冷领域的应用显著增加。

尽管绝热材料品类繁多,但不同生产厂家生产的同一种绝热材料可能具有不同的性能特点。因此,选用时须依据厂家提供的详细产品数据表或使用说明中的技术参数,确保所选择材料满足特定工程的需求。

8.3.2.3 绝热材料的选用

在工程实践中,选择绝热材料需针对具体应用场景,优先考虑关键性能。对于低温环境,应优先挑选低导热系数、轻质和低吸湿率的绝热材料。材料在高温条件下,除了要求具有低导热特性外,其高温环境下的热稳定性也显得尤为重要。就直埋管道而言,绝热材料的机械强度是至关重要的。对于那些非持续运行的系统,选用低比热容的绝热材料亦十分必要。此外,在满足各项性能需求的前提下,还需兼顾材料成本和供应情况。

8.3.3 绝热结构的组成及施工方法

8.3.3.1 绝热结构的组成

绝热结构由绝热层、防潮层、保护层、防腐蚀及识别标志层等组成。

绝热层是绝热结构的主体部分,主要起减少管道及设备与外界传热的作用。

防潮层在绝热层之外,主要用于输送冷介质的保冷管道以及地沟、直埋和室外架空管道等。其作用是防止水蒸气或雨水等渗入绝热材料,以保证材料良好的绝热效果,延长其使用寿命。常用的防潮层有:玻璃布防潮层、聚氯乙烯膜防潮层、石油沥青及沥青油毡防潮层等。

保护层设在防潮层之外,主要是保护绝热层和防潮层不受机械损伤。保护层应具有耐压强度高、质量轻、化学稳定性好、不易燃烧、外形美观等特点。常用的保护层材料有金属薄板及玻璃丝布、石棉石膏、石棉水泥等。

防腐蚀及识别标志层在绝热结构的最外层。一般用耐候性较强的防腐漆直接涂刷在保护层外表面上,既起防腐作用,又能用油漆的颜色(或色环)来标识管道类别。

8.3.3.2 绝热结构的施工方法

1. 涂抹法

涂抹法是指通过将具有良好隔热性能的硅藻土与石棉粉或碳酸镁、碳酸钙等非定形绝热材料混合,并按照特定的比率与水混合,形成浆状胶泥,将该胶泥均匀涂覆于管道和设备表面,以形成一层保护层,能有效防止热量损失,确保系统保温效果。涂抹法是工业保温中常见的专业施工方法,它要求严格的配比和准确的涂抹工艺,以确保绝热层的品质和性能。涂抹法的绝热层结构如图 8.5 所示。

施工时 DN40 以下管道可一次涂抹到规定厚度,DN40 以上管道应分层涂抹。第一层用较稀的胶泥涂抹,以增强胶泥与管壁的附着力,涂抹厚度为 3～5 mm,待第一层彻底干燥后,涂抹第二层,厚度为 10～15 mm,干燥后,再涂下一层,厚度为 20 mm 左右,以此类推,直到达到规定的绝热厚度。

采用涂抹法施工的绝热层,其优势在于能够与被绝热表面形成紧密结合,从而保证了绝热层的完整性,延长了使用寿命。这种方法针对管道、管件和设备的多种几何形状具备良好

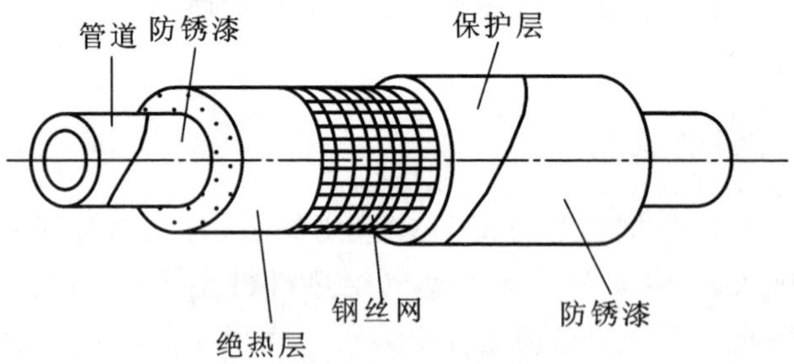

图 8.5　涂抹法的绝热层结构

的适用性。然而，该方法也存在一些不足之处，例如，施工过程中需要较大的劳动力投入，且作业周期相对较长、效率较低，另外其绝热结构强度相对较低。鉴于这些特点，涂抹法通常被用于形状不规则或独特的设备、管道和管件的绝热，或者在临时绝热工程中应用。

2. 绑扎法

绑扎法是指用镀锌铁丝或包扎带将预制保温瓦绑扎在管道上的绝热层施工方法。绑扎法的绝热层结构如图 8.6 所示。一般在绝热材料和管壁之间涂抹一层厚度为 3～5 mm 的石棉粉或石棉硅藻土胶泥，然后再将绝热材料绑扎在管壁上。对于抗水湿性能差的材料，如矿渣棉、玻璃棉、岩棉等矿纤材料预制品，可不涂抹胶泥直接绑扎。

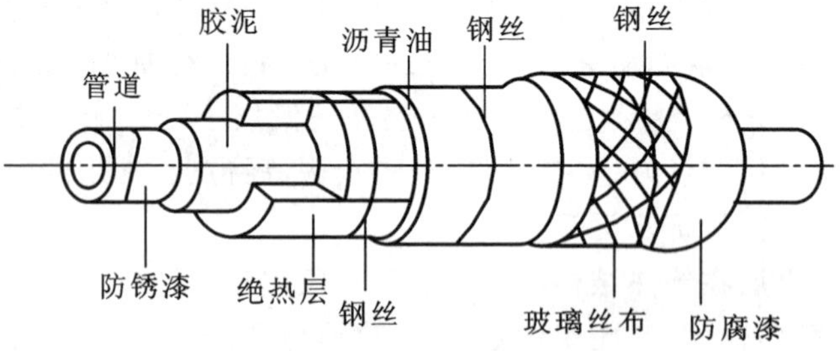

图 8.6　绑扎法的绝热层结构

绑扎法施工时应符合下列要求：

① 在绝热管道的安装过程中，选择直径为 1.2～2 mm 的镀锌铁丝进行绑扎是关键步骤。确保绑扎材料与管道直径相匹配，以满足绝热要求。对于硬质绝热材料，其绑扎的间隔距离应遵守最大 400 mm 的规定，以保证结实固定。在处理半硬质或软质绝热产品时，需将绑扎的最大间距分别限制在 200～300 mm，以提升结构的稳定性。也可以选择宽度为 60 mm的胶带来替代铁丝进行绑扎，这取决于具体的工程需要和绝热材料的种类。预制品的安装中，每块至少需在两个不同的点位进行绑扎，每个点位使用的铁丝应绕制至少两圈，以确保绕制牢固。在连接预制品的过程中，需注意将铁丝接头位置设计在接缝处，这是为了方便将接头隐藏于接缝之内，进而提高整体结构的美观性和稳固性。

② 在进行绝热制品的绑扎作业时，必须确保横向接缝相互错开，以增强结构的稳定性。在单层预制瓦块的厚度未达到既定标准的情况下，应考虑实施双层绝热构造。该构造要求第一层与第二层的纵缝和横缝都必须相互错开，以避免结构出现纵横的通缝。若首层显现出不平整的状况，务必先使用石棉胶泥或者相应的同质绝热材料胶泥进行抹平处理，以确保

后续施工的顺利进行。

对于水平管道，绝热层的纵向接缝应当设计在管道的左右两侧，而非上下侧。这种布局旨在利用管道自身的重力来稳定绝热层，从而减少接缝处可能出现的热能损失。通过此种方式，可以确保绝热效果的最大化。

③ 绑扎绝热材料时，应尽量减少两块之间的接缝，对非矿纤材料制品应采用石棉胶泥、石棉硅藻土胶泥或性能相近的绝热材料配成的胶泥将所有接缝填塞。制冷管道及设备采用硬质或半硬质绝热管壳时，管壳之间的缝隙不应大于 2 mm，并且应采用黏结材料将缝填满。

由于绑扎法施工时绝热材料可以预制，故施工效率更高，施工质量容易保证，同时使用寿命长，因而成为常用的管道绝热施工方法，但是绝热制品在搬运过程中损耗量大，不宜用于形状复杂的管道绝热。

3. 缠包法

缠包法是指采用条状或线状绝热材料或整块绝热材料缠绕或平包在需要绝热的管道及其附件上的绝热施工方法，缠包法的绝热层结构如图 8.7 所示。

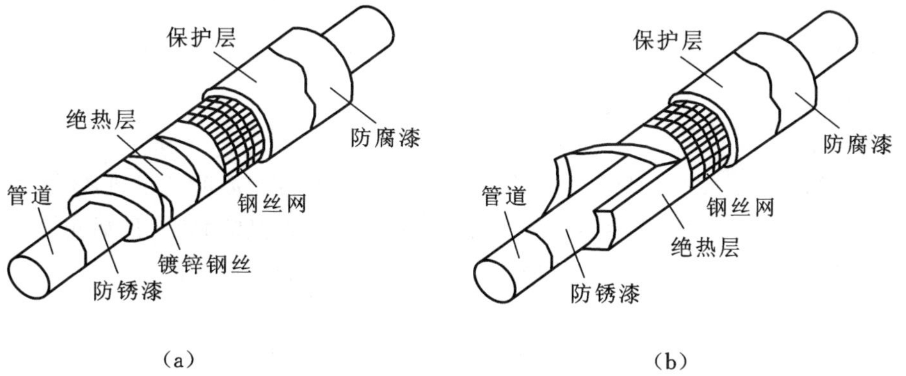

图 8.7 缠包法的绝热层结构

(a)条状绝热材料；(b)整块绝热材料

缠包法施工时根据管径将成卷的绝热材料剪裁成 200～300 mm 的条带，以螺旋状缠绕在管道上，或者根据管道断面周长剪裁后，对缝包裹到管道外表面，然后再用镀锌铁丝绑扎。缠包法具有施工简单，拆卸方便的特点，可用于有振动或温度变化较大的地方，但是因绝热层有弹性，保护层不易固定，并且绝热层易受潮，且造价高。

4. 浇注法

浇注法用于无沟敷设或不通行地沟敷设的热力管道。浇注法是指将配制好的液态原料(聚氨酯泡沫塑料等)倒入管道外壁设置的木制或钢制模具内，使其发泡定型的一种绝热施工方法。施工时采用木制或钢制模具套于管道之外，然后进行浇注。模具应支点稳定，拼缝严密，模具内表面应涂脱模剂，对于发泡型材料应在模具内表面衬一层塑料薄膜。浇注法绝热层施工分为聚氨酯泡沫塑料浇注和泡沫轻质粒料保温混凝土浇筑两种方法。

① 聚氨酯泡沫塑料浇注，聚氨酯泡沫塑料由聚醚多元醇和多元异氰酸酯加催化剂、发泡剂、稳定剂等原料调配而成。原料分两组，两组一经混合，便开始反应起泡，经一定时间后生成泡沫塑料。聚氨酯硬质泡沫塑料可以现场施工也可以工厂预制。目前，直埋预制保温

管一般由工厂集中加工，并在聚氨酯硬质泡沫塑料外加聚乙烯保护套。现场施工时为节约成本，多在聚氨酯硬质泡沫塑料外缠包玻璃丝布作为保护层。

② 泡沫轻质粒料保温混凝土浇筑，按照设计比例将不同粒度的骨料干拌均匀，然后再与胶结料拌匀。当采用水泥为胶结剂时也应干拌，最后再加清洁的水拌和。浇筑前应在管子的防锈漆表面上涂抹一层机油，以保证管子自由伸缩；配料应及时用完，对以水泥为胶结剂的保温混凝土，夏季应在 1 h 内用完，冬季应在 2 h 内用完，干结的配料不得使用；浇筑应一次完成，如必须中断，应留置施工缝；以水泥为胶结剂的保温混凝土应进行养护。

浇注法的特点为发泡工艺简单，施工效率高，发泡材料能与管道完全粘接为一体，但发泡材料中的异氰酸酯和催化剂有毒，造价较高。

5. 套筒法

套筒法是指将矿纤材料预制成型的保温筒或橡塑保护壳直接套装在管道外壁以实现绝热效果的施工方法。该施工技术的核心在于，通过沿轴向展开保温筒的切口，利用绝热材质本身的弹性，紧密包裹住管件。为确保保温筒之间的连接和密封，轴向切缝与横向接口处使用带胶铝箔进行黏结固定。至于室内管道绝热，若保温筒已涂覆有黏性的保护层，则无须额外施加保护措施。套筒法绝热施工简单、工期短，是冷水管道或小型太阳能热水系统较常用的一种绝热方法。

6. 粘贴法

粘贴法绝热施工时，先将黏结剂涂刷在管壁上，黏结剂可用醋酸乙烯乳胶、酚醛树脂、环氧树脂等材料，使绝热材料与管道黏结在一起，并用黏结剂将接缝黏结，然后再加设保护层，粘贴绝热材料时，应将接缝错开，错缝的方法及要求与绑扎法保温相同。保护层可采用金属保护壳或缠玻璃丝布。

粘贴法多用于空调系统及制冷系统的风管及水管的绝热。粘贴法的绝热层结构如图 8.8 所示。

7. 钉贴法

矩形风管在实施绝热处理时，普遍采用钉贴法。该方法的操作过程包括以下步骤：首先，将保温钉利用胶粘剂固定于风管的表面。继而，以木方为工具轻柔敲击泡沫塑料绝热板，确保保温钉能够穿透并在绝热板外部露出一部分。随后，安装垫片并折倒保温钉外露部分，实现对绝热板的紧固。若使用自锁型垫片，仅需适当压缩即可完成固定。为了提高绝热板在风管上的稳固性，可选用镀锌铁皮带或者尼龙带对其进行缠绕加固。此方法确保了绝热处理的专业性和牢固性，同时保持施工的简洁和规范。

保温钉的形式较多，有一般垫片、自锁垫片保温钉等，其材质有铁质、尼龙等，也可用白铁皮现场制作。粘贴保温钉的个数应符合：向上的表面每平方米不少于 4 个；向下的表面每平方米不少于 12 个；侧面每平方米不少于 6 个。

8. 粘贴和钉贴联合法

将粘贴法和钉贴法联合使用，即将绝热材料用黏结剂和保温钉将其固定在风管的内表面，可加强绝热材料与管道的结合力，一般用于风管内绝热。粘贴和钉贴联合法的绝热层结构如图 8.9 所示。

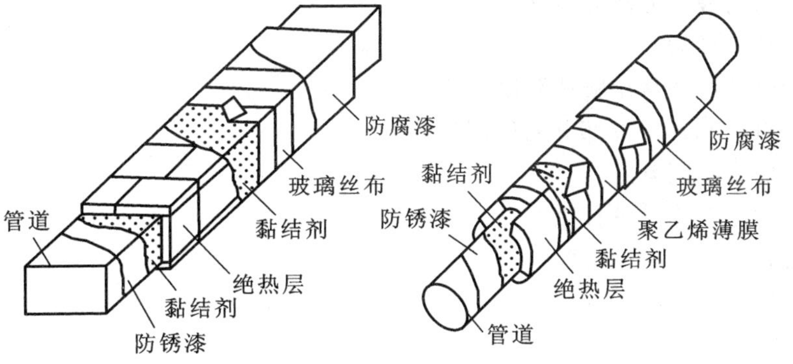

图 8.8　粘贴法的绝热层结构

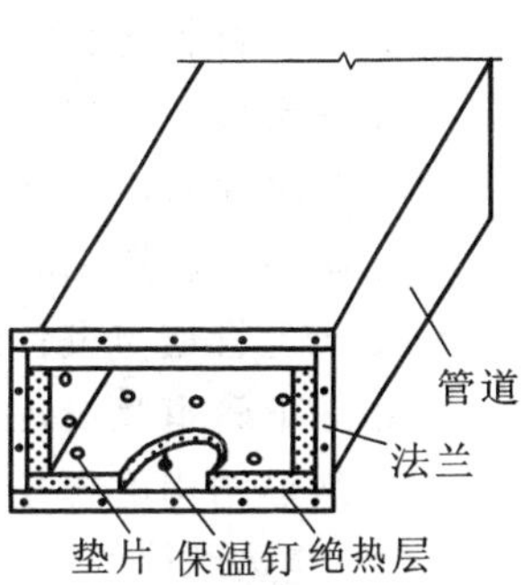

图 8.9　粘贴和钉贴联合法的绝热层结构

在实施风管绝热工程中，普遍采用如玻璃纤维毡等隔热材料。为降低系统运行的阻力，并防止因风力影响而导致纤维微粒扩散至室内环境，通常会对隔热毡施加一道胶质保护涂层。绝热施工程序可概述如下：首先要清除风管表面的灰尘与污染物，接着在保温固定钉上涂抹黏结剂，并按预定间隔将其固定于风管内壁。待固定钉牢固后，施涂一层黏结剂于风管内部，迅速覆盖隔热毡，并且套上固定钉的垫片。施工时须确保以小块覆盖大块，并在管口及接缝处涂抹黏结剂以确保密封性。此绝热方法的优点是可有效降噪，且避免风管外表产生冷凝现象。缺点是钢材消耗量较大，风管阻力较高，且内表面易于积尘，故不得用于洁净空调系统。

在进行管道及设备绝热施工时，应严格遵守相关规范和标准，根据具体的工程需求和现场条件，选择合适的绝热材料和施工方法，除需考虑绝热效果，还需综合考虑成本、安全、环保、施工便利性等因素，确保系统能长期高效稳定运行。

本章小结

本章主要讲述管道及设备的防腐及绝热技术。在进行防腐绝热处理之前，首先介绍管道及设备的表面除锈技术。除锈的主要方法有手工除锈、机械除锈、喷射法除锈和化学除锈等。

金属材料的腐蚀包括化学腐蚀和电化学腐蚀两种。设备及管道防腐蚀方法有选用耐腐蚀材料、涂覆保护层、镀金属保护层、电化学保护、改善周围环境措施等。地上管道采用油漆涂料防腐；地下管道采用沥青涂料防腐。防腐涂料的施工方法有涂刷法、空气喷涂法、浸泡法和浇灌法等。常用的施工方法则为涂刷法、空气喷涂法。

管道及设备的绝热结构由保温层、防潮层、保护层等组成。绝热结构施工的常见方法有：涂抹法、绑扎法、缠包法、浇注法、套筒法、粘贴法、钉贴法、粘贴和钉贴联合法。

思考题和习题

1. 除锈的方法有哪些？请具体回答各方法的特点和适用范围。

2. 什么是酸洗除锈？常用的酸洗方法有哪些？
3. 金属材料的腐蚀机理是怎样的？
4. 建筑设备工程中的管道及设备常用哪些防腐方法？
5. 防腐涂料由哪几部分组成？各组成部分的作用是什么？
6. 防腐涂料选用时应考虑哪些因素？
7. 地上管道与设备的防腐工艺程序是什么？
8. 地下管道及设备的防腐等级如何划分？
9. 绝热结构由哪几部分组成？各组成部分的作用是什么？
10. 绝热结构的施工方法有哪些？

9 施工项目管理、绿色施工及 BIM 技术应用

【本章提要】

通过对建筑设备安装工程的规模、工期、劳动力、机械、材料等进行分析，寻求最合理的施工组织与施工方法。对建筑安装工程项目管理、施工质量管理、施工安全管理、绿色施工的方法和措施进行详细探讨。BIM 模型概述，BIM 技术在施工中的应用。

【本章重点与难点】

重点：建筑安装工程项目管理的概念及含义，施工质量管理的途径和方法，施工安全管理的程序和技术措施，绿色施工管理的内容和技术要点，BIM 技术的应用。

难点：施工质量管理的途径和方法，施工安全管理的程序和技术措施。

【学习目标与要求】

知识目标：能说明建筑安装工程项目管理的基本概念及表达含义，能解释施工质量管理的途径和方法，能解释施工安全管理的程序和技术措施，能描述绿色施工管理的内容和技术要点。

能力目标：通过本章学习，能够完成对施工项目管理、绿色施工管理和 BIM 技术应用知识内容的梳理，能够根据施工现场的实际情况，采取切实可行的管理措施和手段，实现安全绿色施工。

素质目标：施工项目管理的优劣是影响施工质量好坏的关键因素，要能够认识到项目管理内容的重要性，严格把控施工质量，践行严格遵守施工安全的各项要求，增强安全、环保意识和社会责任感。

【本章知识图谱】

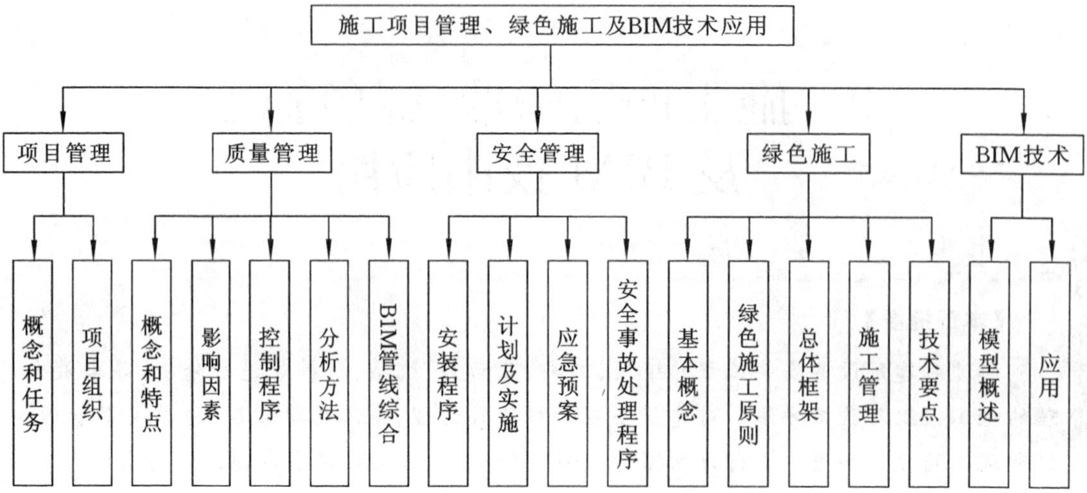

9.1 建筑安装工程项目管理

建筑安装工程涉及的领域包括给水排水、供暖、通风与空调、建筑电气、智能建筑以及电梯工程，构成了一个多专业交叉、技术密集和综合性极强的系统工程。该工程集合众多施工流程，每个流程均可采取多样化的施工手段及机械装备以实现目标。受现场施工环境限制和其他因素影响，即便同一种施工过程，其施工速度亦会有所差异。

建筑安装工程项目管理通过精确规划、组织、指导以及严格控制，确保建筑安装工程的顺利进行。建筑安装工程项目管理的重要性不仅体现在确保项目的顺利实施上，还影响着建筑工程的质量、成本控制、时间管理及工程后期维护等方面，是建筑项目成功的关键因素。

9.1.1 建筑安装工程项目管理的概念和任务

9.1.1.1 项目管理的基本概念

项目管理是一种旨在完成项目或特定的一次性任务的高效计划、组织、指导和控制过程，其核心是建立一套完整的制度，赋予各个管理层次以明确的责任和权力。

施工项目管理针对特定的施工任务，基于项目经理负责制，并以施工图预算或施工项目成本计划为基准，从承包合同为联系纽带，以最佳效益作为终极目标。此过程涉及从工程投标、施工准备，到工程开工、验收及至最终交付使用的全部阶段，对工期、质量、成本、安全等关键要素进行系统性的策划、组织、协调和控制。

由于工程项目的固有特性，施工项目管理表现为一种针对单一内部施工任务的承包管理模式。该管理过程的核心目标是符合施工合同中规定的施工任务要求、工期和质量标准，故需要综合考虑人、财、物、空间、时间和信息等诸多相关元素。

在建设项目中，施工方扮演着关键角色，其项目管理工作旨在确保项目整体效益及保护施工方自身利益。管理核心目标主要聚焦于三个方面：施工的成本、施工的进度以及施工的质量。尽管施工方的项目管理以施工阶段为主，但由于设计与施工的时间段往往有所交叉，施工方的管理工作需扩展至设计阶段。在项目动用前的准备阶段以及保修期间，施工合同尚未终止，这段时间内可能出现涉及工程安全、成本、质量、合同条款和信息管理等多方面问题。因此，施工方的项目管理也须覆盖动用前准备阶段及保修期间，以维护项目的完整性和持续性。

9.1.1.2 施工项目管理的任务

施工项目管理是一套系统的过程，它涉及一系列的关键职责。具体来说，这些职责包括确保施工现场安全的管理、控制施工成本的管理、施工进度的管理、维护施工质量的管理、执行合同的施工合同管理、施工信息资料的管理，以及施工组织与协调等多方面的内容，如图 9.1 所示。

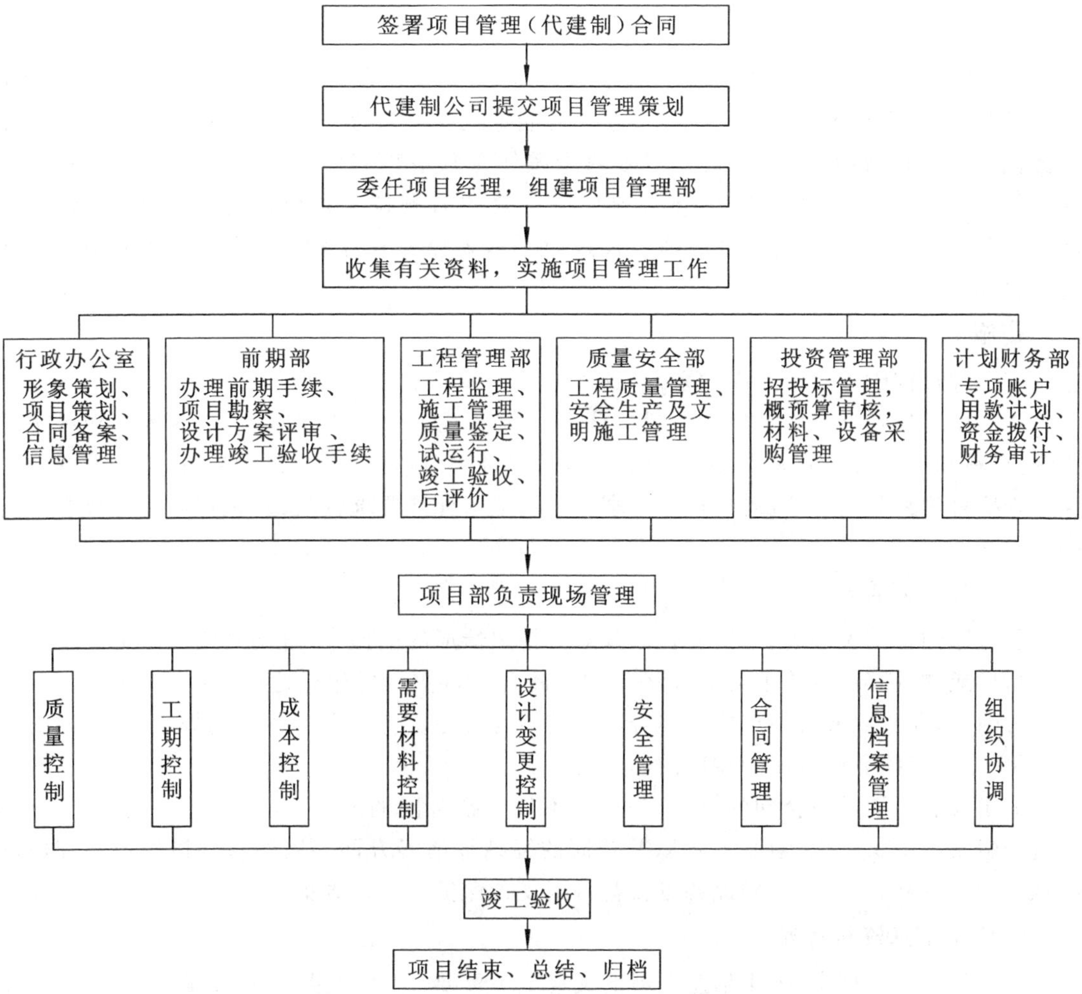

图 9.1 施工项目管理过程

1. 施工安全管理

施工安全管理涉及一系列复杂的管理活动，包括对生产中潜在的危害进行有效的规划、组织、监控、调控和改进，以实现生产安全。

施工安全管理的核心目标是改进与人相关的不安全行为模式，或消除与设备、材料相关的不安全状态，减少和消除生产过程中可能出现的事故。达到改善生产环境、保护自然环境、保障人员的生命与财产安全的目的。

2. 施工成本管理

在确保项目按期完成并满足质量要求的前提下，施工成本管理通过实施一系列管理策略，包括组织优化、经济调控、技术改进和合同约束等，实现将施工成本限制在预算范畴内，并不断寻求提升成本效益的最佳途径。

施工成本管理主要涉及对施工成本的预测与估算、制订成本控制计划、执行成本监控机制、进行成本核算、开展成本分析，并对成本管理工作的效果进行综合评估，从而确保项目的经济合理性。

3. 施工进度管理

在工程项目实施阶段，项目进度受到多种外部因素的制约，如气候波动、不可预期事件以及其他环境条件的变化。这些因素有可能导致实际进度与计划进度发生偏差。如果此类偏差未能被及时识别并纠正，将威胁到整体工程进度目标的顺利达成。为了保障进度目标能够顺利实现，在实施期间必须采用高效的监测技术持续跟踪项目的实施情况。这涉及对任何潜在问题的快速识别以及及时采取调整策略来解决问题，以保障项目实现进度目标。

4. 施工质量控制

施工过程构成了一个全面的系统，这一系统涉及从施工准备到工程竣工验收的整个生产过程。该过程要求对影响施工质量的诸多关键因素实行有效的监控，这些因素包括人力资源、材料和机械设备的品质、施工方法以及施工环境(简称为“人、机、料、法、环”)。这是确保工程项目达到既定设计目标、符合国家相关规范与标准要求的关键，是保障施工项目最终品质的基石。

5. 施工合同管理

在遵循国家相关法规、经济方针以及双方特定情形的前提下，合同乃缔约双方通过平等协商所形成的具有法律约束力的经济契约。此合约自签订并生效之际，即享有国家法律的保障。因而，缔约双方必须严格依照合同约定履行义务。若一方违背合同规定，导致对方遭受经济损失，违约方则应承担相应的赔偿责任。

对于安装工程承包合同的管理，该过程不仅包括合同的形成、执行与适应调整，还涵盖了合同引发的争议处理、索赔问题以及合同的终结等诸多方面。这些管理措施旨在保障合同执行的法律性和有效性，确保各方权益得到妥善保护及合理维护。

6. 施工信息资料管理

在项目施工管理中，施工信息资料的编纂至关重要，主要包括：工程技术资料、施工技术资料、技术标函和技术规程，以及由国家权威机构所颁布的相关法令及法规。

工程技术资料的作用不仅局限于作为竣工验收的筹备文件,更在于为建设单位提供一份项目全周期实际状况的详细记录,以存档备查。这些资料不仅是项目竣工验收阶段的关键依据,而且在该工程项目后续的使用、管理、维护以及改扩建过程中,也具有不可替代的参考价值。

具体来说,这些资料包括但不限于:项目的开工与竣工报告、详尽的工程项目一览表、精确的设备清单或明细表;各种材质证明文件、检验报告、安装的机电设备及器材的开箱记录、质量合格证及产品使用说明书等;设备调试数据、管线阀门试压记录、焊缝检查及探伤记录、绝缘遥测记录、接地遥测记录,以及生产装置试运行的翔实记录;隐蔽工程验收记录、工程质量评定记录、针对质量问题事故的分析和处理报告、最终的竣工验收证明等;完整的竣工图、图纸会审的记录、设计变更通知单、技术核定单等关键文档。这些都是确保工程项目符合专业要求并顺利运行的核心组成部分。

施工技术资料是施工单位建立的正式记录,这些档案在工程项目完工后需经过系统整理,编码并进行归档,以供企业档案部门储存。这些资料应涵盖以下关键部分:项目的质量规划、详细的施工方案、施工组织设计,以及项目完成后的全面总结。此外还包含对重大质量与安全事故的分析与处理、施工过程中所作出的关键技术决策及其执行的详尽记录。同时,对新技术的应用和推广,以及从中获得的教训和经验进行汇总。施工全阶段中关于气候状况的详细记录以及其他必须收集的技术文件资料,亦需包括在内。作为施工项目的依据,技术资料必须保证其真实性和代表性,确保能够准确地反映工程及施工过程的实际状况,不可修改或造假。在施工活动过程中所产生的各类记录和总结资料,如技术经济性、质量、安全性、进度等,必须保证高度准确并及时更新。对识别出的问题,须经过仔细复查,给出处理结论,并且保证评价的准确性。项目施工技术文件的形成,从合同签订和施工准备启动之时起,直至工程竣工,贯穿整个项目施工周期,资料的收集和整理工作要求全程完整、无遗漏。

7. 与施工有关的组织与协调

在施工项目实施的过程中,确保各方面协调一致是至关重要的。这种协调包括两个主要方面:内部协调和外部协调。

对于内部协调,安装工程施工必须涵盖以下几个关键领域:首先是施工进度计划的协调,这确保了工程按照既定时间安排顺利推进;随后是施工生产资源的合理调配,以充分利用人力与物力资源;接着是施工质量的保证,这通过工程质量的有效管理和控制来实现;最后,施工安全生产的协调,旨在预防事故并保障工人安全。

对于外部协调,工程项目的顺利实施依赖于业主、设计单位、监理单位及工程承包商之间的紧密合作。以上各种关系需要通过沟通和协作来确保项目的质量要求得到满足。此外,施工过程中还牵涉到其他利益相关方,如处理进口设备材料的海关检验、供电路线的引入、供水干管的连接、排污系统的接入、通信网络的集成,以及市政燃气与热力供应的连通等。其中,与政府监管部门的有效沟通也是不可忽视的一个重要环节,其目的在于确保所有作业都符合相关法规和标准。

9.1.2 施工项目组织

9.1.2.1 项目承发包的组织方式

1. 平行承发包方式

此方式中，建设单位将一个工程项目的各个施工任务分包给多个独立的施工单位，这些单位之间保持一种平行的关系。这种方式的优点在于它能加快工程的整体进度，但由于涉及多个独立实体，因此要求建设单位进行频繁且有效的协调工作。

2. 总分包方式

总分包方式下，建设单位会将整个项目的全部施工任务交由一个主施工单位负责，该主施工单位再将一些具体的任务分包给其他专业施工单位。这样的安排可以确保项目的统一管理及责任明确。

3. 全包方式

全包方式是指建设单位选择一个承包单位来承担工程设计和施工的全部职责。这个承包单位具备独立完成设计和施工的全部能力，同时保留将某些专业工作分包给其他专业单位的权利。

4. 承包联营方式

承包联营方式通常指两个或两个以上的承包商联合起来共同完成一个工程项目，分享风险与利润。企业形成临时的联营体系，并选举一名总负责人来统一指挥与协调工作。该联营组织将与委托方签订承包合同，并负责组织施工活动。项目完成后，联营机构便会解散。在这种模式中，委托方与承包单位之间的结构关系显得较为简化，要求联营机构内的各个承包单位必须确保良好的协调与合作。承包联营的方式在国际工程承包实践中被广泛采用，尤其适用于大型工程项目的组织和管理。

9.1.2.2 项目组织机构的形式

1. 建设方项目管理组织机构形式

工程项目管理中建设单位可采用多种组织形式来执行项目。其中包括：

(1) 指挥部制

该组织方式涉及多方协同，由建设单位、设计单位和施工单位等共同组成指挥机构，并实施以指挥官为首的责任体系。在此结构下，施工、设计以及物资供应等活动均受统一指挥。指挥部制有现场指挥部、常设指挥部或工程联合指挥部等多种形态。

(2) 工程监理代理制

此制度基于合同关系，建设单位与施工和监理单位独立签订合同。监理单位在代表建设单位的利益同时，对工程施工进行监督与管理，确保项目管理权的独立性。这种模式下，项目的所有权与管理权分离，专业的监理机构负责项目的整体管理、监控、控制和协调工作，这也是国际间广泛通行的管理模式。

(3) 交钥匙管理制

在这一制度中，建设单位将项目的设计和建造任务全权委托给承包公司。从设计阶段到设备选型、工程施工直至验收，建设单位提出使用需求后，其余全部由承包公司负责，完成后的项目即可直接投入使用。

(4) 建设单位自组织制

适用于具备一定工程管理实力的建设单位。对于规模较小、复杂度较低的项目，建设单位可选择自行组织管理团队进行项目管理。

2. 承包方项目管理组织机构形式

工程承包单位的项目管理组织结构设计通常受到其企业级管理组织模式的直接影响。这些组织结构主要呈现为几种典型形式，包括传统的直线职能型结构、以效率和专业化为核心的事业部制结构、灵活多变的混合工程队伍结构以及强调跨部门协同的矩阵式结构等。

9.1.2.3 施工现场组织机构的设置

在现代建筑工程中，施工现场组织机构对于工程的高效推进与管理至关重要。为了确保施工过程的安全、质量和进度符合预定的目标，主要包括以下几个机构的设置：

1. 决策层

施工现场组织机构的核心是项目管理团队，这个团队通常由项目经理领导，下设有多个部门或专业小组，如技术部、质量安全监督部、物资供应部等。项目管理团队的主要职能是对整个项目进行宏观把控，制订施工计划、进度安排以及资源配置方案。他们需要具备丰富的专业知识和经验，以便在项目实施过程中做出迅速而准确的决策。同时，他们还需与设计单位、监理单位以及业主代表保持密切沟通，确保项目的顺利实施。

2. 管理层

管理层是连接决策层与执行层的纽带，它包括了项目副经理、各专业技术负责人以及现场管理人员等。管理层负责将决策层的指令具体化，并转化为可操作的任务分配给执行层。他们还需要进行现场日常管理，包括监督施工进度、检查施工质量、维护现场秩序以及确保安全生产等。管理层的有效运作能够保障信息流的畅通和问题的及时解决，从而避免因误解或延误而导致的不必要的返工与损失。

3. 执行层

执行层是施工现场组织机构的基础，涵盖了所有参与实际施工作业的工作人员，如工人、机械操作员、现场技术人员等。执行层的职责是按照管理层的指示完成具体的工作任务，需要具备相应的技能和操作证书，严格遵守操作规程，保证施工的质量和安全。

随着建筑行业的发展和技术的进步，施工现场的组织机构也在不断地优化和创新。未来的施工现场可能会更加依赖于信息技术，例如使用建筑信息模型(BIM)技术来进行项目管理和协调工作，利用大数据和人工智能来分析施工过程中的问题并提出解决方案。无论技术如何变革，一个科学、高效的现场组织机构始终是确保项目成功的基石。

9.1.2.4 项目经理

项目经理在工程项目施工中处于中心地位，对工程项目施工负有全面管理的责任，是一个管理岗位。项目经理是否有人事权、财权和物资采购权等管理权限，则由其上级确定。

项目经理是指受企业法定代表人委托对工程项目施工过程全面负责的项目管理者，是建筑施工企业法定代表人在工程项目上的代表人。我国工程项目施工实行项目经理负责制。

项目经理的任务仅限于从事项目管理工作，其主要任务是项目目标的控制。

9.2 施工质量管理

在明确的质量目标指引下，施工质量控制的核心在于严格遵守建设工程的法规以及强制性标准。包括合理地配置生产要素和采取科学的管理手段，以确保工程项目能够符合预期的功能要求。

工程项目的建设是一个复杂的过程，它由多个分项工程、分部工程和单位工程组成。这些构成部分是通过一系列细致的工序逐步完成的，而每一道工序都与工程质量紧密相关。因此，施工质量不仅涉及单一工序的质量，还包括了分项、分部以及整个单位工程的质量。

9.2.1 质量管理的概念和特点

9.2.1.1 质量管理的概念

质量管理是指对施工质量的指挥、控制与组织协调，主要包含质量政策和目标制定、质量规划、质量控制、质量保证及质量改进。

为了实施有效的质量管理，组织须构建一个健全的质量管理体系，其中核心是质量方针的制定。质量方针反映了组织的高级管理层关于质量管理的宗旨、经营理念以及价值观。在质量方针的指引下，需制定质量手册、程序性管理文件及质量记录，以确保组织制度的贯彻执行，合理调配资源，保证质量管理系统的高效运作，明确管理人员在质量活动中的职责分配和权限范围。

施工质量管理通过建立运行高效的质量管理体系，并通过质量方针确保体系的有效运作，来实现既定的质量目标。

9.2.1.2 质量管理的特点

质量管理具有以下特点：

① 多元影响因素：工程质量受到多种因素的直接或间接作用，包括决策层面、设计概念、材料品质、机械效能、环境条件、实施技术、施工计划、操作技巧、技术策略、管理体系以及施工人员的专业能力。

② 质量波动幅度大：由于工程项目具有高度复杂性和独特性，不像工业产品生产那样能依靠固定的生产线、标准化的流程、成熟的检测技术、完整的设备和稳定的环境，因此其质量存在较大波动。

③ 显著的质量变异性：鉴于影响工程的因素众多，任一环节出现质量问题都足以引发系统性的品质变异，导致工程建设中出现质量缺陷。

④ 质量隐蔽性问题：在施工阶段，工序交接、中间产物和隐蔽工程繁多，若未能及时进行质量检验并识别潜在问题，可能会将不合格产品误认为合格。

⑤ 最终检验局限性：与可拆卸或分解检查内部性能的工业产品不同，工程项目一旦竣工，内在的和隐蔽的质量问题通常难以在最终验收时被察觉。

9.2.2 施工质量管理的影响因素

我们经常从施工人员、施工机械、工程材料、施工方法和施工环境等五大方面（简称"人、机、料、法、环"）来总结建设工程项目质量的影响因素，主要有人的因素、技术因素、管理因素、环境因素和社会因素。

1. 人的因素

在建设工程项目的质量管控过程中，人的因素起着决定性作用。该因素可从两个维度进行分析：首要的是个体层面，涉及决策者、管理者以及执行者在质量意识与质量活动能力方面的直接表现；其次是组织层面，包括建设单位、勘察设计单位、咨询服务机构及工程承包企业等，这些实体组织的质量管理体系和管理能力对工程质量具有显著影响。我国通过实施建筑业企业经营资质管理制度、市场准入制度、执业资格注册制度和作业及管理人员持证上岗制度等，旨在对参与建设活动的个体的素质和能力进行规范和控制，以确保工程项目达到预期的质量水平。

2. 技术因素

影响建设工程项目质量的技术因素涉及的内容十分广泛，包括直接的工程技术和辅助的工程技术，主要是通过技术工作的组织与管理，优化技术方案，发挥技术因素对建设工程项目质量的保证作用。

3. 管理因素

影响建设工程项目质量的管理因素，主要是决策因素和组织因素。其中，决策因素首先是由甲方建设工程项目决策者决定；其次是建设工程项目实施过程中，实施主体的各项技术决策和管理决策。组织因素包括建设工程项目实施的管理组织和任务组织。管理组织是指建设工程项目管理的组织架构、管理制度及其运行机制，三者的有机联系构成了一定的组织管理模式，其各项管理职能的运行情况，直接影响着建设工程项目质量目标的实现。任务组织是指对建设工程项目实施的任务及其目标进行分解、发包、委托，以及对实施任务所进行的计划、指挥、协调、检查和监督等一系列工作过程。从建设工程项目质量控制的角度来看，建设工程项目管理组织系统是否健全、实施任务的组织方式是否科学合理，都对质量目标控制起着重要作用。

4. 环境因素

直接影响建设工程项目质量的环境因素，一般是指建设工程项目所在地点的水文、地质和气象等自然环境，施工现场的通风、照明、安全卫生防护设施等劳动作业环境，以及由多单位、多专业交叉协同施工的管理关系、组织协调方式、质量控制系统等构成的管理环境。对这些环境条件的认识和把握,是保证建设工程项目质量的重要工作环节。

5. 社会因素

影响建设工程项目质量的社会因素表现在:建设法律法规的健全程度及其执法力度;建设工程项目法人或业主的理性化程度以及建设工程经营者的经营理念;建筑市场(包括建设工程交易市场和建筑生产要素)的发育程度及交易行为的规范程度;政府的工程质量监督及行业管理的成熟程度;建设咨询服务业的发展程度及其服务水平的高低;廉政建设的状况等。

9.2.3 施工质量控制程序

在工程项目的整个生命周期中,为了确保施工质量的优化与控制,至关重要的是系统地识别并管理影响建设质量的关键元素,即人员、机械、材料、法规和环境。这一过程是通过采用计划(Plan)、实施(Do)、检查(Check)和处理(Action)四个阶段组成的 PDCA 循环来执行的。

计划 P(Plan)。工程项目的质量计划是一个综合性的框架,它涉及项目各参与方根据各自在项目中的角色、职责和既定的质量目标,制订出一系列的质量保障措施。该体系的建立基于对整个项目总体质量目标的确立和论证,这通常由建设单位负责。建设单位需要提出一套组织化的质量管理结构,包含制定制度、明确工作程序、选择方法并设定相应要求等要素。

实施 D(Do)。在工程项目的实施阶段,主要职能是将质量的目标值转化为实际产出,这涉及资源投入、技术操作以及最终成果生成等多个方面。此过程中,必须严格按照既定的质量管理计划,规范每项活动,确保各项管理计划的规定和安排能切实应用于资源配置和技术操作中。通过这种方法,可以确保项目的最终质量达到或超过预定的标准,满足所有相关方面的品质期待。

检查 C(Check)。检查环节是计划执行过程的关键环节,包括了作业者自我检查、相互检查以及专职管理人员的专业检查。各类检查主要关注两个方面:首先,检查是否严格按照预设的行动方案进行,并评估实际条件是否有所变化以及未按计划执行的原因;其次,对计划实施后的结果,即产出的质量进行确认和评价,以验证其是否符合预定的标准要求。

处理 A(Action)。对于在质量检查过程中发现的质量问题或不合格情况,需要及时进行原因分析,并采取必要的纠正措施,以确保工程质量形成过程处于受控状态。处理阶段分为纠偏和预防改进两个关键部分:纠偏涉及采取有效措施,针对当前存在的质量偏差、问题或事故进行处理;而预防改进则是将目前的质量状况信息反馈至管理部门,重新审视问题的深层原因或计划的不周,进而确定后续的改进目标和相应措施。

1. 施工准备阶段的质量控制

(1) 施工技术准备的质量控制

在施工项目启动前,对施工技术准备工作进行严格的质量控制至关重要,确保所有相关计划均经过细致的审查,并符合行业与工程标准。这一阶段,需对技术文件、工艺规范及操作流程进行精确审核，确保无误。

（2）现场施工准备的质量控制

在施工现场，质量管理同样重要，涉及计量、测量以及施工平面图等关键方面的准确控制，以保证工程能顺利进行。

2. 施工阶段的质量控制

在施工阶段，工序作为人力、材料、机械设备、施工方法与环境因素共同影响工程质量的关键环节，其质量控制显得尤为至关重要。基于此，对工序质量的严格管理便成为施工阶段质量控制的核心。在执行工序质量控制时，需要重点关注以下四个方面：

（1）严格遵守工艺规程

施工工艺和操作规程是施工活动的基本法规，它们不仅为施工操作提供依据，而且是工序质量的基石，需要严格执行，禁止一切违规行为。

（2）主动控制工序活动条件的质量

在确保工序质量的过程中，必须对工序活动的条件进行主动控制。这涉及影响质量的关键因素，包括五大核心元素：施工操作者、材料、施工机械设备、施工方法以及施工环境。通过对这些要素实施严格的管理与控制，可以有效地使它们保持在受控状态，从而确保工序投入品的质量，预防系统性因素的变异，以保障每项工序的质量稳定并符合标准。

（3）及时检验工序活动效果的质量

对于工序活动效果的质量，及时的检验是不可或缺的。这一环节是对工序质量是否符合既定标准的直接评价。因此，需要加大质量检验的工作力度，通过综合统计和分析质量状况，来实时掌握质量动态。

（4）设置工序质量控制点

设置工序质量控制点是确保工序质量的关键环节。这些控制点是工序中需要特别关注和控制的重点、关键部位或可能存在的薄弱环节。通过在特定时期和条件下对这些控制点进行强化管理，可以使工序处于良好的控制状态，进而保证整体工程质量的稳定性和可靠性。

3. 工程验收阶段质量控制

在此阶段，质量控制的关键要素包括：确保严格遵守竣工标准，认真开展预验收工作以及妥善准备和整理工程竣工验收所需的全部资料。至于工程验收阶段的质量控制，它主要涉及对以上方面的严格管理与监督。

4. 回访保修阶段质量控制

对于工程的回访和保修阶段，其质量管理亦不容忽视。

（1）工程回访

工程项目一经竣工并经验收合格交付使用，施工单位需按照既定的规范，在保修期及保修范围内积极进行项目回访。这一过程中，应倾听建设方或用户的反馈，对施工过程中产生的任何质量问题，负责进行维修，消除一切潜在的风险。对于因设计等其他因素而引发的质量问题，施工单位应在征得建设单位及设计单位的同意后，协助修复。

（2）工程保修

在保修期间，施工单位有责任保证工程质量达到预期标准，并对出现的任何问题承担相应的维修义务，确保工程长期可靠和稳定。

根据现行的《建设工程质量管理条例》，保修期限有明确的起点，即从工程竣工验收次日开始计算。在此条例下，如电气管线、给水排水管道，以及设备安装等工程，其保修期限规定为两年。对于涉及采暖和供冷设施的工程，其保修期限则覆盖两个连续的采暖期或者两个连续的供冷期。

9.2.4 施工质量统计分析方法

利用统计方法，对工程施工质量数据进行收集、整理和分析，可以更快、更好地找出产生质量问题的原因，以便采取改进的措施，提高工程施工质量。

（1）统计调查表法

统计调查表法常用的有：分项工程施工质量分布调查表；施工质量不合格项目调查表；施工质量不合格原因调查表；施工质量检查评定调查表。

（2）分层法

分层法有：按施工班组或施工人员分层；按施工机械设备型号分层；按施工操作方法分层；按施工材料供应单位或供应时间分层；按施工时间或施工环境分层；按检查手段分层。对同一批数据可按不同性质分层，从不同角度分析质量问题和影响因素。

（3）排列图法

排列图中的每个直方形都表示一个质量问题或影响因素，影响程度与各直方形的高度成正比。通常按累计频率划分为（0～80%）、（80%～90%）、（90%～100%）三部分，与其对应的影响因素分别为A、B、C三类。A类为主要因素，B类为次要因素，C类为一般因素。

（4）因果分析图法

利用因果分析图可系统地整理分析某个施工质量存在的问题及其产生的原因。

9.3 施工安全控制

9.3.1 施工安全控制的程序

施工安全控制的程序包括确定每项具体建设工程项目的目标，编制建设工程项目安全技术措施计划，安全技术措施计划的落实和实施，安全技术措施计划的验证，持续改正直至完成建设工程项目的所有工作。安全控制的核心目标在于通过专业的管理手段，显著减少或尽量消除人为不安全行为和设备材料的不安全因素。此外，通过改善生产环境、保护自然环境以及提升管理层效率来预防生产事故，从而确保人员健康与安全，并保障财产不受损害。

9.3.2 施工安全技术措施计划及其实施

在建设工程项目的施工中，安全技术措施是确保工作人员健康与安全的专业策略。作为施工组织设计的核心组成部分，这些措施旨在改善劳动条件和安全卫生设施，防止工伤和职业病的出现。

在构建和实施安全措施计划时，核心目标必须集中在显著提高工作环境质量，有效预防和减少工伤事故的发生，以及积极防止职业相关疾病的产生和职业性中毒事件的发生。为达成这些目标，应当考虑以下几个方面：安全技术（防护、保险、信号以及防爆炸装置等）、职业卫生（防尘、防毒、降低噪声水平、确保良好通风、提供适宜照明以及温度调节）、辅助设施（更衣室、休息室、淋浴室、消毒室、妇女卫生室、卫生间以及冬季作业采暖室等）、教育与培训（职业健康与安全的教材、图书、文献资料，安全生产规章制度，以及安全操作方法训练设备等）。同时，还应支持劳动保护和安全技术的研究开发与实验活动，以增强员工的职业安全意识和技能。

9.3.2.1 施工安全技术措施计划的制订

制订施工安全技术措施计划可以按照图 9.2 所示的基本步骤进行。

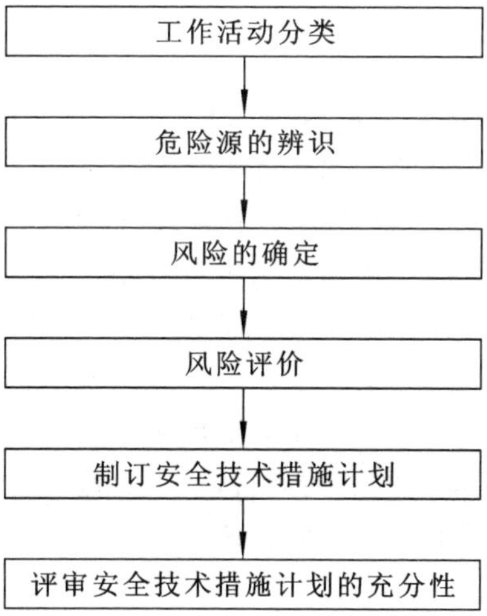

图 9.2 制订施工安全技术措施计划

1. 危险源的辨识

(1) 危险源

危险源是可能导致伤害或疾病、财产损失、工作环境破坏或这些情况组合的根源或状态。

在施工安全控制中，危险源的划分是至关重要的一部分。根据危险源在事故发生过程中所扮演的角色，它可被分为两个主要类别：第一类危险源是指能产生或储存能量的实体，它们在意外释放时可能引发伤害事故，可能在失控时导致爆炸、火灾、触电或辐射泄漏等严重后果。这类危险源包括机械性损害、电力损害、热能损害、光能损害以及化学和放射性物质所造成的危害。第二类危险源是指导致第一类危险源约束限制措施失效或破坏的因素。在正常生产或施工过程中，能量和危险物质应通过有效的安全措施得以控制，以防止其意外释放，从而避免事故的发生。然而，若此类安全措施出现故障或遭到破坏，将有可能发生灾难性的事件。第二类危险源具体包括：人的不安全行为、物的不安全状态以及不利的环境条件。例如，机械设备或部件因性能不佳而无法履行其预定功能，人的行为偏离了既定的安全标准，或者环境因素，诸如温度、湿度、噪声、震动、照明或通风不足，都可能诱发人为错误或设备故障，进而触发事故。

事故的成因可归结为两大类危险源相互作用的综合结果。第一类危险源奠定了事故发生的根本基础，第二类危险源则是导致第一类危险源引发事故的必要条件。在事故发生和发展的连续过程中，这两类危险源展现出一种互相依赖、相互强化的关系。其中，第一类危险源扮演了事故的核心角色，它直接影响并决定了事故的严重性级别。与此同时，第二类危险源的易发性质，则明确了事故发生的概率水平。

综合以上，对危险源的识别与分类，是确保安全生产和减少事故发生的关键步骤，需通过系统的安全评估和管理来严格控制和降低风险。

(2) 危险源识别

危险源辨识的首要任务是辨识第一类危险源，在此基础上再辨识第二类危险源。

2. 风险的确定及评估

风险评估是对特定危险源所引发的风险程度的估量，其目的在于确定风险是否处于可接受的范围之内。该评估过程基于一项假设，即所有计划和现有的风险控制措施均已得到执行，并在此基础上进行主观的判断。风险本身是特定危害情况的发生概率及其潜在后果的综合体现。危害情况的发生可能性分为三个等级：极大、中等和极小。此外，发生概率还可以通过可能、不可能和极不可能三种程度来进行评估。

风险评估是一个系统的方法，用于确定风险的严重程度并判定其可接受性。该过程涉及将风险依据它们的等级进行分类：第一类（Ⅰ类）风险被认为是可以忽视的；第二类（Ⅱ类）风险被视为在特定条件下可以接受；第三类（Ⅲ类）风险被归为中等水平，需要谨慎处理；第四类（Ⅳ类）风险则标志着存在重大的潜在危害，要求高度关注；而第五类（Ⅴ类）风险是不可接受的，通常意味着必须立即采取风险缓解措施。

3. 制订安全技术措施计划

在制订安全措施计划的过程中，首要任务是针对风险评价中发现的重大问题，采取相应的控制措施。在这个过程中，应全面考虑风险控制措施的适当性和有效性，以保证其能有效地应对风险。在制定新的控制措施时，需要考虑到各种可能的情况，以确保新措施在各种情况下都能生效。

① 建设工程施工安全技术措施计划的主要内容包括：工程概况、控制目标、控制程序、组织结构、职责权限、规章制度、资源配置、安全措施、检查评价、奖惩制度等。

② 对结构复杂、施工难度大、专业性较强的工程项目，除制订项目总体安全保证计划外，还必须制定单位工程或分部分项工程的安全技术措施。

③ 对高处作业、井下作业等专业性强的作业，电气、压力容器等特殊工种作业，应制定单项安全技术规程，并应对管理人员和操作人员的安全作业资格和身体状况进行检查，合格的方能进行作业。

④ 制订和完善施工安全操作规程，编制各施工工种，特别是危险性较大工种的安全施工操作制度，作为规范和检查考核员工安全生产行为的依据。

⑤ 施工安全技术措施包括安全防护设施的设置和安全预防措施，主要有17个方面的内容：防火、防毒、防爆、防洪、防尘、防雷击、防触电、防坍塌、防物体打击、防机械伤害、防起重设备滑落、防高空坠落、防交通事故、防寒、防暑、防疫、防环境污染。

9.3.2.2 施工安全措施计划的实施

1. 确立安全生产责任制

在施工安全技术措施计划的实施阶段，确立安全生产责任制是安全生产的至关重要的保障。所谓"安全生产责任制"即企业对于项目经理部各级领导、各相关部门及各类人员，明确其职责范围，对生产安全所应担负责任的一种制度性安排。

2. 实施全面的安全教育与培训

企业应致力于提升全体员工的安全意识，通过全面且持续的安全教育和培训，在员工心中树立"安全第一，预防为主"的理念，以实现零事故。安全教育的范畴涵盖：思想政治教育、安全生产政策和方针教育、安全技术知识教育、生产工艺知识教育、通用安全技术教育、专业技能安全知识教育以及典型经验与事故案例教育等。

3. 执行安全技术交底

该过程涉及对作业人员详细阐述特定工作环节中潜在的风险、应对这些风险的具体防范措施以及紧急情况下的应对策略，目的是确保每个员工都在充分了解可能面临的风险的基础上，能采取恰当的预防和应对措施，从而保障人员的安全。

安全技术交底的核心内容应当涵盖：当前工程项目的施工特点及潜在风险识别；针对已识别的风险制定特定的预防措施；需关注的安全注意事项；遵守的安全操作规程和相关标准；以及在紧急事故发生时，应迅速实施的急救和避难措施。

4. 安全检查

安全检查的目的是建立一个严密的安全管理体系，通过专业且系统的教育和交流，确保每一位参与方都对工程项目中的安全措施有清晰的认识和了解，从而维护现场施工的安全与秩序。安全检查与教育对于改善企业工作环境及生产安全条件至关重要，可有效预防工伤事故的发生。此外，企业间的相互检验、监督以及经验的交流与借鉴，对于促进各企业在安全生产方面的持续改进具有显著作用。

9.3.3 应急预案

企业应急预案的制订是一项基于安全评估的专业活动，旨在针对特定设备、设施、场所和环境，制订出一系列科学和有效的计划与安排。该预案的核心目标是在发生事故时，能够迅速并有效地减少对人身、财产以及环境的损害。它详细规定了应急响应的组织结构、责任人员、所需设备及设施、必备条件和环境要求。应急预案主要内容应包括：

① 总则：说明编制预案的目的、工作原则、编制依据、适用范围等。

② 应急响应：包括分级响应程序（原则上分为一般、较大、重大、特别重大四级），信息共享和处理，通信，指挥和协调，紧急处置，应急人员的安全防护，群众的安全防护，社会力量动员与参与，事故调查分析、检测与后果评估，新闻报道，应急结束等 12 个要素。

③ 后期处置：包括善后处置、社会救助、保险、事故调查报告和经验教训总结及改进建议。

④ 保障措施：包括通信与信息保障，应急支援与装备保障，技术储备与保障，宣传、培训和演习，监督检查等。

⑤ 附则：包括有关术语、定义，预案管理与更新，奖励与责任，制订与解释部门，预案实施或生效时间等。

⑥ 附录：包括相关的应急预案、预案总体目录、分预案目录、各种规范化格式文本、相关机构和人员通讯录等。

9.3.4 安全事故的处理程序

9.3.4.1 事故报告

事故报告的内容包括：事故发生的时间、地点和工程项目，有关单位名称；事故的简要经过；事故已经造成或者可能造成的伤亡人数（包括下落不明的人数）和初步估计的直接经济损失；事故的初步原因；事故发生后采取的措施及事故控制情况；事故报告单位或报告人员；其他应当报告的情况。

事故报告后出现新情况，以及事故发生之日起 30 日内伤亡人数发生变化的，应当及时补报。

9.3.4.2 事故调查

事故调查报告应当包括下列内容：事故发生单位概况，事故发生经过和事故救援情况，事故造成的人员伤亡和直接经济损失，事故发生的原因和事故性质，事故责任的认定和对事故责任者的处理建议，事故防范和整改措施。

事故调查报告应当附具有关证明材料，事故调查组成员应当在事故调查报告上签名。

9.3.4.3 事故处理

建设主管部门应当依据有关人民政府对事故的批复和有关法律法规的规定，对事故相关责任者实施行政处罚。处罚权限不属本级建设主管部门的，应当在收到事故调查报告批复后 15 个工作日内，将事故调查报告（附具有关证据材料）、结案批复、本级建设主管部门对有关责任者的处理建议等转送有权限的建设主管部门。

建设主管部门应当依照有关法律法规的规定，对因降低安全生产条件而导致事故发生的施工单位给予暂扣或吊销安全生产许可证的处罚；对事故负有直接责任的相关单位给予罚款、停业整顿、降低资质等级或吊销资质证书的处罚。

建设主管部门应当依照有关法律法规的规定，对事故发生负有直接责任的注册执业资格人员给予罚款、停止执业或吊销其注册执业资格证书的处罚。

9.3.4.4 事故统计

建设主管部门除按规定上报生产安全事故外，还应当按照有关规定将一般及以上生产安全事故通过“建设系统安全事故和自然灾害快报系统”上报至国务院建设主管部门。

对于经调查认定为非生产安全事故的，建设主管部门应在事故性质认定后 10 个工作日内将有关材料报上一级建设主管部门。

9.4 绿色施工

9.4.1 基本概念

在整个工程项目建设周期，绿色施工是其中一个关键阶段，它涵盖了在确保工程质量与安全满足基本标准的条件下，运用精细的管理和先进的技术手段，极力缩减资源使用并尽量减轻工程对环境造成的影响。这一过程体现了节能、节地、节水、节材以及环境保护等多重目标，即“四节一环保”原则。

9.4.2 绿色施工原则

绿色施工须严格遵循国家法律法规及相应的标准规范，其宗旨在于促进经济、社会与环境利益的协调发展。具体实施时，需依据地域特性和实际情况来执行相关的国家、行业以及地方法规。通过采纳并运用国际标准化组织颁布的 ISO 14000 与 ISO 18000 体系，将绿色施工的关键要素纳入管理体系的目标中，确保绿色施工流程的规范化和标准化。在推进绿色施工的过程中，应重视总体方案的优化工作，在项目的规划和设计初期，便应深入考量绿色施工的整体要求，为后续工程的绿色实践奠定坚实的基础条件。此外，从工程策划到材料采购，从现场施工到最终验收的各个阶段，均需要实施严格的控制措施，对整个建设过程加以管理与监管，以提升施工的质量和效益。

9.4.3 绿色施工总体框架

绿色施工的总体框架被严格界定，包含六大核心元素，具体为：施工管理、环境保护、节材与材料资源的有效使用、合理节约用水及其循环利用、能效优化与能源的高效运用以及土地节约与施工现场土地保护。这六个要素全面覆盖了绿色施工的关键性能指标体系，并且综合反映了从工程项目策划初期到材料采购、现场实施，乃至工程竣工验收各个阶段中的具体绩效标准。

9.4.4 绿色施工管理

绿色施工管理主要包括组织管理、规划管理、实施管理、评价管理及人员安全与健康管理五个方面。

9.4.4.1 组织管理

建筑施工企业及其项目管理部门有责任构建一个以可持续性和环保为核心的绿色施工管理框架，该框架包括明确的管理制度和既定的目标。在此体系内，项目经理作为绿色施工的首席责任人，担负起领导并实施绿色建筑策略的重要职责，确保设定的绿色目标得以实现。此外，项目经理需明确指派专职的绿色施工管理与监督人员，以确保所有环保措施得到有效的执行和管理。

9.4.4.2 规划管理

在施工组织设计阶段，必须制定一项独立的绿色施工方案。该方案在编制完毕后，需依照相关法规进行严格审批。绿色施工方案应涵盖多项关键内容，包括环境保护措施、节材策略、节水措施、节能方法以及节地与施工用地的防护手段。具体到环境保护措施，即制订详尽的环境管理计划及紧急应对方案，并采取切实可行的措施以减轻对环境的影响，确保地下构筑物和文化遗产等资源得到保护。

9.4.4.3 实施管理

绿色施工要求在整体建设过程中实施动态管理。这要求从施工筹划、施工前准备、材料采购、现场施工到工程验收各环节都加强管理与监控。同时，需要结合工程项目的具体特点，针对性地进行绿色施工的相关宣传，定期向工作人员提供绿色施工相关知识的培训，提升他们对于绿色施工的认同感和执行力度。

9.4.4.4 评价管理

在实施绿色施工过程中，评价程序分为两个阶段。第一阶段，评估机构即施工企业及其项目部，依照建设行政主管部门颁布的《建筑工程绿色施工规范》(GB/T 50905—2014)所规定的指标体系，综合考虑工程的具体特点，对绿色施工成果及采纳的创新技术、设备、材料及工艺进行自我评估。第二阶段，专家评估小组负责对项目的绿色施工计划、执行过程及最终的项目验收进行全面的评价。

9.4.4.5 人员安全与健康管理

人员安全与健康管理在施工过程中起着至关重要的作用。绿色施工应包含专门制订的措施，如防止扬尘、辐射等职业危害，保护工作人员的身体健康。此外，绿色施工计划中应考虑合理的施工现场布局，以减少施工活动对生活区和办公区的不利影响。施工现场需建立完善的卫生急救和保健防疫系统，以便在发生安全事故或疾病流行时能够及时响应。为保障工作人员的健康，应提供清洁的工作环境，并强化住宿、饮食等日常生活方面的管理，从而显著提升施工人员的生活品质。

9.4.5 绿色施工技术要点

9.4.5.1 环境保护技术要点

1. 扬尘控制

在施工过程中，必须严格控制扬尘，确保运送的土方、垃圾、设备和建筑材料不对场外道路造成污损。对于运输过程中可能散落、飞扬或流漏的物料，车辆应采取封闭严密措施，并维持车辆清洁。此外，施工现场出口需配备洗车槽以维护出入车辆的清洁度。

在结构施工及装饰装修安装阶段，作业区目测扬尘高度应限制在 0.5 m 以下。对于易产生扬尘的堆放材料，应实施覆盖措施；粉末状材料应存放于封闭环境；搬运可能产生扬尘的材料及建筑垃圾时，应采取降尘措施，例如覆盖或洒水。在浇筑混凝土前清理灰尘和垃圾的过程中，应优先使用吸尘器，避免使用吹风器等容易产生扬尘的设备。机械剔凿作业时，应采用局部遮挡、掩盖、水淋等防护措施。对于高层或多层建筑清理垃圾，应搭建封闭性临时专用道或利用容器吊运。

非作业区的施工现场应达到无扬尘的目测标准。对现场易飞扬物质采取有效控制措施，如洒水、地面硬化、围挡、密网覆盖和封闭，以防扬尘产生。在施工现场场界四周隔挡的高度位置，测得的大气总悬浮颗粒物月平均浓度与城市背景值的差值不得超过 0.08 mg/m^3，以确保施工活动对周边环境的影响降到最低。

2. 噪声与振动控制

在施工场地内，必须对噪声实施连续的监测和有效控制，确保现场产生的噪声水平不超过国家颁布的《建筑施工场界环境噪声排放标准》(GB 12523—2011)所规定的限值。在施工操作过程中，应当优先采用产生较低噪声和振动的机械设备，并采取相应的隔音与隔振技术措施，以减轻或最小化施工活动产生的噪声及振动影响。

3. 光污染管控措施

在施工期间，必须采取措施严格控制光污染。具体做法包括在夜间对室外灯光进行遮挡，使用灯罩将光照限定于施工区域，以及在电焊作业中实施有效遮蔽，防止电弧光的扩散，确保光线不会对环境造成不良影响。

4. 水环境保护与污水管理

施工现场需配置适宜的污水处理设施，例如沉淀池、隔油池和化粪池，以针对不同类型的废水进行妥善处理。污水排放前，应委托合格机构进行废水水质检测并出具相关报告，确保污水排放符合《污水综合排放标准》(GB 8978—1996)的要求。同时，保护地下水源至关重要，对于存放有毒化学品及油料的场所，必须设置防渗层，并建立漏液收集处理系统，防止地下水受到污染。

5. 土壤资源保护与地表维护

施工过程中必须重视地表环境的保护，避免土壤侵蚀和流失。裸露土地应及时覆盖或种植快速生长草种，减少风化作用对土壤的影响。针对可能发生地表径流导致土壤流失的情形，应采取设置排水系统、稳固斜坡和覆盖植被等措施，有效降低土壤流失风险，保障土壤资源的稳定与持久利用。

6. 建筑垃圾管理策略

在绿色施工方案中，必须制订一项针对性的建筑垃圾减量计划。例如在住宅建筑项目中，每 10000 m^2 的建筑面积产生的建筑垃圾量不会超过 400 t。此外，需强化对于建筑垃圾的回收以及再利用工作，以实现至少 30%的建筑垃圾再利用和回收率，而对于由建筑物拆除活动所产生的废弃物，其再利用及回收率应大于 40%。特别针对碎石类和土石方类的建筑废弃物，可采取地基填埋、道路铺设等措施，来提升这些材料的再利用率，使再利用率达到或超过 50%。

7. 地下设施与文化遗产保护

在进行施工作业之前，应对施工现场的地下设施进行详尽调查，并制订出相应的保护计划，以确保位于施工场地附近的各类管道、管线等能够安全运行。在施工过程中，一旦发现文物的迹象，应立即停止施工活动，对现场加以保护，并及时通知相关的文物管理部门，配合其完成后续的保护工作。另外，需要特别注意避开及保护施工区域内外的古老树木和名木。

9.4.5.2　节材与材料资源利用的技术要点

1. 节材措施

在图纸会审阶段即应审核节材与材料资源利用的相关内容，达到材料损耗率比定额损耗率降低 30%的目标。在施工阶段应根据施工进度、库存情况等合理安排材料的采购、进场时间和批次，减少库存。现场材料应堆放有序，储存环境适宜，保管制度健全，责任落实。材料运输工具适宜，装卸方法得当，防止损坏。同时应根据现场平面布置情况就近卸载，避免和减少二次搬运。

施工过程中还应就地取材，施工现场 500 km 以内生产的建筑材料用量占建筑材料总质量的 70%以上。

2. 围护材料

建筑门窗、屋面、外墙等围护结构应选用耐候性及耐久性良好的材料，施工确保密封性、防水性和保温隔热性。门窗采用密封性、保温隔热性、隔声性能良好的型材和玻璃等材料。屋面材料、外墙材料具有良好的防水性能和保温隔热性能。当屋面或墙体等部位采用基层加设保温隔热系统的方式施工时，应选择高效节能、耐久性好的保温隔热材料，以减小保温隔热层的厚度及材料用量。屋面或墙体等部位的保温隔热系统采用专用的配套材料，以加强各层次之间的粘接或连接强度，确保系统的安全性和耐久性。

3. 周转材料

在施工过程中应选用耐用、维护与拆卸方便的周转材料和机具，优先选用制作、安装、拆除一体化的专业队伍进行模板工程施工。模板应以节约自然资源为原则，推广使用定型钢模、钢框竹模、竹胶板。施工前应对模板工程的方案进行优化，多层、高层建筑使用再利用的模板体系，模板支撑宜采用工具式支撑。推广采用外墙保温板替代混凝土施工模板的技术。

现场办公和生活用房采用周转式活动房，现场围挡应最大限度地利用已有围墙，或采用装配式可重复使用围挡封闭。力争工地临时用房、临时围挡材料的再利用率达到70%。

9.4.5.3 节水与水资源利用的技术要点

1. 提高用水效率

施工过程中应采用先进的节水施工工艺及节水设备。施工现场喷洒路面、绿化浇灌不宜使用市政自来水。现场搅拌用水、养护用水应采取有效的节水措施。施工现场办公区、生活区的生活用水采用节水系统和节水器具，提高节水器具配置比率。项目临时用水应使用节水型产品，安装计量装置，采取针对性的节水措施。

施工过程中应重视水的再生循环利用。施工现场要建立水重复利用的收集处理系统，使水资源得到梯级循环利用，特别是现场机具、设备、车辆冲洗用水必须设立循环用水装置。

2. 非传统水源利用

施工现场应采取有力措施加大非传统水的使用量，争取使非传统水源和循环水的再利用率大于30%。优先采用中水搅拌、中水养护，有条件的地区和工程应收集雨水养护。处于基坑降水阶段的工地，宜优先采用地下水作为混凝土搅拌用水、养护用水、冲洗用水和部分生活用水。

3. 用水安全

在非传统水源和现场循环再利用水的使用过程中，应制订有效的水质检测与卫生保障措施，避免对人体健康、工程质量以及周围环境产生不良影响。

9.4.5.4 节能与能源利用的技术要点

1. 节能措施

在绿色施工方案中要制订合理的施工能耗指标，提高施工能源利用率。在施工过程中应优先使用国家、行业推荐的节能、高效、环保的施工设备和机具，如选用变频技术的节能施工设备等。

施工现场分别设定生产、生活、办公和施工设备的用电控制指标，定期进行计量、核算、对比分析，并有预防与纠正措施。

在施工组织设计中，合理安排施工顺序、工作面，以减少作业区域的机具数量，相邻作业区充分利用共有的机具资源。安排施工工艺时，应优先考虑较少耗用电能的工艺。

2. 机械设备与机具

在绿色施工方案中要建立施工机械设备管理制度，开展用电、用油计量，完善设备档案，及时做好维修保养工作，使机械设备保持低耗、高效的状态。同时，合理安排工序，提高各种机械的使用率和满载率，降低各种设备的单位耗能。

3. 生产、生活及办公临时设施

在施工现场应利用场地自然条件，合理设计生产、生活及办公临时设施的布局、朝向、间距和窗墙面积比，使其获得良好的日照、通风和采光。南方地区可根据需要在其外墙和窗设遮阳设施。临时设施宜采用节能材料，墙体、屋面使用隔热性能好的材料，减少夏天空调、冬天取暖设备的使用时间及耗能量。同时注意合理配置采暖、空调、风扇数量，规定使用时间，实行分段分时使用，节约用电。

4. 施工用电及照明

现场的临时用电应优先选用节能电线和节能灯具，合理设计、布置临时用电线路，临时用电设备宜采用自动控制装置，如采用声控、光控等节能照明灯具。照明设计以满足最低照度为原则，照度不应超过最低照度的20%。

9.4.5.5 节地与施工用地保护的技术要点

1. 临时用地指标

在绿色施工方案中应根据施工规模及现场条件等因素合理确定临时设施，如临时加工厂、现场作业棚及材料堆场、办公生活设施等的占地指标。临时设施的占地面积应按用地指标所需的最低面积设计。施工现场平面布置应合理、紧凑，在满足环境、职业健康与安全及文明施工要求的前提下尽可能减少废弃地和死角，临时设施占地面积有效利用率应大于90%。

2. 临时用地保护

绿色施工方案中应对深基坑施工方案进行优化，减少土方开挖和回填量，最大限度地减少对土地的扰动，保护周边自然生态环境。红线外临时占地应尽量使用荒地、废地，少占用农田和耕地。工程完工后，及时对红线外占地恢复原地形、地貌，使施工活动对周边环境的影响降至最低。

3. 施工总平面布置

施工现场总平面布置应做到科学、合理，充分利用原有建筑物、构筑物、道路、管线为施工服务。

9.5 BIM技术应用与施工管理

9.5.1 BIM模型概述

建筑信息模型(Building Information Modeling，BIM)，涉及在建筑工程和设施的整个生命周期中，对其物理和功能属性进行精确的数字化描述。该模型不仅包括设计和施工阶段的信息，还涵盖了运营过程中的相关数据。通过采用基于工程实践的方法，即实践导向型

BIM 模型(Practice-based BIM mode)为工程项目提供了一种综合、标准化的信息化解决方案。这种专业且系统化的方法有助于实现建设项目的高效率与优化管理。

在建筑工程项目的实施组织中，建筑信息模型的应用可分为建设单位(业主)主导的 BIM 技术应用和承包商主导的 BIM 应用两大类。

建设单位(业主)主导的 BIM 技术应用涉及建设单位独立或通过委托具有相关能力的设计、施工及咨询第三方机构，来执行 BIM 技术，以实现对项目建设全过程的管理，并有效地完成预定的建设目标。此种方式强调了建设单位在项目管理中的中心角色以及 BIM 技术在整合资源和监控项目进度中的作用。

承包商主导的 BIM 技术应用则指由设计、施工和咨询单位内部运用 BIM 技术，针对他们各自承接的项目部分，进行设计、施工或项目管理等特定任务。在此模式下，各承包商需自行确保其所使用的 BIM 技术符合项目要求，并能够为项目整体目标的达成做出贡献。

在项目的推进过程中，无论是设计、施工还是运营阶段的相关参与方，均应基于具体的 BIM 技术应用目标和范围，选择配备相应功能的 BIM 软件。这些软件必须具备基础功能，包括：数据模型的输入与输出、模型的查看或漫游、模型信息的加工处理、相应的专业领域应用功能，以及应用成果的处理和输出。

为了实现高效的协作和数据共享，各相关方应在施工阶段的 BIM 技术应用中采取协同工作的方式，并利用共享的数据模型。为此，必须采取相应的协议约定等措施，以确保施工模型中的关键数据能够在各个施工环节之间得到有效的交流和应用。不论是由建设单位(业主)还是由承包商主导的 BIM 技术应用，其核心目的均是提升项目管理的效率和质量，确保建设项目的目标能够顺利实现。

在国内，BIM 技术在建筑行业的软件开发仍处于初级阶段。目前，主要的核心建模软件由天正、鸿业和博超等企业开发，而中国建筑科学研究院和广联达等单位则专注于开发造价管理软件。为了进一步推动 BIM 技术在建设领域的应用，提升信息化水平，中国已经制定并颁布了多项 BIM 相关的标准，包括《建筑信息模型应用统一标准》(GB/T 51212—2016)、《建筑信息模型施工应用标准》(GB/T 51235—2017)、《建筑信息模型分类和编码标准》(GB/T 51269—2017)及《建筑信息模型设计交付标准》(GB/T 51301—2018)。此外，各省、自治区、直辖市及相关行业协会也相应地制定了各自的 BIM 技术标准。

9.5.2　BIM 管线综合

在大型写字楼工程项目中，通常存在复杂性高、工期紧迫、多专业协作，以及频繁的图纸问题，且项目分包单位众多、易发生返工，并伴随数据共享上的困难。为了有效解决这些问题，建议在项目启动初期就引入全方位、全周期性的 BIM(建筑信息模型)技术应用。通过此技术实施虚拟建造协调和信息化管理，能够全面指导和管理施工过程，并为业主后续的运营维护提供持续的建筑信息化模型质量支撑，确保可视化设计、工厂预制化、可视化施工模拟和现场质量控制等关键环节的实施。

为保证建模过程与实际施工的精确一致性，采取分区、分层、按单位划分及构件区分的建模方法。同时，将不同专业的模型进行整合，并进行详尽的碰撞检测，以识别并修正原设计图中的错误并弥补不足，从而预防施工过程中可能出现的返工情况。通过这种精细化的建模和检查流程，不仅优化了设计和施工的质量，也显著提升了项目管理的专业性和效率。

9.5.3 BIM技术在施工阶段的应用

施工阶段是工程建设的实现阶段，它承担着将设计概念转化为实际构造的任务。这一阶段在建设过程中占据至关重要的位置，通常在整个项目周期中持续时间最长。施工阶段的主要任务是确保工程按照既定质量目标和进度目标完成建设任务。建筑信息模型(BIM)技术在此阶段管理过程涉及将预备阶段所构建的模型与选定的施工管理软件相结合，实施集成应用。此种做法不仅使施工过程可视化，更能够对整个建设过程实施优化与控制措施，从而有助于提前识别并解决潜在的工程难题，减少施工中的不确定性及风险因素。通过模拟施工顺序与流程，BIM技术使得工期的预测、筹划与监控达到高度精确性。此外，该技术还允许对人力、机械、材料及方法等施工资源进行综合调度与最佳配置，实现工程施工进程交互式可视化及信息化的管理。

在施工阶段的进程中，BIM技术的应用可概括为：施工进度管理、施工质量管理和施工安全管理三部分内容。

9.5.3.1 施工进度管理

采用BIM技术进行进度管理，大幅提升了施工的效率与质量，是现代建设项目管理的标志性特征。在传统的项目管理中，二维设计图的表现力不足，往往导致多专业间协调及交流的困难。然而，BIM技术的运用，有效地突破了二维设计的限制，给项目进度管理水平带来了实质性的提升。通过应用BIM技术，可以显著降低项目变更和返工所带来的损失，加速生产及采购计划的制订，并提高交付文件制备的速度，从而整体上提高了项目协作效率。将BIM模型与施工进度计划相结合，实现空间数据与时间数据的集成，不仅向项目团队直观且精确地展示整个建筑物的构造过程，也使项目管理者能够实时跟踪工程进度，分析影响进度的因素。这种整合还促进了不同专业之间的协作，便于及时调整策略，进而缩短工程周期，降低成本，并提升工程质量。

9.5.3.2 施工质量管理

BIM技术在施工质量管理过程中的应用主要包括两个方面：产品质量管理和技术质量管理。

(1) 产品质量管理

管理者通过集成于BIM模型的建筑元素和设备信息，利用专业软件平台，高效检索所需的材料及构配件详细信息，包括其规格、材料类型以及尺寸要求等。此外，借助于设计阶段的BIM模型，管理者能够对现场施工中的产品进行实时跟踪与分析，确保对施工过程中潜在的不确定性因素有所把握，并采取相应措施，从而有效预防任何可能的不良结果，保障施工质量。

(2) 技术质量管理

管理者采用 BIM 软件平台的动态模拟功能,真实模拟施工的流程。这一过程确保了施工人员能按照预定的仿真流程执行施工作业,从根本上保证施工技术信息传递的准确性,消除了实际操作与计划之间可能出现的差异。这样的管理手段大幅降低了不可预见情况的发生概率,并且强化了整个施工过程中质量控制的严密性。将 BIM 技术运用在施工质量管理中,不仅提升了产品和技术的质量管理水平,也确保了工程的整体品质。

9.5.3.3　施工安全管理

在施工安全管理领域中,通过整合建筑信息模型(BIM)、虚拟现实(VR)技术以及模拟仿真手段,能对施工现场进行三维全息的虚拟重现。这不仅能够识别并消除潜在的安全风险,而且还提供了一种高效的方法,针对管理人员和现场作业人员展开针对性的安全教育。此外,通过动态追踪监测整个施工过程,尤其是对关键步骤的实时监控,系统能够在发现任何潜在危险源时及时发出警告信号,以确保施工安全得到切实保障。

本 章 小 结

建筑设备施工技术与管理是建筑设备安装工程的重要环节,学习好本章内容是实施安全、高效、绿色建设的基础。

本章主要介绍了施工技术与管理的相关内容,主要围绕建筑安装工程项目管理的基本概念及表达含义、施工质量管理的途径和方法、施工安全管理的程序和技术措施、绿色施工管理的内容和技术要点等进行了详细的阐述。通过对建筑设备安装工程的规模、工期、劳动力、机械、材料等进行分析,寻求最合理的施工组织与施工方法。

思考题和习题

1. 建筑市场上,工程建设的三大主体分别指什么?
2. 在施工过程中,影响工程质量的因素主要有哪些?
3. 项目的组织方式包括哪几种?
4. 节能与能源利用的技术要点有哪些?
5. 节地与施工用地保护的技术要点有哪些?
6. 节水与水资源利用的技术要点有哪些?
7. 节材与材料资源利用的技术要点有哪些?
8. 何为信息技术模型? 分为哪几个类型?
9. BIM 技术在施工过程中应用在哪几个方面?

参考文献

[1] 国家市场监督管理总局.管道元件 公称尺寸的定义和选用:GB/T 1047—2019[S].北京:中国标准出版社,2019.

[2] 国家市场监督管理总局.管道元件 公称压力的定义和选用:GB/T 1048—2019[S].北京:中国标准出版社,2019.

[3] 丁云飞.建筑设备工程施工技术与管理[M].3 版.北京:中国建筑工业出版社,2022.

[4] 机械工业部机械科学研究院. 55°密封管螺纹 第 1 部分:圆柱内螺纹与圆锥外螺纹:GB/T 7306.1—2000[S].北京:中国标准出版社,2000.

[5] 机械工业部机械科学研究院. 55°密封管螺纹 第 2 部分:圆锥内螺纹与圆锥外螺纹:GB/T 7306.2—2000[S].北京:中国标准出版社,2000.

[6] 中华人民共和国国家质量监督检验检疫总局.低压流体输送用焊接钢管:GB/T 3091—2015[S].北京:中国标准出版社,2015.

[7] 邵宗义,邹声华,郑小兵.建筑设备施工安装技术[M].北京:机械工业出版社,2019.

[8] 中华人民共和国国家质量监督检验检疫总局.无缝钢管尺寸、外形、重量及允许偏差:GB/T 17395—2008[S].北京:中国标准出版社,2008.

[9] 王智伟,刘艳峰.建筑设备安装技术[M].北京:中国建筑工业出版社,2022.

[10] 中华人民共和国国家质量监督检验检疫总局.连续铸铁管:GB/T 3422—2008[S].北京:中国标准出版社,2008.

[11] 邹声华,胡锦华,魏小清,等.建筑设备安装施工技术[M].长沙:中南大学出版社,2019.

[12] 中华人民共和国国家质量监督检验检疫总局.灰口铸铁管件:GB/T 3420—2008[S].北京:中国标准出版社,2008.

[13] 国家市场监督管理总局.水及燃气用球墨铸铁管、管件和附件:GB/T 13295—2019[S].北京:中国标准出版社,2019.

[14] 中华人民共和国国家质量监督检验检疫总局.排水用柔性接口铸铁管、管件及附件:GB/T 12772—2016[S].北京:中国标准出版社,2016.

[15] 国家市场监督管理总局.给水用硬聚氯乙烯(PVC-U)管材:GB/T 10002.1—2023[S].北京:中国标准出版社,2023.

[16] 国家市场监督管理总局.建筑排水用硬聚氯乙烯(PVC-U)管材:GB/T 5836.1—2018[S].北京:中国标准出版社,2018.

[17] 中华人民共和国国家质量监督检验检疫总局.给水用聚乙烯(PE)管道系统 第 2 部分:管材:GB/T 13663.2—2018[S].北京:中国标准出版社,2018.

[18] 中华人民共和国国家质量监督检验检疫总局.冷热水用交联聚乙烯(PE-X)管道系统 第2部分:管材:GB/T 18992.2—2003[S].北京:中国标准出版社,2003.

[19] 中华人民共和国国家质量监督检验检疫总局.冷热水用聚丙烯管道系统 第2部分:管材:GB/T 18742.2—2017[S].北京:中国标准出版社,2017.

[20] 国家市场监督管理总局.冷热水用聚丁烯(PB)管道系统 第2部分:管材:GB/T 19473.2—2020[S].北京:中国标准出版社,2020.

[21] 国家市场监督管理总局.铝塑复合压力管 第1部分:铝管搭接焊式铝塑管:GB/T 18997.1—2020[S].北京:中国标准出版社,2020.

[22] 张志贤,张伟华,王洪伟.建筑安装用金属与非金属管材技术手册[M].北京:中国建筑工业出版社,2016.

[23] 中华人民共和国国家质量监督检验检疫总局.阀门 型号编制方法:GB/T 32808—2016[S].北京:中国标准出版社,2016.

[24] 中华人民共和国国家质量监督检验检疫总局.阀门 术语:GB/T 21465—2008[S].北京:中国标准出版社,2008.

[25] 国家市场监督管理总局.冷轧钢板和钢带的尺寸、外形、重量及允许偏差:GB/T 708—2019[S].北京:中国标准出版社,2019.

[26] 国家市场监督管理总局.热轧钢板和钢带的尺寸、外形、重量及允许偏差:GB/T 709—2019[S].北京:中国标准出版社,2019.

[27] 中华人民共和国国家质量监督检验检疫总局.热轧钢棒尺寸、外形、重量及允许偏差:GB/T 702—2017[S].北京:中国标准出版社,2017.

[28] 中华人民共和国国家质量监督检验检疫总局.热轧型钢:GB/T 706—2016[S].北京:中国标准出版社,2016.

[29] 中华人民共和国住房和城乡建设部.工业金属管道工程施工规范:GB 50235—2010[S].北京:中国计划出版社,2010.

[30] 中华人民共和国住房和城乡建设部.工业金属管道工程施工质量验收规范:GB 50184—2011[S].北京:中国计划出版社,2011.

[31] 熊大远.实用管道工程技术[M].北京:化学工业出版社,2011.

[32] 国家市场监督管理总局.钢制管法兰 第1部分:PN系列:GB/T 9124.1—2019[S].北京:中国标准出版社,2019.

[33] 中华人民共和国工业和信息化部.板式平焊钢制管法兰:JB/T 81—2015[S].北京:机械工业出版社,2015.

[34] 中华人民共和国工业和信息化部.对焊钢制管法兰:JB/T 82—2015[S].北京:机械工业出版社,2015.

[35] 国家市场监督管理总局.大直径钢制管法兰:GB/T 13402—2019[S].北京:中国标准出版社,2019.

[36] 国家市场监督管理总局.大直径钢制管法兰用垫片:GB/T 13403—2023[S].北京:中国标准出版社,2023.

[37] 国家市场监督管理总局.钢制管法兰、垫片及紧固件选用规定 第1部分:PN系列:

GB/T 43079.1—2023[S].北京:中国标准出版社,2023.

[38] 中华人民共和国建设部.建筑给水排水及采暖工程施工质量验收规范:GB 50242—2002[S].北京:中国标准出版社,2002.

[39] 中国工程建设标准化协会.建筑给水排水及供暖工程施工标准:T/CECS 1387—2023[S].北京:中国标准出版社,2023.

[40] 陆耀庆.实用供热空调设计手册[M].2 版.北京:中国建筑工业出版社,2008.

[41] 中华人民共和国住房和城乡建设部.辐射供暖供冷技术规程:JGJ 142—2012[S].北京:中国建筑工业出版社,2012.

[42] 中华人民共和国住房和城乡建设部.城镇供热管网工程施工及验收规范:CJJ 28—2014[S].北京:中国建筑工业出版社,2014.

[43] 中国国家标准化管理委员会.组合式空调机组:GB/T 14294—2008[S].北京:中国标准出版社,2008.

[44] 中国建筑标准设计研究院.风机盘管安装:01K403—2005[S].北京:中国计划出版社,2005.

[45] 中华人民共和国住房和城乡建设部.空气过滤器选用与安装:20K307—2020[S].北京:中国计划出版社,2020.

[46] 中华人民共和国住房和城乡建设部.洁净室施工及验收规范:GB 50591—2010[S].北京:中国建筑工业出版社,2010.

[47] 中华人民共和国住房和城乡建设部.通风与空调工程施工质量验收规范:GB 50243—2016[S].北京:中国计划出版社,2016.

[48] 中华人民共和国国家质量监督检验检疫总局.多联式空调(热泵)机组:GB/T 18837—2015[S].北京:中国标准出版社,2015.

[49] 中华人民共和国国家质量监督检验检疫总局.多联式空调(热泵)机组应用设计与安装要求:GB/T 27941—2011[S].北京:中国标准出版社,2011.

[50] 中华人民共和国住房和城乡建设部.制冷设备、空气分离设备安装工程施工及验收规范:GB 50274—2010[S].北京:中国标准出版社,2010.

[51] 中华人民共和国住房和城乡建设部.太阳能供热采暖工程技术标准:GB 50495—2019[S].北京:中国建筑工业出版社,2010.

[52] 中华人民共和国住房和城乡建设部.埋地塑料给水管道工程技术规程:CJJ 101—2016[S].北京:中国建筑工业出版社,2016.

[53] 中华人民共和国住房和城乡建设部.屋面工程质量验收规范:GB 50207—2012[S].北京:中国建筑工业出版社,2012.

[54] 中华人民共和国住房和城乡建设部.电气装置安装工程 接地装置施工及验收规范:GB 50169—2016[S].北京:中国计划出版社,2016.

[55] 中华人民共和国住房和城乡建设部.给水排水管道工程施工及验收规范:GB 50268—2008[S].北京:中国建筑工业出版社,2008.

[56] 中华人民共和国建设部.自动喷水灭火系统施工及验收规范:GB 50261—2017[S].北京:中国计划出版社,2017.

[57] 中华人民共和国住房和城乡建设部.消防给水及消火栓系统技术规范:GB 50974—2014[S].北京:中国计划出版社,2014.

[58] 中华人民共和国住房和城乡建设部.工业设备及管道防腐蚀工程技术标准:GB 50726—2023[S].北京:中国计划出版社,2023.

[59] 中华人民共和国住房和城乡建设部.建筑防腐蚀工程施工规范:GB 50212—2014[S].北京:中国计划出版社,2014.

[60] 中华人民共和国住房和城乡建设部.工业设备及管道绝热工程设计规范:GB 50264—2013[S].北京:中国计划出版社,2013.

[61] 中华人民共和国建设部.工业设备及管道绝热工程施工规范:GB 50126—2008[S].北京:中国计划出版社,2008.

[62] 中华人民共和国住房和城乡建设部.工业设备及管道绝热工程施工质量验收标准:GB 50185—2019[S].北京:中国计划出版社,2019.

[63] 中华人民共和国住房和城乡建设部.建筑工程施工质量验收统一标准:GB 50300—2013[S].北京:中国建筑工业出版社出版,2013.

[64] 中华人民共和国住房和城乡建设部.建设工程项目管理规范:GB/T 50326—2017[S].北京:中国建筑工业出版社,2017.

[65] 中华人民共和国住房和城乡建设部.建筑施工组织设计规范:GB/T 50502—2009[S].北京:中国建筑工业出版社,2009.

[66] 张东放.建筑设备安装工程施工组织与管理[M].北京:机械工业出版社,2023.

[67] 中华人民共和国住房和城乡建设部.建筑施工安全检查标准:JGJ 59—2011[S].北京:中国建筑工业出版社,2011.

[68] 中华人民共和国国家质量监督检验检疫总局.质量管理体系要求:GB/T 19001—2016[S].北京:中国标准出版社,2016.

[69] 中华人民共和国住房和城乡建设部.建筑与市政工程绿色施工评价标准:GB/T 50640—2023[S].北京:中国计划出版社,2023.

[70] 中华人民共和国住房和城乡建设部.建筑工程绿色施工规范:GB/T 50905—2014[S].北京:中国建筑工业出版社,2014.

[71] 中华人民共和国国家质量监督检验检疫总局.建筑施工场界环境噪声排放标准:GB 12523—2011[S].北京:中国环境科学出版社,2011.

[72] 中华人民共和国住房和城乡建设部.建筑信息模型应用统一标准:GB/T 51212—2016[S].北京:中国建筑工业出版社,2016.

[73] 中华人民共和国住房和城乡建设部.建筑信息模型施工应用标准:GB/T 51235—2017[S].北京:中国建筑工业出版社,2017.